Leitfäden der angewandten Informatik

Klaus Garbe
Management von Rechnernetzen

Leitfäden der angewandten Informatik

Herausgegeben von

Prof. Dr. Hans-Jürgen Appelrath, Oldenburg
Prof. Dr. Lutz Richter, Zürich
Prof. Dr. Wolffried Stucky, Karlsruhe

Die Bände dieser Reihe sind allen Methoden und Ergebnissen der Informatik gewidmet, die für die praktische Anwendung von Bedeutung sind. Besonderer Wert wird dabei auf die Darstellung dieser Methoden und Ergebnisse in einer allgemein verständlichen, dennoch exakten und präzisen Form gelegt. Die Reihe soll einerseits dem Fachmann eines anderen Gebietes, der sich mit Problemen der Datenverarbeitung beschäftigen muß, selbst aber keine Fachinformatik-Ausbildung besitzt, das für seine Praxis relevante Informatikwissen vermitteln; andererseits soll dem Informatiker, der auf einem dieser Anwendungsgebiete tätig werden will, ein Überblick über die Anwendungen der Informatikmethoden in diesem Gebiet gegeben werden. Für Praktiker, wie Programmierer, Systemanalytiker, Organisatoren und andere, stellen die Bände Hilfsmittel zur Lösung von Problemen der täglichen Praxis bereit; darüber hinaus sind die Veröffentlichungen zur Weiterbildung gedacht.

Management von Rechnernetzen

Von Prof. Dr. sc. oec. Klaus Garbe
Technische Universität Dresden

B. G. Teubner Stuttgart 1991

Prof. Dr. sc. oec. Klaus Garbe

Geboren 1937 in Hartha Kreis Döbeln (Sachsen). Von 1957 bis 1960 Studium an der Ingenieurschule Reichenbach/Vogtland und von 1961 bis 1965 an der Technischen Universität Dresden mit Abschluß als Diplom-Ingenieurökonom. Von 1965 bis 1968 wiss. Assistent an der TU Dresden; 1968 Promotion. Von 1968 bis 1981 Industrietätigkeit, 1976 Dr. sc. oec. (Habilitation). 1980 Honorarprofessor, 1981 ordentlicher Professor an der Ingenieurhochschule Dresden, seit 1986 an der TU Dresden. Arbeitsgebiete sind Rechenbetriebstechnologie, Rechnernetze, insbesondere Netzmanagement.

Die Deutsche Bibliothek - CIP-Einheitsaufnahme

Garbe, Klaus:
Management von Rechnernetzen / von Klaus Garbe. - Stuttgart
: Teubner, 1991
(Leitfäden der angewandten Informatik)

ISBN 978-3-519-02418-7 ISBN 978-3-322-92145-1 (eBook)
DOI 10.1007/978-3-322-92145-1

Gesamtherstellung: Zechnersche Buchdruckerei GmbH, Speyer
Einband: P.P.K,S-Konzepte Tabea Koch, Ostfildern/Stgt.

Vorwort

Rechnerinstallationen müssen geplant werden, und sie erfordern im laufenden Betrieb ein gewisses Maß an Überwachung und Steuerung, eine Betriebstechnologie. Diese Aufgabe ist einfach bei Rechnern mit Einaufgaben- und Einnutzerbetriebssystemen. Sie wird schwieriger bei Installationen mit Mehraufgaben- und Mehrnutzerbetriebssystemen. Sie kann beliebig komplex werden, wenn viele Einzelrechner in einem Verbundsystem - einem Rechnernetz - zusammenwirken. In diesem Zusammenhang wird für derartige Aufgaben der Begriff Netzmanagement verwendet.

Mit der immer stärkeren Verbreitung von Kommunikationsinfrastrukturen, die Rechner aller Größenordnungen und Zweckbestimmungen einschließen, wird das Management von solchen Rechnernetzen zu einem Problem von breitem theoretischen und praktischen Interesse. Mit ihm befassen sich Wissenschaftler, Normungsfachleute, Hersteller und Vertreiber von Rechnern sowie Netzhard- und -software sowie Betreiber und Anwender. Auch in der Ausbildung an wissenschaftlichen und Fachhochschulen wird das Netzmanagement als Lehr- und Forschungsgegenstand zunehmend berücksichtigt.

Erste Lösungsansätze in der Praxis waren herstellerspezifisch, bruchstückhaft und daher unzulänglich. Später entstanden im gleichen Umfeld durchgängige Konzepte, die jedoch auf die Computer- und Kommunikationsprodukte eines Herstellers beschränkt blieben. Hier setzten die Bemühungen ein, herstellerneutrale, "offene" Lösungen zu schaffen, die ein einheitliches Management auch sehr komplexer Netzinstallationen ermöglichen. Insbesondere die Internationale Standardisierungsorganisaton ISO, aber auch andere Institutionen und Gremien haben sich hier verdient gemacht. In diesem Buch finden die bisherigen Ergebnisse bei der Schaffung der Grundlagen offener Rechnernetze deshalb besondere Berücksichtigung.

In 1. Kapitel werden als Grundlage für den weiteren Text wichtige inhaltliche und terminologische Grundlagen von Rechnernetzen behandelt, ohne dies natürlich erschöpfend tun zu können. Das 2. Kapitel befaßt sich mit den Grundlagen offener Rechnernetze. Es stützt sich besonders auf das OSI-Basisreferenzmodell der ISO als mittlerweile weltweit anerkanntem Bezugsgerüst. Kapitel 3 erläutert drei für die Praxis wichtige hersteller- und anwenderspezifische Rechnernetzarchitekturen, nämlich SNA, DNA und TCP/IP. Dies geschieht in dem Umfang, wie es für das Verständnis der später zu behandelnden einschlägigen Managementkonzepte und -werkzeuge erforderlich erschien. Kapitel 4 legt die Grundlagen für den Inhalt des Gebietes Netzmanagement, die darin auftretenden Funktionen und für Alternativen bei architekturellen Konzepten. Nicht in das gesamte Softwaresystem eines Rechnernetzes integrierten Managementwerkzeugen wie Protokollanalysatoren ist das 5. Kapitel gewidmet. Anknüpfend an die im dritten Kapitel erläuterten hersteller- und anwendungsspezifischen Netzarchitekturen werden nun im 6. Kapitel die Managementkonzepte und -werkzeuge dieser praktisch bedeutsamen Lösungen besprochen. Kapitel 7 bildet einen Schwerpunkt des Buches. Es stellt ausführlich den gegenwärtigen Stand bei der Schaffung eines offenen Managementkonzepts dar, bezogen auf die Arbeiten der ISO. Obwohl die einschlägigen Aktivitäten noch längst nicht abgeschlossen sind, werden doch zahlreiche stabile Ergebnisse, aber auch noch Unfertiges sichtbar. Auf die Besprechung konkreter Produkte wird in diesem Zusammenhang verzichtet, da die gegenwärtig auf den Markt drängenden Lösungen erst noch praktische Bewährungsproben bestehen sollten. Kapitel 8 führt die Überlegungen für das Schichtenmanagement fort, das heißt insbesondere für die Steuerung und Überwachung der Kommunikationsdienste und -protokolle in den unteren Schichten der OSI-Architektur am Beispiel des Standardisierungsprojektes IEEE 802 (LAN und MAN). In Kapitel 9 wird überblicksweise auf die Sicherheitsproblematik in Rechnernetzen eingegangen. Dieses Gebiet fällt zweifellos in den Bereich des Netzmanagements, hat aber mittlerweile einen solchen Umfang angenommen, daß hier im wesentlichen auf die Spezialliteratur verwiesen werden muß. Das Buch endet mit einem Ausblick, in dem der Versuch unternommen wird, die weitere Entwicklung abzuschätzen und Gebiete zu benennen, die einer weiteren wissenschaftlichen Untersuchung und praktischer Erfahrungssammlung bedürfen.

Das Buch wendet sich an Studenten der Informatik und Nachrichtentechnik sowie insbesondere an alle, die sich mit der Planung und dem laufenden Betrieb von Rechnernetzen befassen. Damit sind auch Mitarbeiter in den traditionellen Rechenzentren angesprochen, welch letztere sich ja immer mehr zu Zentren einer universellen rechentechnischen und Kommunikationsinfrastruktur in ihrem jeweiligen Verantwortungsbereich entwickeln. Der Leser soll in die Lage versetzt werden, auf dem Markt angebotene Konzepte und Werkzeuge zu verstehen und zu bewerten. Er soll insbesondere befähigt werden, eigene Konzepte für ein vorhandenes oder in Entwicklung befindliches Rechnernetz zu gestalten und gegebenenfalls auch implementatorisch zu bewältigen.

Dieses Buch beruht auch auf Erfahrungen in der Lehrtätigkeit an der Technischen Universität Dresden sowie aus mehrjähriger Forschungsarbeit auf dem Gebiet des Netzmanagements, zum Teil gemeinsam mit Partnern aus der Industrie. Ich möchte diese Gelegenheit nutzen, allen daran Beteiligten für die fruchtbare Zusammenarbeit zu danken. Besonderer Dank gilt Frau Doris Winkler für die Texterfassung sowie vor allem meiner Frau für die Herstellung der Bilder und ihre unendliche Geduld mit meiner Art, die kostbare Freizeit zu verbringen.

Dresden, im Mai 1991 Klaus Garbe

Inhaltsverzeichnis

Seite

Abkürzungsverzeichnis

ACK	Acknowledgement Flag
ACO	Automated Control Operation
ACSE	Association Control Service Element
AFI	Authority and Format Identifier
AIVS	automatisiertes informationsverarbeitendes System
AM	Abrechnungsmanagement, Accounting management
AM	Access Modules
ANMP	Account Network Management Program
APA	All-points-adressable
API	Application Programming Interface
APPC	Advanced Program-to-Program Communication
ARP	Address Resolution Protocol
ASCII	American Standard Code of Information Interchange
ASE	Verarbeitungsdienstelement
BER	Basic Encoding Rules
BERT	Bit Error Rate Tester
BIU	Basic information unit
BLU	Basis Link Unit
BSC	Binary Synchronous Communication
BTU	Basis transmission unit
BTX	Bildschirmtext
CCITT	Comite Consultatif International de Telegraphique et Telefonique
CICS	Customer Information Control System
CLIST	NetView-Prozedursprache
CLNS	Connectionless Network Service
CMIP	Common Management Information Protocol
CMIS	Common Management Information Service
CMOT	Common Management Information Services and Protocol over TCP
CMS	Conversational Monitor System
CM	Configurations management, Konfigurationsmanagement
CNM	Communication network management
COM	Communication
CONS	Connection Oriented Network Service
CPI	Common Programming Interface
CRC	Cyclic Redundancy Check
CSMA/CD	Carrier sense multiple access with collision detection
CUA	Common User Access
DAP	Data Access Protocol
DB/DC	Data Base/Data Communication
DCA	Document Contents Architecture
DCE	Data circuit terminating equipment
DCL	Digital Command Language
DDBMS	Distributed Data Base Management System
DDCMP	Digital Data Communications Message Protocol
DDM	Distributed Data Management
DECelms	DEC Extended LAN Management Software
DECmcc	DEC Management Control Center
DEC	Digital Equipment Corporation
DECdts	DEC Distributed Time Service
DEE	Datenendeinrichtung
DFC	Data flow control
DHCF	Distributed Host Command Facility
DIA	Document Interchange Architecture
DIS	Draft International Standard
DLC	Data Link Control
DLM	Data Link Mapping Mode

DM	Dialog Manager
DNA	Digital Network Architecture
DOD	Departement of Defense
DPPX	Distributed processing programming executive
DP	Draft Proposal
DQDB	Distributed Queue Dual Bus
DSP	Domain Specific Part
DTE	Data terminal equipment
DTF	Data Transfer Facility
DÜE	Datenübertragungseinrichtung
ECMA	European Computer Manufacturers Association
EGP	Exterior Gateway Protocol
EHKP	Einheitliche Höhere Kommunikationsprotokolle
ELP	Event Logger Protocol
EMA	Enterprise Management Architecture
ENA	Extended Network Addressing
ENF	exekutive Netzfunktionen
EWCT	Early warning clear Threshold
EWT	Early warning Threshold
FCS	File Control System
FDDI	Fiber Distributed Data Interface
FEP	Front-End-Prozessor
FIFO	First in First out
FIN	Final Flag
FM	Fault management, Störungsmanagement
FM	Function Modules
FTAM	File Transfer, Access and Manipulation
FTP	File Transfer Protocol
GDS	General Data Stream
HCF	Host Command Facility
HDLC	High Level Data Link Control
HM	Hardware Monitor
IAB	Internet Activities Board
IANA	Internet Assigned Numbers Authority
ICI	Interface control information
ICMP	Internet Control Message Protocol
IDDS	Information Display Data Stream
IDI	Initial Domain Identifier
IDP	Initial Domain Part
ID	Interface data
IDU	Interface data unit
IEEE	Institute of Electrical and Electronics Engineers
IETF	Internet Engineering Task Force
IMS	Information Management System
IPDS	Intelligent Printer Data Stream
IPL	Initial Program Loading
IP	Internetwork Protocol
ISCF	Inter System Control Facility
ISDN	Integrated Services Digital Network
ISO	International Organization for Standardization
ISPF	Interactive System Productivity Facility
IS	International Standard
LAN	Local area network
LAPB	Link Access Procedure B
LAPD	Link Access Procedure D
LAT	Local Area Transport
LCD	Flüssigkeitskristallanzeige
LE	Layer entity
LEN	Low Entry Networking
LH	Link Header
LIFO	Last in First out
LLH	Logical Link Header
LM	Layer management
LME	Schichtenmanagement-Instanz
LMF	lokale Managementfunktionen
LMI	internes Schichtenmanagement-Interface
LMP	Loopback Mirror Protocol
LMS	Lokale Management Services
LPP	Lightweight Presentation Protocol
LT	Link Trailer
LU	Logical Unit
LUF	lokale Nutzerfunktionen
MA	Managementagent

MAC	Medium Access Control
MAN	Metropolitan Area Network
MAP	Manufacturing Automation Protocol
MEN	Management Event Notification Protocol
MHS	Message Handling System
MIB	Management Information Base
MICE	Management Information Control and Exchange Protocol
MIR	Management Information Repository
MMS	Manufacturing Message Specification
MNP	Managementprotokoll
MOP	Maintenance Operations Protocol
MO	Managed object
MOUT	Managed object under test
MRX	Message Router X.400 Gateway
MTA	Message Transfer Agent
MV	Major Vektor
MVS/ESA	Multiple Virtual Storage/Extended Storage Architecture
NAL	Network Application Layer
NAU	Network Addressable Unit
NCCF	Network Communication Control Facility
NCL	Network Control Language
NCP	Network Control Program
NEMF	Network Error Management Facility
NFS	Network File System
NFT	Network File Transfer
NIA	Network Interface Adapter
NICE	Network Information and Control Exchange
NI	Nutzerinterface
NLDM	Network Logical Data Manager
NMCC	Network Management Control Center
NMI	Schichtenmanagement-Nutzerinterface
NMOS	Network Management Operation Services
NMP	NetView Performance Monitor
NMPE	Schichtenmanagement-Protokollinstanz
NMPF	Network Management Productivity Facility
NMP	Schichtenmanagement-Prozeß
NMS	Network management station
NMVT	Network Management Vector Transport
NPDA	Network Problem Determination Application
NPSI	Network Packet Switching Interface
NSP	Network Services Protocol
NU	New user
NVT	Network Virtual Terminal
OCA	Object Contents Architecture
OCCF	Operator Comment Control Facility
OSAK	Open Systems Applikation Kernel
OSCRL	Operating System Command and Response Language
OSI	Open Systems Interconnection
OSNS	Open Systems Network Support
OTSS	Open Systems Transport and Session Support
PAD	Packet Assembly Disassembly
PC	Path Control
PCI	Protocol control information
PCM	Pulscodemodulation
PDU	Protocol data unit, Protokolldateneinheit
PE	Protocol entity, Protokollinstanz
PH	Packet Header
PIU	Path Information Unit
PM	Performance management, Leistungsmanagement
PM	Presentation Modules
PNCP	Peripheral Node Control Point
PPO-Log	primary program operator log
PROP	Programmable Operator

PSH Push Flag
PSI Packet Switching Interface
PS Presentation services
PTS Pass-Through-Services
PU Physical Unit
PUCP Physical Unit Control Point
PUMS Physical Unit Management Services
QMF Query Management Facility
RBMS Remote Bridge Manager System
RCP Real-Time Control Program
RDN Relative distinguished name
REP Repository
REXX SAA-Prozedursprache
RH Request/response header
RMS Record Management System
ROSE Remote Operations Service Elements
RST Reset Flag
RTIC Real-Time Interface Coprocessor
RTM Response Time Monitor
RUN Kommando
RU Request unit
SAA Systems Application Architecture
SAW Session Awareness Filter
SCS SNA Character String
SCT Severe clear Threshold
SDLC Synchronous data link control
SDU Service data unit
SEL Selektor
SGMP Simple Gateway Monitoring Protocol
SMIB Security Management Information Base
SM Security management, Sicherheitsmanagement
SM Systems management
SMAE Systemmanagement-Verarbeitungsinstanz
SMFA Systems Management Functional Area
SMP Systemmanagement-Prozeß
SMTP Simple Mail Transfer Protocol
SNADS SNA Distribution Services
SNA Systems Network Architecture
SNMP Simple Network Management Protocol
SPCI Service Point Command Interface
SQL/DS Distributed SQL Database
SQL Structured Query Language
SSA Supportive Security Application
SSCP System Services Control Point
SSI Subsystem Interface
ST Severe Threshold
SV Subvektor
SYN Synchronization Flag
TAF Terminal Access Facility
TCP Transmission Control Protocol
TCP/IP Transmission Control Protocol/Internet Protocol
TELNET Telnet Virtual Terminal Protocol
TH Transmission Header
TOP Technical and Office Protocol
TO Testobjekt
TRR Test request responder
TSO Time Sharing Option
TTCN Tree and Tabulator Combined Notation
UDP User Datagram Protocol
UD User data
UQ User quit
URG Urgent Flag
VMS Virtual Memory System
VM Virtual Machine
VNCA VTAM Node Control Application
VOTS VAX OSI Transport Service
VSAM Virtual Storage Access Method
VTAM Virtual Telecommunication Access Method
WAN Wide area network
WD Working Draft
XNS Xerox Network System

1 Rechnernetze: Begriffe, Konzepte, Anwendungen

1.1 Rechnerverbundsysteme

Dieses einführende Kapitel soll den Leser mit einigen Grundbegriffen, systemtechnischen Konzepten und Anwendungsfeldern von Rechnernetzen vertraut machen, soweit dies für das Verständnis des nachfolgenden Textes erforderlich ist. Es kann nicht sehr tiefgründig sein. Interessenten an weiterführendem Wissen werden auf die Spezialliteratur zu diesem Thema verwiesen (z.B. [1-1], [1-2], [1-3], [1-4], [1-5], [1-6]).

Werden Computer (Rechner) mittels Kommunikationskanälen untereinander verbunden, entsteht ein *Rechnerverbundsystem*. Die einzelnen Rechner eines Rechnerverbundsystems sind autonom arbeitsfähig, d.h. sie verfügen über periphere Geräte und ein eigenes Betriebssystem. Rechnerverbundsysteme lassen sich in zwei Klassen einteilen: Mehrrechnersysteme und Rechnernetze.
Ein *Mehrrechnersystem* besteht aus einer kleinen Anzahl von Rechnern, die meist nahe beieinander stehen und nicht universell miteinander kommunizieren können. In der Regel ist die Kommunikation anwendungsbezogen ausgestaltet und eingeschränkt. Die Hard- und Softwarekomponenten zur Verbindung der einzelnen Rechner bilden kein abgeschlossenes System mit relativ universell nutzbarem Dienstangebot. Mehrrechnersysteme sind z.B. für größere Rechenzentren typisch. Als Verbindungsmedien werden häufig gemeinsame externe Speicher oder die für den Anschluß der peripheren Geräte üblichen Mittel genutzt. Mehrrechnersysteme sollen hier nicht weiter betrachtet werden, obwohl sie sich logisch wie Rechnernetze verhalten können.

Ein *Rechnernetz* ist ein Rechnerverbundsystem, bei dem die geräte- und programmtechnischen Kopplungskomponenten als ein abgegrenztes System mit relativ universellem Dienstangebot gestaltet sind, das von den einzelnen Rechnern im Rahmen ihrer Möglichkeiten freizügig genutzt werden kann. Damit können Rechner in einem Rechnernetz unabhängig von der Existenz einer physischen Direktverbindung zwischen ihnen miteinander kommunizieren. Anders betrachtet, besteht ein Rechnernetz aus Rechnern und einem Kommunikationsnetz. Das Kommunikationsnetz kann speziell für die Rechnerkommunikation ausgelegt sein, z.B. ein lokales Netz oder ein öffentliches paketvermitteltes Netz, es kann aber auch ein universelles Nachrichtennetz sein, z.B. das ISDN (Integrated Services Digital Network [1-6]).

Das *Kommunikationsnetz* besteht aus Übertragungskanälen (Leitungen, Richtfunk-, Satellitenverbindungen u.a.), aus Datenübertragungseinrichtungen (DÜE, data circuit terminating equipment, DCE) und netztypspezifischen vermittelnden oder konvertierenden Einrichtungen wie Vermittlungseinrichtungen (Switches), Umsetzer (z.B. PADs, Packet Assembly Disassembly), Repeater, Brücken usw. Aus der Sicht des Kommunikationsnetzes ist der Rechner eine Datenendeinrichtung (DEE, data terminal equipment, DTE). Die Terminologie ist für die verschiedenen Kommunikationstechnologien (z.B. leitungs- und paketvermittelte Datennetze, ISDN, LAN) noch nicht sehr einheitlich.

1.2 WAN, LAN und MAN

Rechnernetze werden traditionell in zwei Klassen eingeteilt: Weitverkehrsnetze (wide area network, WAN) und Lokale Netze (local area network, LAN).
Weitverkehrsnetze überdecken beliebig große geographische Gebiete. An sie können theoretisch unbegrenzt viele Rechner angeschlossen werden. Weitverkehrsnetze sind zunächst reine Kommunikationsnetze, die von öffentlichen oder privaten Gesellschaften betrieben werden (Trägernetze). Nutzer können Anschlüsse an Weitverkehrsnetze gegen Entgelt erhalten und daran Rechner anschließen. So entstehen *globale Rechnernetze.* Seit einiger Zeit schließen die Betreiber der Trägernetze auch selbst Rechner an ihre Netze an und bieten deren Dienste zusätzlich zur reinen Übertragungsleistung an (Mehrwertdienste, Value Added Networks [1-7]).
Bisher waren WAN durch relativ niedrige Übertragungsraten gekennzeichnet (etwa 1,2 kbit/s ... 64 kbit/s). Neuerdings stehen, wenn auch noch nicht flächendeckend, auch wesentlich höhere Übertragungsraten zur Verfügung [1-8].

Lokale Netze erstrecken sich ihrem Namen gemäß über ein geographisch eng begrenztes Gebiet, z.B. ein Gebäude, ein Fabrikgelände oder einen Universitätscampus. Es werden überwiegend spezielle, nichtöffentliche Übertragungswege relativ hoher Bandbreite genutzt. Betreiber und Nutzer sind als Organisation meist identisch. Die Übertragungsraten liegen in einem Bereich oberhalb 100 kbit/s bis über 100 Mbit/s. Es wird zwischen Basisband- und Breitbandübertragung unterschieden. Bei Basisbandübertragung existiert nur *ein* physischer Übertragungskanal, auf dem die von den Rechnern kommenden Daten unmoduliert übertragen werden. Das Problem, das mehrere angeschlossene Rechner (Stationen) einen Übertragungskanal konkurrierend benutzen, wird mittels verschiedener Kanalzugriffsverfahren gelöst [1-4], z.B. CSMA/CD, Token Ring und Token Bus, die auch standardisiert wurden (IEEE 802 bzw. ISO 8802). LAN mit Breitbandübertragung können mehrere physische Übertragungskanäle aufweisen, z.B. mit Hilfe von Frequenz- oder Zeitmultiplexverfahren. Dies kann genutzt werden, um Kommunikationskanäle verschiedenen Informationstypen speziell zuzuordnen (z.B. Daten, Sprache, Fest- und Bewegtbild). Damit wird eine neue Qualität der Kommunikationsinfrastruktur erreicht, wie sie auch im WAN-Bereich zum Teil durch das Schmalband-ISDN [1-6] , besonders aber das Breitband-ISDN [1-8], [1-9] erreicht wird.

In der jüngeren Vergangenheit beginnen sich im (räumlichen) Grenzgebiet zwischen LAN und WAN noch die *Metropolitan Area Networks* (MAN) als Regionalbereichsnetze zu entwickeln. Häufig werden sie auch als Hochgeschwindigkeits-LAN (High-Speed-LAN) bezeichnet [1-10], da sie sich gegenüber den traditionallen LAN in der Übertragungsrate nach oben abheben (100 bzw. 140 Mbit/s gegenüber in der Regel 4-16 Mbit/s). MAN unterscheiden sich von üblichen LAN auch durch die wesentlich erhöhte räumliche Ausdehnung. Bei der bisher am meisten verbreiteten FDDI-Technik (Fiber Distributed Data Interface) sind z.B. 100 km ohne weiteres möglich, bei dem alternativen DQDB (Distributed Queue Dual Bus, vgl. [1-10] wird ein nahtloser Übergang in den WAN-Bereich angestrebt.

Unter diesem Aspekt, aber auch aus anderen Gründen verliert die traditionell entstandene Unterscheidung zwischen WAN und LAN ihre Bedeutung. LAN und WAN arbeiten über Brücken, Router und Gateways zusammen und bilden große Verbundsysteme. *Brücken* dienen der Verbindung von Lokalnetzsegmenten auf der Sicherungsschicht (MAC-Sublayer, vgl. [1-5]). Zwischen zwei Brücken können Datenübertragungsstrecken in Weitverkehrsnetzen liegen, so daß weit entfernte lokale Subnetze ein homogenes Ganzes bilden können. Brücken haben Filterfunktionen, sie lassen nur diejenigen Übertragungsblöcke passieren, die tatsächlich für ein anderes Segment oder Subnetz bestimmt sind. *Router* arbeiten auf der Vermittlungsschicht, sie können zusätzlich zu den Funktionen einer Brücke noch Wege in vermaschten Netzen auswählen. *Gateways* sind in der Lage, zwischen unterschiedlichen Kommunikationsprotokollen umzusetzen.

1.3 Strukturen in Rechnernetzen

Rechnernetze können unter unterschiedlichen Aspekten strukturiert werden. Dies dient deskriptiven und konstruktiven Zwecken und ist auch für das Netzmanagement von Bedeutung. Wichtige Strukturierungsaspekte sind die physische, die topologische, die programmtechnische und die logische Struktur.

Die *physische Struktur* eines Rechnernetzes entsteht durch Betrachtung der physischen Komponenten und ihrer physischen Kopplungen. Rechner und die physischen Komponenten von Kommunikationsnetzen wie Leitungen, Funkkanäle, Vermittlungseinrichtungen, Modems, Kommunikationsadapter usw. bilden die Elemente der physischen Struktur. Es gibt eine große Breite von Funktionsprinzipien, die unterschiedliche Kommunikationstechnologien bilden und sich in unterschiedlichen Gerätetypen wiederfinden, ganz zu schweigen von der Produktvielfalt auf dem Markt. Einige dieser Technologien wurden grob im vorangegangenen Abschnitt angesprochen. Sie können hier nicht vertieft behandelt werden. Die physische Struktur ist eine wichtige Basis für die Bestimmung von Objekten, die für das Netzmanagement von Bedeutung sind.

Die *topologische Struktur* ist eine Abbildung der physischen Struktur auf einer höheren Abstraktionsebene. Rechner und aktive Komponenten des Kommunikationsnetzes werden allgemein als Systeme oder Knoten, die physischen Verbindungen zwischen ihnen als Kommunikationskanäle betrachtet. Von den realen geographischen Standorten und Entfernungen wird ebenfalls abstrahiert. So werden verallgemeinernde Aussagen über die Verbindungseigenschaften eines Netzes auf der physischen Ebene möglich. Topologische Grundtypen sind die Linie, der Ring, der Baum (mit seiner Sonderform, dem Stern) und die Masche (in der jedes aktive Element mit jedem anderen eine Verbindung aufweist). Die topologischen Grundtypen haben unterschiedliche Eigenschaften, gemessen an solchen Kriterien wie Zuverlässigkeit und Erweiterbarkeit. So ist auch die topologische Struktur eine wichtige Bezugsebene für das Netzmanagement. In der Praxis haben nur kleine oder vereinfacht betrachtete Rechnernetze eine reine topologische Struktur (z.B. ein einzelnes Ethernet-Segment oder ein einzelner FDDI-Ring), meist treten Mischformen auf. Im LAN-Bereich dominieren Linien- und Ringtopologien, im Bereich der mainframebasierten Terminalnetze Baumtopologien und bei WAN irreguläre Maschentopologien.

Die *programmtechnische Struktur* widerspiegelt den physischen Aufbau der Netzsoftware. Programmsysteme, Programme, Moduln und ihre wechselseitigen Aufrufrelationen sind die Bausteine der programmtechnischen Struktur. Nach den einschlägigen softwaretechnologischen Entwurfsprinzipien ist die programmtechnische Struktur eine Abbildung der Funktionshierarchie der Netzsoftware. Verbreitet sind Beziehungen zwischen den Elementen der programmtechnischen Struktur und der Schichtenstruktur, die hier aber der logischen Struktur zugeordnet werden soll. Für den Betreiber von Rechnernetzen und damit für das Netzmanagement ist die programmtechnische Struktur wesentlich wichtiger als für den Endnutzer, der nur Funktionen kennt, ohne mit der tiefgegliederten Hierarchie programmtechnischer Bausteine konfrontiert zu sein. Jedes Element der programmtechnischen Struktur ist durch eine bestimmte Art der Einbettung in ein Basisbetriebssystem sowie durch von diesem oder programmsprachlich definierten Beziehungen zu anderen programmtechnischen Elementen gekennzeichnet. Verschiedene Basisbetriebssysteme und verschiedene Kommunikationssoftwaresysteme führen zu komplizierten Auswahl- und Koexistenzalternativen. Programmtechnische Elemente liegen häufig in mehreren Versionen vor, sie haben einen physischen Ablageort (Speicherplatz, Datenträger).

Unter dem Begriff *"Logische Struktur"* werden verschiedenartige Abstraktionen der programmtechnischen Struktur unter funktionellen oder Steuerungsa-

spekten verstanden. Verbreitet ist eine Schichtenstrukturierung, für die sich mittlerweile das OSI-Modell als Referenzmodell durchgesetzt hat (vgl. Kapitel 2). In jeder Schicht gibt es mindestens ein Kommunikationsprotokoll, häufig jedoch mehrere. Die Schichtenstruktur dient ebenso wie die topologische Struktur gleichermaßen deskriptiven, konstruktiven und Managementzwecken. In diesem Buch wird deshalb sehr häufig auf Schichtenstrukturen zurückgegriffen.
Gelegentlich wird mit logischer Struktur die Einteilung der Rechnernetze nach ihrem dominierenden Steuerungsprinzip bezeichnet. Danach werden hierarchische und konkurrierende Steuerungsprinzipien unterschieden.
Hierarchische Steuerungsstrukturen sind durch die Einteilung der Systemkomponenten in über- und untergeordnete Komponenten gekennzeichnet, wobei untergeordnete nur nach Aufruf oder Auswahl durch übergeordnete aktiv werden können. Typische Vertreter hierfür sind die mainframebasierten Terminalnetze.
Konkurrierende Steuerungsstrukturen gehen von der Gleichberechtigung aller Systemkomponenten aus, wie das z.B. in einem Ethernet-Segment der Fall ist. Beide Grundtypen von Steuerungsstrukturen können unter Kriterien wie Zuverlässigkeitsverhalten, Komponentenautonomie und Steuerungsaufwand bewertet werden. In hinreichend komplexen Rechnernetzen treten sie meist gemischt auf.

1.4 Anwendungsziele und Rechnernetzklassen

Rechnernetze dienen überwiegend konkreten Anwendungszielen, nicht der Erprobung und dem Funktionsnachweis von Prinzipien und Komponenten. Mittlerweile gibt es kaum ein Gebiet des Computereinsatzes, wo nicht Rechnernetze bereits Fuß gefaßt hätten. Eine Aufzählung, Systematisierung und Darstellung konkreter Anwendungsgebiete ist daher in diesem Rahmen nicht sinnvoll. Vielmehr erweist es sich als zweckmäßig, sich durch eine abstrakte Sicht einen Überblick zu schaffen. Dem kann die Gliederung angestrebter Anwendungsziele nach Verbundeffekten dienen. Ein *Verbundeffekt* bringt in abstrakter Form die Wirkung zum Ausdruck, die durch den Verbund von Rechnern erreicht werden soll. Es lassen sich acht Verbundeffekte unterscheiden.

V1: *Ressourcenverbund* ist die Nutzung nichtlokaler gerätetechnischer Ressourcen für eine Aufgabe.
Beispiele sind die Nutzung virtueller Plattenlaufwerke auf Servern in Arbeitsplatzrechnernetzen oder der Zugriff auf die Ressourcen eines entfernten Großrechners.

V2: *Funktionsverbund* wird allgemein die Verwendung nichtlokaler programmtechnischer Ressourcen für eine Aufgabe genannt.

Beispiele sind die Nutzung spezieller Compiler sowie von Simulations-, Statistik- oder anderen Programmsystemen für wissenschaftlich-technische Berechnungen auf einem entfernten Computer.

V3: *Datenverbund* liegt dann vor, wenn auf Datenbestände zugegriffen wird, die auf entfernten Rechnern verwaltet werden. Beispiele sind verschiedenartige Datenbankanwendungen und Verzeichnisdienste.

V4: *Leistungsverbund* ist der Einsatz mehrerer Rechner eines Netzes zur Lösung einer Aufgabe, die auf einem einzelnen Rechner wegen ihres Umfangs (zumindest in einer angemessenen Zeit) nicht gelöst werden kann.

V5: *Lastverbund* besteht darin, daß Aufgaben, die zunächst einem bestimmten Rechner im Netz zugeordnet wurden, aus Überlastungsgründen auf andere Rechner des Netzes verlagert werden.

V6: *Steuerungsverbund* ist eine vor allem im Prozeßrechnereinsatz verbreitete Nutzungsform der verteilten Verarbeitung, wo mehrere Rechner hierarchisch oder konkurrierend koordiniert an der Steuerung und Überwachung eines großen technischen Systems mitwirken.

V7: *Kommunikationsverbund* ist die rechnergestützte Mensch-Mensch-Kommunikation, z.B. in Form eines Mailsystems.

V8: *Verfügbarkeitsverbund* wird wirksam, wenn wegen Ausfalls eines Rechners dessen Arbeitslast auf andere Rechner eines Netzes umgeleitet wird.

Grundsätzliche Voraussetzung für jeden Verbundeffekt ist, daß die einbezogenen Rechner miteinander kommunizieren können, wozu jeder Rechner einen Teil seiner lokalen Ressourcen bereitstellen muß. Ansonsten gibt es zwischen den verschiedenen Verbundeffekten zahlreiche Überschneidungsbereiche. Im allgemeinen werden in einem Netz mehrere Verbundeffekte gleichzeitig wirksam. Das Netzmanagement kann in Kenntnis dessen so gestaltet werden, daß es wichtige Verbundeffekte besonders gut unterstützt.

Trotz aller Vielfalt der Erscheinungsformen lassen sich in der Praxis typische Klassen von Rechnernetzen finden, die bezüglich der bisher in diesem Kapitel behandelten Charakteristika typische Merkmale aufweisen. Eine mögliche Gliederung umfaßt:

T1: *Arbeitsplatzrechnernetze;* dies sind in der Regel lokale Netze mit angeschlossenen Personalcomputern und/oder Workstations. Es dominieren Ressourcen-, Funktions- und Datenverbund, z.T. spielt Kommunikationsverbund eine Rolle. Wichtige Komponenten sind Server, die gerätetechnische Ressourcen, programmtechnische Funktionen oder Daten für alle angeschlossenen Client-Rechner verfügbar halten. Arbeitsplatzrechnernetze können isoliert arbeiten oder in Netze der übrigen Typen eingeordnet sein.

T2: *Terminalnetze;* dies sind aus den traditionellen Rechenzentren mit großen Universalrechnern (Mainframes) hervorgegangene Systeme, deren Endgeräte zunehmend auch lokale Intelligenz und disponible Ressourcen aufweisen (z.B. in Form von PCs oder X-Terminals). Es dominieren Datenbankanwendungen mit Transaktionsverarbeitung. Von den Terminals können unter Umständen mehrere Mainframes angesprochen werden. Terminalnetze sind im Bereich der sog. kommerziellen Datenverarbeitung verbreitet.

T3: *Prozeßautomatisierungsnetze* verbinden in der Industrie Fertigungseinrichtungen, im Verkehrswesen Überwachungs- und Signaleinrichtungen, in der Medizin Überwachungs-, Diagnose- und Behandlungsgeräte usw. und koordinieren deren Arbeit. Es herrscht Steuerungsverbund vor, zusätzlich spielt Datenverbund eine große Rolle. Besonders in der Industrie sind Prozeßautomatisierungsnetze die untere Ebene einer Netzhierarchie, in der auch Netze aller anderen Typen vorkommen.

T4: *Trägernetze* sind entweder öffentliche oder private WAN und MAN, die aus der Sicht einer modernen Kommunikationsinfrastruktur vor allem Übertragungsleistung für darauf aufbauende Anwendungsnetze (besonders der Typen T2 und T5) bereitstellen. Daneben können sie die bereits erwähnten Mehrwertdienste (z.B. BTX, Telebox) anbieten. Eine spezielle Form von Trägernetzen sind die Backbone-Netze im lokalen Bereich, die der Verbindung mehrerer lokaler Netze, vor allem vom Typ T1 und T3, dienen.

T5: *Universelle Rechnernetze* sind globale Rechnernetze unterschiedlicher Ausdehnung. Sie verbinden Rechner beliebiger Typen vor allen mit den Zielen Funktionsverbund, Datenverbund und Kommunikationsverbund. Je nach Gesamtzielstellung können Netze der Typen T1, T2 und T3 eingebunden sein. Basis für universelle Rechnernetze sind meist Netze vom Typ T4. Beispiele für T5 sind die verschiedenen Wissenschaftsnetze oder die Netze von großen Unternehmen und staatlichen Institutionen.

Rechnerverbundsysteme und daher auch Rechnernetze werden häufig noch unter einigen weiteren Aspekten klassifiziert, die ihre Eigenschaften in globaler Weise charakterisieren sollen. Da die entsprechenden Bezeichnungen in der Fachliteratur häufig auftreten und auch nachfolgend gelegentlich verwendet werden, sollen sie hier kurz eingeführt werden.

1.5 Offene und geschlossene Rechnernetze

In *offenen Rechnernetzen* erfolgt die Kommunikation nach einheitlich vorgegebenen (anerkannten) Regeln. Diese Einheitlichkeit gilt nicht nur für zwei oder eine begrenzte Anzahl von Partnern, sondern muß für alle potentiellen Teilnehmer gelten. Daraus folgt sofort, daß sich letztendlich nicht mehrere Konzepte für offene Systeme realisieren lassen. Architekturprinzipien und Kommunikationsregeln müssen von allen anerkannt und eingehalten werden, deren Produkte in einem Gesamtsystem funktionieren sollen, und die Anwender müssen fordern und nachweisen lassen, daß die Produkte, die sie in ihren Systemen einsetzen, solche Eigenschaften haben. Computersysteme und ihre Software mit derartigen Merkmalen werden als *offene Systeme* bezeichnet.

Da für ein fehlerfrei funktionierendes verteiltes Informationssystem sehr viele Details im Sinne offener Systeme reglementiert werden müssen und die Implementierung vorgegebener Kommunikationsregeln in einer konkreten Hard- und Softwareumgebung in der Regel in sehr unterschiedlicher Weise möglich ist, reicht der Anspruch eines Herstellers, Produkte mit den Merkmalen offener Systeme anzubieten, nicht aus. Es sind Institutionen und Verfahren notwendig, die die Realität dieses Anspruchs auf dem Wege von Konformitätstests nachprüfen und glaubhaft bestätigen (zertifizieren). Wegen der Freiheitsgrade bei der Wahl von Optionen im Rahmen von Standards können Unverträglichkeiten sowohl auf einer Protokollebene als auch insbesondere bei Protokollhierarchien entstehen. Um diesem Problem entgegenzuwirken, werden sog. funktionale Standards definiert (Protokollprofile), die die Optionen für bestimmte Anwendungsklassen festschreiben. Die reale Fähigkeit zur Zusammenarbeit, z.B. von Produkten verschiedener Hersteller oder für verschiedene Rechner- oder Betriebssystemklassen, ist darüber hinaus durch Interoperabilitätstests zu beweisen.

Der Zusammenhang des bisher Dargestellten zur Standardisierung (Normung) ist völlig offensichtlich. Ebenso offensichtlich ist, daß nationale Bemühungen hier von vornherein nicht ausreichend sind, sondern internationale Standardisierung erforderlich ist. Diese hat in der Tat in der Gegenwart bereits einen bemerkenswerten Stand erreicht. Die internationale Standardisierung auf dem Gebiet der offenen (verteilten Informations-) Systeme wird vor allem von der International Organization for Standardization (ISO) getragen, aber auch vom Comite Consulatif International de Telefonique et Telegraphique (CCITT) und anderen Organisationen. Hier soll insbesondere auf die Arbeiten der ISO Bezug genommen werden, die mittlerweile weltweit anerkannt sind und auch von den übrigen Standardisierungsgremien zugrunde gelegt werden. Diese Arbeiten haben bisher Ergebnisse erbracht:

- bezüglich der architekturellen Prinzipien einer Kommunikation offener Systeme (in Form des Basis-Referenzmodells, des sogenannten OSI-Modells),
- bezüglich der Kommunikationsregeln im einzelnen (in Form zahlreicher konkreter Standardisierungsprojekte).

Auf diese Ergebnisse wird in den nachfolgenden Abschnitten noch näher eingegangen. Einige zusätzliche Bemerkungen zum Entstehungsweg und Gegenstandsbereich der ISO-Standards auf dem Gebiet der offenen Systeme sind noch angebracht.

1. Die Entwicklung eines Standards bis zu seiner endgültigen Verabschiedung ist ein mehrjähriger Prozeß. Dieser ist bei der ISO durch mehrere Stufen gekennzeichnet, deren jeweils dokumentierte Ergebnisse als

- Working Draft (WD)
- Draft Proposal (DP)
- Draft International Standard (DIS)
- International Standard (IS)

bezeichnet werden. Die inhaltlichen Veränderungen zwischen diesen Stufen sind unterschiedlich bedeutsam, können aber erheblich sein. Implementierungen auf der Grundlage eines noch nicht endgültig verabschiedeten Standards (Standardentwurfs) können deshalb nicht wirklich den Anspruch erheben, standardgerecht zu sein. Nichtsdestoweniger sind derartige "Pilotimplementierungen" außerordentlich nützlich, können mit ihnen doch wertvolle Erfahrungen gesammelt werden, die auch auf den Standardisierungsprozeß zurückwirken. Der Umstellungsaufwand auf den endgültigen Standard ist bereits bei der Planung zu beachten.

2. Der Standardisierungsprozeß vollzieht sich nicht für alle potentiellen Gegenstände der Standardisierung synchron. Es ist nicht einmal sicher, ob alle potentiellen Standardisierungsobjekte bereits definiert sind. So ist bei komplexen Projekten verteilter Informationssysteme damit zu rechnen, daß Teile des Gesamtprojekts nach Standardentwürfen unterschiedlichen Entwicklungsstandes realisiert werden müssen oder für andere Teile des Gesamtprojekts, für die zum Zeitpunkt des Beginns der Arbeiten keine Standards bekannt waren, solche zu einem späteren Zeitpunkt erscheinen.

3. Die OSI-Standardisierungsvorhaben für offene Systeme überdecken nicht alle Probleme, die für verteilte Informationssysteme von Belang sind. Sie beschränken sich auf solche Aspekte, die für die Kommunikation zwischen offenen Systemen von Belang sind. Strukturen und Prozesse innerhalb eines offenen Systems werden nur behandelt, soweit sie für die Kommunikation

zwischen Systemen wesentlich sind. Es werden architekturelle Richtlinien aufgestellt, keine Implementierungsvorschriften formuliert. So findet sich in den Standarddokumenten an zahlreichen Stellen, wo sich der Implementator eine Konkretisierung wünscht, die lakonische Bemerkung, daß dies von lokaler Bedeutung (of local concern) sei.

Kein Gegenstand der Standardisierung offener Systeme sind die Wechselbeziehungen zwischen einem offenen System und seiner Anwenderumgebung.

4. Zur Entschärfung dieser Einschränkungen soll jedoch darauf hingewiesen werden, daß von der ISO auf dem Gebiet der Informationsverarbeitung (im Technischen Komitee JTC1) und auch von anderen Gremien zahlreiche Standardisierungsprojekte verfolgt werden, die im Sinne der Kommunikation offener Systeme "of local concern" sind. Dazu gehören solche auf dem Gebiet der Programmiersprachen, Betriebssysteme, Datenbanken und der Mensch-Maschine-Schnittstelle (z.B. Operating System Command and Response Language OSCRL [2.1] und OSF MOTIF). Gerade bei verteilten Informationssystemen, wo stets mehrere Anwendergruppen und häufig auch mehrere Entwicklergruppen beteiligt sind, kann die Beachtung auch derartiger Standards sehr nützlich sein.

Schließlich soll noch darauf hingewiesen werden, daß der Begriff "offenes System" gelegentlich in Firmenschriften und wissenschaftlichen Publikationen in einem anderen als dem hier geprägten Sinne verwendet wird. Relativ häufig bedeutet er einfach "erweiterbares System" in der Auslegung, daß gewisse Vorkehrungen für späteren aufwandsarmen Ausbau getroffen werden. Andere Autoren bezeichnen Systeme, denen sich beliebige Nutzer als Teilhaber/Teilnehmer anschließen können, als offene Systeme. Nach dem oben Ausgeführten ist klar, daß solche Systeme dennoch geschlossene Systeme sein können (und dies gegenwärtig in der Regel auch sind). Ein vernünftiges Maß an Skepsis bei der Bewertung von Lösungen und Produkten, die den Anspruch erheben, offene Systeme zu sein, ist demnach angebracht.

Geschlossene Rechnernetze sind für abgeschlossene Mengen von Gerätetypen oder Anwendungen entwickelt worden. Untereinander können geschlossene Rechnernetze nicht ohne ganz spezielle und entwicklungs- und laufzeitaufwandsbehaftete Maßnahmen zusammenarbeiten. Es lassen sich herstellerspezifische und anwendungsspezifische geschlossene Rechnernetze unterscheiden.

Herstellerorientierte geschlossene Rechnernetze sind darauf gerichtet, die Hard- und Softwareprodukte eines Herstellers miteinander zu verbinden. Es gibt von ihnen zwar nur eine beschränkte Anzahl von Typen, aber ihre Vielfalt und insbesondere ihre Unterschiedlichkeit ist dennoch beträchtlich. Derartige sogenannte Netzarchitekturen existieren teilweise schon eine geraume Zeit und werden ständig weiterentwickelt. Damit werden sowohl neue Produkte als auch die fortschreitenden Anwenderbedürfnisse berücksichtigt. Besonders weit verbreitet sind zum Beispiel die Systems Network Architecture (SNA, vgl. Abschnitt 3.2) von IBM und die Digital Network Architecture (DNA, vgl. Abschnitt 3.3) von DEC. Obwohl diese Konzepte eine gute Effizienz und mächtige Funktionalität aufweisen sowie einer ständigen Wartung und Weiterentwicklung durch ihre Hersteller unterliegen, haben sie zwei entscheidende Nachteile:

- Geräte anderer Hersteller können nicht ohne weiteres integriert werden,
- die Verbindung mit anderen herstellerorientierten geschlossenen Systemen ist relativ kompliziert, meist nur für ein eingeschränktes Funktionsspektrum unterstützt und oft ungenügend effizient.

Aus diesen Gründen unterstützen auch die meisten Hersteller den Trend zu offenen Systemen und verfolgen Migrations- oder zumindest Koexistenzkonzepte zu offenen Systemen.

Anwendungsspezifische geschlossene Rechnernetze gehen von den Bedürfnissen, Gegebenheiten und Entscheidungen eines Anwenders aus. Sofern Hard- und Softwareprodukte verschiedener Hersteller zum Einsatz kommen (heterogene Systeme), sind solche Netze oft schwer überschaubar. Änderungsdienst und Erweiterbarkeit sind problematisch und zumindest Teillösungen sind nicht ausreichend effizient. Die meisten gegenwärtig funktionsfähigen verteilten Systeme sind von diesem Typ, insbesondere alle, die Hard- und Softwarekomponenten verschiedener Hersteller einsetzen. Bei hinreichender Komplexität des Gesamtsystems sind seiner Übertragung auf andere Anwendungsbedingungen prinzipielle Grenzen gesetzt. Das erklärt auch die Vielfalt der existierenden anwenderorientierten geschlossenen Systeme. Die Verbindung mit anderen derartigen Systemen erfordert aufwendige Anpassungs- oder Umsetzungsmechanismen, deren Effizienz häufig unbefriedigend ist. Vielfältige, das Netzmanagement stark beeinflussende Maßnahmen sind erforderlich, um ein Minimum des Zusammenwirkens zu sichern.

Aus den genannten Gründen wird bei vielen Betreibern anwenderorientierter geschlossener Rechnernetze über Migrationskonzepte zum schrittweisen Übergang auf offene Systeme nachgedacht. Erreichen bestimmte Konzepte und Protokolle aus zunächst geschlossenen Rechnernetzen eine sehr breite Akzeptanz, können sie zu Kandidaten für offene Systeme werden, z.B. TCP/IP (vgl. Abschnitt 3.4).

1.6 Homogene und heterogene Rechnernetze

Streng genommen sind Rechnernetze, die in mindestens einem kommunikationsrelevanten Merkmal voneinander abweichen, heterogene Rechnernetze. Stimmen sie in allen kommunikationsrelevanten Merkmalen überein, sind es homogene Rechnernetze. Besser ist es demnach, die Bezeichnungen "heterogen" bzw. "homogen" stets unter gleichzeitiger Nennung des Merkmals oder der Merkmale zu benutzen, für die sie gelten sollen. Trotz der potentiellen Unschärfe, wenn nicht so verfahren wird, werden beide Bezeichnungen breit verwendet. Beispiele für homogene Rechnernetze sind etwa

- reine PC-Netze mit dem Betriebssystem MS/DOS und einem verbindenden Netzbetriebssystem,
- reine SNA-Netze,
- reine TCP/IP-Netze mit dem Betriebssystem UNIX.

Inhomogenitäten bezüglich der physischen und topologischen Struktur können in den höheren Schichten der Netzsoftware aufgehoben werden, so daß die miteinander kooperierenden Netze unterhalb einer bestimmten Schicht als heterogen, oberhalb als homogen gelten können. Das Konzept der offenen Rechnernetze zielt letztendlich darauf ab, Inhomogenitäten ab einer bestimmten Schicht, spätestens aber gegenüber dem Endnutzer zu verbergen. Auch das Netzmanagement muß sich mit dem Phänomen "Heterogenität" auseinandersetzen, wie nachfolgend noch im einzelnen sichtbar werden wird.

2 Grundlagen offener Rechnernetze

2.1 Basisreferenzmodell

2.1.1 Entwicklung und Bedeutung

Die Komplikationen, die geschlossene Systeme mit sich bringen, bewirkten Ende der siebziger Jahre die Bildung eines speziellen Subkomitees (SC16) des damals für die Informationsverarbeitung zuständigen Technischen Komitees (TC97) der Internationalen Standardisierungsorganisation ISO. Die Arbeiten in diesem Gremium führten 1983 zur Verabschiedung des Basisreferenzmodells für die Kommunikation offener Systeme (Originaltitel: Information Processing Systems-Open Systems Interconnection-Basic Reference Model) in Form des Internationalen Standards IS 7498 (kurz: OSI-Modell [2-2]). Mit diesem Standard werden die allgemeinen Prinzipien der Architektur und Kommunikation offener Systeme sowie wesentliche terminologische Grundlagen festgeschrieben. Obwohl sich das OSI-Modell in komplexen praktisch funktionierenden Lösungen (vor allem wegen der Macht des schon

Bestehenden) noch nicht breit durchsetzen konnte, hat es mittlerweile eine bemerkenswerte Autorität erlangt. Andere bedeutende internationale (z.B. CCITT mit X.200) und nationale (z.B. DIN mit DIN ISO 7498) Normungsinstitutionen haben das OSI-Modell akzeptiert. Im wissenschaftlichen Bereich hat sich ein breiter Konsens auf seiner Grundlage entwickelt, wobei hier vor allem der große Wert der terminologischen Vereinheitlichung betont werden muß (die Übersetzungen aus dem im Original englischsprachigen Text z.B. ins Deutsche sind allerdings z. T. noch umstritten).

Seit Verabschiedung des Basisreferenzmodells haben sich auf seiner Basis eine Vielzahl von detaillierten Normungsaktivitäten entfaltet. Im gegebenen Zusammenhang sollen vor allem die in den Subkomitees 6 und 21 des inzwischen zwischen ISO und IEC gemeinsam gebildeten Technischen Komitees JTC1 berücksichtigt werden, soweit dies hier möglich ist.

Ganz besonders wichtig für die praktische Durchsetzung des OSI-Modells ist vermutlich, daß es nunmehr von großen Herstellern unterstützt wird. Diese Unterstützung hat gegenwärtig unterschiedliche Formen:

a) Es werden Programmprodukte angeboten, in denen entsprechend dem Stand der Detailstandardisierung Teilkomponenten für die Kommunikation offener Systeme implementiert sind. Diese Komponenten sind zum Teil alternativ zu funktionell prinzipiell gleichartigen Komponenten aus den jeweiligen firmenspezifischen geschlossenen Systemen einsetzbar.
b) Es werden vollständige Migrationsstrategien von den geschlossenen Systemen zu "OSI-gerechten" offenen Systemen propagiert. Die unter a) genannten Komponenten können eine Zwischenetappe in dieser Strategie darstellen. In den Funktionsbereichen offener Systeme, für die die Standardisierung noch nicht abgeschlossen sind, werden (zeitweilig) herstellerspezifische Lösungen angeboten.

Eine weitere praktisch bedeutsame Unterstützung für das Konzept der Kommunikation offener Systeme ist das Bekenntnis einiger wichtiger Anwender zum OSI-Modell. Hier sind vor allem das Manufacturing Automation Protocol (MAP) von General Motors und das Technical and Office Protokoll (TOP) von Boeing zu nennen. Hier sei lediglich darauf verwiesen, daß das große Marktpotential solcher Massenanwender von Computer- und Kommunikationstechnik namhafte Anbieter zum raschen Einschwenken auf die OSI-Linie veranlaßt. In ähnlicher Weise wirken die Absichtserklärungen bedeutender Regierungsinstitutionen.
Im Lichte dieser Überlegungen scheinen die Zukunft des OSI- Modells und der darauf beruhenden Standardisierungsprojekte gesichert. Natürlich ist es praktisch nicht möglich, bewährte und langjährig in der Nutzanwendung befindliche geschlossene Systeme kurzfristig umzustellen. Deshalb wird es noch viele Jahre Koexistenzprobleme zu lösen geben. Außerdem muß noch

intensiv an der Lösung von Effizienzproblemen bei der Implementierung von Standards gearbeitet werden.

2.1.2 Architekturelle und terminologische Elemente

Strukturierung ist ein wichtiges methodisches Prinzip, um komplexe Systeme beschreibbar und beherrschbar zu machen. Für Kommunikationssysteme wird dieser Gedanke vom OSI-Basisreferenzmodell aufgegriffen Eine Übersicht über den Zusammenhang wichtiger Grundbegriffe vermittelt Bild 2-1.

Grundelemente eines verteilten Informationssystems sind *Systeme*. Ein *System* ist eine Menge von einem oder mehreren Computern einschließlich der zugehörigen Software, der peripheren Geräte, Terminals, Informationsübertragungsmittel, Bediener und gegebenenfalls physikalischer Prozesse, die ein autonomes Ganzes bildet mit der Fähigkeit zu Informationsverarbeitung und/oder -übertragung. Ein System kann also eine vollständige Mainframe-Konfiguration (auch als Mehrrechnersystem), ein einzelner PC oder auch eine computergesteuerte Werkzeugmaschine sein, um einige Beispiele zu nennen. Die Einbeziehung von Bedienern mag zunächst befremdlich erscheinen. Sie liegt jedoch darin begründet, daß in verteilten Systemen Steuerungs- und Überwachungsaufgaben erforderlich sind, die nicht ohne Zutun von Bedienern abgewickelt werden können (vgl. Kapitel 4). Im Rahmen dieses Abschnitts wird der Begriff "System" stets synonym zum Begriff "Offenes System" verwendet. Systeme werden in *Endsysteme* (end systems) und *Transitsysteme* (relay systems) unterschieden.

Im *Endsystem* laufen Anwendungsprozesse ab, die Quelle und/oder Senke von Informationsflüssen zwischen Systemen sind. *Anwendungsprozesse* im Sinne von OSI können sein:

- "manuelle" Prozesse, d.h. rechnergestützte, aber im wesentlichen von Menschen vollzogene Prozesse;
- Computerprozesse, d.h. durch Programme repräsentierte Prozesse in Computern;
- physikalische Prozesse, insbesondere im Rahmen der Prozeßautomatisierung in verschiedensten technischen Anwendungen.

Verteilte Informationssysteme können nur aus Endsystemen bestehen, z.B. wenn sie mittels eines lokalen Netzes miteinander in Verbindung stehen.

Transitsysteme dienen der *Vermittlung* von Informationsflüssen, wenn die Endsysteme nicht direkt miteinander verbunden sind. Transitsysteme sind z.B.

in paketvermittelten Datennetzen (wie DATEX-P) typisch. Sie weisen gegenüber Endsystemen eine andersartige, eingeschränkte Funktionalität auf.

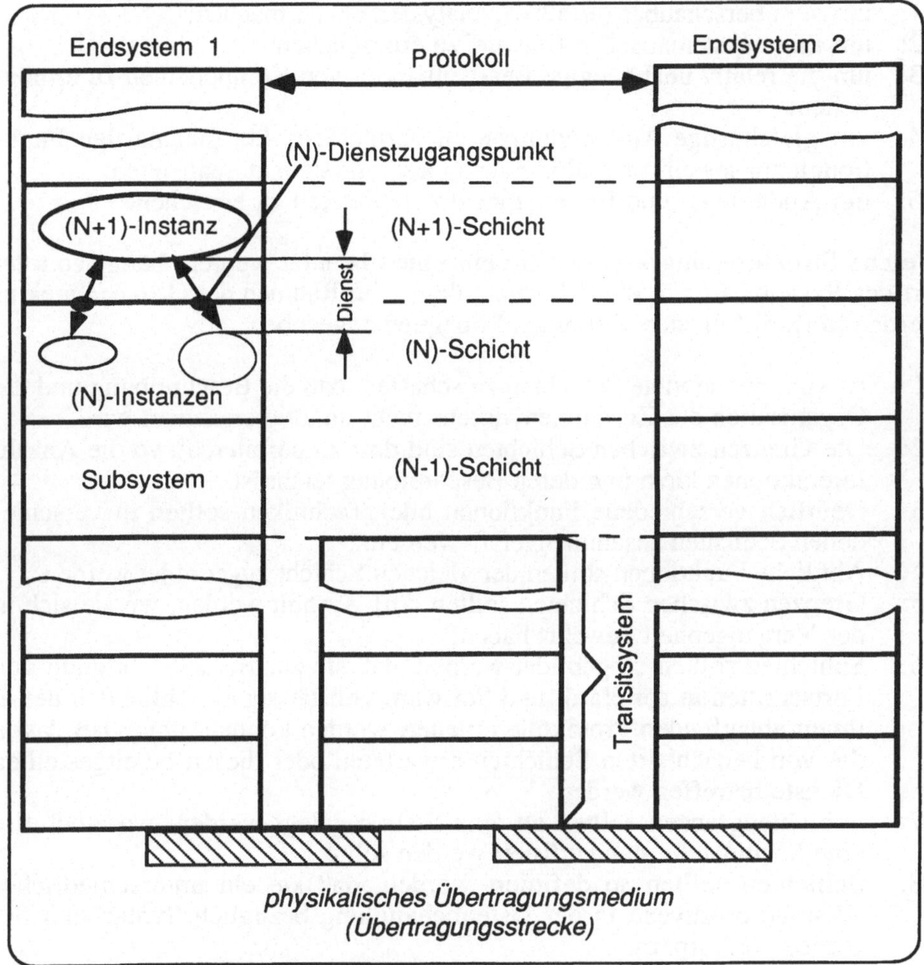

Bild 2-1: Grundbegriffe des OSI-Modells

"Vertikal" werden Systeme in *Subsysteme* gegliedert. In einem Subsystem sind Funktionen derart zusammengefaßt, daß eine Interaktion nur mit dem direkt über- und/oder untergeordneten Subsystem stattfindet. In der OSI-Architektur bilden die Subsysteme gleichen hierarchischen Rangs (über alle Systeme hinweg) eine *Schicht* (layer). Der Schichtenbegriff ist eine fundamentale Kategorie der OSI-Architektur und soll deshalb noch etwas eingehender behandelt werden. Die Bildung von Schichten ist ein universelles Prinzip des wissenschaftlichen und ingenieurtechnischen Denkens. Aus verschiedenen Gründen ist es zweckmäßig, große Systeme feiner zu strukturieren:

G1: um sie überschaubar (erfaßbar, analysierbar) zu machen;
G2: um ihren systematischen Entwurf zu ermöglichen;
G3: um die relativ unabhängige Bearbeitbarkeit von Komponenten zu ermöglichen:
G4: um gleichartige Aufwendungen zu vermeiden, d.h. gleichartige Funktionen nur jeweils einmal in einem Gesamtsystem zu realisieren;
G5: um Änderungs- und Erweiterungsfreundlichkeit zu erreichen.

Welche Strukturierungskriterien im einzelnen benutzt werden, hängt von der Art des Systems ab. Für die Schichtenbildung im Rahmen der OSI-Architektur werden in [2-5] folgende abstrakten Prinzipien angegeben:

P1: Es sind nur so viele Schichten zu schaffen, daß die Beschreibung und die Organisation des Zusammenwirkens nicht unnötig erschwert wird.
P2: Die Grenzen zwischen Schichten sind dort zu definieren, wo die Anzahl Interaktionen klein und deren Beschreibung leicht ist.
P3: Deutlich verschiedene Funktionen oder Techniken sollten in verschiedenen Schichten zusammengefaßt werden.
P4: Ähnliche Funktionen sollten der gleichen Schicht zugeordnet werden.
P5: Grenzen zwischen Schichten sollten dort gewählt werden, wo sie sich in der Vergangenheit bewährt haben.
P6: Schichten sollten so gebildet werden, daß sie zur Berücksichtigung von Fortschritten in der Hard- und Software vollständig einschließlich der in ihnen ablaufenden Protokolle erneuert werden können, ohne daß davon die von benachbarten Schichten erwarteten oder diesen bereitgestellten Dienste betroffen werden.
P7: Schichtengrenzen sollten an jene Stellen gelegt werden, wo zukünftig eine Schnittstelle standardisiert werden sollte.
P8: Schichten sollten so definiert werden, daß sie ein unterschiedliches Abstraktionsniveau in der Datenbehandlung bezüglich Syntax und Semantik verkörpern.
P9: Änderungen an Funktionen und Protokollen innerhalb einer Schicht sind erlaubt, soweit andere Schichten davon nicht betroffen werden.
P10: Jede Schicht darf nur Schnittstellen zur jeweils direkt über- und untergeordneten Schicht haben. Dies bedeutet insbesondere, daß Schichten nicht übersprungen werden dürfen.

Hingegen ist die Bildung von Subschichten zur noch differenzierteren funktionellen Strukturierung erlaubt. Dazu werden nachfolgende drei Prinzipien aufgestellt:

P11: Funktionen können in Subschichten feiner gruppiert werden, wenn die Kommunikationsdienste dies als zweckmäßig erscheinen lassen.

P12: Wenn erforderlich, können zwei oder mehrere Subschichten mit vergleichbarer Funktionalität geschaffen werden, die Schnittstellenoperationen mit den benachbarten Schichten erlauben.

P13: Subschichten dürfen übersprungen werden.

Unter Verwendung dieser Prinzipien wurden die sieben konkreten Schichten des OSI-Modells definiert. Diese sollen hier zunächst noch nicht im einzelnen betrachtet werden (vgl. Abschnitt 2.2). Zur genauen Beschreibung des Zusammenwirkens von jeweils benachbarten Schichten in der OSI-Architektur ist es zweckmäßig, eine spezielle Notation einzuführen. Sollen Aussagen zu einer beliebigen (außer der höchsten und niedrigsten) Schicht getroffen werden, wird von der (N)-Schicht gesprochen. Die unmittelbar darüberliegende Schicht ist dann die (N+1)-Schicht, die unmittelbar darunterliegende die (N-1)-Schicht. Auch andere schichtenbezogene Objekte können durch ein derartiges Präfix näher bestimmt werden.

Ein aktives, d.h. funktionsausführendes Element in einer Schicht (und natürlich auch in einem Subsystem) heißt *Instanz* (entity). Instanzen sind in der Regel programmtechnische Konstrukte. Ein (N)-Subsystem kann aus einer oder mehreren (N)-Instanzen bestehen. Instanzen in einer Schicht (aber in unterschiedlichen Systemen), die miteinander in Verbindung stehen, heißen *Partner-Instanzen* (peer entities). Diese Verwendung des Instanzbegriffs nach DIN ISO 7498 sollte nicht mit der im Bereich der objektorientierten Programmierung üblichen verwechselt werden.

Außer der höchsten Schicht stellt jede (N)-Schicht der (N+1)-Schicht (N)-*Dienste* (services) zur Verfügung, und außer der niedrigsten Schicht fordert jede (N)-Schicht von der (N-1)-Schicht (N-1)-Dienste an. Diese "vertikale" Kommunikation ist physisch auf jeweils ein System beschränkt. Entsprechend dem Grundsatz des OSI-Modells, nur die Kommunikation *zwischen* Systemen zu standardisieren, werden Dienste daher auch in den Detailstandards nur konzeptionell definiert. Dienste können in *Teildienste* (facilities) gegliedert werden, und ein bestimmter Dienst kann aus einer Teilmenge der insgesamt von einer Instanz erbringbaren Teildienste zusammengesetzt sein. Eine (N)-Instanz kann mit anderen (N)-Instanzen kooperieren, um einen gewünschten Dienst zu erbringen. Diese Kooperation erfolgt mit Hilfe von (N-1)-Diensten. Die Teildienste einer Schicht können zu *Dienstklassen* (classes of service) gruppiert werden. Mit der Auswahl einer Dienstklasse legt sich der Dienstnutzer auf ein bestimmtes, für ihn ausreichendes, qualitatives Leistungsspektrum des Diensterbringers fest.

Dienstnutzer (service user) und *Diensterbringer* (service provider) sind zwei feste Begriffe in der OSI-Terminologie. Sie dienen der Bezeichnung benachbarter Schichten (Subsysteme) in einem gegebenen Zusammenhang. Das Leistungsspektrum eines Diensterbringers kann durch die *Dienstqualität* (quality of service) gekennzeichnet werden. Die Dienstqualität wird durch die wertmäßige Belegung von für die Datenübertragung relevanten Parametern definiert. Beispiele sind:

- Fehlerrate
- Dienstverfügbarkeit
- Übertragungsrate
- Zeit für Verbindungsaufbau.

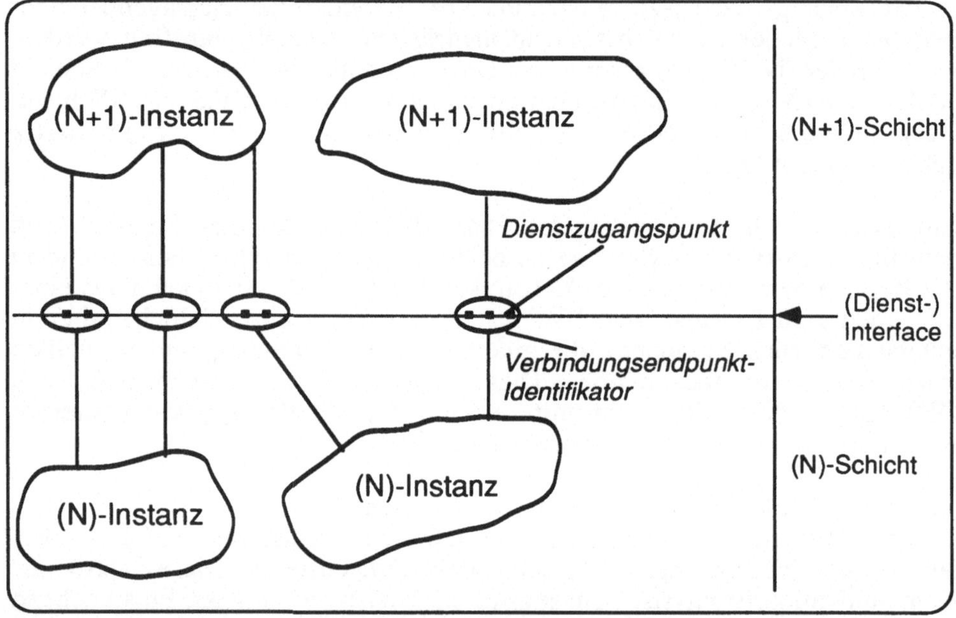

Bild 2-2: Instanzen und Dienstzugangspunkte

Dienste werden an einem *Dienstzugangspunkt* (service access point) bereitgestellt bzw. in Anspruch genommen. Ein Dienstzugangspunkt ist durch eine Adresse gekennzeichnet. Die Form der Implementierung eines Dienstzugangspunktes hängt unter anderem von den Möglichkeiten ab, die das verwendete Betriebssystem und die Programmiersprache anbieten. Ein Dienst kann durch ein Makro bzw. eine Funktion einer Programmiersprache, aber auch durch Einketten von Anforderungselementen (Dienst- bzw. Interfacedateneinheiten, vgl. Abschnitt 2.1.3) in eine Warteschlange in Anspruch genommen werden. Die Instanzen zweier benachbarter Subsysteme können zueinander programmorganisatorisch wie Haupt- und Unterprogramm stehen, es kann sich aber auch um selbständige (asynchrone) Prozesse handeln. Bild 2-2 zeigt die Zusammenhänge zwischen Instanzen und Dienstzugangspunkten.

Eine (N)-Instanz kann gleichzeitig mit mehreren (N+1)-Instanzen über Dienstzugangspunkte verbunden sein, ebenso kann eine (N+1)-Instanz über einen oder mehrere (N)-Dienstzugangspunkte mit einer oder mehreren (N)-Instanzen verbunden sein. Ein (N)-Dienstzugangspunkt kann zu einem Zeitpunkt aber nur mit einer (N+1)-Instanz verbunden sein. Zeitlich nacheinander kann ein (N)-Dienstzugangspunkt jedoch mehrmals mit der gleichen oder auch mit unterschiedlichen (N+1)-Instanzen verbunden werden.

Eigentlicher Standardisierungsgegenstand sind entsprechend dem OSI-Konzept die Beziehungen *zwischen* Systemen. Als (N)-*Verbindung* (connection) wird eine in einer (N)-Schicht zwischen zwei oder mehreren (N)-Instanzen eingerichtete Beziehung zum Zwecke des Datentransfers bezeichnet. Eine Instanz kann zum gleichen Zeitpunkt mehrere Verbindungen mit anderen Instanzen haben. Eine Verbindung wird begrenzt durch *Verbindungsendpunkte* (connection endpoints). Diese werden als in den Dienstzugangspunkten befindlich aufgefaßt (siehe Bild 2-2) und mit *Verbindungsendpunkt-Identifikatoren* (connection endpoint identifier) versehen. Mit Hilfe dieser Verbindungsendpunkt-Identifikatoren beziehen sich Instanzen auf Verbindungen, und mehrere über einen Dienstzugangspunkt laufende Verbindungen können eindeutig unterschieden werden. Es gibt auch Verbindungen mit mehr als zwei Endpunkten, sie heißen *Mehrpunkt-Verbindung* (multi endpoint connection).
Der Begriff "Verbindung" ist im OSI-Modell durchgängig an die Vorstellung gebunden, daß ein expliziter Verbindungsaufbau Vorbedingung für jede Datenübertragung ist. Das bedeutet, daß der "Urzustand" zwischen zwei Instanzen einer Schicht dadurch gekennzeichnet ist, daß keine Verbindung existiert und damit auch keine Datenübertragung möglich ist. Für eine *verbindungsorientierte* Datenübertragung ist stets folgende Phasenfolge erforderlich:

S1: Verbindungsaufbau (-einrichtung); dieser muß stets zwischen den Partnerinstanzen vereinbart werden. Die einseitige Einrichtung einer Verbindung ohne Wissen oder gegen den Willen der Partnerinstanz ist nicht möglich.

S2: Eigentliche Datenübertragung; diese kann von beiden Partnern unabhängig voneinander, aber auch koordiniert erfolgen. Eine Reaktion des Partners ist für den Fortgang der Datenübertragung nicht unabdingbar, kann aber zweckmäßig sein.

S3: Verbindungsabbau (-auflösung); dieser kann, muß aber nicht zwischen den Partnern vereinbart werden.

Im OSI-Modell wird aber eingeräumt, daß auch *verbindungsfreie Datenübertragung* zweckmäßig sein kann. Mittlerweile wird auch an entsprechenden

Diensten und Protokollen gearbeitet Verbindungsfreie Datenübertragung ist vor allem dann sinnvoll, wenn zwischen Partnern relativ selten Daten relativ geringer Länge übertragen werden sollen. Weitere Ausführungen zur verbindungsfreien Kommunikation sind in Abschnitt 2.1.5 zu finden.

In das Vokabular des OSI-Modells sind auch einige Begriffe der traditionellen Datenfernübertragung aufgenommen worden, allerdings in spezifischer Auslegung. Dazu zählen in diesem Zusammenhang:

- (N)-*Datenübertragung* (data transmission); (N)-Teildienst, der *Dienstdateneinheiten* (vgl. Abschnitt 2.1.3) über eine (N)-Verbindung von einer (N+1)-Instanz zu einer oder mehreren anderen (N+1)-Instanzen über eine (N)-Verbindung überträgt.

- (N)-*Duplex-Übertragung* (duplex transmission): (N)-Datenübertragung in beiden Richtungen gleichzeitig.

- (N)-*Halbduplex-Übertragung* (half-duplex transmission): (N)-Datenübertragung in beiden Richtungen, aber zu einem Zeitpunkt nur in einer Richtung. Die Richtungsauswahl erfolgt durch die (N+1)-Instanz.

- (N)-*Simplex-Übertragung* (simplex transmission): (N)-Datenübertragung in einer fest vorbestimmten Richtung.

- (N)-*Datenkommunikation* (data communication): (N)-Funktion, die (N)-*Protokolldateneinheiten* (vgl. Abschnitt 2.1.3) entsprechend einem (N)-*Protokoll* über eine oder mehrere (N-1)-Verbindungen überträgt.

- *Beidseitige Datenkommunikation* (two-way simultaneous communication): (N)-Datenkommunikation in beiden Richtungen gleichzeitig.

- *Wechselseitige Datenkommunikation* (two-way alternate communication): (N)-Datenkommunikation in beiden Richtungen, aber zu einem Zeitpunkt nur in einer Richtung.

- *Einseitige Datenkommunikation* (one-way communication): (N)-Datenkommunikation in einer fest vorbestimmten Richtung.

Ein wesentliches Element im Begriffssystem der OSI-Architektur ist der des *Protokolls*. Ein *(N)-Protokoll* ist eine Menge von syntaktischen und semantischen Regeln sowie Formaten, die das Kommunikationsverhalten von (N)-Instanzen bestimmen. Ein Protokoll wirkt also stets in genau einer Schicht und zwischen zwei oder mehreren Instanzen, die unterschiedlichen Systemen angehören. In jeder Schicht gibt es mindestens ein Protokoll (in Bild 2-1 ist lediglich aus Gründen der Übersichtlichkeit nur ein Protokoll in der obersten Schicht zeichnerisch angedeutet.). In einer Schicht sind daher erforderlichenfalls auch mehrere Protokolle zugelassen. Eine (N)-Instanz kann unter solchen Bedingungen auswählen, welches (N)-Protokoll erforderlich ist, um einen (N)-Dienst zu erfüllen, der von einer (N+1)-Instanz angefordert wurde. Die strikte Unterscheidung zwischen Dienst ("vertikal", innerhalb eines Systems, Beziehungen zwischen Instanzen in benachbarten Subsystemen) und Protokoll ("horizontal", innerhalb einer Schicht, Beziehungen zwischen Instanzen in verschiedenen Systemen) ist für das klare Verständnis vieler Standardisierungsdokumente, die auf dem OSI-Modell beruhen, von außerordentlicher Bedeutung. Die Benutzung eines bestimmten Protokolls muß allerdings stets zwischen beiden Partnerinstanzen vereinbart werden. Um das einfach zu ermöglichen, werden auch Protokollen Identifikatoren zugeordnet.

2.1.3 Kommunikationsdatenstrukturen

Die bisherigen Darstellungen bezogen sich auf logische Beziehungen beim Ablauf von Kommunikationsprozessen. Praktisch ist die Realisierung von Diensten und Protokollen jedoch stets mit dem physischen Austausch von Daten verbunden. Bei der Implementierung der Inanspruchnahme und Gewährung von Diensten kann der physische Datentransport unter Umständen durch die Bezugnahme auf Daten im Rahmen gemeinsamer Speicherbereiche ersetzt werden. Trotzdem sind hier konkrete physische Datenstrukturen vorhanden, die auch Gegenstand einer Transportoperation sein könnten.

Der prinzipielle Weg der Daten ist so zu beschreiben, daß ausgehend von einem Anwendungsprozeß der Pfad zunächst innerhalb des (sendenden, Quelle-) Endsystems von Schicht zu Schicht (Subsystem zu Subsystem) "nach unten" führt. Dabei werden bei n Schichten n-1 Dienstinterfaces durchquert. Der einzige "horizontale" physische Datentransport erfolgt dann über das physische Übertragungsmedium in das (empfangende, Ziel-) Endsystem, in dem sich der Partner-Anwendungsprozeß befindet. Dort werden die Daten physisch "nach oben" wiederum über n-1 Dienstinterfaces geleitet, bis sie beim Empfänger angekommen sind. In diesem Prozeß werden n Protokolle wirksam. Bild 2-3 veranschaulicht diesen Sachverhalt.

Betrachtet man den Weg der im Auftrag einer Schichteninstanz zu übertragenden Daten, so besteht das Prinzip darin, daß die von einer (N+1)-Instanz gesendeten Daten durch (N+1)-*Protokollsteuerinformationen* ergänzt werden (im allgemeinen werden diese den Nutzerdaten als "Kopf" (header) vorangestellt).

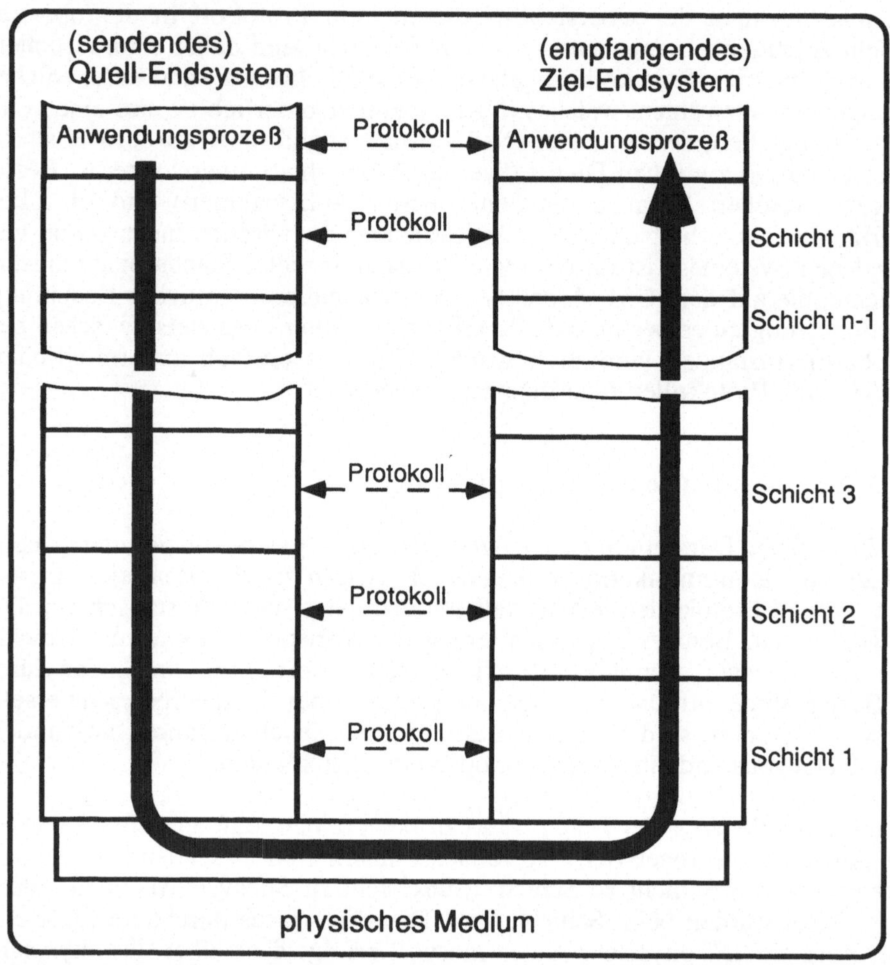

Bild 2-3 Physischer Datenweg

Das so entstehende Datenquantum wird der (N)-Instanz übergeben (vgl. Bild 2-4). In der (N)-Schicht wird analog verfahren. Die von der (N+1)-Instanz übergebenen Daten werden insgesamt als Nutzerdaten aufgefaßt und nunmehr um (N)-Protokollsteuerdaten ergänzt usw. Im Partnerendsystem wird umgekehrt verfahren. Die Protokollsteuerinformationen der jeweiligen Schicht werden ausgewertet und dann entfernt. Die verbleibenden Nutzerdaten (die nun die Protokollsteuerinformationen der höheren Schichten noch enthalten) werden an die Zielinstanz der nächsthöheren Schicht übergeben, wo analog wie soeben beschrieben verfahren wird.

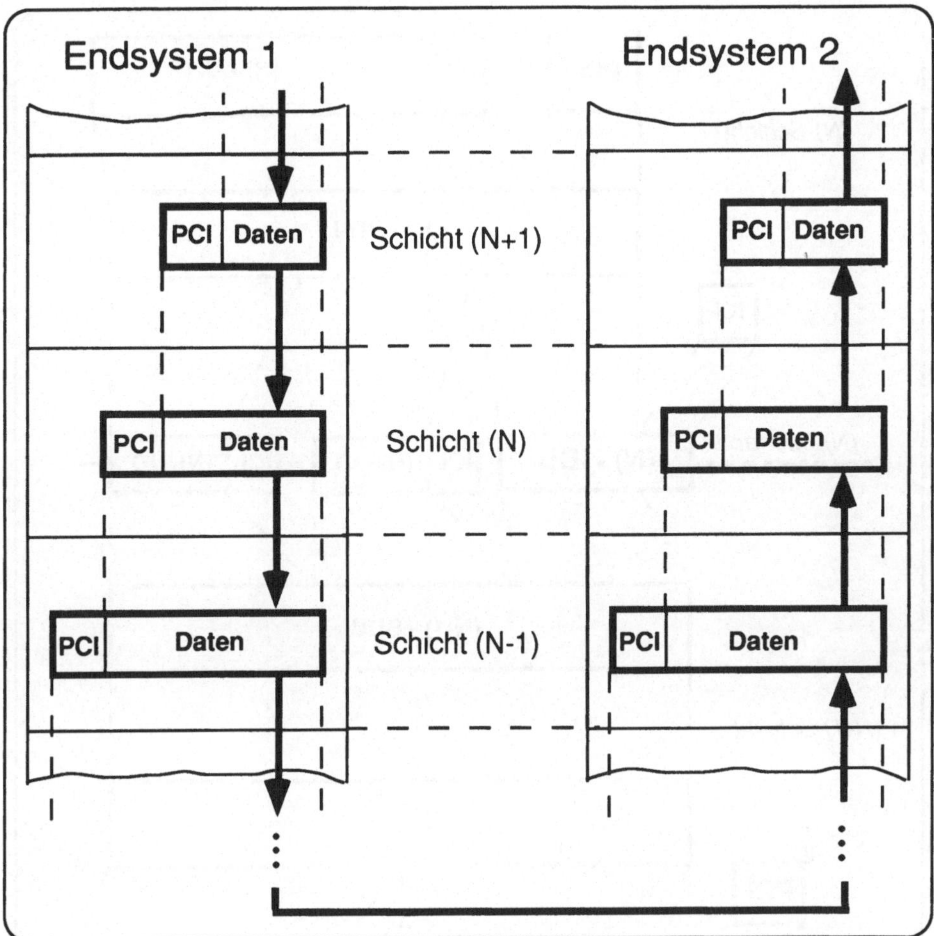

Bild 2-4 Prinzip des Datenflusses in der OSI-Architektur

Zur präzisen Beschreibung der Kommunikationsvorgänge und um Probleme zu berücksichtigen, die bei einer Implementierung auftreten, ist jedoch noch eine weitere Detaillierung zweckmäßig. Einen Überblick über Zusammenhänge im System der Kommunikationsdatenstrukturen vermittelt Bild 2-5.

Ausgangspunkt der Betrachtungen sollen die Daten sein, die aus der Sicht einer Instanz in einer beliebigen Schicht (insbesondere auch einer Anwendungsinstanz) zu einer Partnerinstanz übertragen werden sollen. Diese Daten heißen *Nutzerdaten* (user data, abgekürzt UD). Sie schließen den Aspekt ein, daß es sich dabei um Daten handelt, die zwischen (N)-Instanzen ausgetauscht werden, um (N+1)-Instanzen einen Dienst zu gewähren. Damit die Partnerinstanz diese

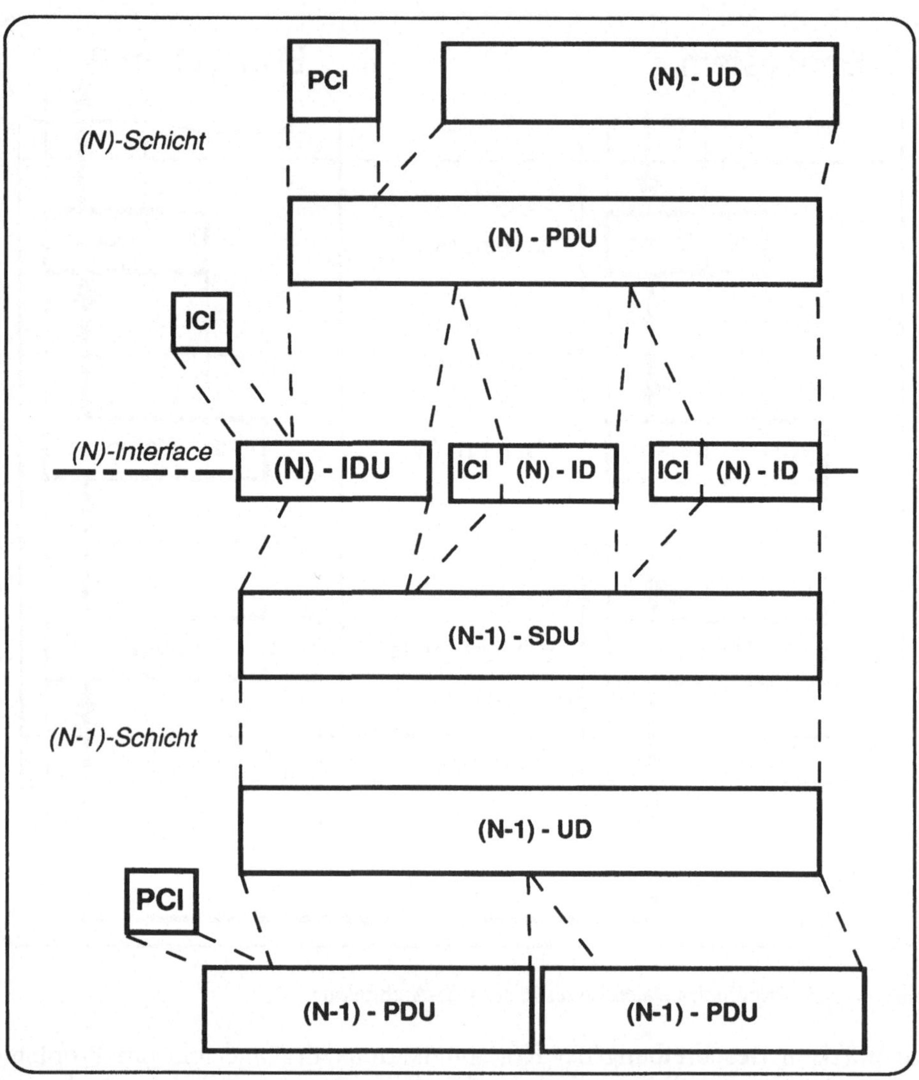

Bild 2-5 Kommunikationsdatenstrukturen nach dem OSI-Modell

Nutzerdaten deuten kann, muß mit ihr ein Protokoll vereinbart sein. Ein Protokoll wird durch den Austausch von *Protokolldateneinheiten* (protocol data unit, abgekürzt PDU) verwirklicht. Eine Protokolldateneinheit besteht aus Nutzerdaten und Protokollsteuerinformationen. *Protokollsteuerinformationen* (protocol control information, abgekürzt PCI) dienen der Koordinierung der Operationen von Partnerinstanzen. Sie sagen also beispielsweise aus, welche Operationen von einer Partnerinstanz erwartet werden oder wie eine Partnerinstanz auf den Erhalt der vorhergehenden PDU reagiert hat. Es gibt auch PDU, die nur aus PCI bestehen.

Eine Protokolldateneinheit muß nun unter Inanspruchnahme eines Dienstes der nächstniederen Schicht übergeben werden. Damit wird aus einer (N)-PDU eine (N-1)-*Dienstdateneinheit* (service data unit, abgekürzt SDU). Wegen implementierungsabhängiger Besonderheiten bei der Übergabe einer SDU an einem Dienstzugangspunkt ist es zweckmäßig, zusätzlich den Begriff *Interfacedateneinheit* (interface data unit, abgekürzt IDU) einzuführen. Eine Interfacedateneinheit ist die Menge von Daten, die an einem Dienstzugangspunkt zwischen einer (N)-und einer (N+1)-Instanz in einer Interaktion ausgetauscht wird. Sie enthält eine *Interfacesteuerinformation* (interface control information, abgekürzt ICI) und kann zusätzlich eine vollständige Dienstdateneinheit oder einen Teil davon aufnehmen. Diese Menge von Dienstdaten werden als *Interfacedaten* (interface data, abgekürzt ID) bezeichnet. Die Interfacesteuerinformation wird zur Koordinierung des Interfacedatentransfers zwischen einer (N)- und einer (N+1)-Instanz benutzt. In Bild 2-5 ist dieser Sachverhalt (als ein mögliches Beispiel!) so angedeutet, daß die (N)-Protokolldateneinheit zu groß ist, um entsprechend den am konkreten Interface geltenden Beschränkungen als Ganzes in Form einer Dienstdateneinheit übergeben werden zu können. Sie wird deshalb in drei Interfacedateneinheiten zerlegt und nach dem Übergang in die (N-1)-Schicht wieder zu einer SDU zusammengefügt. Aus der (N-1)-SDU entstehen nun (N-1)-Nutzerdaten, die über ein (N-1)-Protokoll der Partnerinstanz zu übermitteln sind. In Bild 2-5 ist als Beispiel dargestellt, daß wegen vorhandener Längenkonventionen im (N-1)-Protokoll die (N-1)-Nutzerdaten in zwei (N-1)-Protokolldateneinheiten übertragen werden. Näheres zu diesen Zerlegungs-/Zusammenfügungsoperationen wird im nächsten Abschnitt ausgeführt.

2.1.4 Operationen von Instanzen

Im OSI-Modell werden eine ganze Reihe von Operationen aufgeführt, die Schichteninstanzen durchführen können. Im Interesse der Übersichtlichkeit ist es sinnvoll, sie in drei Gruppen zu gliedern:

a) Grundoperationen
b) Hilfsoperationen
c) Verwaltungsoperationen (Managementoperationen).

Hier sollen zunächst nur Grund- und Hilfsoperationen besprochen werden. Die Verwaltungsoperationen werden in Kapitel 4 ausführlich behandelt. Einen Überblick vermittelt Bild 2-6.

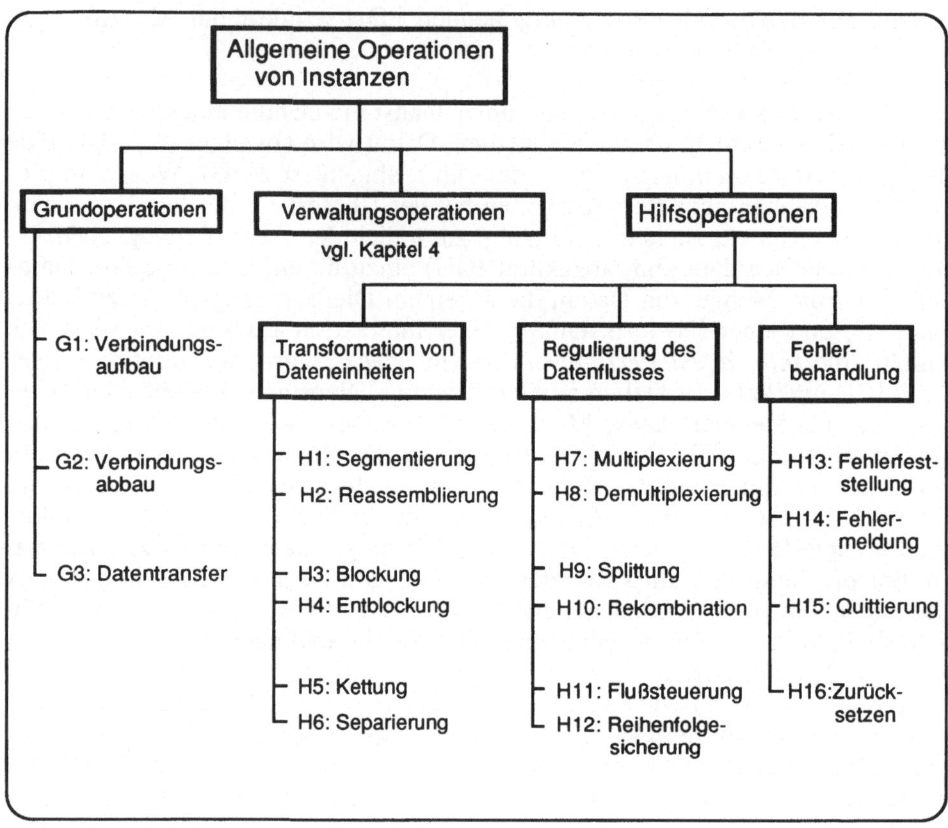

Bild 2-6 Operationen von Instanzen

Als *Grundoperationen* sollen die Funktionen von Instanzen bezeichnet werden, die dem Dienstnutzer sichtbar werden. Dabei wird hier, wie auch im OSI-Modell, nur auf diejenigen Grundoperationen eingegangen, die in mehreren oder allen Schichten auftreten.

G1: Verbindungsaufbau

Unter den Bedingungen verbindungsorientierter Kommunikation ist der Aufbau einer Verbindung Voraussetzung für jeden Datentransport. Der Aufbau einer (N)-Verbindung wird von einer (N+1)-Instanz angefordert. Eine solche Anforderung kann ausgeführt werden, wenn

- die zuständigen (N)-Instanzen sich in einem Zustand befinden, in dem sie die zugehörigen Protokolldateneinheiten verarbeiten können;
- wenn eine (N-1)-Verbindung zwischen den zuständigen (N)-Instanzen besteht.

In Protokollen kann für die Verbindungsaufbauphase die Übertragung von Nutzerdaten zulässig sein. In einem solchen Falle ist es möglich, mit einer (N)-gleichzeitig eine (N+1)-Verbindung zu errichten. Die Nutzerdaten in den (N)-Protokolldateneinheiten zum Verbindungsaufbau sind dann Protokollsteuerinformationen des (N+1)-Protokolls zum Aufbau einer (N+1)-Verbindung.
Ein Verbindungsaufbau ist in jedem Falle mit einem Eintrag in einer internen Tabelle verbunden, in der alle existierenden Verbindungen einer Instanz vermerkt sind. Diese Tabelle ist für Managementzwecke von großer Bedeutung. Ein Verbindungsendpunkt-Identifikator wird vergeben. Je nach Spezifik der Implementierung können der neuen Verbindung außerdem Puffer für die Übergabe/Übernahme von Interfacedateneinheiten zugeordnet werden.

G2: Verbindungsabbau

Unter den Bedingungen verbindungsorientierter Kommunikation beendet der Verbindungsabbau die Datentransferphase. Ein Abbau einer (N)-Verbindung kann eingeleitet werden:

- im Normalfall durch eine Anforderung von einer (N+1)-Instanz,
- durch Ablauf eines definierten Zeitintervalls (Timeout),
- in Ausnahmefällen durch eine der (N)-Instanzen, wenn in ihrer Arbeit Fehler aufgetreten sind oder die darunterliegenden Schichten Fehler angezeigt haben.

Der Abbau einer (N)-Verbindung aus Fehlergründen muß aber nicht automatisch den Abbau darauf aufbauender (N+1)-Verbindungen nach sich ziehen. Es sollte versucht werden, die abgebaute (N)-Verbindung wiederherzustellen oder eine neue (andere) (N)-Verbindung zu errichten.
Ähnlich wie der Verbindungsaufbau setzt der normale Verbindungsabbau voraus:

- daß sich die zuständigen (N)-Instanzen in einem Zustand befinden, in dem sie die zugehörigen Protokolldateneinheiten verarbeiten können (normaler Verbindungsabbau bedeutet vereinbarter Verbindungsabbau!);
- daß eine (N-1)-Verbindung zwischen den zuständigen Instanzen existiert.

Der Abbau einer (N)-Verbindung zieht nicht mit Notwendigkeit den Abbau einer darauf aufbauenden (N+1)-Verbindung nach sich.

In manchen Protokollen gibt es neben dem vereinbarten auch einen einseitigen (nicht vereinbarten) Verbindungsabbau, bei dem ein Verbindungspartner die Verbindung auflöst, ohne die Zustimmung des anderen Partners einzuholen.
Ein mit dem Verbindungsabbau in Zusammenhang stehendes Problem ist, was mit den Nutzerdaten geschieht, die vom Diensterbringer noch nicht an den Dienstnutzer übergeben worden sind. Hier sind zwei Vorgehensweisen möglich:

- sie gehen verloren;

- der faktische Verbindungsabbau wird hinausgeschoben, bis alle Nutzerdaten, die vor dem Verbindungsabbauwunsch an den Diensterbringer übergeben wurden, dem Dienstnutzer zugestellt wurden.

Das OSI-Modell läßt zu, daß in den Protokolldateneinheiten, die den Verbindungsabbau bewirken, auch Nutzerdaten transportiert werden. Intern werden beim Verbindungsabbau die bezüglich einer Verbindung in der Verbindungsaufbauphase geschaffenen und zwischendurch eventuell fortgeschriebenen Systemdaten wieder gelöscht.

G3: Datentransfer

Der Datentransfer ist als eigentlicher Zweck der gesamten Kommunikation die wichtigste Grundfunktion. Es werden drei Formen des Datentransfers unterschieden:

- *Normaler Datentransfer;* es wird der in Abschnitt 2.1.3 beschriebene Ablauf vollzogen.
- *Beschleunigter Datentransfer* (expedited data transfer); hierbei werden dem Diensterbringer übergebene Dienstdateneinheiten mit höherer Priorität als normale Dienstdateneinheiten behandelt.

Die Qualität des beschleunigten Datentransfers wird im OSI-Modell durch die Forderung beschrieben, daß eine entsprechende Dienstdateneinheit nicht später als eine danach dem Diensterbringer übergebene normale Dienstdateneinheit an den Empfänger übergeben wird. Der beschleunigte Datentransfer soll bezüglich der Operationen und Zustände der beteiligten Instanzen unabhängig vom normalen Datentransfer sein. Im allgemeinen wird in den standardisierten Protokollen vorausgesetzt, daß es kleine Datenmengen sind, die beschleunigt zu übertragen sind (z.B. für Anzeigen und Interrupts), und es werden entsprechende Längenbeschränkungen vorgegeben.

- *Datentransfer beim Verbindungsauf- und -abbau*

Auf diese Form wurde unter G1 und G2 bereits hingewiesen. Auch hierfür enthalten standardisierte Protokolle in der Regel stärker einschränkende Längenvorgaben als für normalen Datentransfer. Im OSI-Modell ist die Möglichkeit eingeräumt, mit der Hin- und Rückübertragung von je einer Protokolldateneinheit Verbindungsaufbau, Datentransfer und Verbindungsabbau zu vollziehen. Damit kann aus dem Zustand einer nicht existierenden Verbindung heraus unkompliziert eine einzelne Nutzerdateneinheit zu einem Partner transportiert werden. Tritt ein solches Bedürfnis im Rahmen eines Kommunikationsprozesses häufig auf, ist offenbar die Anwendung der verbindungsfreien Datenübertragung angezeigt.

Nicht in jedem Protokoll sind alle drei genannten Formen des Datentransfers zugelassen.

Hilfsoperationen sollen diejenigen Operationen genannt werden, die in Zusammenhang mit Grundoperationen in den Instanzen auszuführen sind und typische, in verschiedenen Instanzen (Schichten) erforderliche technologisch bedingte Funktionen ausführen. Hilfsoperationen werden demnach vom Dienstnutzer nicht direkt ausgelöst und bleiben diesem auch im wesentlichen verborgen.

Um den Überblick zu erleichtern, können Hilfsoperationen gegliedert werden in:

- Operationen zur Transformation von Dateneinheiten,
- Operationen zur Regulierung des Datenflusses,
- Operationen zur Fehlerbehandlung.

Es ist anzunehmen, daß mit zunehmenden Erfahrungen aus der Implementierungsarbeit neben den im OSI-Modell angeführten Hilfsoperationen weitere definiert werden können.

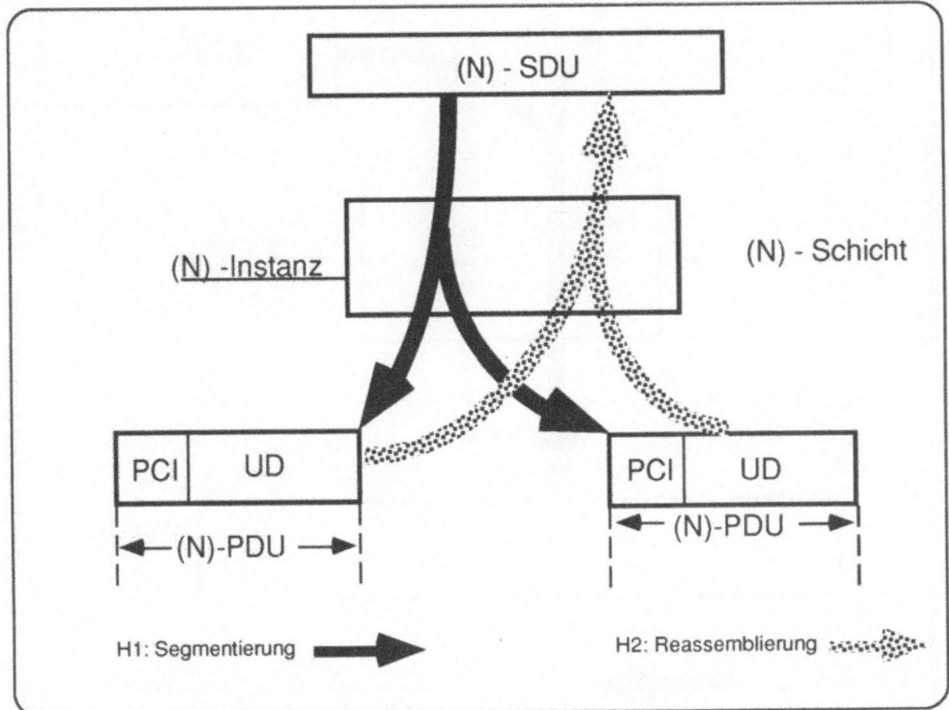

Bild 2-7: Segmentierung und Reassemblierung

Operationen zur Transformation von Dateneinheiten

Bei einer Implementierung müssen, um die erforderliche Effizienz zu gewährleisten, Festlegungen bezüglich Puffergrößen, Längen von Warteschlangeneinträgen usw. getroffen werden. Diese Festlegungen erfolgen in der Regel unabhängig voneinander für die einzelnen Schichten oder auch unterschiedlich für

Bei einer Implementierung müssen, um die erforderliche Effizienz zu gewährleisten, Festlegungen bezüglich Puffergrößen, Längen von Warteschlangeneinträgen usw. getroffen werden. Diese Festlegungen erfolgen in der Regel unabhängig voneinander für die einzelnen Schichten oder auch unterschiedlich für Partnerinstanzen. Die aus den Anwendungsprozessen resultierenden Datentransportforderungen bringen weitere Variabilitäten mit sich, denn Reglementierungen bezüglich der Anwendungsprozesse sollten tunlichst vermieden werden. Daraus ergibt sich die Notwendigkeit der Transformation von Dateneinheiten.

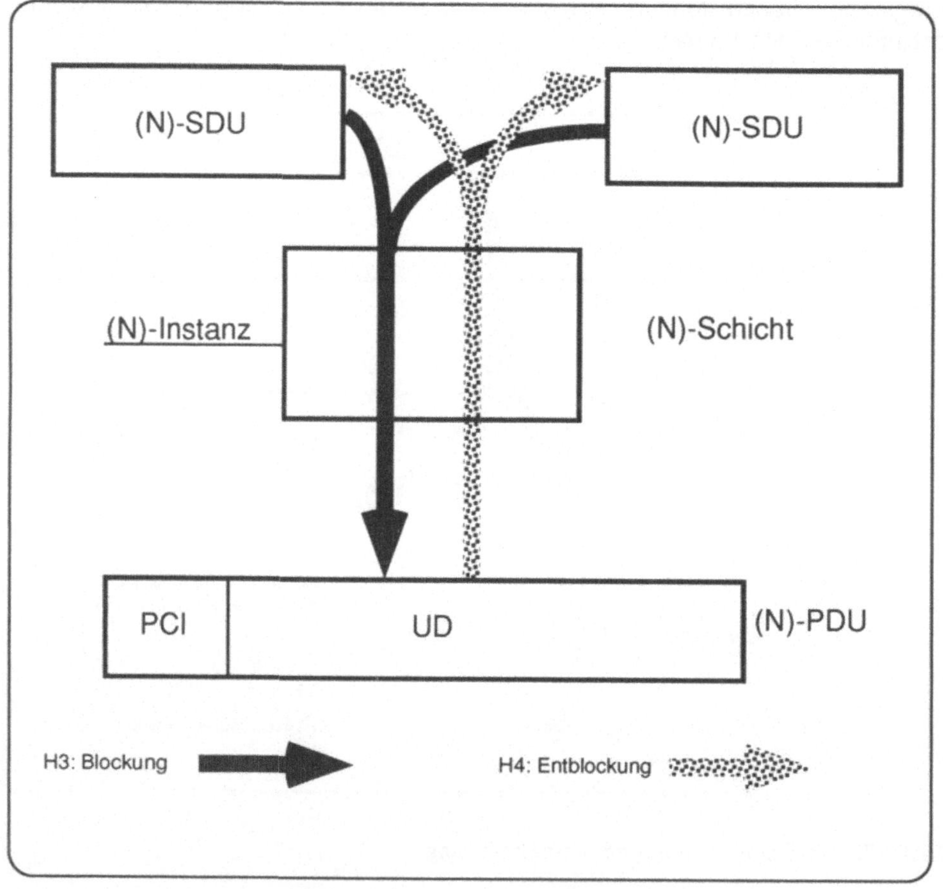

Bild 2-8: Blockung und Entblockung

H1/H2: Segmentierung/Reassemblierung

H3/H4: Blockung/Entblockung

Blockung ist eine Funktion einer (N)-Instanz, um mehrere (N)-Dienstdateneinheiten in eine (N)-Protokolldateneinheit abzubilden. Der inverse Vorgang heißt Entblockung: eine (N)-Protokolldateneinheit ist in mehrere (N)-Dienstdateneinheiten aufzulösen (vgl. Bild 2-8). Es ist zu beachten, daß diese Deutung des Begriffs "Blockung" nicht mit der in der allgemeinen Datenorganisation üblichen übereinstimmt!

H5/H6: Kettung/Separierung

Kettung ist eine Funktion einer (N)-Instanz, mit der mehrere (N)-Protokolldateneinheiten auf eine (N-1)-Dienstdateneinheit abgebildet werden. Der inverse Vorgang heißt Separierung: Eine (N-1)-Dienstdateneinheit wird in mehrere (N)-Protokolldateneinheiten zerlegt (vgl. Bild 2-9).

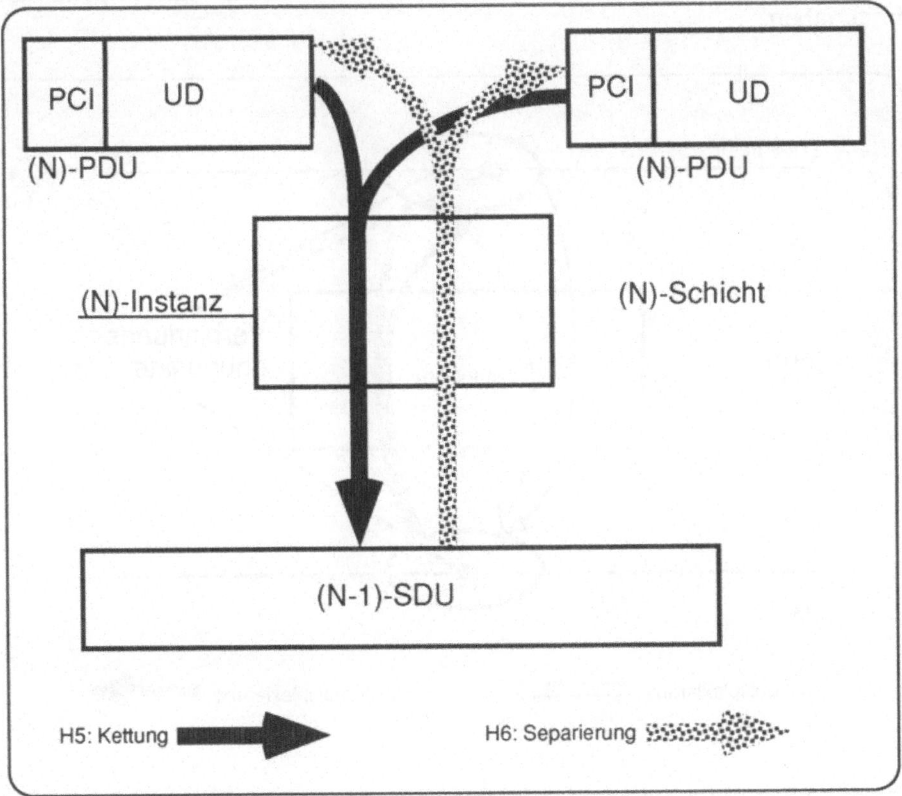

Bild 2-9 Kettung und Separierung

Operationen zur Regulierung des Datenflusses

Einige Gründe, die zur Notwendigkeit führen, den Datenfluß in Kommunikationssystemen zu regulieren, sind

- die unterschiedlichen Anforderungen an den Datendurchsatz in Verbindungen,
- die unterschiedliche Leistungsfähigkeit von Verbindungen,
- unterschiedliche Verarbeitungsgeschwindigkeiten von Sender und Empfänger,
- die Möglichkeit, unter Nutzung der topologischen Struktur unterschiedliche Datenwege auszuwählen,
- das Erfordernis, die von einem Sender vorgegebene Reihenfolge der Dateneinheiten bis spätestens beim Empfänger wiederherzustellen.

Die Operationen zur Regulierung des Datenflusses werden nachfolgend näher beschrieben.

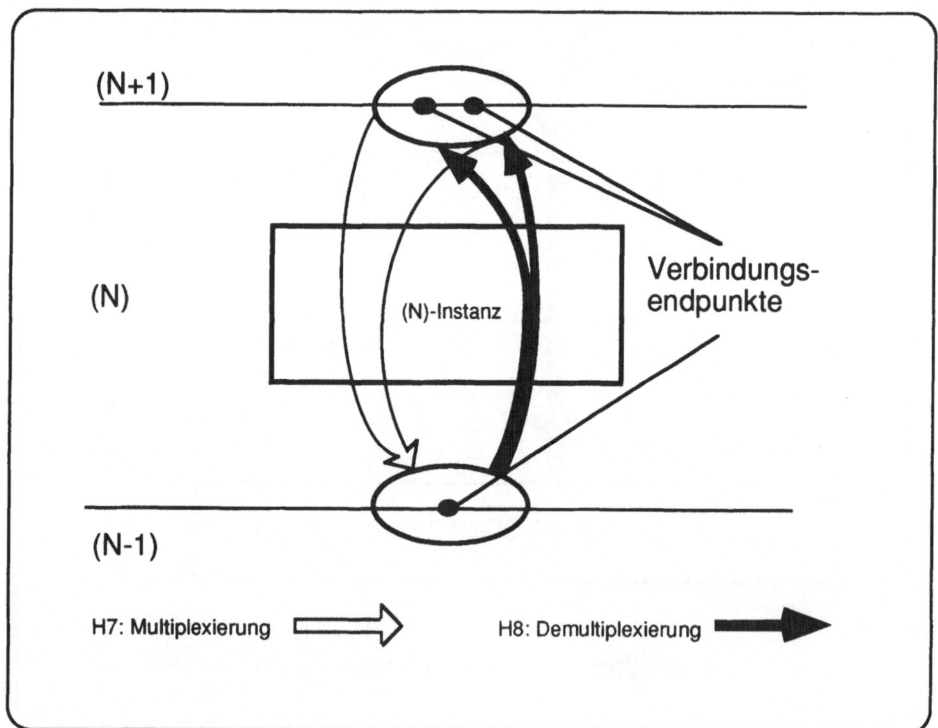

Bild 2.10 Multiplexierung und Demultiplexierung

H7/H8: Multiplexierung/Demultiplexierung

Als Multiplexierung wird eine Funktion einer (N)-Instanz bezeichnet, mittels deren eine (N-1)-Verbindung genutzt wird, um mehrere (N)-Verbindungen aufrechtzuerhalten. Die inverse Funktion heißt Demultiplexierung: Eine (N)-Instanz selektiert Protokolldateneinheiten für mehrere (N)-Verbindungen aus den über eine (N-1)-Verbindung erhaltenen (N-1)-Dienstdateneinheiten (vgl. Bild 2-10).

H9/H10: Splittung/Rekombination

Splittung ist die Funktion einer (N)-Instanz, durch die mehr als eine (N-1)-Verbindung zur Unterstützung einer (N)-Verbindung genutzt wird. Die inverse Funktion dazu heißt Rekombination: Es wird ein Strom von (N)-Protokolldateneinheiten für eine (N)-Verbindung aus (N-1)-Dienstdateneinheiten zusammengestellt, die über mehrere (N-1)-Verbindungen empfangen werden (vgl. Bild 2-11).

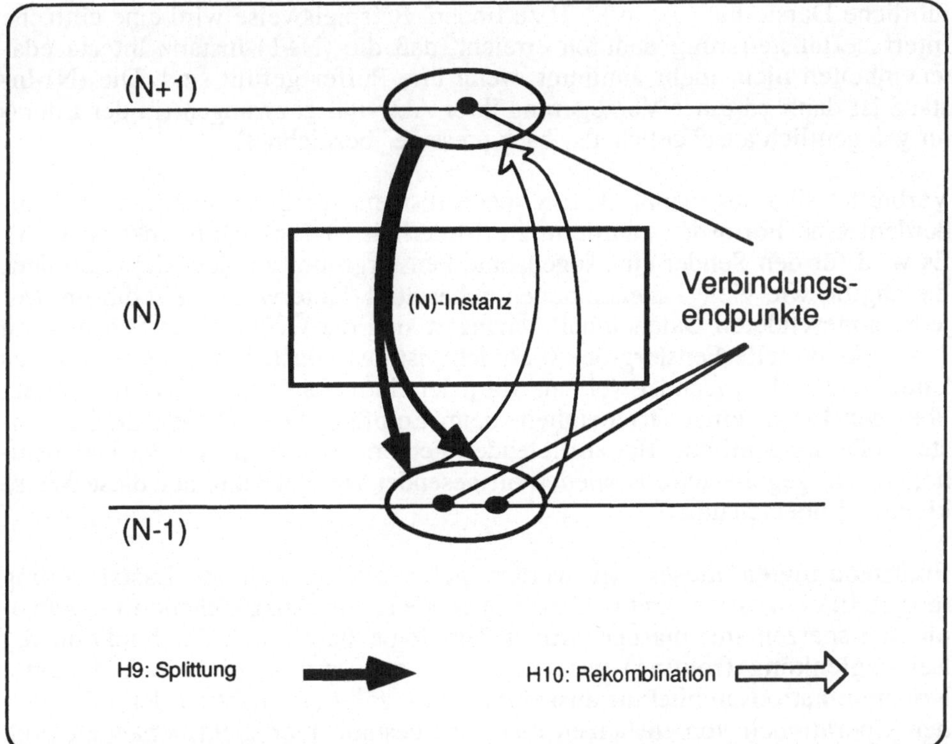

Bild 2.11 Splittung und Rekombination

H11: Flußsteuerung

Flußsteuerung (flow control; deutsch richtiger eigentlich "Flußregelung") ist die Regelung des Datenflusses innerhalb einer Schicht (zwischen sendender und empfangender Instanz) oder zwischen benachbarten Schichten (zwischen dienstnutzender und diensterbringender Instanz). Sie bezieht sich auf Protokolldateneinheiten oder Interfacedateneinheiten. Entsprechend werden zwei Arten der Flußsteuerung unterschieden.

- *Partnerflußsteuerung;* mit ihr wird die Senderate von Protokolldateneinheiten auf einer Verbindung so geregelt, daß der Empfänger nicht "überflutet" wird. Um das zu erreichen, sind spezielle Protokollmechanismen erforderlich.
- *Interfaceflußsteuerung;* mit ihr wird die Übergaberate von (N)-Interfacedateneinheiten zwischen einer (N+1)- und einer (N)-Instanz in einem System geregelt.

Zur Flußsteuerung dienen verschiedenartige Mechanismen. Eine relativ ausführliche Darstellung ist in [2-7] zu finden. Beispielsweise wird eine einfache Interfaceflußsteuerung dadurch erreicht, daß die (N+1)-Instanz Interfacedateneinheiten nicht mehr annimmt, wenn ihre Puffer gefüllt sind. Die (N)-Instanz ist dann zu einer Verzögerung ihrer Aktivität gezwungen (in der Literatur gelegentlich anschaulich als "back pressure" bezeichnet).

Verbreitet sind sogenannte Fenstermechanismen, für deren Funktionieren außerdem eine Form der Quittierung erforderlich ist (vgl. Hilfsfunktion H15). Es wird für den Sender eine sogenannte Fenstergröße (window size) definiert, die angibt, wie viele Dateneinheiten unbestätigt "unterwegs" sein dürfen. Mit jeder abgesendeten Dateneinheit verringert sich die Öffnung des Fensters um 1. Ist die aktuelle Fenstergröße 0 erreicht, ist das Fenster geschlossen, und es kann nicht mehr gesendet werden. Mit jeder eintreffenden (positiven) Quittung über den Erhalt einer Dateneinheit (beim Empfänger) wird die aktuelle Fenstergröße um 1 erhöht. Bei auftretenden Fehlern ist die Anzahl der Dateneinheiten, die gegebenenfalls wiederholt gesendet werden muß, auf diese Weise klein und überschaubar.

Flußsteuerungen dieser Art werden gelegentlich auch als Laststeuerung (englisch: congestion control) bezeichnet. Belastungsausgleichend in Kommunikationsnetzen mit maschenartiger Topologie kann auch die Funktion der Leitweglenkung (routing) wirken. Da sie stets nur in einer Schicht einer Kommunikationsarchitektur ausgeführt wird, zählt sie nicht zu den allgemeinen Operationen von Instanzen und wird deshalb hier nicht behandelt (vgl. Abschnitt 2.2.4).

H12: Reihenfolgesicherung

Bei der Übertragung von Dateneinheiten über eine (N)-Verbindung kann es dazu kommen, daß sie der empfangenden Instanz in einer anderen als der vom Sender gewählten Reihenfolge übergeben werden. Mögliche Ursachen dafür sind beispielsweise

- das wiederholte Senden einer Dateneinheit zu einem späteren Zeitpunkt, weil das "Original" den Empfänger nicht ordnungsgemäß erreicht hat;
- Unterschiede in der Laufzeit einzelner zu einer Folge gehörender Dateneinheiten bei Existenz alternativer Wege (unterschiedlicher Länge) zwischen Sender und Empfänger in einem Kommunikationsnetz mit Maschentopologie.

Ist für die (N+1)-Instanzen die Reihenfolgesicherung von Belang, muß in diesen eine spezielle Funktion ausgeführt werden. Dazu sind auch besondere Protokollsteuerinformationen erforderlich, z.B. Folgenummern. Bei zeitweiligem Ausbleiben einer bestimmten Dateneinheit müssen die inzwischen (mit höherer Folgenummer) empfangenen Dateneinheiten zwischengespeichert werden.

Operationen zur Fehlerbehandlung

Kommunikationssysteme sind in vielfältiger Weise fehleranfällig. Mögliche Fehlerursachen lassen sich schwerlich vollständig aufzählen. Einige Beispiele sind:

- elektromagnetische Störungen auf dem Übertragungsweg,
- Fehlfunktionen in Vermittlungseinrichtungen (u.a. in Transitsystemen),
- Fehlfunktionen in den Anschlußeinheiten zwischen Computer und Übertragungsmedium,
- Fehlfunktionen von Schichteninstanzen bei der Dienst- und Protokollausführung,
- Fehlfunktionen von Anwendungsprozessen.

Die meisten dieser Fehlfunktionen können wiederum verschiedene Ursachen haben, insbesondere können sie hardware- oder softwarebedingt sein. Erwähnt werden sollten auch Verletzungen der Datensicherheit (vgl. Kapitel 9). Eine den Erfordernissen entsprechende Korrektheit und Stabilität der Datenübertragung kann unter diesen Bedingungen nur durch ein ganzes System von Maßnahmen zur Fehlerfeststellung und -behandlung erreicht werden. An dieser Stelle sollen lediglich solche Maßnahmen erwähnt werden, die unmittelbar bei der Abwicklung der Dienste und Protokolle wirksam werden müssen. Dabei existiert ein fließender Übergang zu den später noch zu behandelnden Schichtenverwaltungsfunktionen (vgl. Kapitel 8).

H13/H14: Fehlerfeststellung und Fehlermeldung

Jede Instanz sollte so arbeiten, daß sie die Fehlerfreiheit der von ihr selbst sowie in ihrem Auftrag von anderen Instanzen durchgeführten Operationen prüft. Dazu dienen in erster Linie alle üblichen softwaretechnischen Mittel

- Prüfen von Rückkehrcodes nach Funktions-, Unterprogramm- und ähnlichen Aufrufen;
- Durchführen von Plausibilitätskontrollen, wie Grenzwertprüfungen und Prüfungen auf Zulässigkeit des Wertevorrats.

Weit verbreitet in der Kommunikationstechnologie sind Prüfzeichen- oder Prüffolgekontrollverfahren. Auf sie soll hier nicht im einzelnen eingegangen werden (vgl. z.B. [2-3]).

Ein wichtiges Ziel ist es, festgestellte Fehler automatisch zu beheben. Häufig wird das einfach dadurch versucht, daß eine Aktion begrenzt oft wiederholt wird. Ist das nicht sinnvoll oder ist der Wiederholungsgrenzwert erreicht, ist dieser Tatbestand über die Hilfsfunktion H14 an die nächsthöhere Schicht zu melden. Diese geht dann ihrerseits nach den Prinzipien von H13 vor.

Fehlermeldungen können sowohl auf ein System beschränkt sein (z.B. fehlerhafte Strukturen von Dienst- und Interfacedateneinheiten, Nichteinhaltung von Konventionen für die Dienstanforderung) als auch systemübergreifende Prozesse betreffen. Für den letztgenannten Fall sind entsprechende Protokollsteuerinformationen vorzusehen.
Vielfach ist es sinnvoll, aufgetretene Fehler (ob behebbar oder nicht) in Fehlerlogdateien zu registrieren (vgl. Kapitel 4).

H15: Quittierung

Die Quittierungsfunktion (acknowledgement) ist im OSI-Modell gesondert aufgeführt, obwohl sie enge Beziehungen zu den Fehlerfeststellungsfunktionen aufweist. Quittierung ist eine Funktion in einer (N)-Schicht, die es der empfangenden (N)-Instanz erlaubt, die sendende (N)-Instanz über den Erhalt einer (N)-Protokolldateneinheit zu informieren. Voraussetzung ist die eindeutige Identifizierbarkeit jeder Protokolldateneinheit als Individuum. Die Quittierung erfolgt entweder über spezielle Protokolldateneinheiten (die dann nur aus Protokollsteuerinformationen bestehen) oder als Bestandteil einer anderen (normalen) Protokolldateneinheit. Diese letztere Verfahrensweise wird in der Spezialliteratur gelegentlich als Huckepackverfahren (piggybacking) bezeichnet.
Mit der Quittierung wird angestrebt, die durch untere Schichten bereits durchgeführten Sicherheitsmaßnahmen zu ergänzen. Bei einer vollständigen OSI-Architektur sollte die Quittierung in den oberen Schichten keine Rolle mehr spielen.

H16: Zurücksetzen

Eine sehr radikale Methode der Fehlerbehandlung ist das Zurücksetzen (Reset). Zurücksetzen bewirkt, daß die Instanzen einer Schicht in einen definierten Status versetzt werden, von dem aus die Arbeit wieder fehlerfrei fortgesetzt werden kann. Beim Zurücksetzen können zunächst sowohl Dateneinheiten verloren gehen als auch dupliziert werden. Ist das unerwünscht, müssen spezielle Maßnahmen (bei Sender und/oder Empfänger) eingeleitet werden. Zurücksetzen erfordert:

- das Definieren geeigneter Punkte, auf die zurückgesetzt werden kann; über diese Punkte muß es zwischen den beteiligten Instanzen Übereinstimmung geben ("Synchronisationspunkte");
- spezielle Protokolldateneinheiten, die das Zurücksetzen auslösen.

Es wird vor allem zum Beheben von Synchronisationsfehlern benutzt.

2.1.5 Verbindungsfreie Kommunikation

Bereits in Abschnitt 2.1.2 wurde darauf hingewiesen, daß das OSI-Modell für die Kommunikation offener Systeme zunächst generell die (dynamische) Einrichtung von Verbindungen voraussetzt. Daraus ergibt sich die typische Einteilung des Kommunikationsprozesses in die Phasen Verbindungsaufbau, Datentransfer und Verbindungsabbau. Verbindungsorientierte Kommunikation ist durch folgende Merkmale gekennzeichnet:

V1: Drei- oder mehrseitige Übereinkunft über den Datentransfer (zwischen zwei oder mehr (N)-Instanzen und dem Diensterbringer, der (N-1)-Schicht);

V2: Die Möglichkeit, die konkreten Randbedingungen für den Datentransfer zwischen diesen Partnern "auszuhandeln";

V3: Mittels Verbindungsendpunkt-Identifikatoren den Aufwand für Namens-/Adreßabbildungen und -übertragungen in der Datentransferphase zu minimieren;

V4: Die Möglichkeit, einen logischen Zusammenhang zwischen einzelnen übertragenen Dateneinheiten aus der Sicht des Dienstnutzers herzustellen, der sich formal ausdrückt
- in der Zusammengehörigkeit der zwischen Verbindungsaufbau und -abbau übertragenen Dateneinheiten,
- in der Möglichkeit der Reihenfolgesicherung.

V5: Die Möglichkeit, für einen spezifischen Kommunikationsprozeß benötigte Ressourcen zu reservieren, so daß im Verlaufe des Prozesses keine ressourcenmangelbedingten Störungen auftreten können.

Die verbindungsorientierte Kommunikation ist für zahlreiche Anwendungen sinnvoll, insbesondere wo überwiegend langlebige und/oder massendatenspezifische Beziehungen zwischen Sender und Empfänger vorherrschen. Typische Beispiele dafür sind Ferndialog, Filetransfer oder Fernjobeingabe. Es gibt aber zahlreiche Anwendungen, die keine derartigen Anforderungen stellen. Dazu zählen z.B.

- Austausch kurzer Nachrichten,
- Meßwert- und andere Arten zyklischer und nichtzyklischer Datenerfassung,
- Informationsverteilung ohne Bestätigungszwang,
- Informationsverteilung bei unbekanntem Empfängerkreis,
- Echtzeitanwendungen mit redundanten Daten,
- sehr leistungsfähige, zuverlässige, wenig ausgelastete Übertragungsmedien.

Für solche Bedingungen ist in der Praxis schon seit längerer Zeit verbindungsfreie Kommunikation üblich und bewährt. Begriffe wie "Transaktionsmodus" oder "Datagrammdienst" kennzeichnen diese Situation. In einem Anhang zum OSI-Modell [2-4] wurden deshalb auch die Möglichkeiten standardgerechter verbindungsfreier Kommunikation (Connectionless Mode Transmission) ausgearbeitet. Damit kann der Entwerfer eines verteilten Informationssystems zwischen beiden Modi wählen oder (wie später noch dargestellt wird) diese auch kombinieren. In der angegebenen Quelle wird unter verbindungsfreier Datenübertragung die Übertragung von Daten außerhalb des Kontextes einer Verbindung und ohne die Notwendigkeit, logische Beziehungen zwischen den Dienstdateneinheiten zu sichern, verstanden. Er wird durch folgende Merkmale gekennzeichnet:

F1: Es ist eine vorher geschaffene Beziehung zwischen den Partnerinstanzen vorhanden, wodurch die Charakteristika der Datenübertragung bestimmt werden;

F2: Alle Angaben für die Übertragung einer Dateneinheit (z.B. Zieladresse, Auswahl der Dienstqualität) sind dem Diensterbringer mit der Dateneinheit in einem einzigen Dienstzugriff zu übergeben. Dieser Dienstzugriff kann allerdings mehrere Interfaceoperationen umfassen;

F3: Es können Kopien der Dateneinheit an verschiedene Zieladressen gesendet werden;

F4: Jede einzelne Dateneinheit wird vom Diensterbringer unabhängig von anderen behandelt, was z.B. auch die mögliche Auswahl verschiedener Übertragungswege zum gleichen Ziel einschließt.

F5: Der Implementierungsaufwand für verbindungsfreie Übertragung ist häufig geringer als für verbindungsorientierte Übertragung, da der Aufwand zur Verwaltung vonVerbindungen entfällt.

Etwas eingehender soll noch die unter F1 genannte, vor Aufnahme der Datenübertragung zu schaffende Beziehung (association) behandelt werden. Nach [2-4] beinhaltet sie vier Elemente:

a) die Kenntnis der Adressen der Partnerinstanzen,
b) die Kenntnis eines von den Partnerinstanzen akzeptierten Protokolls,
c) die Kenntnis der Kommunikationsbereitschaft der Partnerinstanzen,
d) die Kenntnis der Dienstqualität des Diensterbringers.

Dieses Vorwissen, das Voraussetzung zur Aufnahme der Kommunikation ist, kann auf verschiedene Weise zustande kommen, z.B.

- aus vertraglichen Vereinbarungen mit einer dienstleistenden Institution,
- über eine Netzadministration, die zu diesem Zweck spezielle Verzeichnisse oder Datenbanken bereitstellt,
- aus der Erfahrung zurückliegender Kommunikationspraxis,
- durch die dynamische Inanspruchnahme von Managementdiensten (vgl. Kapitel 4).

Die die Dienstqualität einer verbindungsfreien Datenübertragung kennzeichnenden Parameter können in zwei Gruppen eingeteilt werden:

G1 auf eine einzelne (Durchschnitts-) Dateneinheit bezogen:
- Erwartungswert der Übertragungsverzögerung,
- Wahrscheinlichkeit der Zerstörung,
- Wahrscheinlichkeit der Fehlleitung,
- Kosten,
- Schutz vor unberechtigtem Zugriff.

G2 auf eine Menge von Übertragungen zwischen Partnerinstanzen bezogen:
- Erwartungswert des Durchsatzes,
- Wahrscheinlichkeit von Reihenfolgeverletzungen.

Mit der Existenz zweier unterschiedlicher Kommunikationsmodi entsteht das interessante Problem der eventuellen Koexistenz beider Modi in einer Schichtenarchitektur. Durch das OSI-Modell wird eine solche Koexistenz nicht ausgeschlossen. Im Prinzip wird auch keine denkbare Kombination von vornherein ausgeschlossen. Wird die Betrachtung zunächst auf ein System beschränkt, so können benachbarte Schichten demnach

K1: beide verbindungsorientierte Dienste anbieten,
K2: beide verbindungsfreie Dienste anbieten,
K3: der (N)-Dienst verbindungsorientiert und der (N-1)-Dienst verbindungsfrei sein,
K4: der (N)-Dienst verbindungsfrei und der (N-1)-Dienst verbindungsorientiert sein.

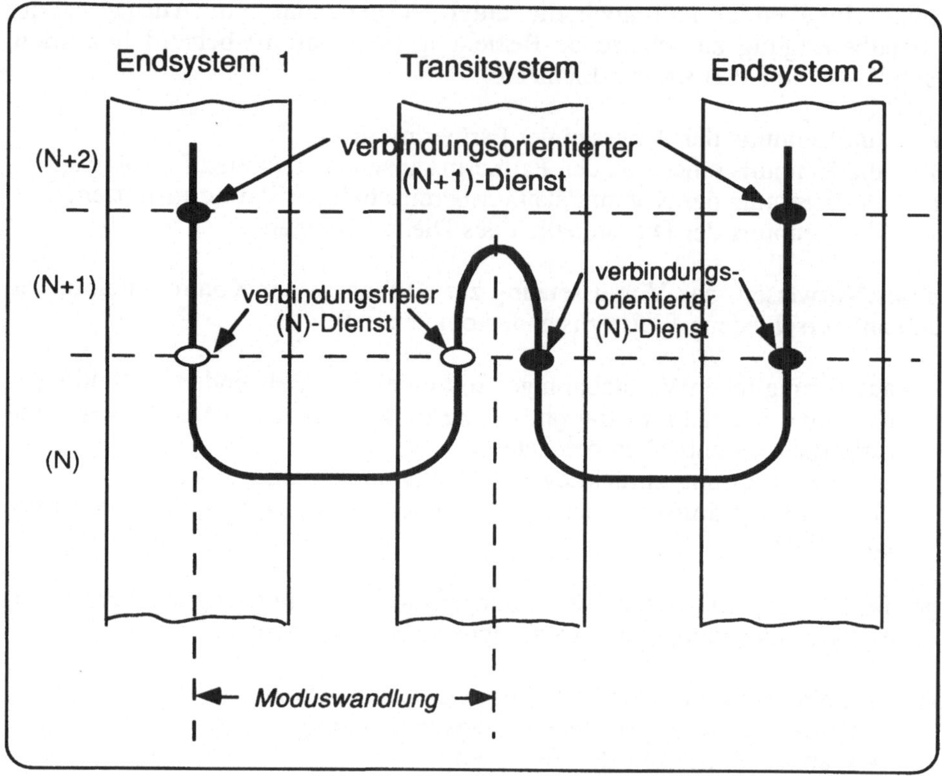

Bild 2-12 Wandlung zwischen verbindungsorientiertem und verbindungsfreiem Dienst (1)

Während die Kombinationen K1 und K2 problemlos sind, sind für K3 und K4 spezielle Funktionen erforderlich, nämlich:

- für K3 die Herstellung eines verbindungsorientierten Dienstes auf der Basis eines verbindungsfreien Dienstes, was ein spezielles Protokoll erfordert;
- für K4 sind entweder Vorbereitung und Abschluß des verbindungsfreien (N)-Dienstes mit Aufbau bzw. Abbau einer (N-1)-Verbindung gekoppelt oder jede Dateneinheit der (N)-Verbindung wird auf die drei Phasen des verbindungsorientierten (N-1)-Dienstes abgebildet.

Weiter kompliziert wird das Problem, wenn unterschiedliche Kombinationen in den Partnerendsystemen angewendet werden oder Transitsysteme zwischen ihnen eingeordnet sind. Es sind dann Umwandlungen zwischen beiden Modi erforderlich. Damit keine zu komplizierten Situationen entstehen und der Implementierungs- sowie Laufzeitaufwand in Grenzen bleiben, nimmt das

OSI-Modell hier Einschränkungen derart vor, daß Umwandlungen oberhalb einer bestimmten Schicht untersagt werden. Konkret bedeutet das, daß Modusumwandlungen (wenn erforderlich) vorzugsweise in der Vermittlungsschicht, mit Einschränkungen noch in der Transportschicht zulässig sind (vgl. Abschnitt 2.2.5). Die Bilder 2-12 und 2-13 zeigen zwei mögliche Fälle (nach [2-4]).

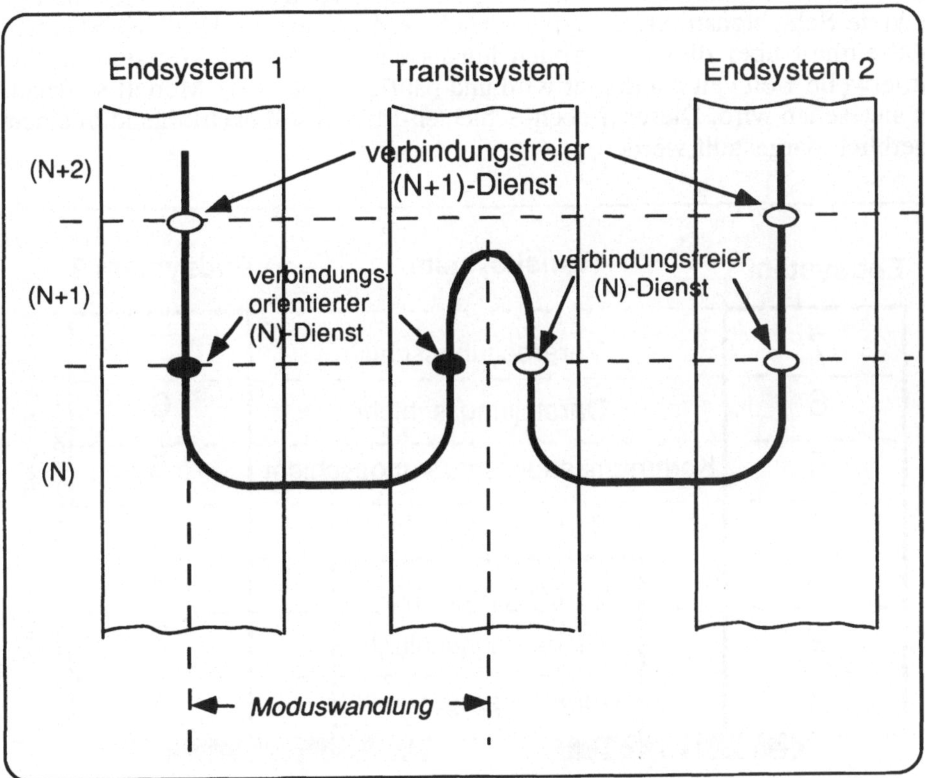

Bild 2-13: Wandlung zwischen verbindungsorientiertem und verbindungsfreiem Dienst (2)

Abschließend soll noch erwähnt werden, daß noch weitere ISO-Dokumente existieren, die die bisher erläuterten allgemeinen methodischen Konzepte des Basisreferenzmodells ergänzen bzw. detaillieren. Dazu zählen zum Beispiel Aussagen zu allgemeinen Dienstkonventionen [2-13]. Darüber hinaus sind Arbeiten zu einer Revision des bereits 1984 verabschiedeten Basisreferenzmodells begonnen worden, die sich jedoch noch in der Entwurfsphase befinden [2-6], [2-7]. Schließlich ist auf die Berührungspunkte zum Standardisierungsprojekt "Offene verteilte Verarbeitung" (Open Distributed Processing) zu verweisen [2-11]. Auf Einzelheiten kann hier nicht eingegangen werden.

2.2 Die sieben Schichten

2.2.1 Vorbemerkungen

Bisher wurden die *allgemeinsten* Prinzipien der Architektur und Kommunikation offener Rechnernetze behandelt, die grundsätzlich für verschiedenartige konkrete Schichtenstrukturen angewendet werden könnten. Der ISO-Standard 7498 enthält über diese Prinzipien hinaus eine solche Konkretisierung, die mittlerweile weltweit anerkannt wird und häufig als *das* OSI-Modell schlechthin angesehen wird. Dieses Sieben-Schichten-Modell soll nachfolgend in einem Überblick dargestellt werden.

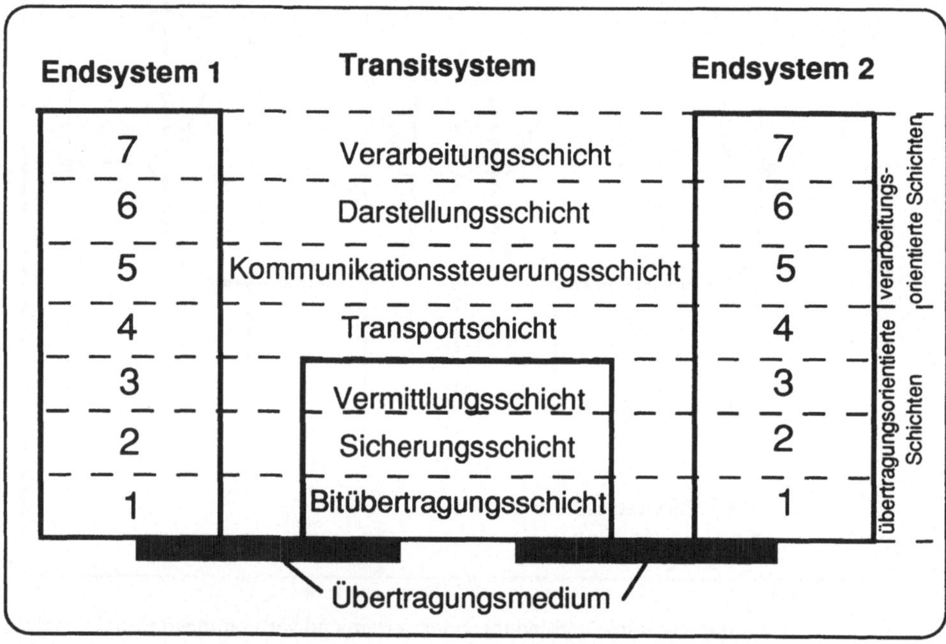

Bild 2-14 Die sieben Schichten des Basisreferenzmodells

Bild 2-14 zeigt ein Schema des Schichtenmodells. Dargestellt sind als repräsentative Abstraktion eines realen Rechnernetzes zwei Endsysteme und ein Transitsystem. Die deutschsprachigen Bezeichnungen stammen aus [2-5]. Sie werden jedoch in der Fachliteratur nicht einheitlich angewendet. Häufig werden zum Teil stärker an die englischsprachigen Originaltermini angelehnte Synonyme benutzt. Die Schichten werden von unten beginnend von 1 an numeriert. Wichtig sind auch die Kürzel, die als Präfix zur Bezeichnung von schichtenbezogenen Objekten oft benutzt werden. (vgl. Tabelle 2-1). Als Beispiel für einschlägige Begriffsbildungen kann z.B. von der T-Schicht, aber auch von der Schicht 4 gesprochen werden. Diese nimmt T-Interfacedateneinheiten (kurz TIDUs) entgegen und wickelt ein T-Protokoll durch den Austausch von T-Protokolldateneinheiten (kurz TPDU) ab.

Schicht Nummer	**Schicht Präfix**	**Bezeichnung nach IS 7498**	**Bezeichnung nach DIN ISO 7498**	**Synonyme**	**Kriterien**
7	A	application layer	Verarbeitungs-schicht	Anwen-dungs- Applika-tions-	P1, P2
6	P	presentation layer	Darstellungs-schicht	Präsenta-tions-	P3,P4 P1,P2
5	S	session layer	Kommunikations-steuerungs-schicht	Sitzungs-	P3,P4 P1,P2
4	T	transport layer	Transport-schicht	-	P1,P2
3	N	network layer	Vermittlungs-schicht	Netzwerk- Netz-	P3,P5 P7,P1 P2
2	D	data link layer	Sicherungs-schicht	Verbin-dungs-	P3,P5, P8,P1 P2
1	Ph	physical layer	Bitübertragungs-schicht	Physikali-sche Physische	P3,P5 P8,P1 P2

Tabelle 2-1 Schichtenbezeichnungen

Zu unterscheiden ist aber eine (N)-SDU von einer NSDU. Erstere ist die Dienstdateneinheit irgendeiner Schicht im Innern der Hierarchie, auf die man sich beziehen möchte, letztere eine Dienstdateneinheit der Vermittlungsschicht. Zusammenfassend wird von den Schichten 1 bis 4 oft als übertragungsorientierten, von den Schichten 5 bis 7 als den verarbeitungsorientierten Schichten gesprochen. Häufig nicht beachtet wird, daß das physikalische Übertragungsmedium selbst nicht zur Schicht 1 gehört, ebensowenig wie die eigentlichen Anwendungsprogramme, die sich der Kommunikationsdienste auf der Grundlage des Basisreferenzmodells bedienen, zur Schicht 7 gehören.

In einem Anhang zu [2-2] ist erläutert, welche der in Abschnitt 2.2.2 aufgezählten allgemeinen Prinzipien der Schichtenstrukturierung bei der Definition der sieben Schichten speziell herangezogen wurden. Im Tabelle 2-1 ist dies zur Illustration mit vermerkt. Mindestens gleichwertig sind aber gewiß Strukturierungserfahrungen aus realen Systemen gewesen.

2.2.2 Bitübertragungsschicht

Die Architektur zur Verbindung offener Systeme soll ein breites Spektrum herkömmlicher und zukünftiger physikalischer Übertragungsmedien zulassen, um den verschiedenartigen Anforderungen und Gegebenheiten Rechnung zu tragen. Es sollen also sowohl die in lokalen Netzen typischen direkten Verbindungen über Koaxialkabel oder Lichtwellenleiter, Verbindungen über herkömmliche Telefon- oder Telexnetze (reguliert nach den Empfehlungen der V-Serie des CCITT), moderne paketvermittelte Datennetze (entsprechend den X-Empfehlungen des CCITT) als auch gegenwärtige und künftige Schmalband- und Breitband-ISDN-Systeme unterstützt werden. Um möglichst viele der dabei unvermeidlich auftretenden Besonderheiten auf unterster Ebene für darüber liegende Schichten unerheblich zu machen, wurde die Bitübertragungsschicht definiert. Ihr Zweck besteht gemäß [2-2] darin, die mechanischen, elektrischen, funktionellen und prozeduralen Mittel für die Aktivierung, Erhaltung und Deaktivierung von Bitübertragungsverbindungen (Datenverbindungen) zwischen Instanzen der Sicherungsschicht bereitzustellen.

Die Funktionen der Bitübertragungsschicht sind speziell auf benachbarte Systeme gerichtet, zwischen denen über ein physikalisches Medium Bitströme (seriell oder parallel) ungesichert übertragen werden. Es sind Halbduplex- oder Duplexübertragungen vorgesehen. Eine PhSDU umfaßt bei serieller Übertragung 1 bit, bei paralleler Übertragung n bit (n: Übertragungsbreite). Es wird eine bitbezogene Reihenfolgesicherung vorgenommen. Systeme können in der Bitübertragungsschicht Transitfunktionen ausführen (z.B. Repeater in lokalen Netzen). Transitsysteme verknüpfen die zwischen benachbarten Systemen bestehenden Datenverbindungen (data circuits) zu Bitübertragungsverbindungen (physical connections) (vgl. Bild 2-15).

Eine Bitübertragungsverbindung kann zwei oder mehrere Endpunkte haben. Näher wird in diesem Buch auf die Bitübertragungsschicht nicht eingegangen. Weitergehend Interessierte werden auf entsprechenden Detailstandards (z.B. von der CCITT V.24, V.35, X.21) sowie die Spezialliteratur verwiesen (zu lokalnetztypischen Übertragungsmedien z.B. [1-5]).

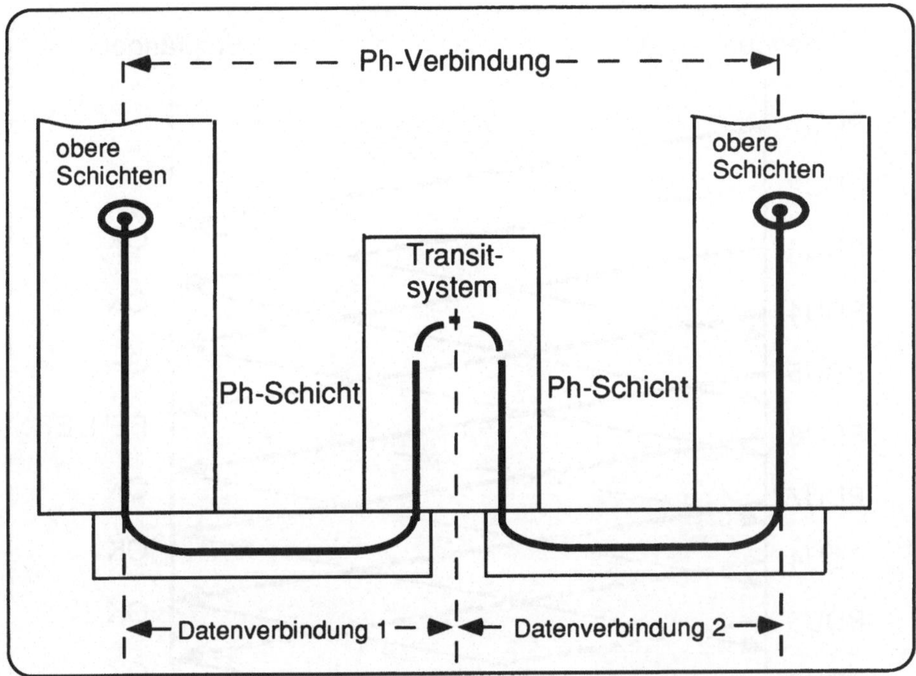

Bild 2-15 Datenverbindungen und Transitfunktion in der Bitübertragungsschicht

2.2.3 Sicherungsschicht

Die Sicherungsschicht hat das Ziel, für Vermittlungsinstanzen (Instanzen der Schicht 3) Verbindungen aufzubauen, zu unterhalten und abzubauen, wobei mögliche Fehler der Bitübertragungsschicht erkannt und gegebenenfalls korrigiert werden.

Eine Sicherungsverbindung kann auf mehreren Bitübertragungsverbindungen beruhen (Funktion der Splittung/Rekombination vgl. Abschnitt 2.2.4). Ferner können Sicherungsverbindungen über Transitsysteme hinweg reichen. Die Länge der DSDU sollte an der an der Fehlerrate des Übertragungsmediums sowie an der Fähigkeit der Sicherungsschicht orientiert sein, Fehler der Bitübertragungsschicht zu erkennen. In der Sicherungsschicht kann die Funktion der Reihenfolgesicherung implementiert sein. Wenn nichtbehebbare Fehler auftreten, wird die Vermittlungsschicht informiert. Außerdem kann eine Flußsteuerung vorhanden sein. Das Bilden von D-Protokolldateneinheiten (häufig als Frames bezeichnet) sowie die Identifizierung von D-Protokolldateneinheiten im kontinuierlichen Bitstrom der Bitübertragungsschicht sind wichtige Funktionen der Schicht 2.

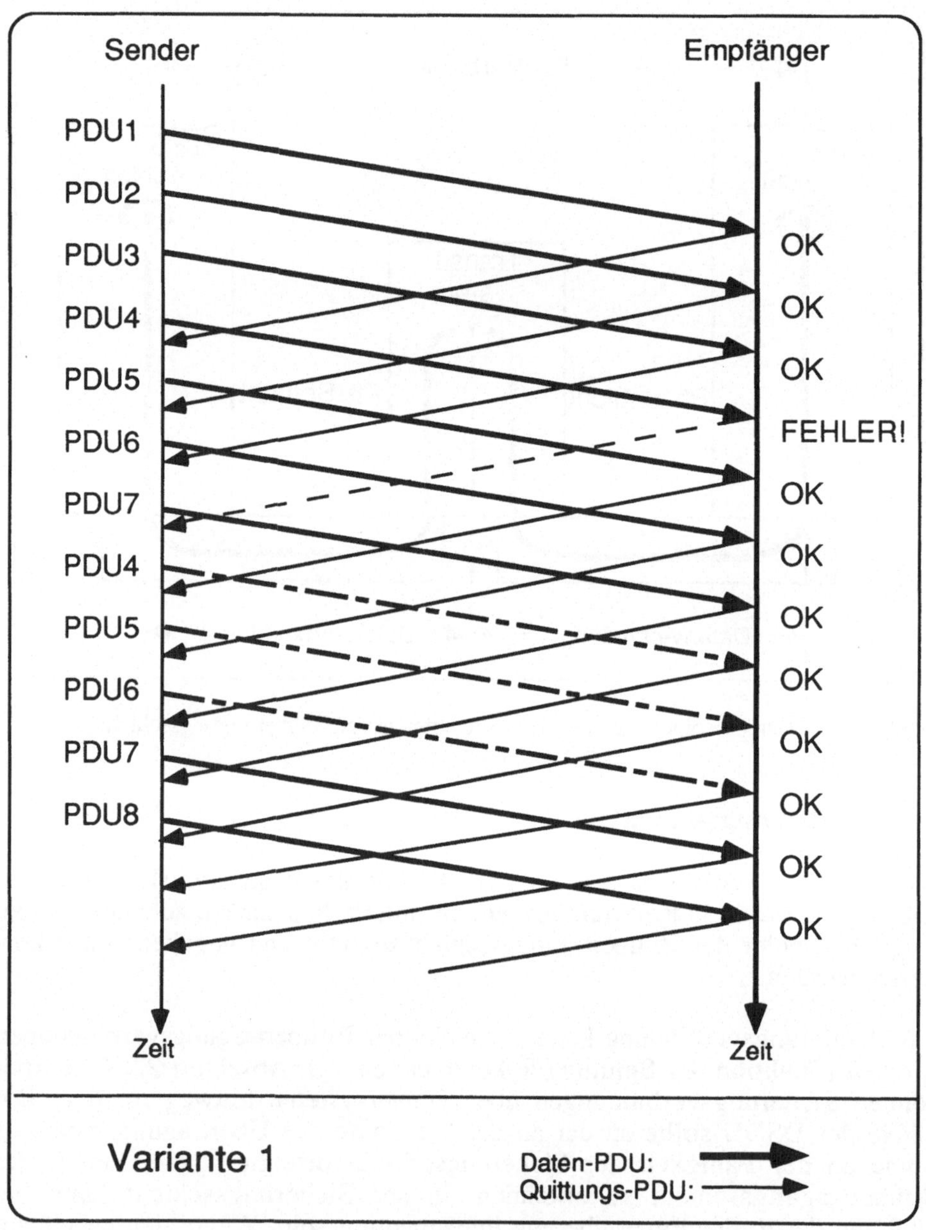

Bild 2.16 Varianten der Übertragungswiederholung (1)

Für das Bilden und Erkennen von Frames werden begrenzende Zeichen oder Bitfolgen ("Flags") benötigt. Eine wichtige Aufgabe der D-Instanzen ist es,

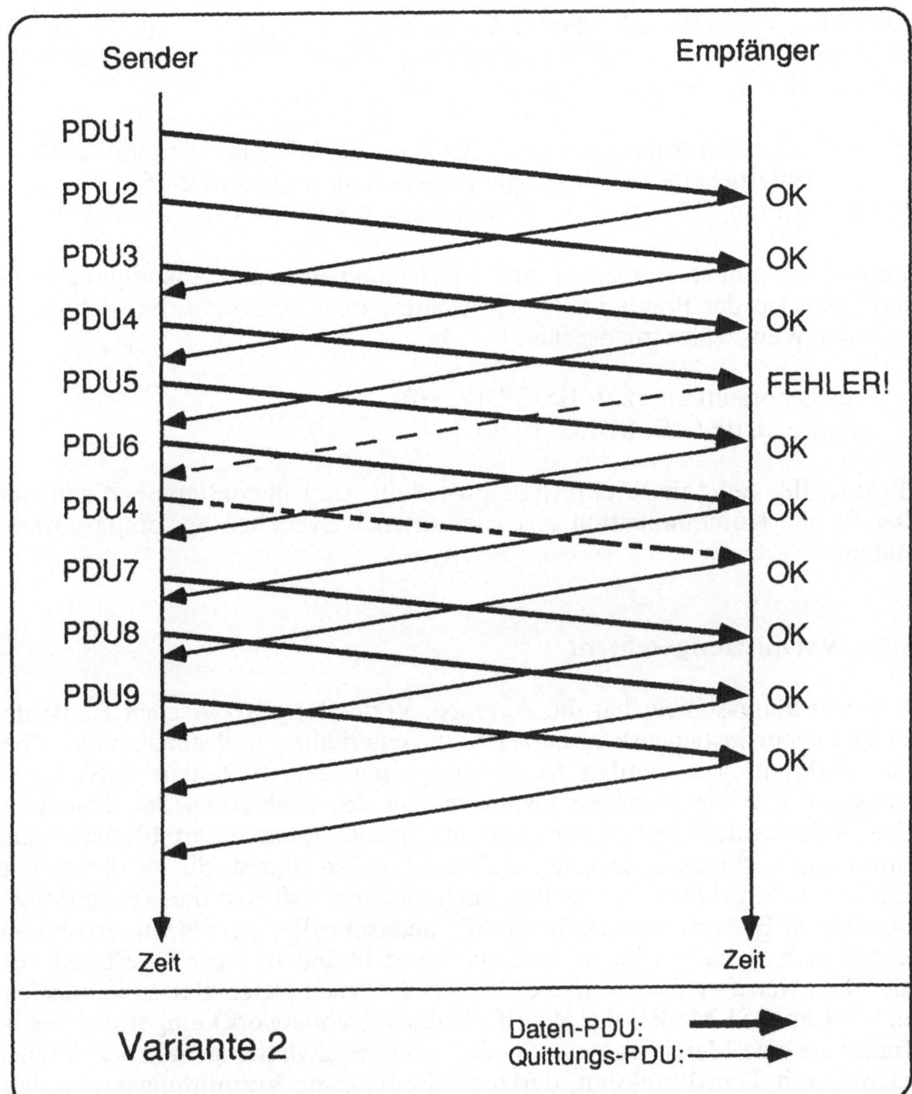

Bild 2-17 Varianten der Übertragungswiederholung (2)

unter diesen Bedingungen den sogenannten transparenten Datentransport zu gewährleisten. Das bedeutet, daß innerhalb eines Frames Nutzerdaten mit gleichem Bitmuster wie die Begrenzer auftreten können, ohne daß sie als solche aufgefaßt werden. Dazu wenden die verschiedenen D-Protokolle unterschiedliche Mittel an. Gleiche Unterschiedlichkeit findet man bei den Sicherungsverfahren. Dazu zählen Zeichen- und Blockparitätsprüfung sowie die

Anwendung zyklisch redundanter Codes (CRC-Verfahren), vgl. [2-3]. Die Fehlerkorrektur wird durch Wiederholen von Übertragungen realisiert. Dabei werden zwei Vorgehensweisen unterschieden:

V1: es werden bei Auftreten eines Fehlers n zurückliegende einschließlich der fehlerbehafteten Übertragung wiederholt (vgl. Bild 2-16),
V2: es wird nur die fehlerhafte Übertragung wiederholt (vgl.Bild 2-17).

All diese Funktionen werden in typischer Kombination und Ausprägung in D-Protokollen (in der Praxis häufig als Übertragungsprozeduren bezeichnet) in genormter Weise zusammengefaßt. Es gibt:

- zeichenorientierte (z.B. BSC, DDCMP)
- bitorientierte (z.B. SDLC, HDLC)

D-Protokolle. Sehr viele derartige Protokolle sind herstellerspezifisch und daher für die Kommunikation zwischen offenen Systemen nur eingeschränkt benutzbar.

2.2.4 Vermittlungsschicht

Die Vermittlungsschicht hat die Aufgabe, Verbindungen zwischen Endsystemen (Transportinstanzen) aufzubauen, zu unterhalten und abzubauen. Über diese Verbindungen werden Vermittlungsdienstdateneinheiten (NSDU) so übertragen, daß die Transportinstanzen von den Problemen der Transitsysteme, insbesondere der Leitweglenkung (Routing) unberührt bleiben. Eine Vermittlungsverbindung kann über Transitsysteme führen, die zu einem einheitlichen Netz gehören. Es ist aber auch möglich, daß sich die Vermittlungsendpunkte in Endsystemen befinden, die unterschiedlichen Netzen angehören, und daß sich zwischen ihnen Transitsysteme befinden, die zu weiteren verschiedenen Netzen gehören. Um diese verschiedenen Netze klar zu kennzeichnen, wird im OSI-Modell der Begriff Teilnetz (subnetwork) eingeführt. Es ist definiert als eine Menge von einem oder mehreren zwischengehaltenen offenen Systemen mit Transitfunktion, durch die Endsysteme Vermittlungsverbindungen errichten können.

Der Dienst an den Endpunkten einer Vermittlungsverbindung muß identisch sein. Wenn Teilnetze unterschiedlichen Leistungsvermögens von einer Vermittlungsverbindung berührt werden, ergeben sich in diesem Zusammenhang zwei Möglichkeiten:

M1: die Vermittlungsverbindung wird zu den Bedingungen betrieben, die das am wenigsten leistungsfähige Teilnetz gewährleisten kann,

M2: an den Grenzen des Teilnetzes mit niederer Leistungsfähigkeit wird die Dienstqualität auf das Niveau des benachbarten leistungsfähigeren Teilnetzes angehoben (hop-by-hop enhancement), so daß die gesamte Vermittlungsverbindung auf dem Niveau des leistungsfähigsten Teilnetzes betrieben werden kann.

Welche Möglichkeit verwirklicht wird, hängt von der Größe der Leistungsdifferenz, den Kosten, der Schärfe der Anforderungen durch den Dienstnutzer und anderen Faktoren ab.

Eine wichtige Funktion der Vermittlungsschicht ist die Leitweglenkung (routing). Im OSI-Modell ist sie definiert als eine Funktion in einer Schicht, die den Namen einer Instanz oder die Adresse eines Dienstzugriffspunktes in einem Pfad umsetzt, über den diese Instanz erreicht werden kann. Damit kann eine Verbindung über eine Kette von Instanzen einer Schicht, konkret der Vermittlungsschicht, geführt werden. Alle Instanzen dieser Kette außer den beiden Endpunkten liegen in Systemen, die in diesem Zusammenhang als Transitsysteme fungieren. Das Problem der Leitweglenkung gewinnt besonders in Netzen mit einer komplexen Topologie wie den öffentlichen Netzen eine große Bedeutung, und es sind vielfältige Algorithmen dafür untersucht worden.

Die einfachste Lösung besteht darin, daß das sendende Endsystem den Weg bis zum empfangenden Endsystem kennt und in Form einer Adreßliste der zu sendenden Dateneinheit hinzufügt (*source routing*). Jedes auf dem Weg von Datenquelle zu Datensenke liegende Transitsystem kann dann aus dieser Liste das als nächstes zu durchlaufende System bestimmen. Dieses Verfahren hat jedoch mehrere Nachteile. Im allgemeinen werden deshalb *Routingtabellen* eingesetzt. Das sind systeminterne Datenstrukturen, die die wechselseitige Erreichbarkeit von Endsystemen und die verschiedenen möglichen Pfade sowie deren (prinzipiellen und eventuell aktuellen) Benutzungsbedingungen abbilden. Es wird zwischen statischer und dynamischer Leitweglenkung unterschieden.

Bei *statischer Leitweglenkung* schreibt die Routingtabelle stets den gleichen Pfad zwischen zwei Endsystemen vor, unabhängig von der konkreten Belastungssituation. Eventuell ist ein Ausweichpfad für den Fall zeitweiliger Nichtverfügbarkeit des Hauptpfades vorgesehen. Statische Leitweglenkung verursacht geringen Implementierungs- und Laufzeitaufwand, ist aber mit systematischen Effizienzreserven behaftet.

Bei dynamischer oder *adaptiver Leitweglenkung* wird der Pfad zwischen zwei Endsystemen bei jeder Einrichtung einer Vermittlungsverbindung oder in gewissen Zeitabständen neu bestimmt. Hauptziel ist die Anpassung an die momentane Verfügbarkeits- und Belastungssituation im Netz. Dieser Vorteil wird durch höheren Implementierungs- und Laufzeitaufwand erkauft. Es treten relativ komplizierte Folgeprobleme auf, so z.B. die synchrone Aktualisierung der Routingtabellen aller Transitsysteme und die Gefahr von Schleifen bzw. der Überschreitung oberer Grenzwerte für die Verweilzeit einer Protokolldateneinheit im Netz. Ausführlicher wird die Leitweglenkung z.B.in [1-3] behandelt, dort werden auch Verfahren beschrieben, wie günstige (optimale) Pfade zwischen zwei Verbindungsendpunkten ermittelt werden können.

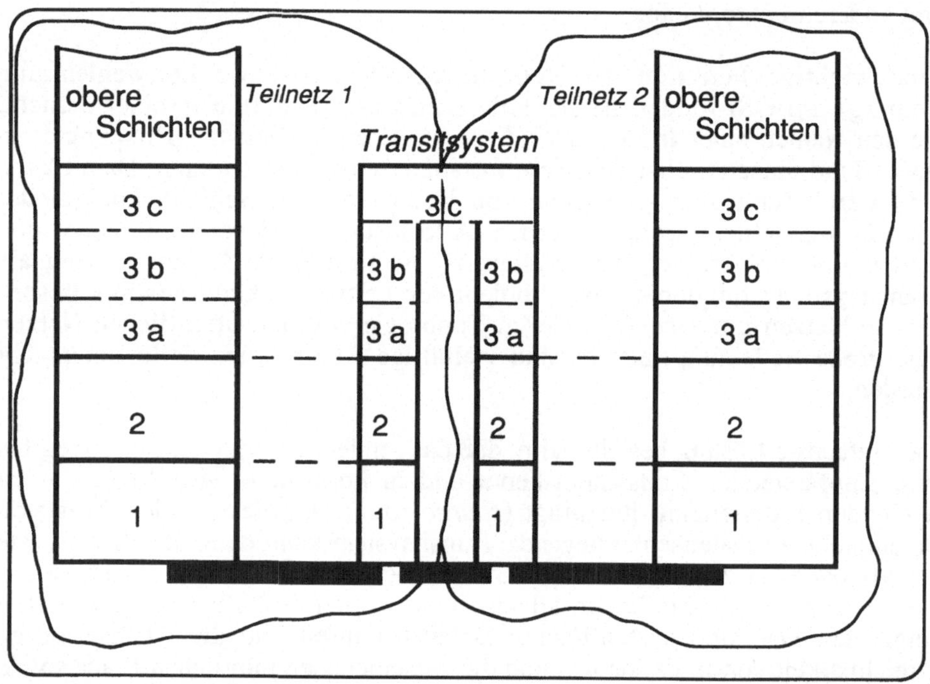

Bild 2-18 Subschichten in der Vermittlungsschicht

Neben der Leitweglenkung werden in der Vermittlungsschicht weitere Funktionen (z.T. optional bzw. nur auf Anforderung durch den Dienstnutzer) ausgeführt. Dazu zählen z.B.:

- Multiplexierung,
- Segmentierung und Blockung,
- Fehlerfeststellung und Wiederanlauf,
- Reihenfolgesicherung,
- Flußsteuerung,
- Rücksetzen,
- beschleunigter Datentransfer.

Vermittlungsverbindungen sind stets Zweipunktverbindungen. Jedoch können zwischen zwei gleichen Endsystemen (Vermittlungsadressen) mehrere Verbindungen bestehen. Die Vielfalt der Funktionen der Vermittlungsschicht sowie die Varianten ihrer Kombination, insbesondere bei Existenz von Teilnetzen, läßt die Bildung von Teilschichten (sublayers, vgl. die Prinzipien P11, P13 in Abschnitt 2.2.2) zweckmäßig erscheinen. Eine Möglichkeit besteht darin, die Funktionen wie folgt zu gruppieren (vgl. Bild 2-18):

- teilnetzinterne Funktionen der Vermittlungsschicht (Schicht 3a)
- Aufwertungsfunktionen (subnet enhancement) zur Anpassung an ein einheitliches Niveau über alle zusammenarbeitenden Teilnetze (Schicht 3b)
- Routing- u.a. Transitfunktionen (Schicht 3c).

Eine ähnliche Teilschichtenbildung wird in [2-8] vorgeschlagen. In gewissen Fällen können Teilschichten fehlen. Das trifft z.B. für die Teilschicht 3b zu, wenn die Teilschicht 3a dem einheitlichen Niveau im Teilnetzverbund bereits entspricht. In abgeschlossenen, d.h. nicht mit anderen Netzen kommunizierenden lokalen Netzen fehlt die Schicht 3 häufig vollständig.

2.2.5 Transportschicht

Die Transportschicht hat die Aufgabe, Verbindungen zwischen Kommunikationssteuerungsinstanzen zur Verfügung zu stellen, die diese von der Kenntnis von Einzelheiten des Datentransportsystems (der Schichten 1 bis 4) entbinden und einen zuverlässigen und kostengünstigen Datentransport gewährleisten. Transportverbindungen sind sogenannte End-zu-End-Verbindungen. Dies bedeutet, daß die bei der Realisierung einer solchen Verbindung in den unteren Schichten existierenden Transitsysteme den Transportinstanzen unbekannt sind. Im OSI-Modell wird die Rolle der Transportschicht für die Kostenoptimierung des Datentransports besonders hervorgehoben. Es wird gefordert, daß sie unter Beachtung eventuell verschiedenartiger Anforderungen mehrerer gleichzeitig aktiver Kommunikationssteuerungsinstanzen als Dienstnutzer sowie der Leistungsfähigkeit der unterliegenden Vermittlungsschicht die günstigste Art der Diensterbringung sicherstellt.
Um die Lösung dieser Aufgabe zu erleichtern, werden die bereits früher erwähnten Konzepte der Dienstklassen und Dienstqualität in der Transportschicht in ausgeprägter Form genutzt. Diese gruppieren:

F1 die in der Transportschicht möglichen Funktionen
- Multiplexierung,
- Reihenfolgesicherung für einzelne Verbindungen,
- Fehlerfeststellung und -behebung,
- Segmentierung, Blockung und Kettung,

- Flußsteuerung für einzelne Verbindungen,
- beschleunigter Datentransport;

Funktion	Klasse 0	Klasse 1	Klasse 2	Klasse 3	Klasse 4
Feststellen von TPDU-Verlust und -duplizierung					●
Reihenfolgesicherung					●
T-Verbindungen "überleben" Abbruch u. Rücksetzen von N-Verbindungen		●		●	●
Explizites Beenden von T-Verbindungen bei Abbruch und Rücksetzen von N-Verbindungen			●		
Beschleunigter Datentransfer		●	●	●	●
Datenübertragung bei Verbindungsaufbau		●	●	●	●
Flußsteuerung		●	optional	●	●
Multiplexierung			●	●	●
Fehlermeldung	●	●	●	●	●
Verbindungsauf- und -abbau	●	●	●	●	●
Segmentierung	●	●	●	●	●
Normaler Datentransfer	●	●	●	●	●

Tabelle 2-2 Funktionen und Dienstklassen der OSI-Transportschicht

F2 die möglichen Parameter zur Definition der Dienstqualität

- Durchsatz,
- Übertragungsverzögerung,

- Restfehlerrate,
- Verzögerung des Verbindungsaufbaus,
- Wahrscheinlichkeit von Fehlern beim Verbindungsaufbau,
- Übertragungsfehlerwahrscheinlichkeit,
- Verzögerung des Verbindungsabbaus,
- Wahrscheinlichkeit von Fehlern beim Verbindungsabbau,
- Schutz von Transportverbindungen.

In den Standards der ISO zur Transportschicht (IS 8072, IS 8073) werden 5 Dienst- bzw. Protokollklassen definiert (vgl. Bild 2-17):

- Klasse 0: Einfache Klasse,
- Klasse 1: Basis-Fehlerbehebungsklasse,
- Klasse 2: Multiplex-Klasse,
- Klasse 3: Fehlerbehebungsklasse,
- Klasse 4: Fehlerfeststellungs- und behebungsklasse.

Die in einem konkreten Fall erforderliche Klasse hängt von den Anforderungen der Anwendung sowie von den Leistungen des Vermittlungsdienstes ab. Die wesentlichen Dienste der Transportschicht sind:

- Aufbau von Transportverbindungen einschließlich Wahl von Dienstklasse und Dienstqualität,
- Datentransfer,
- Abbau von Transportverbindungen.

Transportverbindungen erlauben Duplexübertragung. Zwischen Partner-Transportinstanzen können gleichzeitig mehrere Verbindungen bestehen.

2.2.6 Kommunikationssteuerungsschicht

Aufgabe der Kommunikationssteuerungsschicht (in der Fachliteratur sehr oft als Sitzungsschicht bezeichnet) ist es, Darstellungs- und damit auch Anwendungsinstanzen Mittel zur (zeitlichen) Strukturierung der zwischen ihnen bestehenden Verbindungen (häufig "Sitzungen" genannt) sowie zur Koordination ihrer wechselseitigen Zusammenarbeit zur Verfügung zu stellen. Zu diesem Zweck bietet die Schicht 5 Dienste an, die sich in ihrem Charakter von den ausschließlich datentransportorientierten Diensten der übertragungsorientierten Schichten qualitativ unterscheiden. Sie schließt aber auch die letztgenannten Dienste ein und macht auf diese Weise die Funktionalität der übertragungsorientierten Schichten letztlich für die Verarbeitungsprozesse verfügbar. Schicht 5 ist damit auch ein gutes Beispiel für das Auftreten neuer Grundoperationen (dem Dienstnutzer sichtbare, von diesem direkt angeforderte Funktionen), die über die in Abschnitt 2.2.4 genannten hinausgehen. Für die im OSI-Modell unterstellte verbindungsorientierte Arbeit der Kommunikationssteuerungsschicht existieren folgende Dienste:

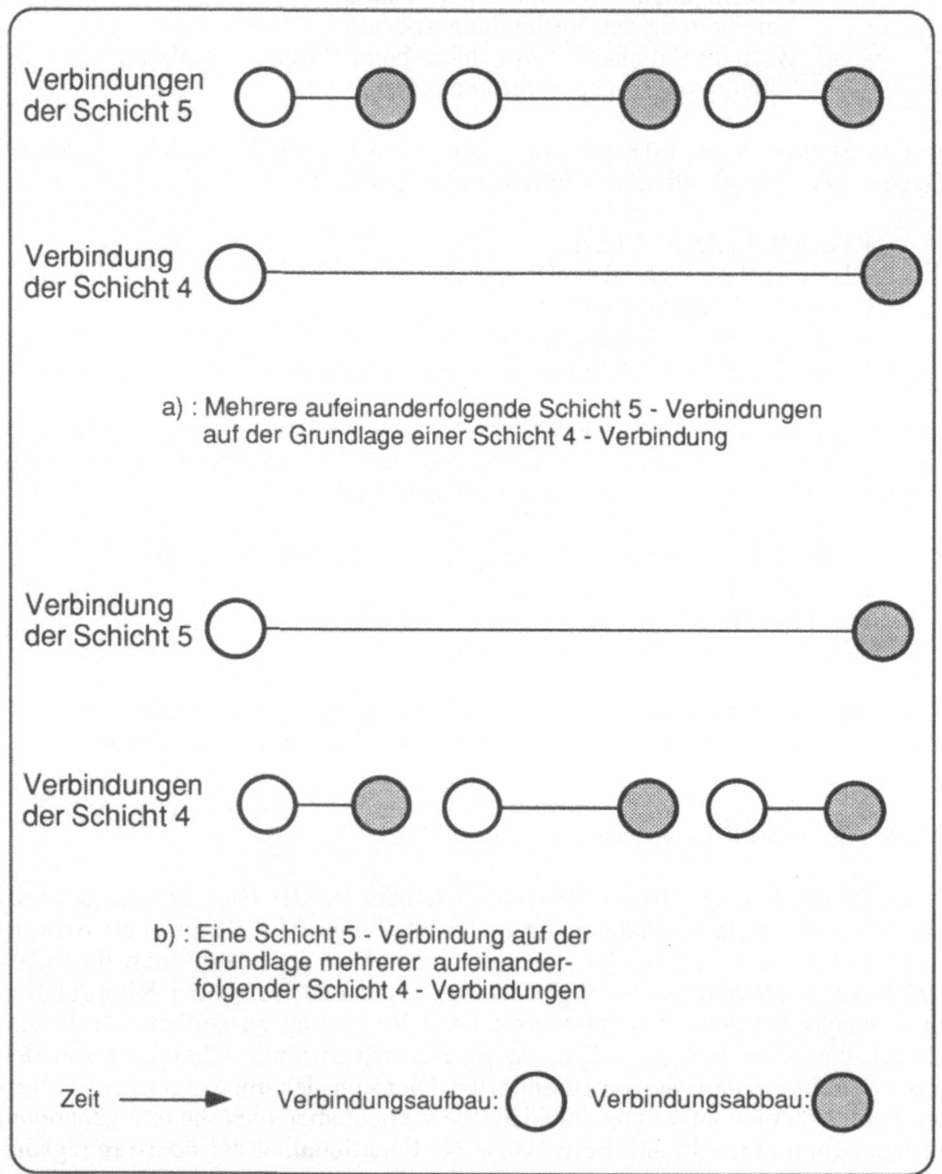

Bild 2-19 Abbildung von Schicht 5- auf Schicht 4-Verbindungen

D1: Verbindungsaufbau,
D2: Verbindungsabbau,
D3: Normaler Datentransfer,
D4: Beschleunigter Datentransfer,
D5: Quarantänedienst,
D6: Interaktionsverwaltung,
D7: Synchronisation,
D8: Meldung von Ausnahmesituationen.

Eine Darstellungsinstanz kann mehrere Kommunikationssteuerungsverbindungen gleichzeitig unterhalten, auch zur gleichen Partnerinstanz. Solchen Verbindungen werden Identifikatoren zugeordnet. Multiplexierung und Splittung sind nicht vorgesehen. Mehrere aufeinanderfolgende Schicht 5-Verbindungen können auf ein und dieselbe Schicht 4-Verbindung abgebildet werden. Umgekehrt ist es auch möglich, daß mehrere aufeinanderfolgende Transportverbindungen eine zeitlich durchgehend bestehende Schicht 5-Verbindung unterstützen (vgl. Bild 2-19.

Dieser letztgenannte Fall tritt z.B. auf, wenn die unterliegende Transportverbindung in einer Ausnahmesituation abbricht. Die Schicht 5-Instanz kann dann die Fähigkeit haben, die Transportverbindung ohne Störung der Kommunikationssteuerungsverbindung erneut aufzubauen. Über den Dienst D8 wird die zeitweilige Nichtverfügbarkeit dem Dienstnutzer mitgeteilt.
In der Schicht 5 ist keine Partnerflußsteuerung vorgesehen. Die Überlastung einer Empfängerinstanz ist durch Interfaceflußsteuerung (Back pressure) zu verhindern.

Als *Quarantänedienst* bezeichnet man die Fähigkeit der Schicht 5, eine von der sendenden Darstellungsinstanz vorgegebene Anzahl von Dienstdateneinheiten nicht sofort im Zeitmaßstab ihres Eintreffens der als Empfänger vorgesehenen Darstellungsinstanz zuzuleiten, sondern zunächst zwischenzuspeichern ("in Quarantäne zu nehmen"). Die Auslieferung erfolgt dann erst bei Vorliegen einer expliziten Freigabeanforderung durch die sendende Darstellungsinstanz. Diese kann auch die Vernichtung der angesammelten Dienstdateneinheiten verlangen, ohne daß der ursprünglich vorgesehene Empfänger davon Nachricht erhält.

Die *Interaktionsverwaltung* ermöglicht es beiden Partnern einer Kommunikationssteuerungsverbindung, sich darüber zu verständigen, welcher der beiden Partner jeweils zur Ausführung gewisser Funktionen im Rahmen ihrer wechselseitigen Kommunikation berechtigt ist. Diese Berechtigungen werden mit Hilfe sogenannter *Token* verwaltet, die zwischen den Partnern ausgetauscht werden können. Ein typisches Beispiel ist die Berechtigung zum Senden von Daten. Der Partner, der das sogenannte Sendetoken in Besitz hat, darf senden, der andere nicht. Damit lassen sich die drei im OSI-Modell für die Schicht 5 definierten Kommunikationstypen wie folgt erklären:

T1: beidseitig (two-way-simultaneous): beide Partner besitzen ständig ein Sendetoken;

T2: wechselseitig (two-way-alternate): jeweils ein Partner besitzt ein Sendetoken, dieses kann zwischen den Partnern ausgetauscht werden;

T3: einseitig (one-way): das Sendetoken ist fest einem der Partner zugeordnet.

Synchronisation ist vor allem für den bereits erwähnten Fall des Zusammenbruchs der unterliegenden Transportverbindung wichtig. Sie wird durch die Schicht 5 durch zwei Teildienste unterstützt:

- das Definieren sogenannter Synchronisationspunkte durch Übereinkunft zwischen beiden Partnern, die sich später darauf über einen Identifikator (z.B. eine laufende Nummer) beziehen können;
- das Rücksetzen einer Verbindung auf einen solchen Synchronisationspunkt.

Für die Konsequenzen eines solchen Rücksetzens aus der Sicht des Dienstnutzers ist dieser selbst verantwortlich. Die Synchronisationspunkte, die in Klassen unterschiedlichen Rangs eingeteilt sein können, ermöglichen gleichzeitig eine logische Gliederung des "Dialogablaufs" im Rahmen einer Verbindung. So entstehende Abschnitte werden *Aktivitäten* (activities) genannt. Auf diese Leistung der Schicht 5 kann hier nicht näher eingegangen werden.

2.2.7 Darstellungsschicht

Die Darstellungsschicht hat die Aufgabe, die Verständigung zwischen Verarbeitungsinstanzen in heterogenen Endsystemen auf syntaktischer Ebene sicherzustellen. Damit wird es möglich, daß heterogene Endsysteme trotz ihrer "natürlicherweise" zum Teil völlig unterschiedlichen Maschinencodes und Datenformate miteinander im Sinne offener Systeme kommunizieren können, ohne daß sie sich selbst um eventuell erforderliche Transformationen kümmern müßten. Diese Transformationen erfolgen so, daß die Semantik der zu übertragenden Informationen erhalten bleibt, diese ist der Darstellungsschicht auch unbekannt.

Daneben kann die Darstellungsschicht auch noch weitere Aufgaben erfüllen, so z.B. die Gewährleistung einer möglichst effizienten (durch Datenkomprimie-

rungen) oder sicheren (durch Anwendung kryptographischer Verfahren) Datenübertragung.
Um alle diese Ziele auf möglichst variable Weise erreichen zu können, werden zwei Aspekte der Datendarstellung unterschieden (vgl. Bild 2-20):

A1: die Darstellung der Daten auf dem Wege zwischen zwei Verarbeitungsinstanzen; dieser Aspekt wird durch die *Transfersyntax* beschrieben. Die für eine Darstellungsverbindung zu verwendende Transfersyntax wird zwischen den beteiligten Darstellungsinstanzen ausgehandelt; sie berücksichtigt gegebenenfalls auch Datenkompression und die Anwendung kryptographischer Verfahren.

A2: Die Darstellung der Daten aus der Sicht der beteiligten Verarbeitungsinstanzen; dieser Aspekt wird durch die *abstrakte Syntax* beschrieben. Da diese Syntax der Verständigung zweier heterogener Verarbeitungsinstanzen dient, muß sie abstrakt, d.h. unabhängig von Codierungsregeln sein.

Eine abstrakte Syntax besteht aus einer Menge von Definitionen, die die Typen von A-Protokolldateneinheiten beschreiben, die zu einem bestimmten A-Protokoll gehören. Eine abstrakte Syntax enthält demzufolge:

- alle in APDU vorkommenden Datentypen,
- ihre Kombinationsmöglichkeiten, um APDU-Typen zu bilden.

Um die Unabhängigkeit von konkreten Codierungsregeln zu sichern, kann z.B. zur Definition eine Backus-Naur-Form-Grammatik verwendet werden. Die Transfersyntax entsteht aus der abstrakten Syntax durch Anwendung konkreter Codierungsregeln. Abstrakte Syntax und Transfersyntax werden gemeinsam unter der Bezeichnung *Darstellungskontext* (presentation context) zusammengefaßt. Der Darstellungskontext beschreibt die "Arbeit", die die Darstellungsschicht zu leisten hat:

- die Auswahl und Aushandelung einer geeigneten Transfersyntax, dazu sind P-Protokollelemente erforderlich;
- die Transformation von der abstrakten Syntax in die Transfersyntax und umgekehrt; das ist eine lokale Funktion der Darstellungsinstanzen, die wegen der im allgemeinen unterschiedlichen Codepräsentation der abstrakten Syntax in beiden Verarbeitungsinstanzen auch unterschiedlich auszuführen ist.

Für eine Darstellungsverbindung können mehrere Darstellungskontexte gültig sein, diese gehören dann zur Menge der definierten Kontexte. Ist diese Menge leer, wird der Standardkontext (default context) verwendet. Ausschließlich auf den Standardkontext kann bei beschleunigtem Datentransfer zurückgegriffen werden.

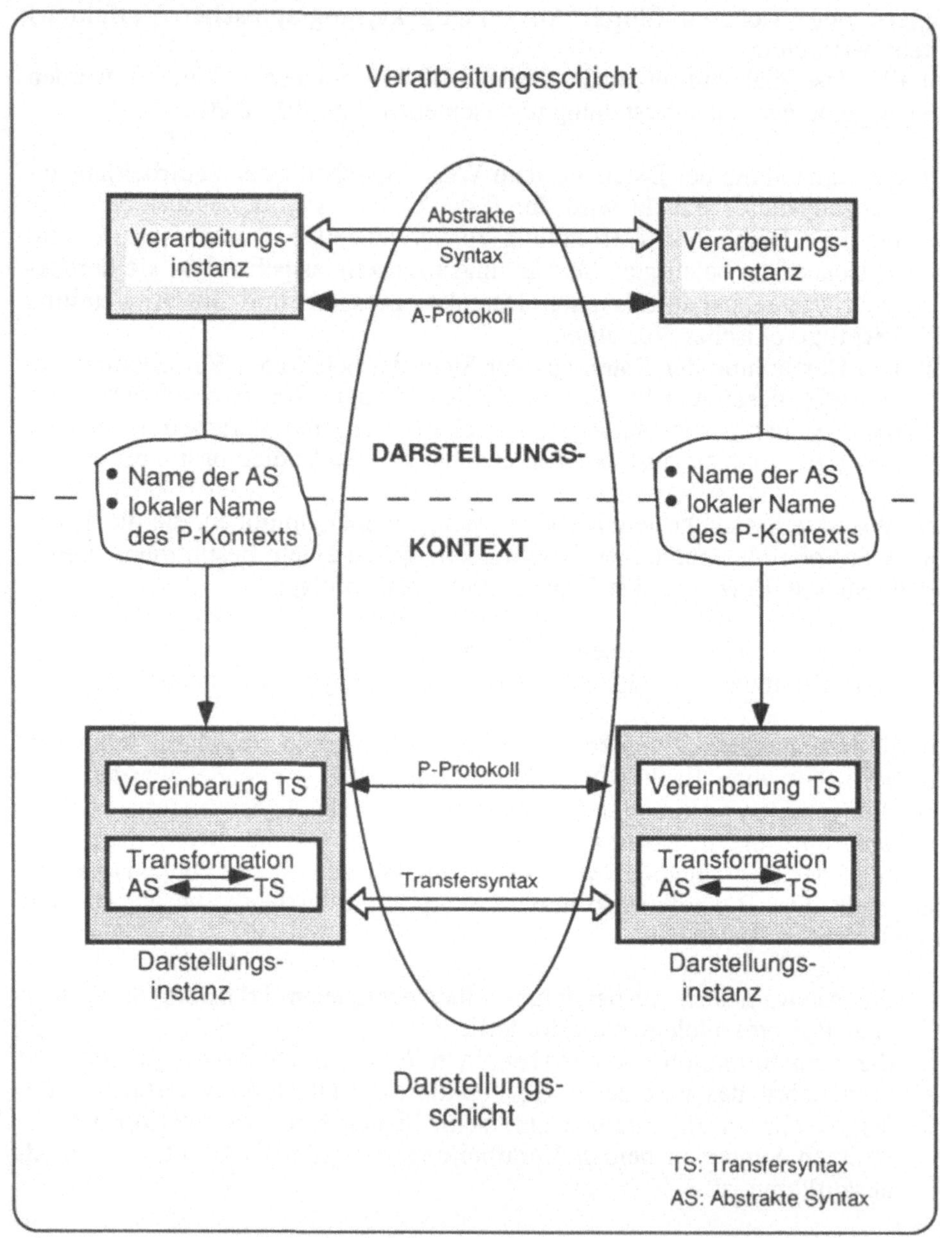

Bild 2-20 Zusammenwirken von P- und A-Schicht bei der Syntaxtransformation

Die Namen von Transfersyntaxen können nach ISO 8822 ein Attribut haben, das auf Spezialoperationen wie Komprimierung oder Chiffrierung hinweist. In diesem Standard wird auch darauf hingewiesen, daß die abstrakte Syntaxnotation ASN.1 (nach ISO 8824) für die Definition von abstrakten Syntaxen, die zugehörigen Codierungsregeln (ISO 8825) für die Definition von Transfersyntaxen geeignet sind.

Neben den für die Darstellungsschicht charakteristischen Funktionen Syntaxauswahl und Syntaxtransformation bietet sie der Verarbeitungsschicht alle Dienste der unterliegenden Kommunikationssteuerungsschicht an. Zwischen Darstellungs- und Kommunikationssteuerungsadressen gibt es eine Eins-zu-eins-Abbildung. Multiplexierung und Splittung wird in der Darstellungsschicht nicht durchgeführt.

2.2.8 Verarbeitungsschicht

Die Verarbeitungsschicht ist die oberste Schicht des OSI-Modells. Sie bietet den Verarbeitungsprozessen ihre eigenen und die Dienste aller übrigen Schichten der OSI-Architektur für die Kommunikation an. Für die OSI-Architektur wird jeder Verarbeitungsprozeß durch eine Verarbeitungsinstanz repräsentiert (vgl. Bild 2-21). Der Teil eines Verarbeitungsprozesses, der die Dienste der Verarbeitungsschicht unmittelbar in Anspruch nimmt, heißt Nutzerelement (user element), er ist Bestandteil der Verarbeitungsinstanz. Nutzerelemente können nur über Verarbeitungsprotokolle (A-Protokolle) miteinander kommunizieren. Diese werden von den Verarbeitungsdienstelementen erzeugt. Neben den unmittelbar auf den Kommunikationsprozeß gerichteten Diensten, die vor allem durch das Wirken der unteren sechs Schichten gewährleistet werden, bietet die Verarbeitungsschicht vielfältige weitere Dienste an. Diese sind bisher nur teilweise und mit unterschiedlichem Reifegrad von Standardisierungsprojekten erfaßt und werden in zwei Gruppen eingeteilt:

G1: *Allgemeine Verarbeitungsdienstelemente* (Common Application Service Elements). Diese stellen allgemein nutzbare, d.h. in verschiedenartigsten Anwendungsprozessen brauchbare Dienste zur Verfügung. Zum Teil vermitteln sie lediglich die Dienste der unteren Schichten in einer relativ elementaren, aber den Grundbedürfnissen von Anwendungsprozessen angemessenen Form.

G2: *Spezifische Verarbeitungsdienstelemente* (Specific Application Service Elements). Diese bieten für typische Klassen von Kommunikationsproblemen zugeschnittene Dienste an.

Zu den allgemeinen Verarbeitungsdienstelementen gehören:

A1 Die *Association Control Service Elements* (ACSE, ISO 8650), die die Verwaltung von Verbindungen zwischen Verarbeitungsinstanzen organisieren;

A2 Die *Reliable Transfer Service Elements* (RTSE, ISO 9066) für den zuverlässigen Datentransfer zwischen Verarbeitungsinstanzen;

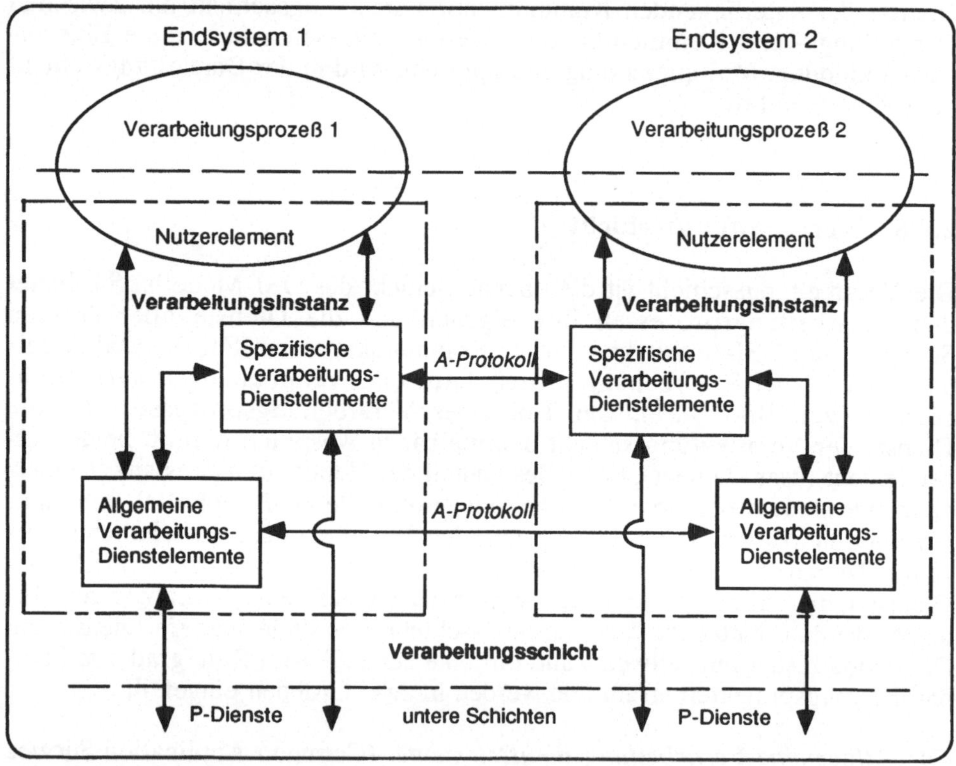

Bild 2-21 Struktur der OSI-Verarbeitungsschicht

A3 Die *Remote Operations Service Elements* (ROSE, ISO 9072) für die Ausführung von Operationen auf entfernten Endsystemen und die Rückübertragung von Ergebnissen;

A4 *Commitment, Concurrency, and Recovery* (CCR, ISO 9804/5) sowie *Transaction Processing* (TP-ASE, ISO 10126) für die Synchronisierung von Operationsmengen in verteilten Systemen, wie sie für Transaktionsverarbeitung typisch sind.

Spezifische Verarbeitungsdienstelemente sind z.B.:

S1 *File Transfer, Access, and Management* (FTAM, ISO 8571) für die Übertragung und Verwaltung von Dateien in Rechnernetzen;

S2 *Remote Database Access* (RDA, ISO 9579) für den entfernten Zugriff auf SQL-orientierte Datenbanken;

S3 *Job Transfer and Manipulation* (JTM, ISO 8831/2) für die Absendung von Verarbeitungsaufträgen an andere Rechner im Netz, die Kontrolle der Auftragsausführung und die Rückübertragung von Ergebnissen;

S4 *Message Oriented Text Interchange System* (MOTIS, ISO 8505/8883) für die interpersonelle Kommunikation (entsprechend X.400 des CCITT);

S5 *Directory Service* (ISO 9594 bzw. CCITT X.500) als Verzeichnisdienst zur Ergänzung interpersoneller Mitteilungssysteme, aber auch für darüberhinausgehende Zwecke, z.B. im Rahmen des Netzmanagements.

Auf Einzelheiten bezüglich der aufgeführten allgemeinen und spezifischen Verarbeitungsdienstelemente kann hier nicht eingegangen werden.

Die verschiedenen Anwendungsdienstelemente können auch voneinander Gebrauch machen. Daraus ergibt sich, daß für einen konkreten Fall nicht unbedingt mehrere A-Protokolle, wie in Bild 2-21 angedeutet, wirksam werden müssen. Durch gezielte Auswahl und Gruppierung von Anwendungsdienstelementen und Nutzerelementen entstehen unterschiedliche Typen von Verarbeitungsinstanzen, wobei aus implementierungstechnischer Sicht die Unterscheidung zwischen allgemeinen und spezifischen Verarbeitungsdienstelementen nicht sonderlich relevant ist. Wesentlicher ist in diesem Zusammenhang, daß eine Koordinierung zwischen den verschiedenen Verarbeitungsdienstelementen im Rahmen einer Verarbeitungsinstanz notwendig wird. Für diesen Zweck werden von der ISO zwei Funktionen vorgeschlagen [2-10] (vgl. Bild 2-22):

K1 die *Single Association Control Function* (SACF), sie koordiniert die in einer Verarbeitungsinstanz für eine Verbindung (association) erforderlichen Verarbeitungsdienstelemente;

K2 die *Multiple Association Coordination Function* (MACF), diese organisiert das Nebeneinanderbestehen mehrerer Verarbeitungsverbindungen

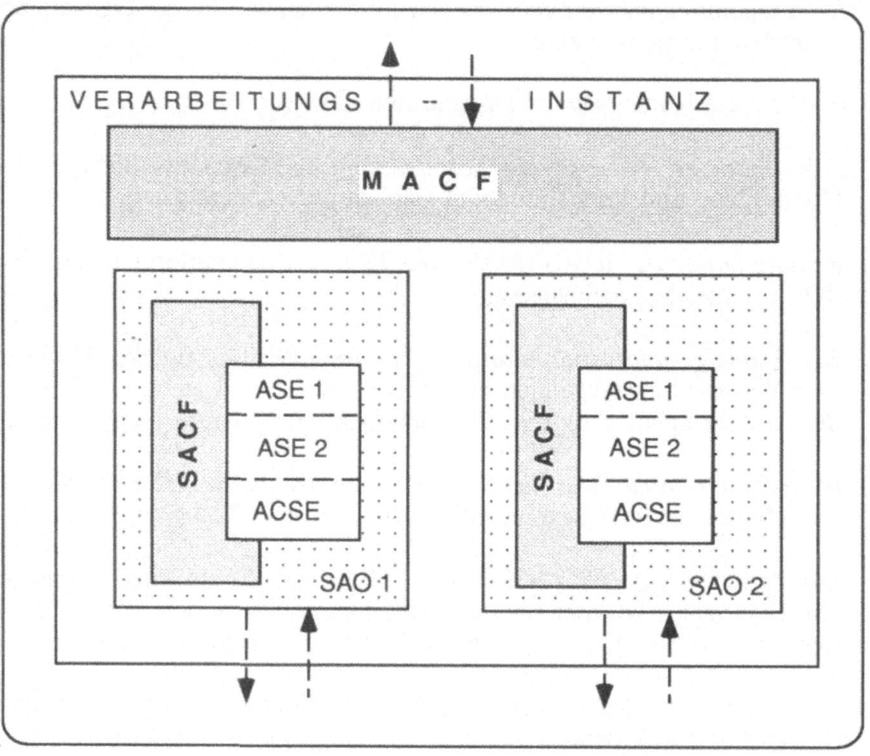

Bild 2-22 Koordinierungsfunktionen in einer Verarbeitungsinstanz

im Rahmen einer Verarbeitungsinstanz und den Zugang zu (verteilten) Diensten wie z.B. Nameservern.

Die von einer SACF koordinierten Verarbeitungsdienstelemente werden gemeinsam mit der SACF als Single Association Object (SAO) bezeichnet.

Zusammenfassend kann zur Verarbeitungsschicht und auch zu den übrigen verarbeitungsorientierten Schichten festgestellt werden, daß ihre Standardisierung noch nicht abgeschlossen ist und daß auch bereits verabschiedete Dokumente in der Fachwelt einer regen Kritik unterlegen sind. Dies gilt sowohl für die behandelten architekturellen Konzepte als auch für die Einzelstandards zu den Schichten oder Verarbeitungsdienstelementen.

Vielfach wird der Aufwand für eine vollständige OSI-Schichtenarchitektur für zu hoch gehalten, weshalb nach sparsameren Lösungen bei vertretbarer Funktionalität gesucht wird. Als Ergebnis dieses Kritikaspektes sind Vorschläge für "Leichtgewichtsprotokolle" (light weight protocols) entstanden, und zwar sowohl für die Transportschicht [2-12] als auch für verarbeitungsorientierte

Schichten wie die Darstellungsschicht. Dies ist von besonderer Bedeutung im Umfeld der Hochgeschwindigkeitsnetze. Dort gibt es gegenwärtig einen offensichtlichen Widerspruch zwischen der hohen Übertragungsleistung auf dem physischen Medium (z.B. 100 Mbit/s) und der aufwendigen Protokollverarbeitung in den Stationsinterfaces, die diese mehr noch als früher zu einem Engpaß werden lassen.
Eine weitere Richtung der Kritik und Fortentwicklung betrifft die ungenügende Berücksichtigung der engen Verflechtung von lokalen und globalen Aspekten in verteilten Systemen durch das bisherige OSI-Modell. Hier soll vor allem auf die Standardisierungsvorschläge zur Offenen Verteilten Verarbeitung (Open Distributed Processing, ODP) verwiesen werden [2-11].

3 Hersteller- und anwendungsspezifische Netze

3.1 Vorbemerkungen

Gegenwärtig in der Praxis anzutreffende Rechnernetze sind durchweg hersteller- und/oder anwendungsspezifische Netze. Dieser Zustand wird sich wahrscheinlich ungeachtet der großen Bedeutung der offenen Rechnernetze und der Bemühungen der diese fördernden Standardisierungs- und anderen Organisationen nur allmählich ändern. Dabei ist es letztenendes unerheblich, ob sich der Migrationsprozeß von geschlossenen zu offenen Rechnernetzen durch den schrittweisen radikalen Ersatz traditioneller Rechnernetzkonzepte und der sie realisierenden Hard- und Softwarekomponenten durch die OSI-Architektur und darauf aufbauende Netzkomponenten oder durch einen inkrementellen Übergang im Rahmen bestehender Netze vollziehen wird. Im gegebenen Zusammenhang von Bedeutung ist, daß noch für einen unabsehbar langen Zeitraum eine Koexistenz verschiedener geschlossener mit immer ausgedehnteren offenen Rechnernetzen zu beobachten sein wird. Daraus leitet sich die Notwendigkeit ab, das Netzmanagement derartiger komplexer Kommunikationsinfrastrukturen zu beherrschen.

Wegen der bereits früher erläuterten engen Beziehung zwischen exekutiven und Managementfunktionen ist ein Mindestmaß an Kenntnissen über die exekutiven Funktionen von Rechnernetzen erforderlich, um die zugehörigen Managementkonzepte und -mechanismen zu verstehen. Aus diesen Gründen wird nachfolgend der Versuch unternommen, für ausgewählte herstellerspezifische Netzarchitekturen (SNA und DNA) sowie für TCP/IP als einer aus einem anwendungsspezifischen Netz hervorgegangenen Protokollhierarchie entsprechendes Grundwissen darzustellen, um in einem späteren Kapitel, das dem Management dieser Netze gewidmet ist, darauf zurückgreifen zu können.

3.2 Beispiel 1: Systems Network Architecture (SNA)

3.2.1 Physische und topologische Struktur

Elemente der physischen Struktur von SNA sind ***Knoten*** (nodes), was etwa dem Systembegriff von OSI entspricht. Knoten sind untereinander über ***physische Verbindungen*** (links) verknüpft. Es gibt verschiedene Knotentypen und verschiedene Typen physischer Verbindungen, und es lassen sich aus diesen Elementen unterschiedliche komplexe Topologien bilden, die vom Grundtyp her Baumtopologien sind und in denen Maschenelemente vorkommen können. Der Anschluß anderer topologischer Formen wie Ring- und Linienstrukturen, die im LAN-Bereich dominieren, ist möglich. Sie gehören dann aber nicht zum SNA-Konzept im engeren Sinne, sondern bilden Übergänge zu heterogen Systemen [3.2-11].

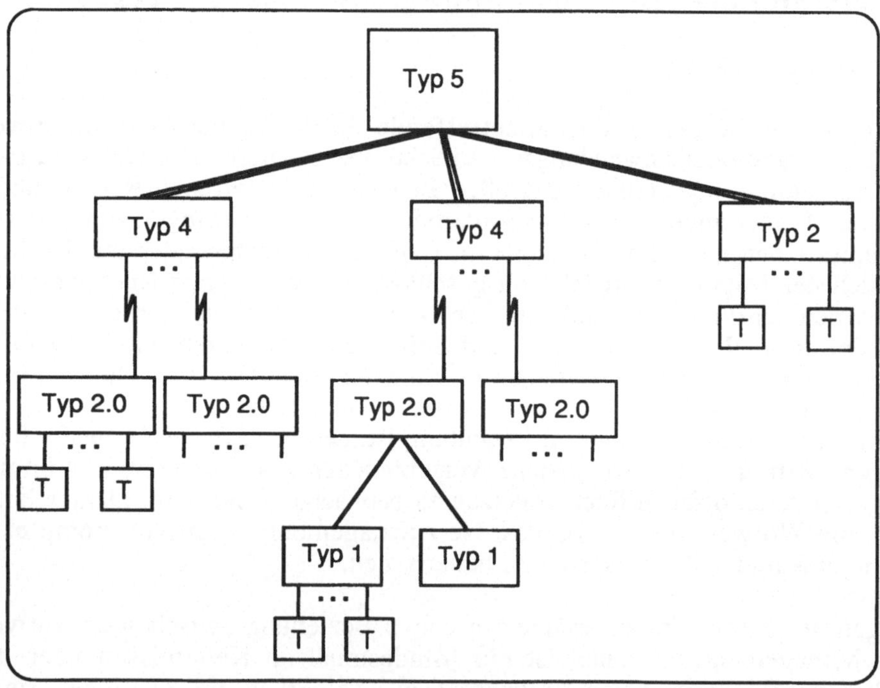

Bild 3.2-1 Physische Struktur eines streng baumförmigen SNA-Netzes (unvollständig)

Knotentypen *[3.2-1], [3.2-4], [3.2-16]*

In SNA werden gegenwärtig 5 Knotentypen unterschieden, die im wesentlichen die hierarchische Baumstruktur eines SNA-Netzes widerspiegeln (vgl. Bilder 3.2-1 und 3.2-2):

- Host-Systeme (Typ 5-Knoten),
- Datenfernverarbeitungs-Steuereinheiten (Typ 4-Knoten),
- Terminalsteuereinheiten (Typ 2.0-Knoten) bzw. allgemein Steuereinheiten (Typ 2.1-Knoten),
- Terminalknoten (Typ 1-Knoten).

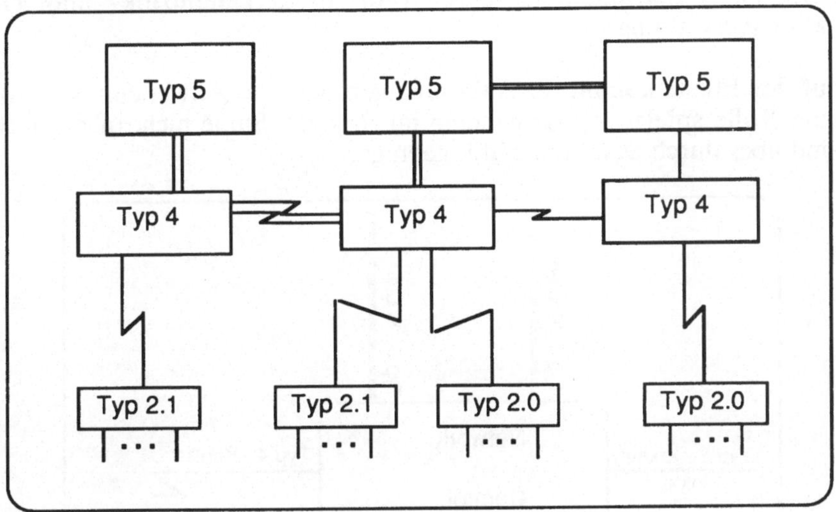

Bild 3.2-2 Teilvermaschtes SNA-Netz (unvollständig)

Typ 5-Knoten

Typ 5-Knoten sind Mainframes der Reihen IBM/370 oder IBM/390 oder Kompatibler. Sie nehmen in SNA-Netzen, wie sehr deutlich vor allem aus Bild 3.2-1 abzulesen ist, eine zentrale Stellung ein, indem sie die gesamte Kommunikation koordinieren. Sie tun dies auf drei Ebenen:

- auf der Ebene der Zugriffsmethode, wobei nunmehr im wesentlichen VTAM (Virtual Telecommunication Access Method) angewendet wird. Hier werden die unteren Protokollebenen abgewickelt, auf die der Anwendungsprogrammierer auch direkt zugreifen kann. VTAM arbeitet mit den Kanälen des Mainframes zusammen, um physische Ein- und Ausgabeoperationen von/zu den Geräten der nächstniederen Hierarchieebene durchzuführen;

- auf der Ebene der sogenannten Subsysteme (nicht zu verwechseln mit dem OSI-Subsystembegriff). Dies sind beispielsweise Teleprocessing-Monitore wie TSO (Time Sharing Option) oder DB/DC-Systeme wie IMS (Information Management System) oder CICS (Customer Information

Control System). Diese Subsysteme entbinden den Anwendungsprogrammierer von der Beachtung vieler Details der Kommunikationssteuerung, indem sie Funktionen höherer Protokollebenen realisieren. Sie lassen sich aber schon nicht mehr sauber in die OSI-Schichten einordnen, weil sie zahlreiche lokale und außerhalb des Kommunikationsgeschehens gelegene Funktionen ausführen (vor allem Datenbank- und Transaktionsverwaltung);

- auf der Ebene komplexer Anwendungen, wo u.a. Anwendungsprotokolle eine Rolle spielen. Diese gehören im strengen Sinne nicht mehr zu SNA, sind aber durch dessen Spezifik geprägt.

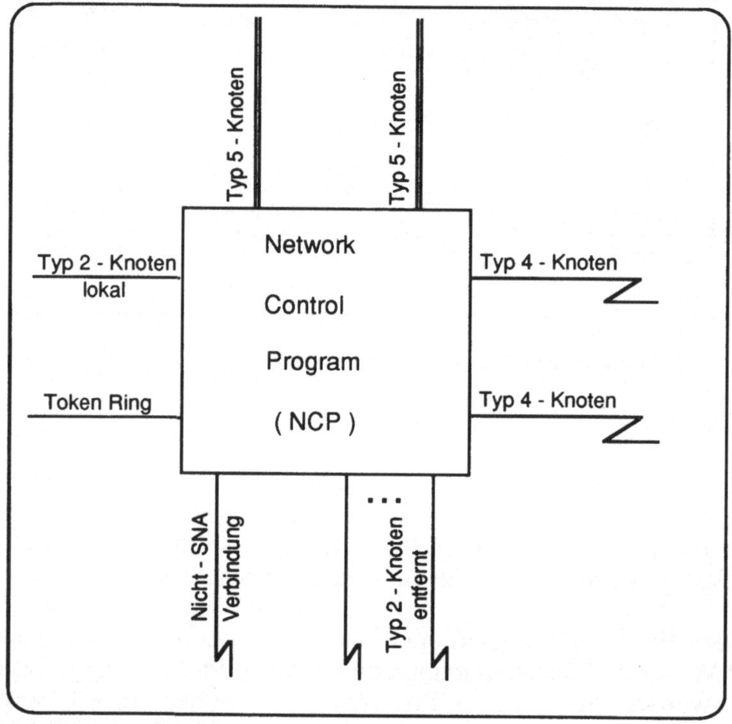

Bild 3.2-3 Mögliche Verbindungen eines Typ 4-Knotens

Typ 4-Knoten

Datenfernverarbeitungsprozessoren oder -steuereinheiten (auch Front-End-Prozessoren, FEP) übernehmen einen wichtigen Anteil der Netzsteuerung. Sie sind mit einem oder mehreren Typ 5-Knoten über Kanäle oder Leitungen verbunden, wobei Leitungen unterschiedlichen Typs unterstützt werden (fest

geschaltete Leitungen, Wählleitungen in leitungsvermittelten Netzen, Leitungen in paketvermittelten Netzen u.a.).
Typ 4-Knoten können untereinander direkt verbunden werden (vgl. Bild 3.2-2), wobei auch mehrere Leitungen zwischen zwei Typ 4-Knoten gleichzeitig aktiv sein können. Sie können auch in mehreren Ebenen angeordnet sein.
An bezüglich eines Typ 5-Knotens lokal oder entfernt aufgestellte Typ 4-Knoten können Terminals direkt angeschlossen werden. Typisch ist jedoch, daß sie Vermittlungsstellen zu lokalen und/oder entfernten Gerätesteuereinheiten (Typ 2-Knoten) darstellen. Die Verbindung zu den Typ 2-Knoten erfolgt über Leitungen und die je nach Leitungsspezifik erforderlichen Zusatzgeräte (z.B. Modems). Typ 4-Knoten können auch Interfaces zu Netzen (Subnetzen) bilden, die keine (oder nicht von vornherein) SNA-Netze sind, z.B. zu

- anderen herstellerspezifischen Netzarchitekturen wie DNA,
- OSI-Netzen wie öffentlichen X.25-Netzen,
- lokalen Netzen mit Token- oder CSMA/CD-Zugriffssteuerung.

Bild 3.2-3 zeigt die verschiedenen Verbindungsmöglichkeiten von Typ 4-Knoten, die zur Konfigurierung sehr komplexer Netze genutzt werden können. Das Betriebssystem eines Typ 4-Knotens ist das Netzsteuerprogramm (Network Control Program) NCP. Auf seine Funktionen und Struktur wird später noch eingegangen.
Produkte, die Typ 4-Knoten realisieren, sind die Geräte IBM 37xx (neuestes Produkt IBM 3745) sowie dazu kompatible Geräte anderer Hersteller.

Knoten der Typen 2.0/2.1

Typ 2.0-Knoten sind reine Gerätesteuereinheiten (Cluster Controller) im Rahmen einer streng baumförmigen Gerätehierarchie (vgl. Bild 3.2-1).Sie dienen der Steuerung mehrerer Terminals (vor allem Bildschirm- und Druckerterminals). Beispiele dafür sind die Geräte IBM 3274 und IBM 3174, die entweder lokal oder entfernt an einen Typ 4-Knoten angeschlossen werden (vgl. Bild 3.2-3). Typ 2.0-Knoten sind im wesentlichen mikroprogrammgesteuert, obwohl sie natürlich für die konkrete Terminalkonfiguration vorbereitet werden müssen. Als Typ 2-Knoten können auch leistungsfähige Personalcomputer oder Abteilungsrechner in eine SNA-Hierarchie eingeordnet werden. Sie müssen dann mit Programmen ausgerüstet werden, die die Funktionen der traditionellen Typs 2.0-Knoten emulieren. Häufig sind solche leistungsfähigen Computer (früher z.B. IBM/1, IBM/36, IBM/38, jetzt vor allem AS/400) Ausgangspunkte eigener mehr oder weniger komplexer Konfigurationen, die auch Typ 1-Knoten enthalten können.

Wesentlicher ist, daß die breite Funktionalität das Bedürfnis hervorgebracht hat, Direktverbindungen auf dieser Ebene ohne Einschaltung der traditionellen SNA-Hierarchie (Typ 4-Knoten, Typ 5-Knoten) zu ermöglichen. Diesem Bedürfnis wurde mit Entwicklung der Typ 2.1-Knotenfunktionalität entsprochen. Diese aus dem Jahre 1983 stammende Entwicklung ist ein wesentlicher Einschnitt in der SNA-Geschichte. Typ 2.1-Knoten können untereinander ohne Beteiligung vom Typ 4- und Typ 5-Knoten verbunden werden und kommunizieren. Dieses Prinzip hat für die Kommunikation auf einer Ebene vieles vereinfacht, störungssicherer und effizienter gemacht. Aus der Sicht des Gesamtkonzepts von SNA und komplexer SNA-Strukturen wurde jedoch gleichzeitig die Unübersichtlichkeit durch die Verquickung unterschiedlicher topologischer und Steuerstrukturen erhöht. Für die direkte Kommunikation zwischen Typ 2.1-Knoten wurde der Begriff Low Entry Networking (LEN) eingeführt [3.2-11].

Typ 1-Knoten

Typ 1-Knoten (Terminalknoten) spielen in modernen SNA-Systemen eine nur untergeordnete Rolle. Es sind Gerätesteuereinheiten mit einer gegenüber Typ 2.0-Knoten eingeschränkten Funktionalität, die dem Anschluß von Endgeräten dienen. Sie kommen vor allem in den relativ autonomen Konfigurationen von in SNA-Netze eingeschlossenen IBM/3x- und AS/400-Systemen zur Wirkung.

Strukturen in SNA-Netzen

Obwohl dies in SNA kein ausschließlich physischer Aspekt ist, soll doch bereits hier eine Strukturierung eingeführt werden, die die Übersichtlichkeit und das Verständnis der anschließend zu besprechenden logischen Struktur erhöhen. Zunächst kann ein SNA-Netz in *Teilbereiche (Subareas)* eingeteilt werden. Ein Teilbereich hat einen Typ 5- oder einen Typ 4-Knoten als Steuerkern und umfaßt alle physischen Komponenten in dessen Umfeld. Typ 5- und Typ 4-Knoten werden deshalb auch Teilbereichsknoten (Subarea Nodes) genannt, im einzelnen (vgl. Bild 3.2-4):

- Host Subarea Node (Typ 5-Knoten)
- Communication Subarea Node (Typ 4-Knoten).

Die Teilbereichs-Strukturierung ist eine wesentliche Grundlage für die Adressierung und die Leitweglenkung in SNA-Netzen. In diesem Zusammenhang ist auch eine weitere Einteilung der Knoten üblich. Typ 5- und Typ 4-Knoten werden Subarea-Knoten genannt, alle übrigen Knotentypen periphere Knoten. Ein weiteres ebenfalls nicht primär physisches, aber für die übersichtliche Gliederung eines SNA-Netzes geeignetes Konzept ist das der *Domänen (Domains)*. Domänen sind ein Steuerbereich mit einem Typ 5-Knoten als Kern. Im Bild 3.2-4 ist ein Beispiel gezeigt, wo sich zwei Domänen überlappen, d.h. gemeinsame Betriebsmittel aufweisen. In diesem Fall ist Subarea 3 Bestandteil beider Domänen. Dies kann ständig der Fall sein, indem beide Typ 5-Knoten einen gemeinsamen Typ 4-Knoten zur Abwicklung ihrer Datenfernverarbeitungsbedürfnisse benutzen. Bild 3.2-4 ist aber auch so interpretierbar, daß z.B. Subarea 1 im Normalfall die zentrale Verarbeitungs- und Steuerkapazität für das angeschlossene SNA-Netz erbringt und Subarea 2 und damit Domäne 2 nur im Falle der Störung des Typ 5-Knotens in Subarea 1 wirksam wird.

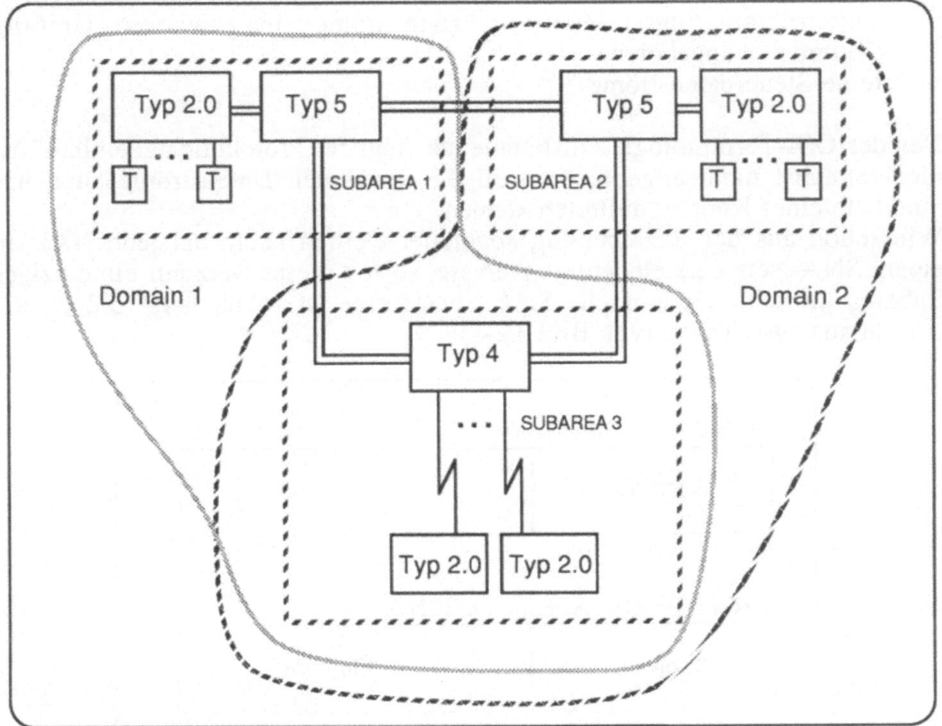

Bild 3.2-4 Domains und Subareas in einem SNA-Netz

3.2.2 Logische Struktur

Entsprechend der in Kapitel 1 eingeführten Terminologie ist die logische Struktur von SNA-Netzen durch eine Mischung von Unterordnungs- und Gleichberechtigungsbetrieb gekennzeichnet, wobei der Unterordnungsbetrieb

entwicklungsgeschichtlich und auch in den meisten realen Installationen dominiert.
Neben dieser sehr globalen Charakterisierung werden unter dem Begriff "Logische Struktur" aber noch detailliertere Merkmale wie die eingesetzten Steuermechanismen und Protokolle sowie die an deren Realisierung beteiligten (programmtechnischen) Komponenten verstanden. Ein in diesem Zusammenhang für SNA fundamentaler Begriff ist der der *netzadressierbaren Einheit* (Network Addressable Unit, NAU). Eine NAU ist dadurch gekennzeichnet, daß sie Quelle und/oder Ziel eines Datenstroms sein kann, der in Zusammenhang mit Kommunikation zwischen Knoten steht. Diese Datenströme können sein:

- Nutzerdatenströme, denen natürlich immer in gewissem Umfang Steuerdaten angehören,
- reine Steuerdatenströme.

Der der OSI-Terminologie entstammende Begriff "Protokolldateneinheit" ist hier zunächst nicht angebracht, weil die erwähnten Datenströme auch nur innerhalb eines Knotens auftreten können.
Wie schon aus der Bezeichnung abgeleitet werden kann, hat jede NAU in einem SNA-Netz eine eindeutige Adresse, soweit dieses Netz nur ein einziges Subarea umfaßt. Die einfache SNA-Netzadresse ist 16 bit lang [3.2-1] und besteht aus zwei Teilen (vgl. Bild 3.2-5):

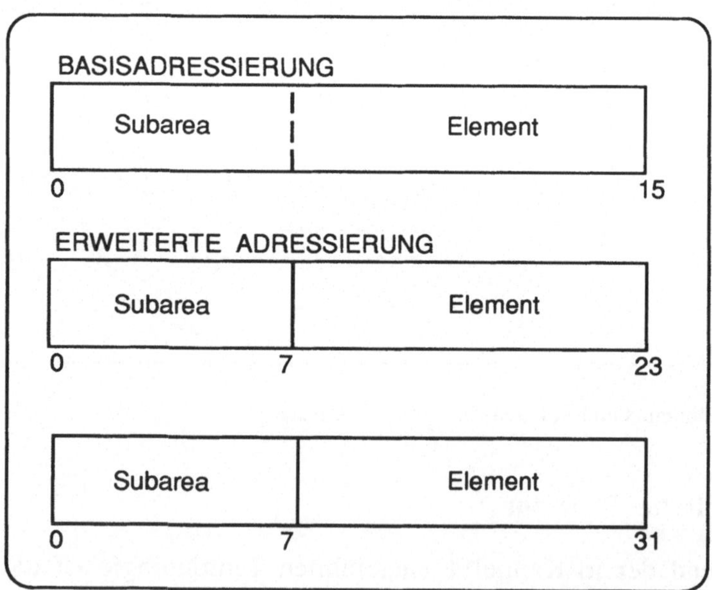

Bild 3.2-5 SNA-Netzadressen

- einer Subarea-Adresse (1 ... 8 bit, variabel),
- einer Elementadresse (1 ... 8 bit, variabel).

Je nach der vorliegenden Netzstruktur kann so zwischen minimal 2 Subareas bei 32768 Elementen oder je 256 Subareas und Elementen variiert werden. Später wurde eine erweiterte Adressierung eingeführt, um noch komplexere Netze verwalten zu können [3.2-11], [3.2-16]. Dieses ENA (Extended Network Adressing) ist im unteren Teil von Bild 3.2-5 zu sehen. Hier ist die Aufteilung zwischen beiden Adreßteilen fest, und zwar

- 8 bit oder 16 bit Subarea-Adresse
- 15 bit Elementadresse.

Neben der internen SNA-Adresse haben insbesondere die dem Endnutzer bekannten NAU einen externen Namen. Dieser wird über eine dem Endnutzer nicht sichtbare Abbildungsfunktion in eine Netzadresse transformiert. Auf weitere Einzelheiten, auch über die Verfahrensweise bei subarea-überschreitendem Datenverkehr (Cross Subarea Link), soll an dieser Stelle nicht eingegangen werden (vgl. dazu [3.2-8], [3.2-13]). Zwischen netzadressierbaren Einheiten können logische Verbindungen aufgebaut, unterhalten und abgebaut werden, die in SNA *Sessions* heißen [3.2-5].

Eine Session ist in SNA-Netzen eine zeitweilig bestehende logische Verbindung zwischen genau zwei NAU. Für jede Session ist ein definiertes Protokoll wirksam, das dem jeweiligen Sessiontyp entspricht. Jede Session ist eindeutig durch ein Paar von Netzadressen identifizierbar (Adressen der Quell- und Ziel-NAU).
Gewisse NAUs können mehrere Sessions simultan unterhalten, natürlich mit jeweils einer anderen Partner-NAU. Dies trifft z.B. für eine NAU zu, die ein Anwendungsprogramm repräsentiert, das im Sinne von Teilhaberbetrieb mehrere Endnutzer gleichzeitig bedient (ein z.B. für auf IMS oder CICS beruhende Mainframe-Anwendungssysteme sehr häufiger Fall).

In SNA werden drei NAU-Typen unterschieden:
- Systemdienst-Steuerpunkt (System Services Control Point, SSCP)
- Physische Einheit (Physical Unit, PU)
- Logische Einheit (Logical Unit, LU).

Diese für das Verständnis von SNA grundlegenden Kategorien sollen nachfolgend etwas eingehender behandelt werden.

System Services Control Point (SSCP)

Der SSCP ist die die hierarchische Struktur des ursprünglichen SNA am deutlichsten repräsentierende Komponente. Es ist ein Steuerprogrammbestandteil, das die Steuerung und Überwachung einer gesamten Domäne realisiert, d.h. also aller hierarchisch untergeordneten Netzkomponenten. Ein SSCP residiert stets in einem Typ 5-Knoten. Im einzelnen ist ein SSCP zuständig für

- die Kommunikation mit einem Netzoperateur;
- den Empfang bzw. die Weiterleitung von Nachrichten für diesen bzw. von untergeordneten Einheiten (u.a. auch Anwendungsprogrammen), wobei gegebenenfalls Umformatierungen vorgenommen werden (Network Operateur Services);
- die Eröffnung oder den Abbau von Sessions zwischen Endnutzer-NAUs (Session Services);
- die Konfigurationsverwaltung der angeschlossenen Domäne, d.h. das Führen von Tabellen mit Angaben zu symbolischen Namen, Netzadressen und Statuswerten für alle NAUs (Configuration Services);
- die Störungsüberwachung und zugehörige Wiederherstellungsmaßnahmen, Sammlung von Statistiken, Funktionstests (Maintenance Services).

Steuerfunktionen mit ähnlichem Charakter, aber stark eingeschränkt und knotentyp- und produktabhängig gibt es auch in den untergeordneten SNA-Knoten (Physical Unit Control Point, PUCP und Peripheral Node Control Point, PNCP).

Physical Unit (PU)

In jedem SNA-Knoten existiert eine Physical Unit (PU) genannte Verwaltungskomponente, die die in diesem Knoten vorhandenen SNA-Ressourcen sowie die peripheren Ressourcen kontrolliert, die unmittelbar zu diesem Knoten gehören. Entsprechend den Knotentypen gibt es die PU-Typen 5, 4, 2.0, 2.1 und 1. Eine PU unterstützt auch lokale Operateurfunktionen, um Konfigurierungsmaßnahmen, Funktionstests usw. durchzuführen. Diese Funktionen sind produktabhängig und nicht von SNA determiniert.

Die PU arbeitet mit den Konfigurations- und Maintenance-Funktionen im jeweiligen SSCP zusammen. Zu diesem Zweck existiert zwischen dem SSCP und jeder PU in dessen Domäne eine Session. Es werden physische Verbindungen (Links) von Knoten zu Knoten aufgebaut, aufrecht erhalten und abgebaut [3.2-7].

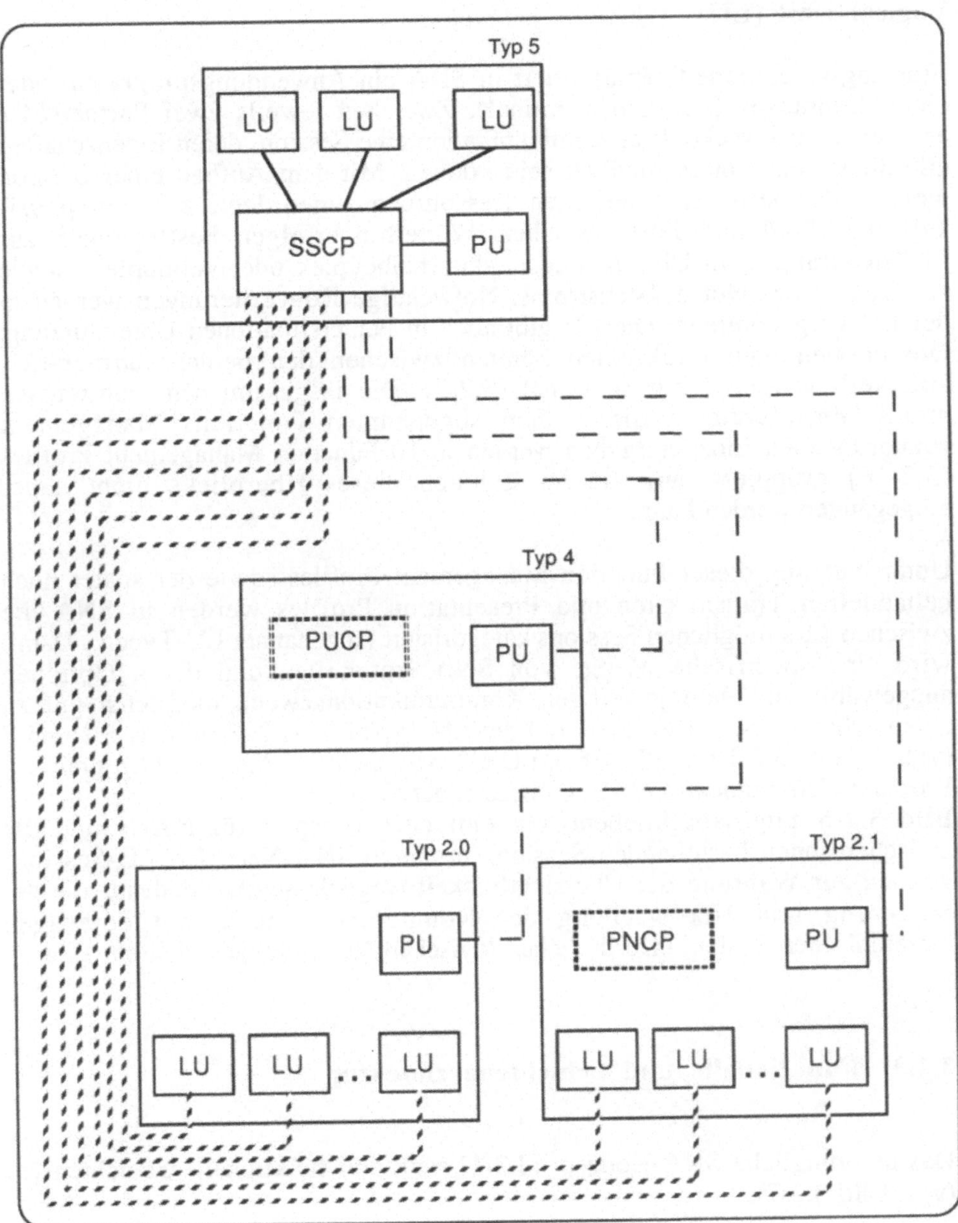

Bild 3.2-6 NAU-Typen und Session-Typen in einem SNA-Netz (vereinfacht)

Logical Unit (LU)

Eine logische Einheit repräsentiert in SNA ein Anwendungsprogramm oder einen Endnutzer (z.B. ein Terminal). Zwischen jeweils zwei Partner-LUs existiert zum Zwecke ihrer Kommunikation eine Session, deren Eigenschaften allerdings sehr unterschiedlich sein können. Mit dem Aufbau einer Session werden die dafür erforderlichen Ressourcen zugeordnet, z.B. ein physikalischer Pfad und Pufferspeicher. Weiterhin erfolgen Festlegungen zur Flußsteuerung, zum Übertragungsmodus (halbduplex oder vollduplex) sowie zur Syntax des Nutzerdatenstroms. Notwendige Konvertierungen werden in der LU vorgenommen. Die LU gibt auch in Fehlersituationen Unterstützung. Die notwendigen Funktionen können zwischen den beiden Partner-LUs aufgeteilt werden (Half sessions) [3.2-7]. Die insgesamt sehr zahlreichen möglichen Merkmale dieser dem sogenannten Functions Management zuzuordnenden Einzelaufgaben werden in 10 Function Management Profiles [3.2-16] gruppiert, auf die im Rahmen dieses Überblicks nicht näher eingegangen werden kann.

Unter Nutzung dieser Function Management Profiles sowie der später noch behandelten Transmission und Presentation Profiles werden in SNA die zwischen LUs möglichen Sessions kategorisiert (sogenannte LU-Typen). Damit wird eine spezifische Menge von SNA-Protokollen und deren Optionen ausgewählt, um dem jeweiligen Kommunikationszweck möglichst gut zu entsprechen [3.2-2]. Definiert sind die LU-Typen 0, 1, 2, 3, 4, 6.1, 6.2 und 7 (vgl. Tabelle 3.2-1 und [3.2-16]). LU 6.2 wird auch als Advanced Program-to-Program Communication (APPC) bezeichnet [3.2-12].
Bild 3.2-6 zeigt abschließend ein einfaches Beispiel für NAUs und die zwischen ihnen bestehenden Sessions in einem SNA-Netz. LU-LU-Sessions wurden zur Wahrung der Übersichtlichkeit weggelassen, so daß nur die der Steuerung und Überwachung der Komunikation in einem derartigen hierarchischen System erforderlichen logischen Verbindungen sichtbar sind.

3.2.3 Funktionelle und Schichtenarchitektur

Das ursprüngliche SNA-Konzept [3.2-1] sieht drei funktionelle Schichten vor (vgl. Bild 3.2-7):

- Anwendung (Application Layer)
- Funktionsmanagement (Function Management Layer)
- Übertragungssystem (Transmission Subsystem Layer).

LU -Typ	Erläuterung
0	nur Festlegungen zu Übertragungssteuerung und Flußsteuerung, so daß vielfältige produkt- und anwendungsspezifische Sonderlösungen existieren
1	geeignet für Kommunikation zwischen einem Anwendungsprogramm und (nichtintelligenten) Endgeräten. SNA Character String Mode und Datenströme im Rahmen der Document Contents Architecture
2	Kommunikation zwischen Anwendungsprogrammen (z.B. IMS,CICS,TSO) und 3270 -kompatiblen Sichtgeräten
3	wie LU -Typ 2, aber für Drucker
4	für Kommunikation zwischen Host -Anwendungen und speziellen Finanzen- und Bankterminals (z.B. IBM 6670)
6.1	Kommunikation zwischen Host -Anwendungsprogrammen untereinander
6.2	Kommunikation zwischen beliebigen Anwendungsprogrammen, vor allem für die Peer-to-peer-Kommunikation zwischen Knoten der Typen 2.1 [3.2-12]
7	Kommunikation zwischen Anwendungsprogrammen auf Subhosts (Knotentypen 2.0, 2.1) und 5250 -Bildschirmgeräten

Tabelle 3.2-1 LU-Typen

Dabei ist die *Anwendung* keine Schicht im OSI-Sinn, denn hier spielen Protokollaspekte keine Rolle. Lokale Verarbeitungsfunktionen, die Kommunikation mit dem Endnutzer und mit Geräten der lokalen Peripherie waren zunächst die Aufgaben dieser SNA-Application-Layer. Später wurden im Rahmen von SNA einige relativ universelle kommunikationsorientierte Anwendungsdienste mit eigenen Anwendungsprotokollen entwickelt. Deshalb wird in einigen Veröffentlichungen die ursprüngliche Application Layer in zwei Subschichten aufgetrennt, nämlich [3.2-15], [3.2-16]:

- die Endnutzerschicht (keine Schicht im OSI-Sinn)
- die Transaktionsdienste (enthalten Elemente vergleichbar zur Verarbeitungsschicht im OSI-Sinn).

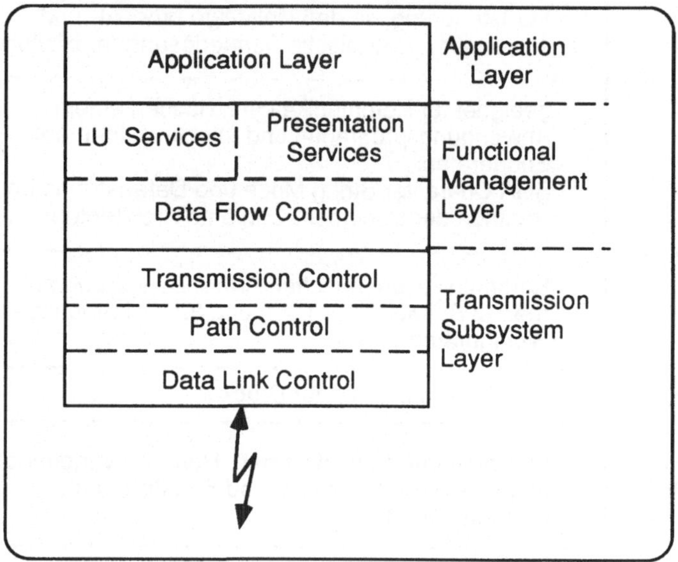

Bild 3.2-7 Funktionelle Schichtenstruktur im frühen SNA-Konzept

Die Transaktionsdienste benutzen ihrerseits LU 6.2-Sessions.
Zu den **Transaktionsdiensten** gehören:

- *SNA Distribution Services* (SNADS) [3.2-17], [3.2-16]

  SNADS ist ein asynchron arbeitender Dienst, d.h. Sender und Empfänger müssen nicht gleichzeitig aktiv sein. Es werden "Distribution Objects" (Bürodokumente, Softwareversionen u.ä.) verteilt, wobei SNADS zeitweilige Zwischenspeicherungen vornimmt.

- *Document Interchange Architecture* (DIA) [3.2-18], [3.2-16]

  DIA definiert Regeln für den Austausch von Bürodokumenten, die unter Beachtung der Documents Contents Architekture (DCA) und Object Contents Architecture (OCA) aufgebaut sind. Es werden auch Dienste zur Verwaltung solcher Dokumente sowie zu ihrer nutzerspezifischen Bearbeitung angeboten.

- *Distributed Data Management* (DDM) [3.2-19], [3.2-20], [3.2-16]

  DDM ist ein verteiltes Dateisystem, das satzorientierte Standarddateistrukturen der IBM-Systemfamilien /370, AS/400 und PC/PS2 unterstützt und verschiedene Formen satzorientierten entfernten Zugriffs unterstützt. Es kann auch auf SNA LU 6.2 aufsetzen.

- *Distributed SQL Database* (SQL/DS) [3.2-37]

  Diese Lösung, die ebenfalls DNA LU 6.2 als Kommunikationsmechanismus benutzen kann, bietet Funktionen eines echten verteilten Datenbankbetriebssystems (Distributed Data Base Management Systems, DDBMS).

Zum **Funktionsmanagement** zählen Aufgaben wie

- Flußsteuerung (Data flow control, DFC),
- Darstellungsdienste (Presentation services, PS),
- Dienste der logischen Einheit (LU Services).

Das Funktionsmanagement als Ganzes ist der SNA-Komponente Logische Einheit (LU) zuzuordnen.
Data flow control ist eine Sammlung wichtiger Protokollmechanismen, die im OSI-Sinne zur Kommunikationssteuerung gehören. Damit wird der oben erwähnte einfache Request-/Response-Mechanismus für verschiedenartige dialog- und transaktionsorientierte Zwecke erweitert. Es gehören dazu Funktionen wie

- Kettung von Anforderungseinheiten (RUs, vgl. Erläuterungen zu Bild 3.2-8) die dann im Sinne der Kommunikationssteuerung als Einheit betrachtet werden (Chaining);

- Steuerung des Senderechts (Duplex/Half Duplex);

- Klammerung von Request-/Response-Folgen (Bracket-Protokoll);

- Dämpfung der Senderate, um Pufferüberläufe zu verhindern (Quiesce-Protokoll);

- Geordneter Abbau einer Session (Shutdown).

Flußsteuerung im OSI-Sinne gehört bei SNA zur Transmission Control.

Darstellungsdienste

Kern der Presentation Services sind Funktionen, die Syntaxanpassungen realisieren. Zunächst waren in SNA vor allem Funktionen erforderlich, die Umsetzungen von Zeichensätzen und Steuerzeichen für Endgeräte vornahmen, um die verschiedenen Endgeräte mit Hostanwendungen über SNA zusammenarbeiten zu lassen. Später, insbesondere aber mit den LU 6.2 kamen Erfordernisse hinzu, Konvertierungsfunktionen in der Programm-zu-Programm-Kommunikation wirksam zu machen. Im Rahmen der SNA-Darstellungsdienste gibt es Konventionen mit Protokollcharakter, wie z.B. die Function Management Header und Presentation Service Header. Function Management Header können Aktionen der Presentation Services in der Ziel-LU anfordern. Dazu gehören unter anderem Operationen zum Komprimieren/-Dekomprimieren bzw. Kompaktieren/Dekompaktieren (spezielle Verschlüsselung mehrerer gleicher aufeinander folgender Zeichen). Mit einem Presentation Service Header können transaktionsorientierte Synchronisierungen im Sinne der OSI-Kommunikationssteuerung ausgelöst werden.

Neben solchen Protokollfunktionen gehören Festlegungen zu den Darstellungsdiensten, die im Sinne der OSI-Transfersyntax wirken. Dies sind insbesondere

- die SNA Character String (SCS)-Codierung, die vielfältige Steuerzeichen enthält;
- die strukturierten Felder (Structured Fields) im Rahmen des General Data Stream (GDS), durch die es möglich wird, den Daten in Anforderungseinheiten (RU) eine Struktur der Form (Länge, Typ, Wert) zu geben.

Auch im Rahmen des Presentation Services verwendet SNA das Konzept, aus der Menge einzelner Möglichkeiten für bestimmte Anwendungsklassen Profile zu bilden, in diesem Falle die Presentation Profiles, die den LU-Typen zugeordnet werden können [3.2-16].

Die *LU-Services* [3.2-7] (auch Session Network Services [3.2-16]) unterhalten LU-SSCP und LU-LU-Sessions. Es wird zwischen primären LU und sekundären LU unterschieden. Primäre LU haben die Fähigkeit, Sessions zu eröffnen und abzuschließen, sie residieren in Typ 5-Knoten (gilt nicht für LU 6.2). Sekundäre LU können auch Sessions anfordern, allerdings unter eingeschränkten Bedingungen über den SSCP. Einzelheiten zu den LU-Services können z.B. in [6.2-16] nachgelesen werden.

Das **Übertragungs-Subsystem** umfaßt die Bestandteile:

- Übertragungssteuerung (Transmission Control)
- Leitwegsteuerung (Path Control)
- Verbindungssteuerung (Data Link Control).

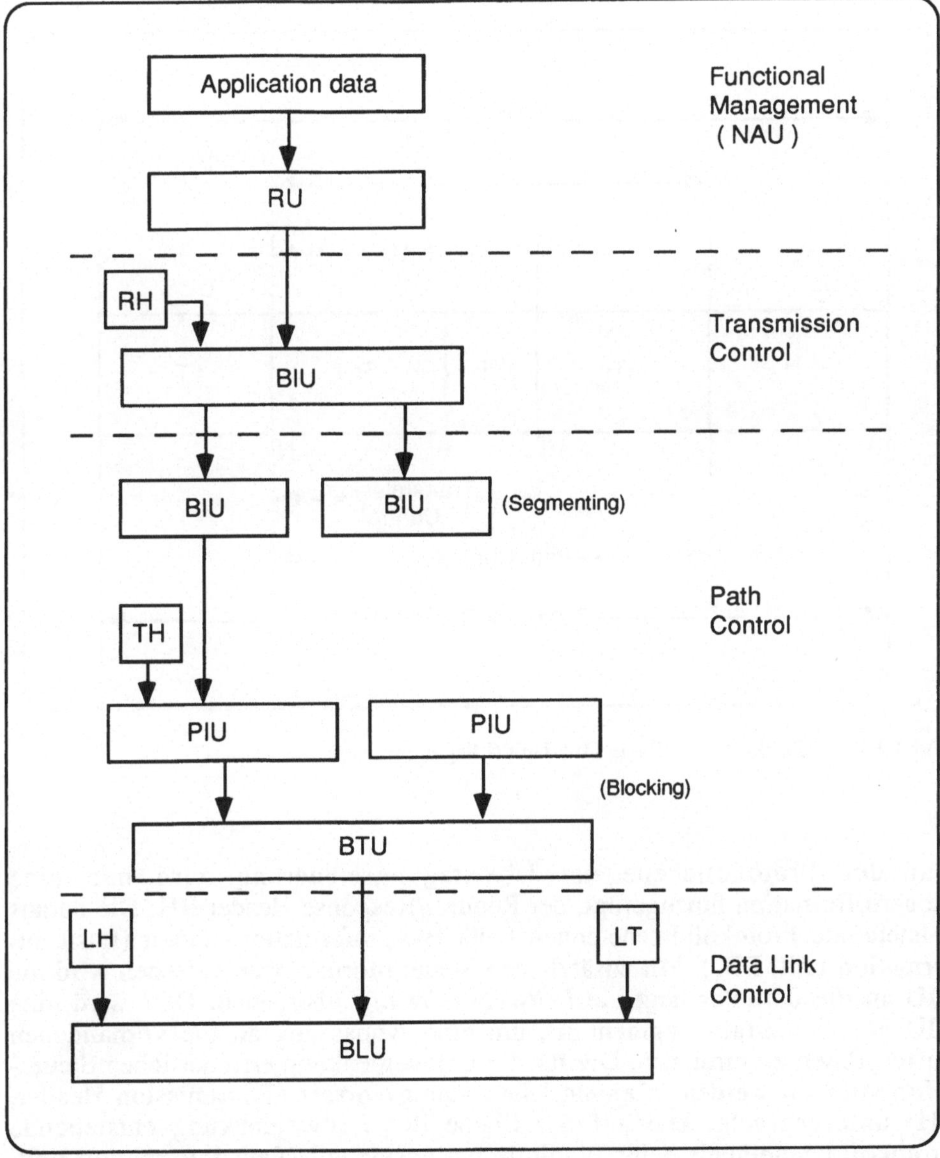

Bild 3.2-8 Datenfluß und Dateneinheiten in SNA

Die *Übertragungssteuerung* nimmt Anforderungen vom darüber liegenden Funktionsmanagement entgegen. Diese haben die Form von Anforderungs-/Antwort-Einheiten (Request-/Response Unit, RU vgl. Bild 3.2-8).

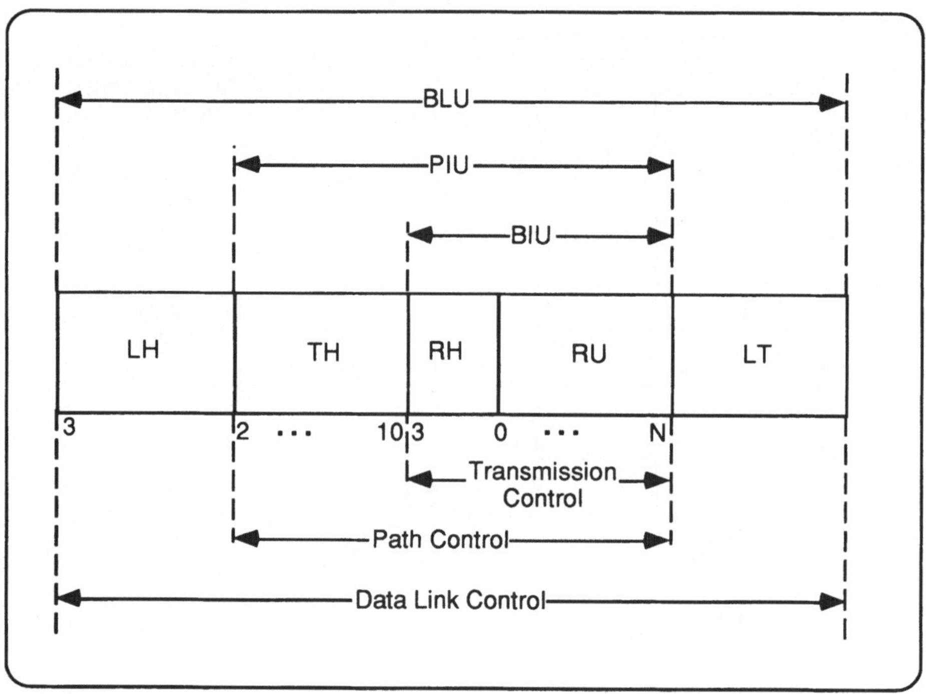

Bild 3.2-9 Struktur einer Basic Link Unit (Längen in bytes)

Auf der Protokollebene der Übertragungssteuerung wird nun eine Steuerinformation hinzugefügt, der Request/Response Header RH. Die daraus entstehende Protokolldateneienheit heißt Basisinformationseinheit (Basic information unit, BIU). Mit zusätzlichen Steuerinformationen versehen wird die BIU an die darunter liegende *Leitwegsteuerung* übergeben. Dort wird eine BIU gegebenenfalls segmentiert, um eine Anpassung an die vorhandenen Puffergrößen zu erreichen. Die für die Leitweglenkung erforderlichen Steuerinformationen werden in einem Übertragungsvorsatz (Transmission Header, TH) untergebracht. Die auf der Ebene der Leitweglenkung entstehende Protokolldateneinheit heißt Pfadinformationseinheit (Path information unit, PIU). Gegebenenfalls wird hier noch eine Blockung vorgenommen. Die der

darunter liegenden *Verbindungssteuerung* übergebene Dateneinheit wird Basisübertragungseinheit (Basic transmission unit, BTU) genannt. In der Schicht der Verbindungssteuerung werden einer BTU Verbindungsvorsatz und Verbindungsnachsatz hinzugefügt, (Link Header, Link Trailer), wodurch eine Basisverbindungseinheit entsteht (Basis Link Unit, BLU), die schließlich den Knoten über einen Datenübertragungsabschnitt (Kanal oder Leitung) verläßt. Im empfangenden Knoten vollzieht sich eine umgekehrte Folge von Vorgängen. Bild 3.2-9 veranschaulicht die Struktur der BLU (nach [3.2-6]). Segmentierung bzw. Blockung sind dabei vernachlässigt.
Über die internen Mechanismen der Flußsteuerung und Leitweglenkung kann im Rahmen dieses groben Überblicks nichts ausgeführt werden (vgl. [3.2-10, 3.2-14]). Im Bereich der Übertragungssteuerung werden ebenfalls Profile vorgegeben, die sogenannten Transmission Profiles [3.2-16].

3.2.4 SNA und OSI

SNA und OSI sind zunächst zwei sehr unterschiedliche Architekturen für Rechnernetze. Nimmt man das ursprüngliche (streng hierarchische) SNA, gibt es kaum Gemeinsamkeiten. Betrachtet man jedoch beide Konzepte als lebende, d.h. sich in Entwicklung befindliche Architekturen, kann man eine Annäherung feststellen, die sich unter mehreren Aspekten vollzieht:

A1 Es werden strukturelle und funktionelle Gegenüberstellungen vorgenommen. Es entsteht der Eindruck, daß mehr und mehr versucht wird, SNA in der OSI-Terminologie zu beschreiben. Damit entsteht der Anschein, daß die Gegensätze nicht unüberwindlich sind [3.2-9], [3.2-21] (vgl. Bild 3.2-10).

A2 Tatsächlich hat SNA OSI in dessen Entwicklung stark beeinflußt. Liest man die vorangegangenen Abschnitte unter diesem Aspekt und kennt man OSI, wird man dies unschwer feststellen. Eine solche Tendenz hält auch weiterhin an, z.B. beim OSI-Standardisierungsprojekt Transaction Processing. All das führt natürlich noch keinesfalls dazu, daß SNA- und OSI-Netze auch nur partiell zusammenarbeiten können.

A3 Es wurden Untersuchungen zu Gateways zwischen SNA und OSI angestellt. Über eine interessante Arbeit wird in [3.2-15] berichtet. Dabei wurden Gatewayfunktionen bis zur Ebene LU 6.2/OSI Session Layer entworfen und die Abbildung von Protokollfunktionen und Adressen untersucht.

A4 Von den unteren Schichten her beginnend, werden OSI-Protokolle (alternativ) den in den oberen Schichten weiterhin wirksamen SNA-Protokollen unterlagert. Dieser Prozeß hat mit Aufkommen der ersten öffentlichen paketvermittelten Datennetze bereits relativ früh begonnen (1977, vgl. [3.2-9]), wobei zunächst die CCITT-Protokollfamilie X.25 als Basis für darüber liegende SNA-Dienste und -Protokolle implementiert wurde. Später wurden weitere OSI-Schichten integriert, worauf nachfolgend noch etwas näher eingegangen wird.

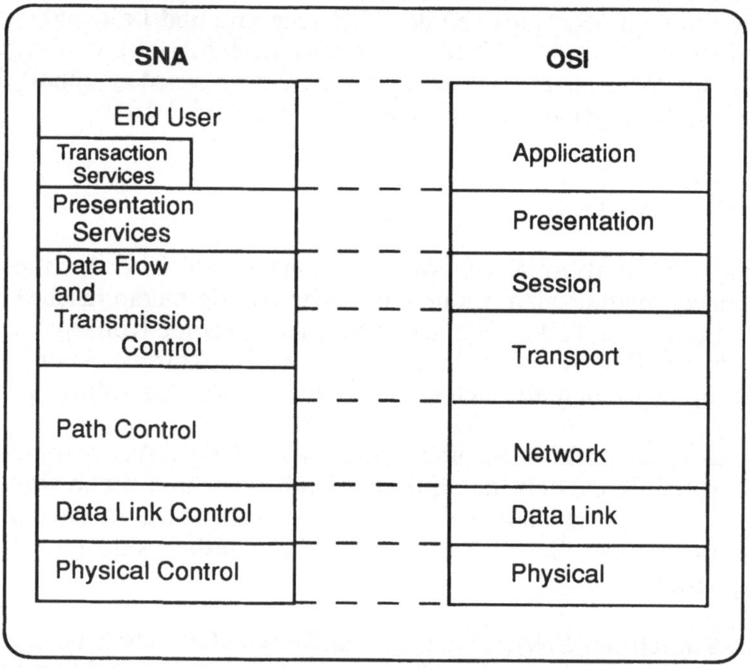

SNA
End User
Transaction Services
Presentation Services
Data Flow and Transmission Control
Path Control
Data Link Control
Physical Control

OSI
Application
Presentation
Session
Transport
Network
Data Link
Physical

Bild 3.2-10 Gegenüberstellung der SNA- und OSI-Schichtenarchitektur

SNA-Netze über X.25

Die Anpassung von SNA an X.25 wurde so durchgeführt, daß möglichst viele bereits in SNA vorhandene Funktionen unberührt gelassen wurden. Damit blieben Funktionen von X.25 ungenutzt, andererseits waren geringere Überarbeitungsaufwände für SNA und weniger Störungen bereits arbeitender SNA-Lösungen zu erwarten, die auf X.25 umgestellt werden sollten. Im Prinzip wurde eine X.25-Verbindung wie eine logische Leitung verwendet. Da es mehrere Varianten von X.25 und Länderspezifika gibt, sind die Lösungen im einzelnen etwas unterschiedlich. Bild 3.2-11 zeigt zunächst eine mehr äußerliche Sicht auf zwei Varianten der Problemlösung an einem vereinfachten Beispiel.

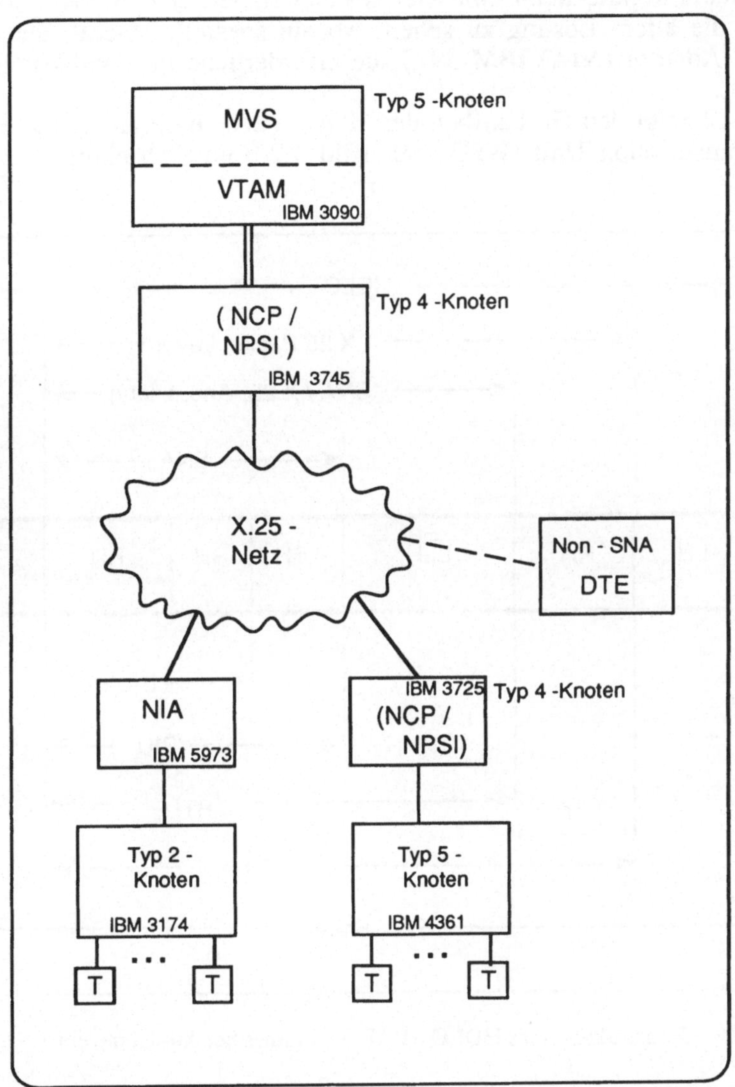

Bild 3.2-11 Beispiel für ein SNA-Netz mit X.25-Basis

Eine spezielle Erweiterung des NCP in einem Typ 4-Knoten, das X.25 NCP Packet Switching Interface (NPSI), sichert im Zusammenspiel mit einer geeigneten VTAM-Generierung den Anschluß eines Typ 5-Knotens an ein X.25-Netz. Von dort aus sind im unteren Teil des Bildes zwei Wege gezeigt:

auf der rechten Seite eine völlig symmetrische Lösung, d.h. über einen Typ 4-Knoten mit NCP/NPSI zu einem Typ 5-Knoten mit VTAM (anstelle des Hostrechners könnte auch eine Gerätesteuereinheit stehen). Auf der linken Seite ist die ältere Lösung zu sehen, wo ein spezielles Gerät, der Network Interface Adaptor (NIA) IBM 5973 die erforderliche Protokollkonvertierung vornimmt.
Bild 3.2-12 zeigt den Grobaufbau des HDLC-(LAP B-)Frames, der eine SNA Basic Transmission Unit (BTU, vgl. Bild 3.2-9 und Abschnitt 3.2.3) transportiert.

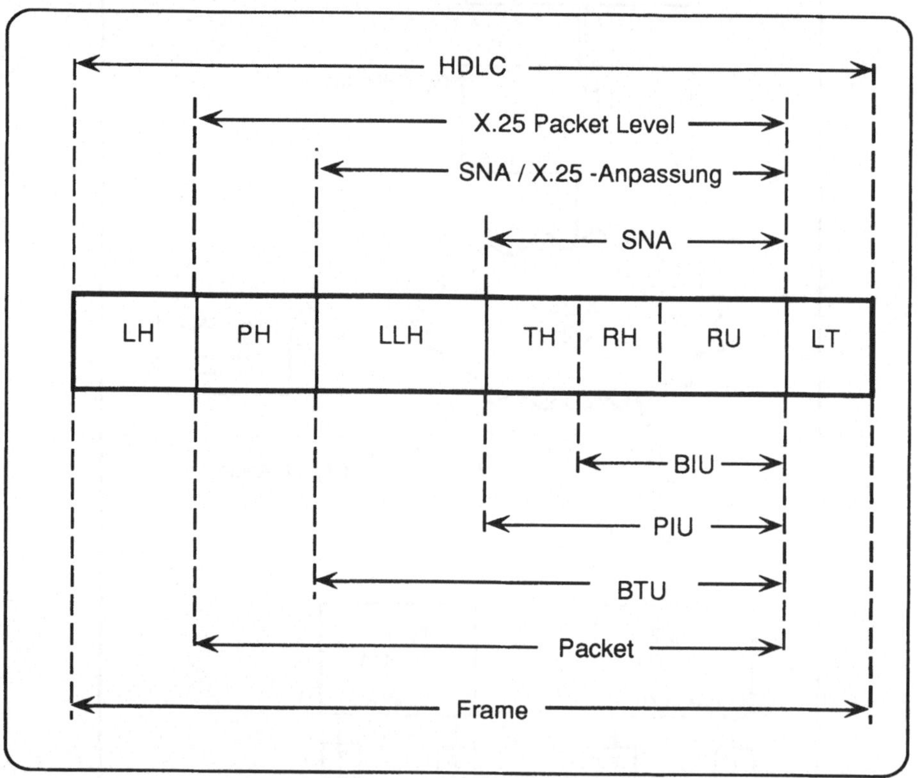

Bild 3.2-12 Grobstruktur eines HDLC- (LAP B-) Frames bei Aufnahme einer SNA-BTU

Die BTU ist hier jedoch nicht durch Blockung mehrerer PIUs entstanden, sondern durch Hinzufügen eines Logical Link Headers (LLH), der die Anpassung zum X.25 Packet Level vornimmt (Einzelheiten vgl. z.B. [3.2-16]). Packet Header (PH), Link Header (LH) und Link Trailer (LT) gehören zu den X.25-Protokollebenen 3 und 2. Im empfangenden Typ 4-Knoten kann die NCP-Komponente Data Link Control (DLC, vgl. Bild 3.2-7) dann der darüber liegenden Path Control (PC) die "entpackte" Path Information Unit (PIU)

übergeben. Von da an vollzieht sich der Rest der Kommunikationsaktivitäten wieder rein SNA-gerecht.
Natürlich sind nach dem OSI-Modell in den unteren Ebenen nicht nur die X.25-Protokolle zulässig. In ähnlicher Weise wie soeben geschildert ist es auch möglich, leitungsvermittelte Netze (z.B. DATEX-L) oder lokale Netze (z.B. auf der Basis von IBM Token Ring bzw. ISO 8802/5 (IEEE 802.5)) als Transfermedium zu benutzen. Diese Möglichkeiten sollen hier nicht näher besprochen werden (vgl. [3.2-16], [3.2-11]).

Weitere Schritte zu OSI

Zwei weitere Kommunikationssoftware-Produkte sollen noch erwähnt werden, die eine Zwischenetappe zu einer vollständigen OSI-Produktpalette von IBM markieren. Es handelt sich hierbei jedoch nicht um zu SNA paßfähige Lösungen. Dies sind:

- *Open Systems Network Support* (OSNS), ein Programmpaket, welches auf einem Hostrechner läuft und mit NCP/NPSI auf der Fernverarbeitungssteuereinheit zusammenarbeitet. Es stellt die OSI-Vermittlungsschicht-Dienstkonventionen für die darüber liegende Schicht 4 her, die von der Kombination VTAM/NPSI allein nicht gewährleistet werden.

- *Open Systems Transport and Session Support* (OTSS), ein Programmpaket, das mit OSNS zusammenarbeitet und ausgewählte Funktionen der OSI-Schichten 4 und 5 realisiert.
  Im einzelnen sind dies [3.2-22], [3.2-23]:
  -Transportprotokoll der Klassen 0 und 2
  -Protokoll der Kommunikationssteuerungsschicht (Basis Combined Subset und Basic Synchronized Subset).
  Die Funktionen der Kommunikationsdienste können über Makros aus Anwendungsprogrammen in Anspruch genommen werden. Weitere Unterstützungen für Anwendungen standen zunächst nicht zur Verfügung, woraus der experimentelle Charakter dieser Produkte deutlich wird.

Um eine Brücke zu üblichen Programmierungsumgebungen für Anwendungslösungen wie z.B. IMS oder CICS zu schaffen, wurde noch das Produkt GTMOSI [3.2-24], [3.2-25] geschaffen. GTMOSI macht die obere Dienstschnittstelle von OTSS für Anwendungssubsysteme zugänglich und erleichtert die Verwaltung mehrerer OSI-Verbindungen auf der Ebene der Kommunikationssteuerung. Damit besteht neben der Variante, ausschließlich auf OSI (bis Ebene 5) beruhende verteilte Anwendungen zu entwickeln auch die Möglichkeit, ein und dieselbe Anwendung Nutzern zugänglich zu machen, die über SNA- oder OSI-Kommunikationssysteme zugreifen (vgl. Bild 3.2-13, nach [3.2-24]). Bild 3.2-13 markiert den Abschluß der Vor-SAA-Ära der

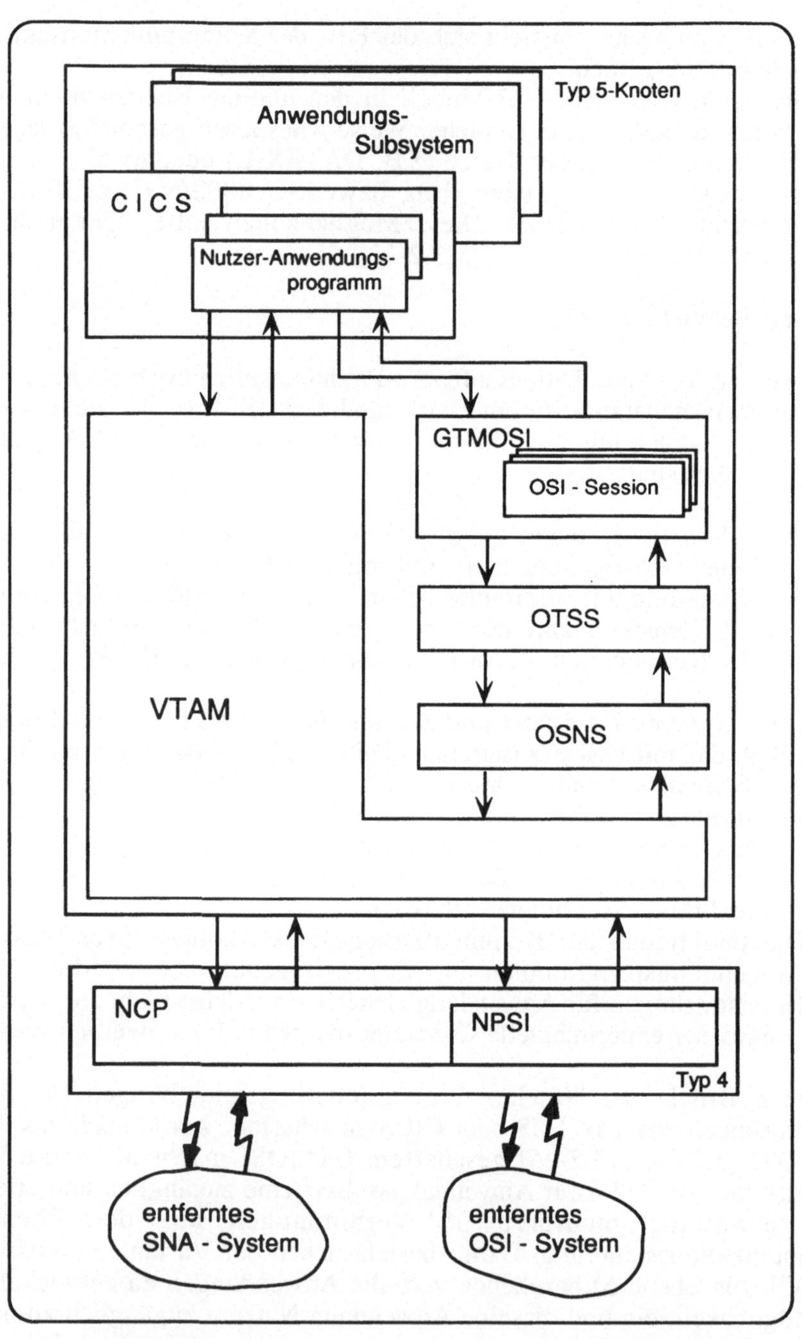

Bild 3.2-13 Kommunikationsalternativen aus einem Anwendungsprogramm: SNA und/oder OSI

IBM-Kommunikationslösungen. Allerdings dürfte der OSI-Zweig im Bild 3.2-13 im wesentlichen experimentelle Verbreitung gefunden haben.

3.2.5 Kommunikation in SAA

Allgemeine Konzepte von SAA

Systems Application Architecture (SAA) ist ein Vorhaben, die beträchtliche Heterogenität in den nutzer- und anwendungsbezogenen Funktionen der Softwareprodukte der Firma IBM schrittweise zu beseitigen. Für die gegenwärtig dominierenden drei großen Systemfamilien

- IBM/370, IBM/390
- AS/400
- PS/2

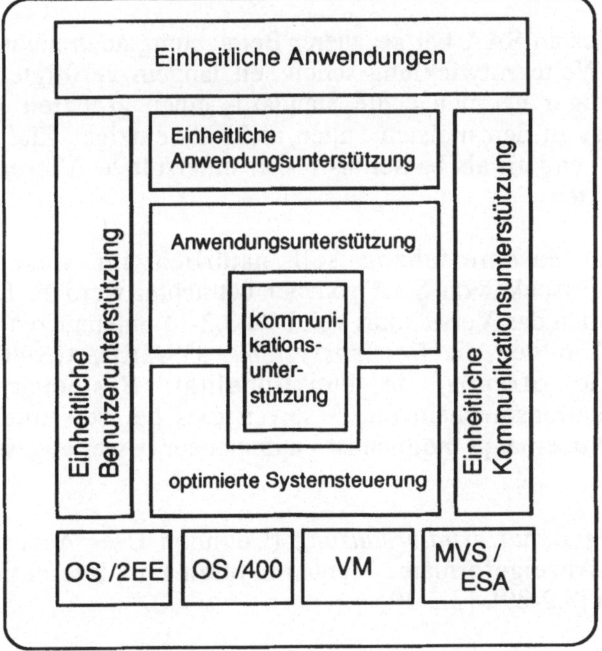

Bild 3.2-14 SAA-Konzept

sollen einheitliche Konzepte und Softwareinterfaces auf den Gebieten

- Anwendungen

- Anwendungsunterstützung
- Benutzerunterstützung
- Kommunikationsunterstützung

geschaffen werden. Eine bekannte Darstellung, die dieses Anliegen veranschaulichen soll, ist in Bild 3.2-14 [3.2-26], [3.2-27] wiedergegeben.
Mit diesem Konzept werden zumindest zwei Ziele verfolgt:

- Den Anwendern von IBM-Produkten soll es erleichtert werden, komplexe Anwendungslösungen zu entwickeln und zu betreiben, die Geräte und Software verschiedener Computerklassen einschließen (Personalcomputer/Workstations, Abteilungsrechner, Mainframes).

- Andere Hersteller sollen veranlaßt werden, SAA-Konzepte und Schnittstellen für ihre Produkte ebenfalls zu übernehmen, um einen Quasi-Standard zustande zu bringen, der möglichst viele traditionelle IBM-Lösungen bewahrt.

Deshalb ist vieles an SAA bei genauerer Betrachtung auch nicht neu, sondern lediglich eine Weiterentwicklung schon seit langem verfolgter Richtungen. Nichtsdestoweniger nehmen echte Standards einen größeren Raum ein als zuvor, allerdings in den meisten Fällen nicht als einziges Ziel eines Migrationsprozesses, sondern als besser als bisher unterstützte Alternative zu traditionellen Produkten.

Im gegebenen Zusammenhang soll natürlich im wesentlichen der Kommunikationsaspekt von SAA genauer betrachtet werden. Einige wenige Kommentare sollen das Verständnis von Bild 3.2-14 unterstützen.
Kern von SAA bilden die *Betriebssysteme* OS/2EE, OS/400, VM und MVS/ESA, die offenbar in Funktionalität, Systemsteuerung und Basiskommunikationsmechanismus - soweit dies bei den unterschiedlichen Basismaschinen überhaupt möglich ist - aufeinander besser abgestimmt werden sollen.

Die *Einheitliche Benutzerunterstützung* (Common User Access, CUA) soll Terminologie, Anzeigeformate, Menüstrukturen und Interaktionstechniken vereinheitlichen [3.2-29], [3.2-30].

Die *Einheitliche Anwendungsunterstützung* (Common Programming Interface, CPI) umfaßt einerseits die bekannten Programmiersprachen COBOL, PL/1, FORTRAN, C und RPG in standardisierten Versionen sowie den Anwendungsgenerator CSP [3.2-28] und die Prozedursprache REXX. Andererseits gehören zum CPI eine Reihe von Diensten, die Zugang zu komplexen Funktionen verschaffen. Dazu sind zu zählen:

- die Datenbankschnittstelle;
- die Schnittstelle zur Berichtsgenerierung CPI-QMF;
- die Schnittstelle zum Dialogmanager CPI-DM, einer Weiterentwicklung u.a. von ISPF;
- die Schnittstelle zum Präsentationsmanager CPI-PM, einer Weiterentwicklung u.a. des OS/2 Presentation Managers;
- die Schnittstelle zur einheitlichen Kommunikationsunterstützung CPI-COM;
- die Schnittstelle zum Repository CPI-REP, einer auf AD/cycle beruhenden Softwareentwicklungsumgebung.

Näheres zum CPI und zu den Technologien der Anwendungsentwicklung unter SAA kann in [3.2-31], [3.2-32] sowie in der einschlägigen Systemliteratur nachgelesen werden.

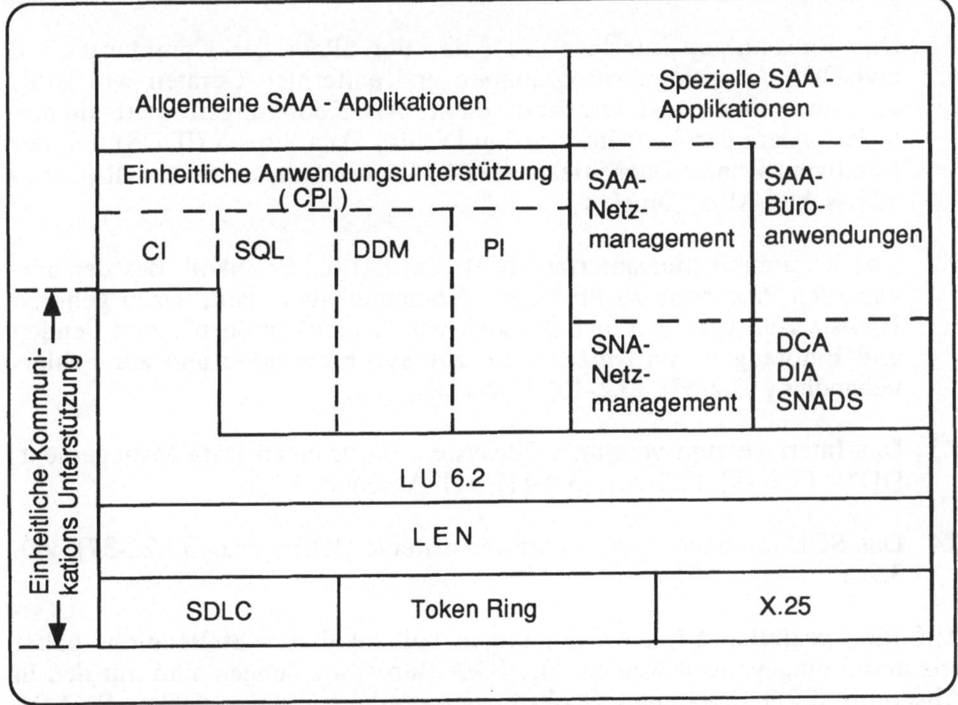

Bild 3.2-15 Kommunikationsunterstützung in SAA [3.2-33]

Einheitliche Kommunikationsunterstützung in SAA

Aus vielen Darstellungen zu SAA, insbesondere denen, die für den amerikanischen oder einen internationalen Leserkreis bestimmt sind, ist offensichtlich, daß das Ziel nicht primär in einer offenen, sondern einer für das IBM-Produktspektrum harmonisierten Systemanwendungs-Architektur besteht. Dies gilt auch für die Kommunikationsunterstützung, in der zunächst OSI nur in Form des oben behandelten X.25-Anschlusses eine Rolle spielt [2.3-33]. Dies wird in Bild 3.2-15 deutlich. Betrachtet man die darin dargestellte Schichtenhierarchie aus Richtung des Endnutzers, so lassen sich unterscheiden:

A1 Allgemeine SAA-Applikationen, dazu gehören auch die von Anwendern eigenentwickelten Lösungen;

A2 Spezielle SAA-Anwendungen wie Netzmanagement oder IBM-Büroanwendungen, die wegen ihrer Entwicklungsgeschichte von den SAA-Schnittstellen (noch?) keinen Gebrauch machen.

Allgemeine SAA-Anwendungen haben vier Zugangswege zu Kommunikationsleistungen:

Z1 Das Präsentationsinterface (PI), das vor allem der Kommunikation zwischen Anwendungsprogrammen und entfernten Geräten wie Bildschirmterminals und Druckern dient. Als Kodierungsformate dienen insbesondere der 3270 Information Display Data Stream (IDDS) und der Intelligent Printer Data Stream (IPDS) für pixeladressierbare (all-points-adressable, APA) Drucker.

Z2 Das Kommunikationsinterface (CI) zum LU 6.2-Protokoll, das der universellen Programm-zu-Programm-Kommunikation dient. Dazu gehören Dienste zum Eröffnen und Beenden von "Konversationen", zum Senden und Empfangen von Nutzerdaten, zur Synchronisation und zur Fehlerbehandlung [3.2-35], [3.2-36], [3.2-12].

Z3 Das Interface zum verteilten Filesystem (Distributed Data Management, DDM) [3.2-19], [3.2-20], [3.2-41], vgl. Abschnitt 3.2.3.

Z4 Das SQL-Interface zum Zugriff auf verteilte Datenbanken [3.22-37], vgl. 3.2.3.

Auf die speziellen SAA-Anwendungen soll an dieser Stelle nicht näher erläuternd eingegangen werden. Die SAA-Büroanwendungen sind mit den in Abschnitt 3.2.3 erwähnten SNA-Büroanwendungen DIA, DCA, SNADS identisch. Dem SNA/SAA-Netzmanagement ist ein spezieller Abschnitt gewidmet (vgl. Abschnitt 6.1).

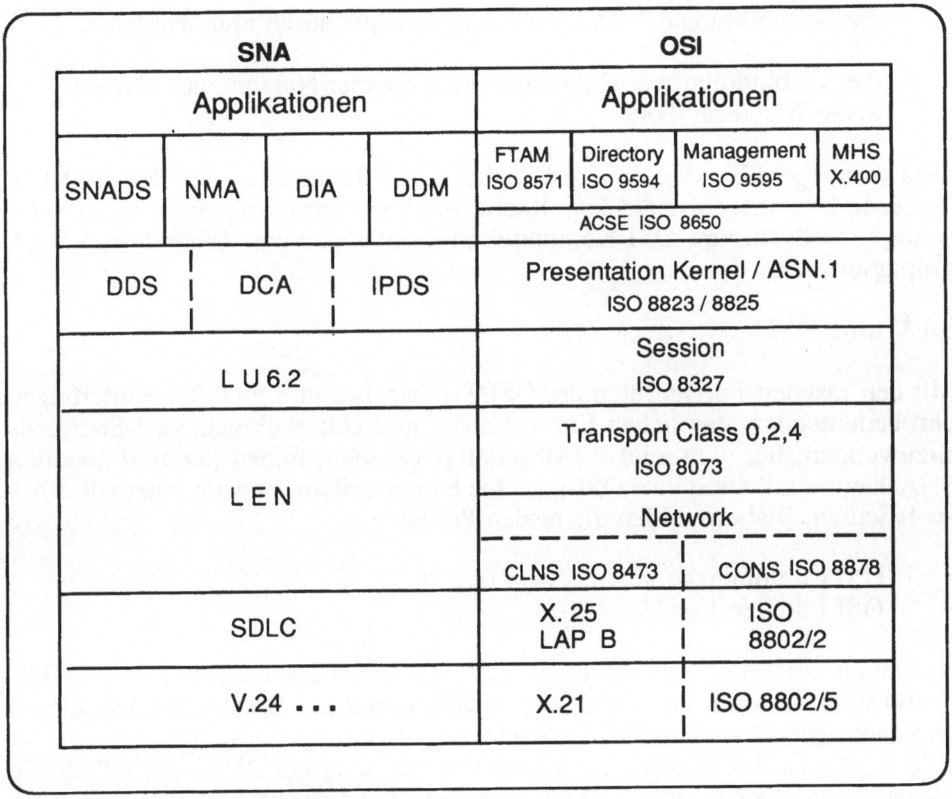

SNA	OSI
Applikationen	Applikationen
SNADS / NMA / DIA / DDM	FTAM ISO 8571 / Directory ISO 9594 / Management ISO 9595 / MHS X.400 ACSE ISO 8650
DDS / DCA / IPDS	Presentation Kernel / ASN.1 ISO 8823 / 8825
L U 6.2	Session ISO 8327
L E N	Transport Class 0,2,4 ISO 8073
	Network CLNS ISO 8473 / CONS ISO 8878
SDLC	X. 25 LAP B / ISO 8802/2
V.24 . . .	X.21 / ISO 8802/5

Bild 3.2-16 SNA und OSI in SAA

Unterhalb der Dienste der Einheitlichen Anwendungsunterstützung (Common Programming Interface, CPI) befinden sich, soweit Kommunikationsleistungen erforderlich sind, die schon früher erläuterten SNA-Schichten. Speziell werden im Rahmen der Einheitlichen SAA-Kommunikationsunterstützung benutzt:

- die Dienste und Protokolle von LU 6.2 [3.2-12], [3.2-35], [3.2-36];
- die Dienste und Protokolle des Low Entry Networking (LEN) zwischen Knoten des Typs 2.1 [3.2-38], vgl. auch Abschnitt 3.2.3;
- alternativ SDLC, Token Ring oder X.25.

Für die Teilnahme von Nicht-SNA-Systemen an der Kommunikation mit SAA-Systemen wurden zunächst nur zwei Varianten vorgeschlagen [3.2-33]:

- die Nachbildung der SAA/SNA-Datenströme durch Fremdsysteme,
- die Verbindung über X.25 unter gemeinsamer Nutzung der höheren SAA/SNA-Protokolle.

Dies war gegenüber der Vor-SAA-Ära aber ein Rückschritt (vgl. Bild 3.2-13). Insbesondere im europäischen Raum werden nunmehr jedoch mehr oder weniger vollständige OSI-Kommunikationslösungen im Rahmen von SAA propagiert.

SAA und OSI

Mit den raschen Fortschritten der OSI-Standardisierung und den Forderungen von bedeutenden staatlichen Einrichtungen und Unternehmen, OSI-Standards anzuwenden, hat sich auch IBM genötigt gesehen, neben der traditionellen SNA-Kommunikation eine OSI-gerechte Kommunikationssäule innerhalb SAA zu errichten. Bisher wurden die beiden Produkte

- OSI Communication Subsystem [3.2-39],
- OSI File Services [3.2-40]

zusätzlich zur schon existierenden X.25-Unterstützung angekündigt [3.2-34]. X.400 steht ebenfalls zur Verfügung, allerdings auf der Basis von OTSS/OSNS und damit (noch) nicht in SAA integriert.
Bild 3.2-16 ist der Versuch einer Gegenüberstellung der SNA- und OSI-Säule innerhalb von SAA. Diese Darstellung dient nicht nur der vergleichenden Gegenüberstellung, sondern macht auch sichtbar (ähnlich wie in Bild 3.2-13), daß aus einer Applikation beide Kommunikationswege gleichzeitig benutzt werden können. Die Darstellung ist vereinfacht, so daß nicht alle möglichen Querbezüge sichtbar werden. Auf Einzelheiten zum jeweiligen Funktionsumfang und zu den unterstützten Systemumgebungen soll hier nicht eingegangen werden.

3.3 Beispiel 2: Digital Network Architecture (DNA)

3.3.1 Vorbemerkungen

Ähnlich wie SNA hat auch DNA, die Netzarchitektur der Firma Digital Equipment Corporation (DEC), eine lange Entwicklungsgeschichte. 1975 wurde die erste Version publiziert (Phase I). Mittlerweile sind Phase IV-Netze am weitesten verbreitet und Phase V von DNA beginnt sich zu etablieren. Die nachfolgenden Darstellungen beziehen sich aus diesem Grunde zunächst hauptsächlich auf Phase IV von DNA, die man als Abschluß der eigentlichen firmenspezifischen Entwicklung ansehen kann. Phase V, neuerdings auch DNA/OSI genannt, hat sich in mehreren Stufen den vollständigen Übergang zu einem OSI-konformen Produktspektrum zum Ziel gesetzt. Darauf wird im zweiten Teil der Ausführungen zu DNA eingegangen. Die konkreten Hard- und Softwareprodukte der Firma DEC, die das DNA-Konzept realisieren, werden unter dem Namen DECnet zusammengefaßt. Nachfolgend wird auf DECnet in dem Umfang eingegangen, der zum Verständnis des in Abschnitt 6.2 zu behandelnden DNA-Managements erforderlich erscheint. Konkrete Produkte und deren Parameter werden nur in Ausnahmefällen angesprochen. Dazu wird auf die Firmenliteratur verwiesen [3.3-3].

3.3.2 Physische und topologische Struktur

Während SNA seine historischen Wurzeln in dem Bedürfnis hat, fernaufgestellte E/A-Geräte in Verbindung zu einem zentralen Mainframe zu bringen, stand bei DNA mehr das Bestreben Pate, selbständige Abteilungsrechner miteinander zu verknüpfen. Damit entstanden nicht wie bei SNA baumförmige, sondern Maschentopologien. Im Umfeld von Abteilungsrechnern wurden auch Lokalnetztechnologien viel früher und intensiver wirksam, als in der Umgebung hierarchischer Datenfernverarbeitungssysteme. Deshalb wurde die LAN-Technologie neben der WAN-Technologie frühzeitig eine gleichberechtigte Basis für DNA. Aus diesem Grunde ist es auch erforderlich und gerechtfertigt, in diesem DNA gewidmeten Abschnitt WAN und LAN gleichermaßen zu behandeln [3.3-1]. Generell können die physischen Komponenten von DNA-Netzen in drei Gruppen eingeteilt werden (vgl. Bild 3.3-1):

P1 Knoten,
P2 Verbindungsgeräte,
P3 Übertragungsmedien.

Knoten (nodes) in DNA können grob mit End- und Transitsystemen der OSI-Terminologie gleichgesetzt werden. Knoten sind physische Komponenten in

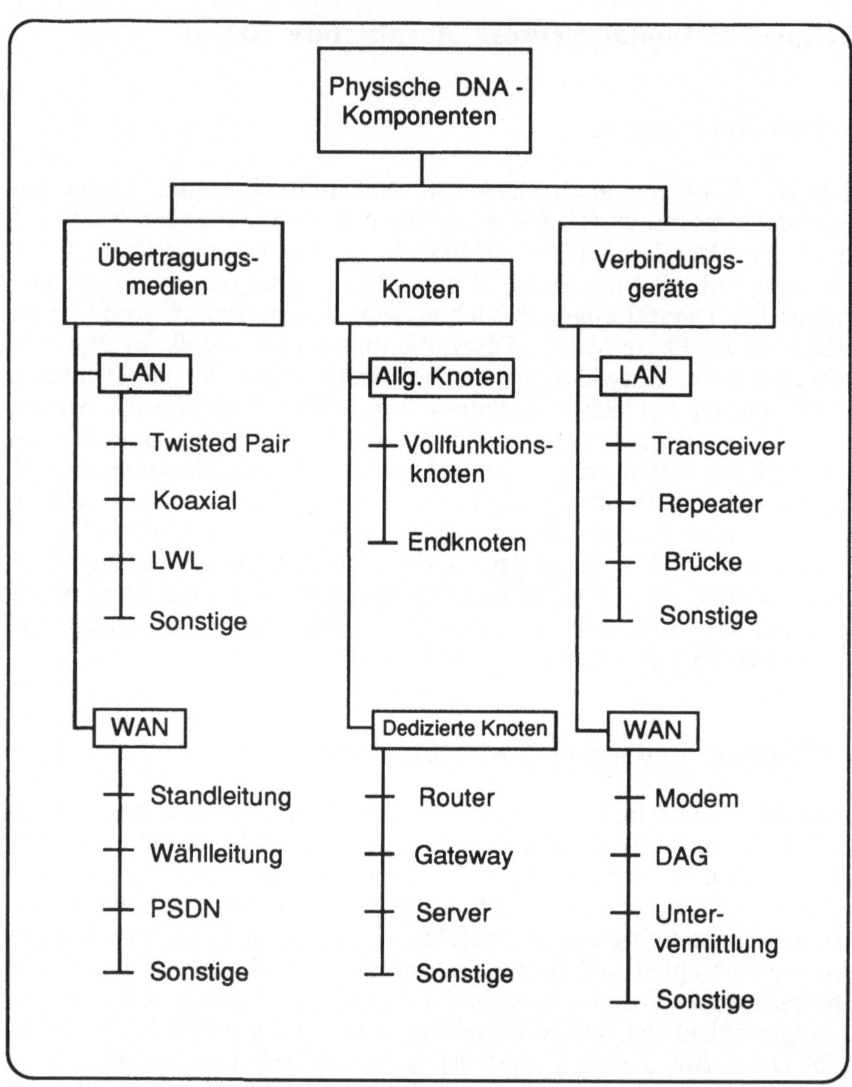

Bild 3.3-1 Physische DNA-Komponenten

einem DNA-Netz, die Daten senden, empfangen und verarbeiten können und über eine DNA-Adresse verfügen. Sie haben ein eigenes Betriebssystem und sonstige Software. Knoten werden ferner nach ihrer Zweckbestimmung in allgemeine (general purpose) und dedizierte (dedicated) Knoten eingeteilt. Allgemeine Knoten sind Endsysteme im OSI-Sinne, d.h. sie führen Verarbeitungsfunktionen für Endnutzer aus. In der DNA-Terminologie werden sie weiter unterschieden in Endknoten (end nodes) und Vollfunktionsknoten (full function nodes). Dies ist allerdings keine Unterscheidung im physischen oder konstruktiven Sinne. Ein Endknoten kann Daten nur für sich selbst senden und empfangen. Ein Vollfunktionsknoten (mitunter auch als Routingknoten bezeichnet) erfüllt daneben noch Vermittlungsfunktionen, d.h. er kann Daten für andere Knoten empfangen und an diese weiterleiten. Dedizierte Knoten führen, wie der Name bereits ausdrückt, spezialisierte Funktionen im Sinne der Netzarchitektur aus. Beispiele sind:

D1 auf Vermittlungsfunktionen spezialisierte Knoten (Router, Terminalserver)

D2 auf Protokollwandlungen spezialisierte Knoten (Gateways)

D3 auf Servicefunktionen für Endnutzer spezialisierte Knoten (Fileserver, Druckserver u.ä.).

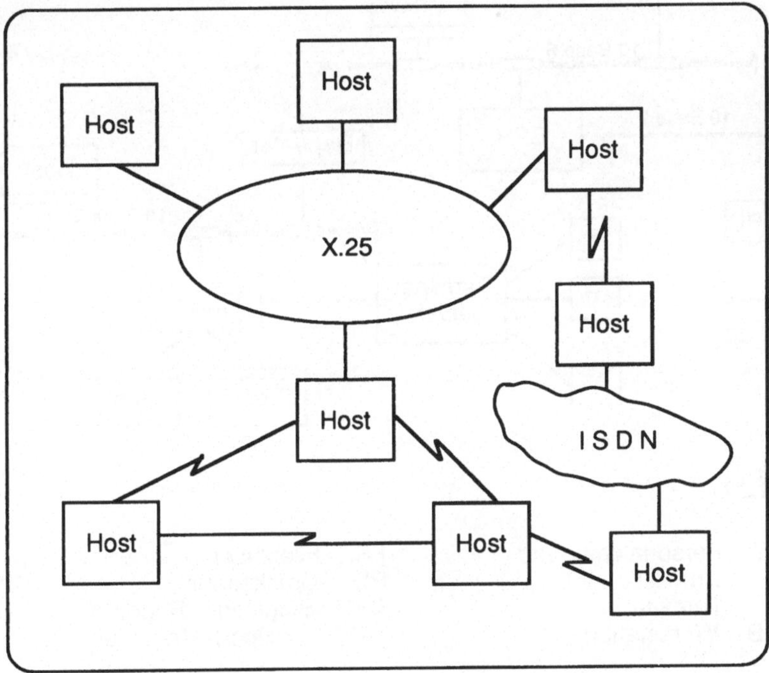

Bild 3.3-2 Beispiel für eine WAN-basierte DNA-Struktur

Selbstverständlich benötigt jeder Knoten für den Netzanschluß einen Komunikationsadapter, dessen Typ sich nach dem internen Bus des Knotens sowie nach Übertragungsmedium/Übertragungsverfahren richtet [3.3-3].

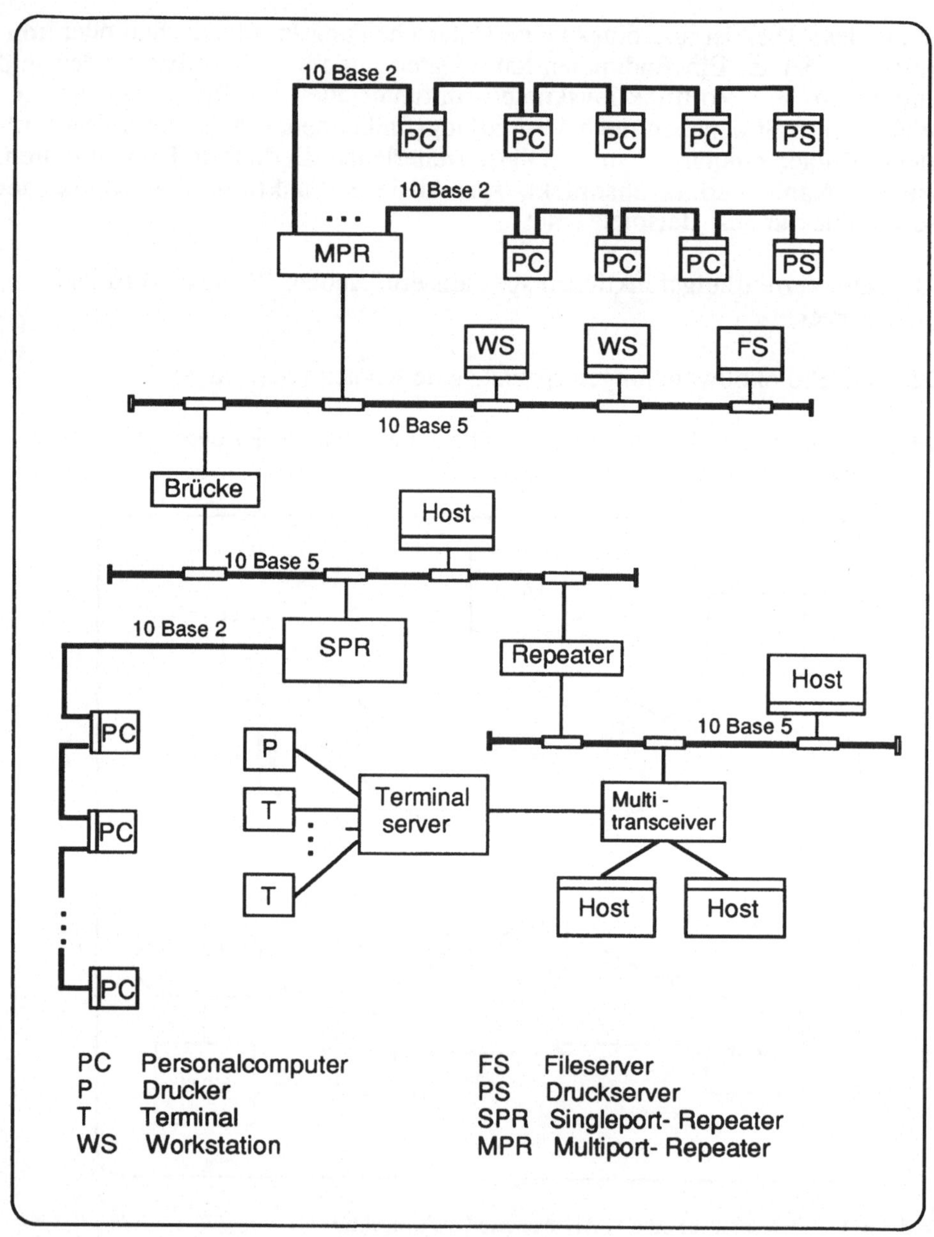

Bild 3.3-3 Beispiel für eine LAN-basierte DNA-Struktur

Verbindungsgeräte sind physische Netzkomponenten, die keine eigenen DNA-Adressen haben, aber selbständig oder in Zusammenarbeit mit anderen physischen Komponenten Funktionen im Rahmen der Netzarchitektur erbringen. Beispiele dafür sind Modems, Datenanschaltgeräte (DAG, data circuit terminating equipment, DCE) im WAN-Bereich oder Medienanschlußeinheiten (Transceiver), Repeater oder Brücken im LAN-Bereich. Bild 3.3-2 zeigt eine Beispielstruktur für DNA im WAN-Bereich, Bild 3.3-3 im LAN-Bereich. Bild 3.3-4 veranschaulicht die für praktische Fälle typische Mischung beider Bereiche. Auf eine detaillierte Beschreibung der einzelnen Komponenten (ausführlichere Beispiele vgl. z.B. [3.3-4], [3.3-5], [3.3-6]) wird hier verzichtet, dazu kann spezialisierte (z.B. [3.3-2]) oder Firmenliteratur (z.B. [3.3-3]) herangezogen werden.

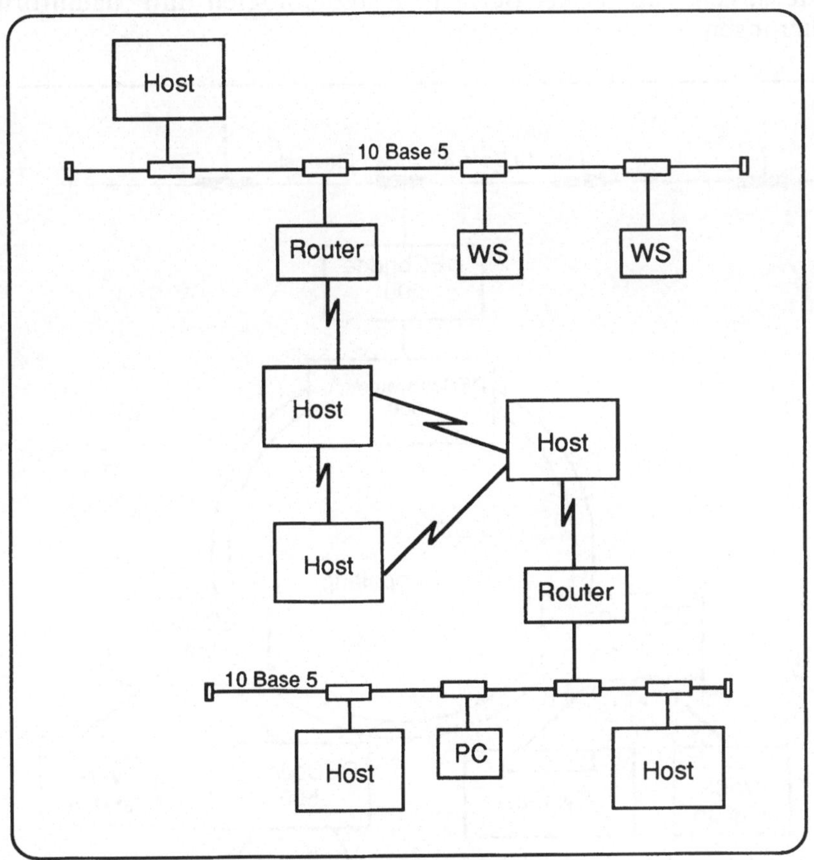

Bild 3.3-4 Beispiel für eine gemischte WAN/LAN-Struktur

Als Übertragungsmedien werden in DNA mittlerweile eine große Vielfalt physischer Medien eingesetzt. Beispiele sind im WAN-Bereich festgeschaltete Wählleitungen in leitungsvermittelten Netzen in einem breiten Intervall von

Übertragungsraten (etwa 1,2 kbit/s bis zu den US-amerikanischen T1- bzw. E1-Links mit 1,544 bzw. 2,048 Mbit/s) sowie paketvermittelte Netze wie z.B. DATEX-P [3.3-4]. Im LAN/WAN-Bereich werden vor allem lineare und sternförmige Lösungen nach IEEE 802.3 (Koaxialkabel 10Base2, 10Base5 sowie Lichtwellenleiter und verdrillte Zweidrahtleitungen), aber auch über Fremdprodukte nach IEEE 802.4 [3.3-3] unterstützt. Gegenwärtig werden Produkte für Hochgeschwindigkeitsnetze auf der Basis von FDDI auf dem Markt eingeführt [3.3-6], vgl. Bild 3.3-5. Mit den erläuterten Prinzipien und Komponenten lassen sich sehr vielfältige Netzstrukturen gestalten. Dabei dominieren im WAN-Bereich Maschentopologien mit baumförmigen Erweiterungen, im MAN-Bereich Ringtopologien mit baumförmigen Erweiterungen.

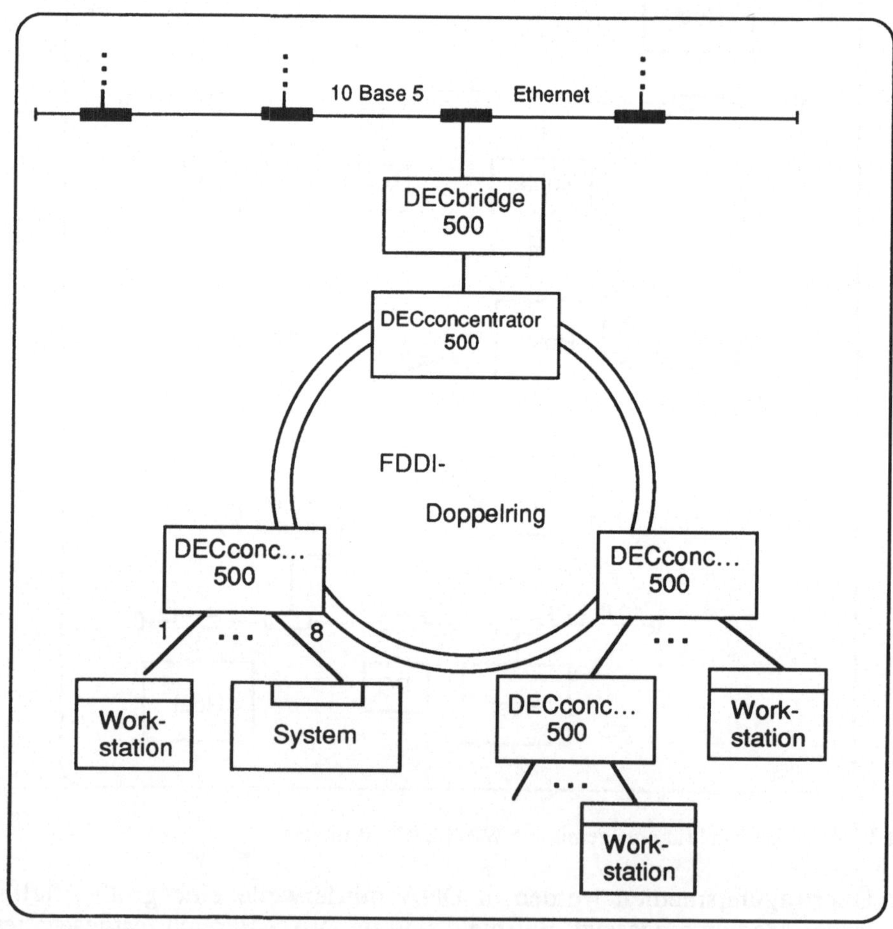

Bild 3.3-5 FDDI-Konfiguration

3.3.3 Logische Struktur

Von der logischen Struktur her dominiert in DNA der Gleichberechtigungsbetrieb. Alle Knoten können unabhängig im Rahmen der ihnen verfügbaren Ressourcen Verbindungen zu anderen Knoten herstellen, ohne daß es hierarchisch übergeordnete Steuerfunktionen gibt. Im LAN-Bereich können Verbindungen im Idealfall (keine Router) ohne Beachtung der Funktionsfähigkeit weiterer zwischen Sender und Empfänger liegender Knoten aufgebaut werden. Im WAN-Bereich sowie in komplexen LAN mit Routern müssen allerdings zwischen Sender und Empfänger liegende Knoten zumindest ihre Vermittlungsfunktion erfüllen können.

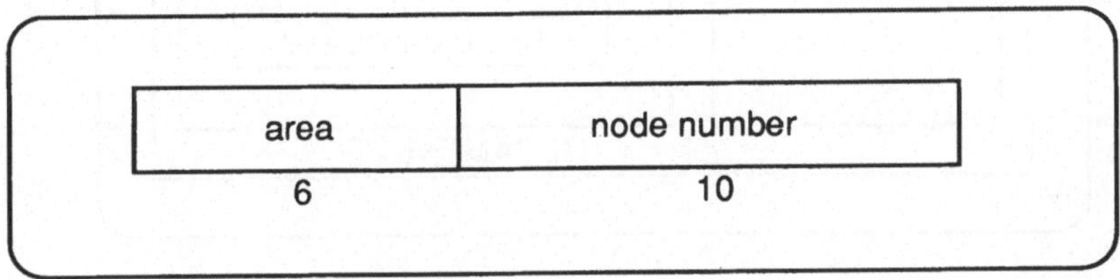

Bild 3.3-6 Struktur der DNA-Knotenadresse

DNA-Netze werden in Bereiche (areas) gegliedert. Von der Adreßstruktur werden maximal 63 Bereiche mit jeweils maximal 1023 Knoten unterstützt. Die Struktur der Knotenadresse (6 Bit für Bereichsadresse, 10 Bit für Knotennummer) ist in Bild 3.3-6 dargestellt. In einem DNA-Netz können also maximal 64449 Knoten adressiert werden. Neben dieser eindeutigen Knotenadresse gibt es in DNA noch einen Knotennamen. Dieser wird in der DNA-Session-Layer verwaltet (vgl. Abschnitt 3.3.3).

Neben der Bereichsgliederung wird neuerdings auch der Domänenbegriff verwendet, allerdings ohne sichtbare Konsequenzen für die Adressierung. Nach [3-7] sind Bereiche gleichzeitig Subdomänen. Eine Menge von Subdomänen, die gleiche Algorithmen zur Leitweglenkung anwenden, heißen Routingdomäne. Mehrere Routingdomänen können, wenn sie einer administrativen Autorität unterworfen sind, als administrative Domäne bezeichnet werden. Bild 3.3-7 zeigt diese Zusammenhänge schematisch.

3.3.4 Funktionelle und Schichtenarchitektur

Die Schichtenstruktur von DNA (Phase IV) hat äußere Ähnlichkeit mit der von OSI, allerdings gibt es in mehreren Schichten beträchtliche funktionelle Unterschiede zu den Aufgaben der entsprechenden OSI-Schichten. Bild 3.3-8 zeigt zunächst einen groben Überblick.

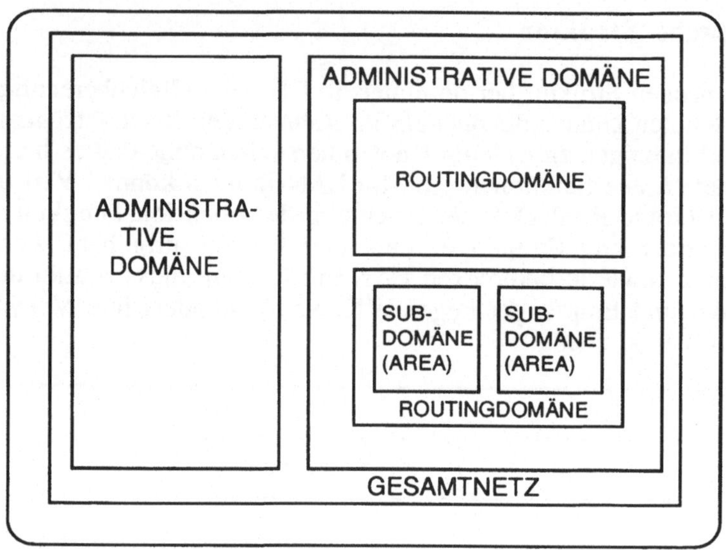

Bild 3.3-7 Domänenstruktur in DECnet Phase IV

Die *User Layer* umfaßt die Schnittstelle zu den Diensten, die dem Endnutzer direkt zugänglich sind, wie Filetransfer, entfernter Filezugriff u.a. sowie die vom Nutzer geschriebenen Programme, die diese Dienste nutzen. Es können anwendungsspezifische Protokolle existieren. In der User Layer sind auch Schnittstellen zum Netzwerkmanagement angesiedelt.

Die *Network Management Layer* enthält die hauptsächlichen Managementfunktionen, die vom Charakter dem OSI-Systemmanagement entsprechen. Sie hat Interfaces mit allen anderen Schichten. Das wichtigste Protokoll in dieser Schicht ist das Network Information and Control Exchange (NICE) Protokoll. Näheres zum DECnet-Management vgl. Abschnitt 6.2.

Die *Network Application Layer* unterstützt direkt die User und Network Management Layer. Hier wird Filezugriff, Filetransfer, entfernter Terminalzugang und Zugang zu Nicht-DNA-Netzen gewährleistet. In dieser Schicht arbeitet das Data Access Protocol (DAP). Der Zugang zur Network Application Layer "von oben" ist möglich:

- von einem Nutzerprogramm,
- von einem DECnet-Dienstprogramm,
- von einem (dialogorientierten) Betriebssystem-Kommando.

DECnet-Dienstprogramme ermöglichen z.B. die interaktive Terminal-zu-Terminal-Kommunikation oder den Filetransfer (NFT Utility). Mittels Betriebssystemkommandos (DCL) können Funktionen wie das Einloggen an einem entfernten Knoten (SET HOST-Kommando) oder die für die Filebehandlung vorgesehenen Funktionen (z.B. COPY) angefordert werden.

OSI		DNA
Application	7	User Network Management
Presentation	6	Network Application
Session	5	Session Control
Transport	4	End - to - End Communication
Network	3	Routing
Data Link	2	Data Link
Physical	1	Physical Link

Bild 3.3-8 Gegenüberstellung der OSI- und DNA-Schichten

In einigen Fällen kommt zwischen Quell- und Zielknoten eine Klient-Server-Beziehung zustande (vgl. Bild 3.3-9). Von der Serverseite (File Access Listener im Bild 3.3-9) wird dann das lokale Fileverwaltungssytem (z.B. File Control System FCS, Record Management System RMS) angesprochen. Die logische Bindung eines lokalen Terminals an einen entfernten Knoten wird in DECnet als Network Virtual Terminal (NVT) bezeichnet. Für diesen Zweck wird die Network Application Layer in DNA in zwei Subschichten aufgeteilt:

NAL1: Terminal Communication Sublayer, die die Kommunikation zwischen Terminal und Anwendungsprogrammen steuert. Diese untere der beiden Subschichten beherbergt das Terminal Communication Protocol. Eine Verbindung auf dieser Subschicht wird in DNA als *binding* bezeichnet.

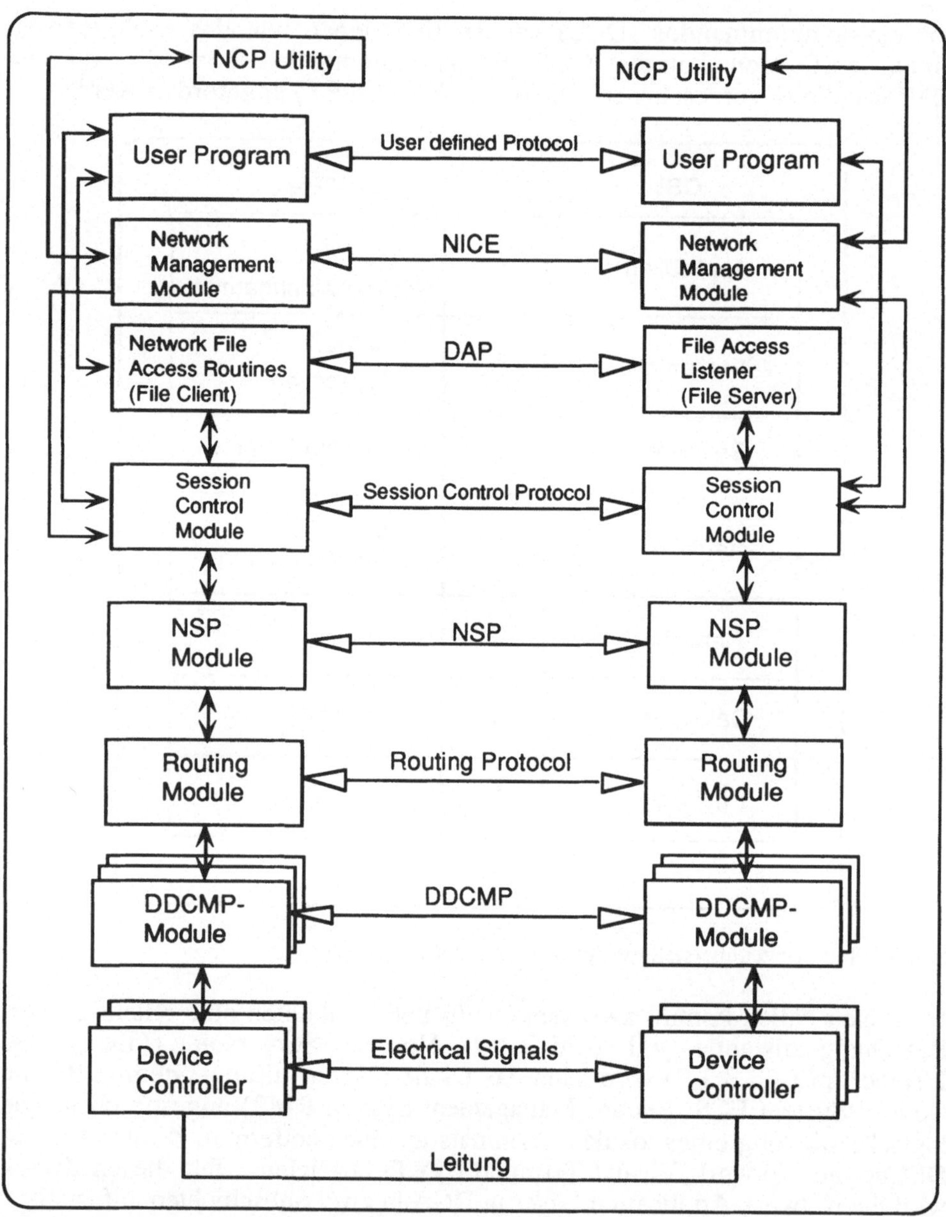

Bild 3.3-9 DNA-Protokollhierarchie (Phase IV)

NAL 2: Command Terminal Sublayer, die die zeilenorientierte Ein- und Ausgabe organisiert.

In lokalen Netzen erlaubt DNA eine einfache Form des Terminalzugangs zu Hosts speziell in dem Falle, wo Terminals an Terminalserver angeschlossen sind (vgl. Bild 3.3-10). Hier wird das nicht zu DECnet gehörende Local Area Transport (LAT) Protocol angewendet. Dieses Protokoll benutzt Circuits, d.h. Verbindungen der Schicht 2, direkt. LAT-Circuits sind mit einem einstellbaren Timer versehen, der die Intervalle steuert, in denen ein Datenaustausch zwischen Terminalserver und Host stattfindet. Bis zum Ablauf eines solchen Intervalls führt der Terminalserver Pufferfunktionen aus. Das LAT-Protokoll kann die Grenzen eines LAN nicht überschreiten.Wird der Zugang zu einem im gleichen Netz, aber außerhalb des LAN existierenden Hostrechner gewünscht, muß ein am LAN angebundener Hostrechner das LAT-Protokoll in ein NVT-Protokoll (CTERM) umsetzen.

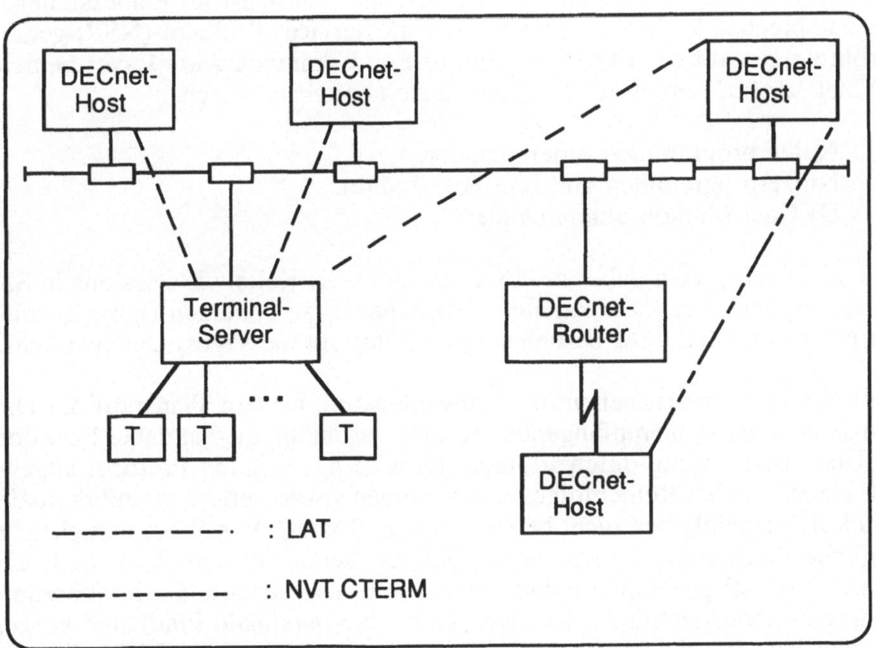

Bild 3.3-10 Terminalzugang über LAT

Die *Session Control Layer* löst systemspezifische Aufgaben der Prozeß-zu-Prozeß-Kommunikation, führt die Abbildung von Knotennamen auf Knotenadressen sowie Aufgaben der Zugriffskontrolle durch. Zwischen den Knoten arbeitet in dieser Schicht das Session Control Protocol. Die Session Control Layer hat eher interfacesteuernde Aufgaben innerhalb eines Knotens als End-zu-End-Funktionen. Sie löst die (betriebssystemspezifischen) Aufgaben der Identifikation und Zuordnung zwischen (Nutzer-) Programmen und Logical Links. Gegebenenfalls werden von ihr Zielprozesse nach Maßgabe der

Spezifikationen in empfangenden Daten erzeugt und/oder aktiviert. Weiterhin verwaltet diese Schicht interfacebezogene Timer.
Ein Nutzerprogramm kann mehrere Logical Links zu einem oder mehreren Partnern unterhalten. Dazu vergibt es Linkidentifikatoren. Die direkte Schnittstelle zwischen Nutzerprogramm und Session Control Layer als der höchsten für Nutzerprogramme direkt zugänglichen DECnet-Schicht heißt Task-zu-Task-Kommunikation. Ihre konkrete Form ist betriebssystem- und programmiersprachenabhängig. Funktionell ist die Task-zu-Task-Kommunikation mit den Fähigkeiten der LU 6.2 in SNA vergleichbar.

Die *End-to-End-Communication Layer* löst systemunabhängige Kommunikationsaufgaben wie Verbindungsverwaltung, Flußsteuerung, Segmentierung/ Reassemblierung von Nutzernachrichten und End-zu-End-Fehlersicherung. Das entsprechende Protokoll wird Network Services Protocol (NSP) genannt. Verbindungen auf der Ebene der End-to-End Communikation Layer heißen in DECnet *Logical Link.* Logical Links können bestehen zwischen

- Nutzerprogrammen untereinander,
- Nutzerprogrammen und DECnet-Moduln,
- DECnet-Moduln untereinander.

Logical Links spielen daher in DNA eine ähnliche Rolle wie Sessions in SNA. Es ist möglich, zwei "Subkanäle" (subchannels) zu benutzen (jeweils vollduplex): für normalen bzw. beschleunigten (interrupt messages) Datenverkehr.

Die *Routing Layer* ist neben der Leitweglenkung für den Transport der Daten vom sendenden zum empfangenden Knoten zuständig. Sie hat dabei Funktionen der Überlaststeuerung durchzuführen. Es wird das Routing Protocol abgewikkelt. Dabei werden Reihenfolgeverfälschungen sowie verlorene und duplizierte Protokolldateneinheiten nicht behandelt. Das Routing-Verfahren berücksichtigt mögliche Pfade zu den benachbarten Knoten, deren Verfügbarkeit sowie einen "Kosten" (Cost) genannten Faktor. Dieser soll insbesondere die Bandbreite der Leitungen berücksichtigen. Daneben kann eine maximale Pfadlänge vorgegeben werden, die die Pfadauswahl mitbestimmt. Die maximale Pfadlänge ist durch die maximale Anzahl von Leitungsabschnitten (hops) zwischen jeweils benachbarten Knoten bestimmt. Mit diesen Variabilitäten ist für den Netzadministrator eine Möglichkeit gegeben, die Effizienz des Netzbetriebs zu beeinflussen. Diese Beeinflussung ist auch dynamisch, d.h. im laufenden Netzbetrieb möglich. Alle Knoten mit der Fähigkeit zur Leitweglenkung (full function nodes, routing nodes) werden Router genannt. Es werden Level 1- und Level 2-Router unterschieden. Level 1-Router können Routing innerhalb eines Bereichs (area) durchführen, Level 2-Router zwischen Bereichen. Für die Verbindung zwischen Knoten in einem WAN und solchen in einem LAN ist im jeweiligen LAN ein spezieller Router erforderlich, der DECnet Router Server (vgl. Bild 3.3-11). Diese spezielle Routing-Funktion kann auch durch einen Knoten ausgeführt werden, der sowohl über WAN- als auch LAN-Anschluß verfügt. Innerhalb eines LAN (das aus mehreren über Repeater und Brücken verbundenen Segmenten bestehen kann) ist kein Routing erforderlich. Gleiches gilt, wenn DECnet oberhalb X.25 beschrieben wird. In diesem Fall wird die Routing-Funktionalität des X.25-Trägernetzes wirksam. Einzelheiten zum DECnet-Routing (Phase IV) können in [3.3-1] nachgelesen werden.

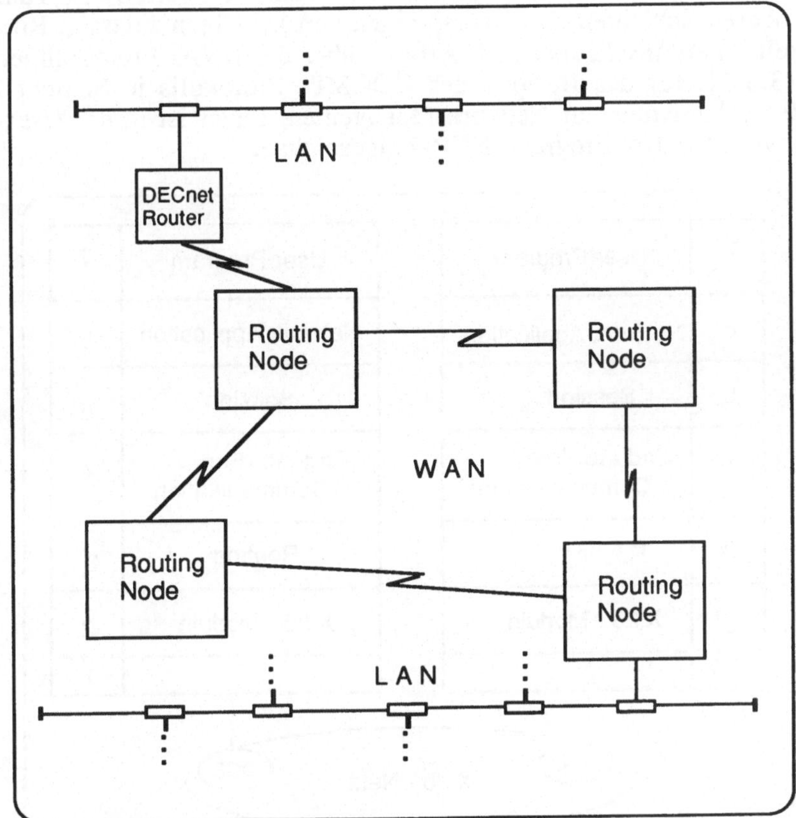

Bild 3.3-11 LAN/WAN-Routing in DECnet Phase IV

Die *Data Link Layer* gewährleistet wie die Sicherungsschicht im OSI-Modell die fehlerfreie Datenübertragung zwischen benachbarten Knoten (soweit der Begriff der Nachbarschaft sinnvoll ist). Sie enthält Moduln, die auf jeweils verschiedene Übertragungsverfahren und -medien spezialisiert sind (das DEC-spezifische DDCMP-Protokoll, X.25, Ethernet bzw. IEEE 802.2, FDDI usw.). Für Einzelheiten wird auf Spezialliteratur verwiesen. Verbindungen auf der Ebene der Data Link Layer heißen in DECnet *Circuits*.

Die *Physical Link Layer* beinhaltet Vorschriften für die Implementation von Gerätetreibern und Kommunikationshardware zur physischen Datenübertragung je nach dem gewählten Verfahren und Medium. Verbindungen auf der Ebene der Physical Link Layer heißen in DECnet *lines*.

Es ist sichtbar, daß insbesondere oberhalb Schicht 4 erhebliche funktionelle Unterschiede zwischen OSI und DNA bestehen. Auch wird die Schichtenarchitektur bei DNA nicht so streng wie bei OSI definiert. So ist, zumindest in den oberen Schichten, das Überspringen von Schichten zulässig. Bild 3.3-9 vermittelt einen anschaulichen Überblick über die DNA- Protokollhierarchie (nach [3.3-1]) für das Beispiel des DDCMP- Protokolls in Schicht 2. Als Zugriffsmechanismus zur Network Management Layer ist in der User Layer das Network Control Program (NCP) eingezeichnet.

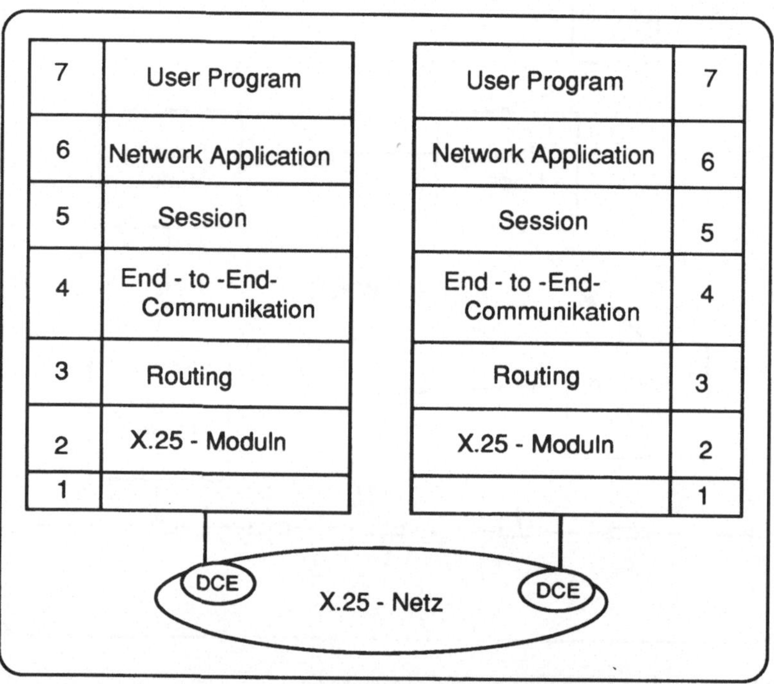

Bild 3.3-12 X.25-Kommunikation in DNA im Data Link Mapping Mode

3.3.5 DNA und heterogene Netze

Offenbar wegen der gegenüber SNA anderen Marktposition hat es seitens DEC bereits frühzeitig vielfältige Bemühungen gegeben, die Kommunikation zwischen DNA und anderen Netzarchitekturen zu gewährleisten. Aus der

Vielzahl angebotener Lösungen (vgl. [3.3-3]) sollen die beiden wichtigsten etwas näher besprochen werden, nämlich DNA-X.25 und DNA-SNA.

Kommunikation zwischen DNA und X.25-Netzen

In DECnet Phase IV werden grundsätzlich zwei Modi zum Zugang auf ein X.25-Netz unterschieden:

- Data Link Mapping Mode (DLM),
- X.25 Native Mode.

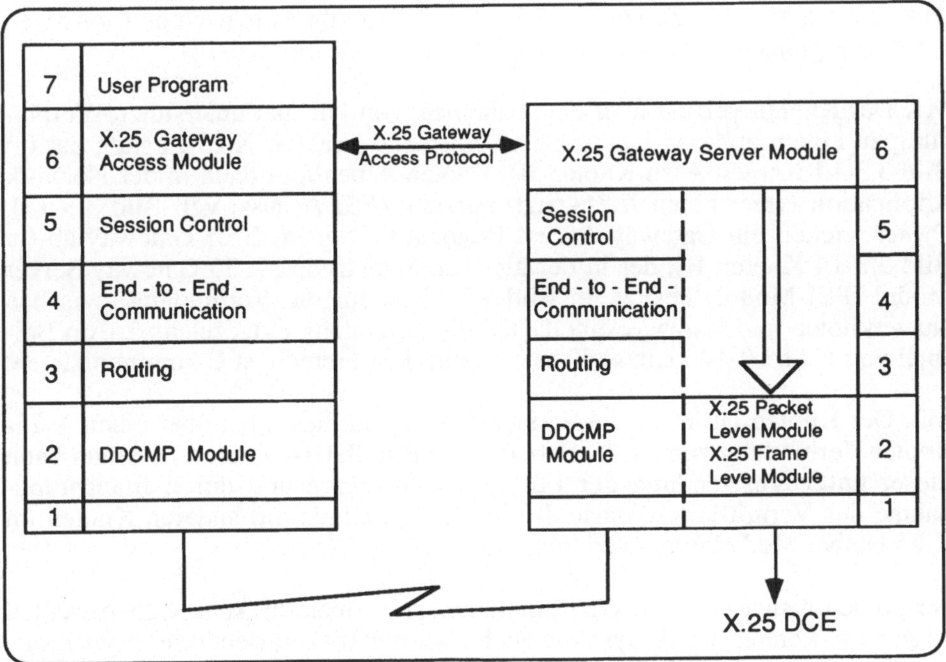

Bild 3.3-13 X.25-Gateway in DNA (X.25 Native Mode)

Data Link Mapping Mode heißt, daß die Abbildung zwischen den firmenspezifischen DECnet-Protokollen und X.25 an der Schnittstelle zwischen Routing Layer und Data Link Layer erfolgt.

In der Data Link Layer residieren die X.25-Packet-Level- und Frame-Level-Moduln. Zusammen mit dem in Schicht 1 vorhandenen Treiber und der hardwaremäßigen WAN-Ansteuerung (z.B. DEC DMB2 [3.3-3] nehmen sie die Funktion einer DTE wahr (vgl. Bild 3.3-12). Oberhalb der Routing Layer, insbesondere beim Nutzer, ergeben sich gegenüber dem normalen DECnet keinerlei Änderungen. Spezifische X.25-Funktionen können allerdings nicht in Anspruch genommen werden (vgl. Bild 3.3-14, Knoten D und E).

X.25 Native Mode bedeutet, daß das Nutzerprogramm X.25-Funktionen kennt und explizit benutzt. Dies geschieht, indem in der Network Application Layer des Knotens, in dem das den X.25-Dienst anfordernde Nutzerprogramm läuft, ein spezieller Modul, der PSI-Modul (Packet Switching Interface) läuft. Dieser greift direkt auf die in der Data Link Layer vorhandenen X.25-Moduln zu. Vom Nutzerprogramm können alle X.25-Möglichkeiten direkt benutzt werden.

Hat der Knoten, auf dem das Nutzerprogramm mit dem X.25-Zugriffswunsch läuft, keinen direkten Zugang zum X.25-Netz, so gibt es je nach den sonstigen Randbedingungen verschiedene Möglichkeiten (vgl. Bild 3.3-14).

M1: Der Knoten verfügt über eine beliebige, von DECnet unterstützte Verbindung zu einem anderen Knoten, der seinerseits direkten X.25-Zugang hat (in Bild 3.3-14 Knoten A zu Knoten B). Knoten A benötigt dann in der Network Application Layer einen X.25-Zugriffsmodul (PSI Access, vgl. Bild 3.3-13). Dieser wickelt ein Gateway Access Protocol mit einem X.25-Gateway ab (in Bild 3.3-14 Knoten B), der in der gleichen Schicht den X.25 Gateway Server Modul (PSI-Modul) besitzt. In Bild 3.3-13 ist für die Verbindung zwischen Nutzerknoten und Gateway eine DDCMP-Verbindung eingezeichnet. Am Beispiel von Bild 3.3-14 kann so Knoten A mit dem Fremdhost C kommunizieren.

M2: Der Knoten ist in ein LAN eingebunden und dieses hat über einen X.25-Router Verbindung zum X.25-Netz (vgl. in Bild 3.3-14 Knoten F). Dann kann dieser unter Verwendung der PSI-Access-Software und durch Inanspruchnahme der Vermittlungsdienste des Routers ebenfalls mit anderen Knoten im X.25 Native Mode kommunizieren.

Neben den bisher beschriebenen Möglichkeiten, einen direkten X.25-Anschluß zu nutzen, können DNA-Systeme auch über nichtpaketorientierte, asynchrone Schnittstellen und hard- oder softwaremäßig realisierte PAD-Funktionen mit einem X.25-Netz verbunden werden. Der erwähnte Softwaremodul PSI beinhaltet auch Funktionen zur PAD-Emulation. In Bild 3.3-14 sind Beispiele eingezeichnet (Knoten G und H).

Kommunikation zwischen DNA- und SNA-Netzen

Konzepte und Unterstützungen für die Kommunikation zwischen DNA- und SNA-Netzen gibt es vor allem aus der Sicht, daß einzelne DEC-Systeme oder DECnet-Installationen auf die Ressourcen von IBM-Systemen oder SNA-Installationen zugreifen. Prinzipiell sind aber auch Mechanismen vorhanden, echte verteilte Anwendungen zu realisieren. Im einzelnen werden gegenwärtig im wesentlichen folgende Funktionen unterstützt [3.3-3]:

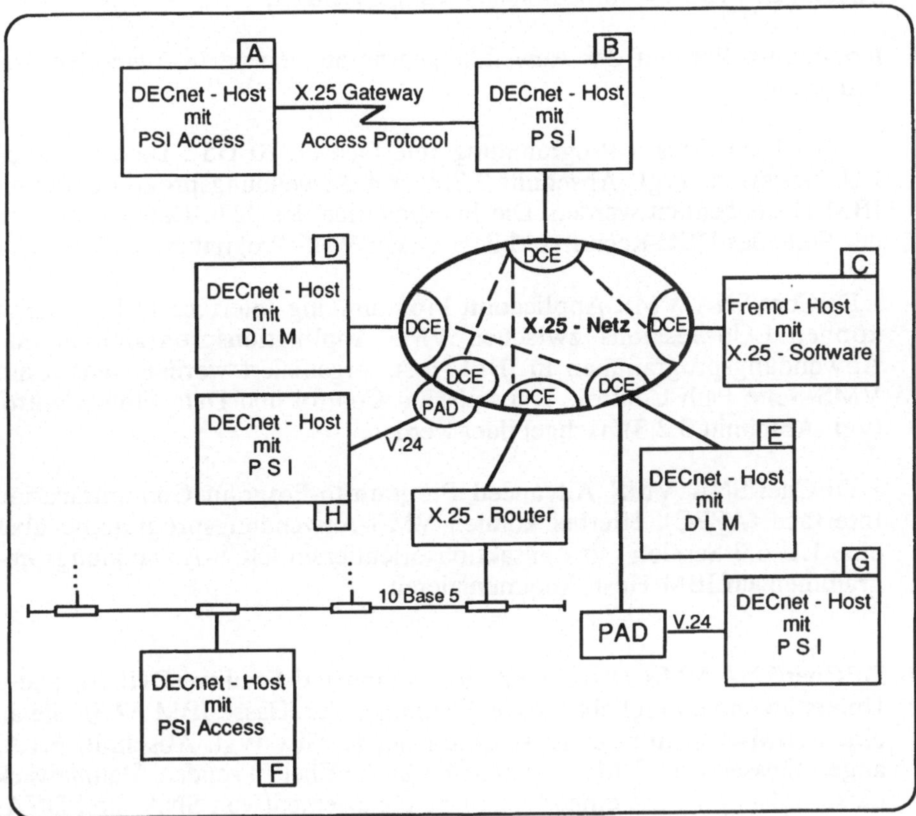

Bild 3.3-14 DECnet und X.25: Varianten

F1 3270-Terminalemulation für die VT-Terminalreihe von DEC, um auf dialogorientierte Subsysteme (TSO, CMS u.a.) sowie dialogorientierte Applikationsprogrammsysteme von IBM unter den Betriebssystemen MVS, VM und VSE zugreifen zu können;

F2 Remote Job Entry, um Abarbeitungsaufträge im Stapelmodus an IBM-Systeme delegieren und die Ergebnisse zurückerhalten zu können;

F3 Schreibenden und lesenden Zugriff auf VSAM- und Nicht-VSAM-Dateien auf MVS-Hosts aus dem VMS-Datenverwaltungssystem

DATATRIEVE, aus RMS-Anwendungen oder mittels DCL-Kommandos (Data Transfer Facility, DTF);

F4 Zugang zu DISOSS-Büroautomatisierungslösungen;

F5 Kommunikation auf der Anwendungsprogrammebene in folgenden drei Varianten:

• 3270 Data Stream Programming Interface (3270 DS). Damit können LU 2-Sessions (vgl. Abschnitt 3.2.2) mit Anwendungsprogrammen auf IBM-Hosts benutzt werden. Die Interpretation des 3270-Datenstroms auf der Seite des DEC-Rechners obliegt einem VMS-Programm.

• DECnet/SNA VMS Application Programming Interface (API). Damit können LU0-Sessions zwischen VMS-Applikationsprogrammen und Anwendungsprogrammen in IBM-Hosts organisiert werden, wobei auf VMS-Seite Path Control, Transmission Control und Data Flow Control (vgl. Abschnitt 3.2.3) nachgebildet werden.

• DECnet/SNA VMS Advanced Program-to-Program Communication Interface (APPC). Hierbei können VMS-Anwendungsprogramme über eine LU 6.2-Session mit transaktionsorientierten CICS-Anwendungsprogrammen auf IBM-Hosts kommunizieren.

F6 DECnet/SNA VMS Distributed Host Command Facility (DHCF). Diese Unterstützung ermöglicht es, von Terminals der Klasse IBM 3270, die an einen IBM-Host mit der Host Command Facility (vgl. Abschnitt 6.1.5) angeschlossen sind, VMS-Kommandos an DECnet zu senden. Hauptzweck dieser Lösung ist das einheitliche Netzmanagement von SNA- und DNA-Subnetzen von einem zentralen (SNA-) Punkt aus (NetView-Administrator).

Unter dem Aspekt der *physischen Struktur* sind drei Kopplungsvarianten vorgesehen:

K1 Anbindung eines einzelnen VMS-Hosts an ein SNA-Netz über eine synchrone Leitung.

K2 Anbindung eines DNA-Netzes an SNA-Netze über ein Gateway, gebildet durch einen an Ethernet angeschlossenen DEC MicroServer SP, der über synchrone Leitungen bis zu vier verschiedene SNA-Netze erreichen kann.

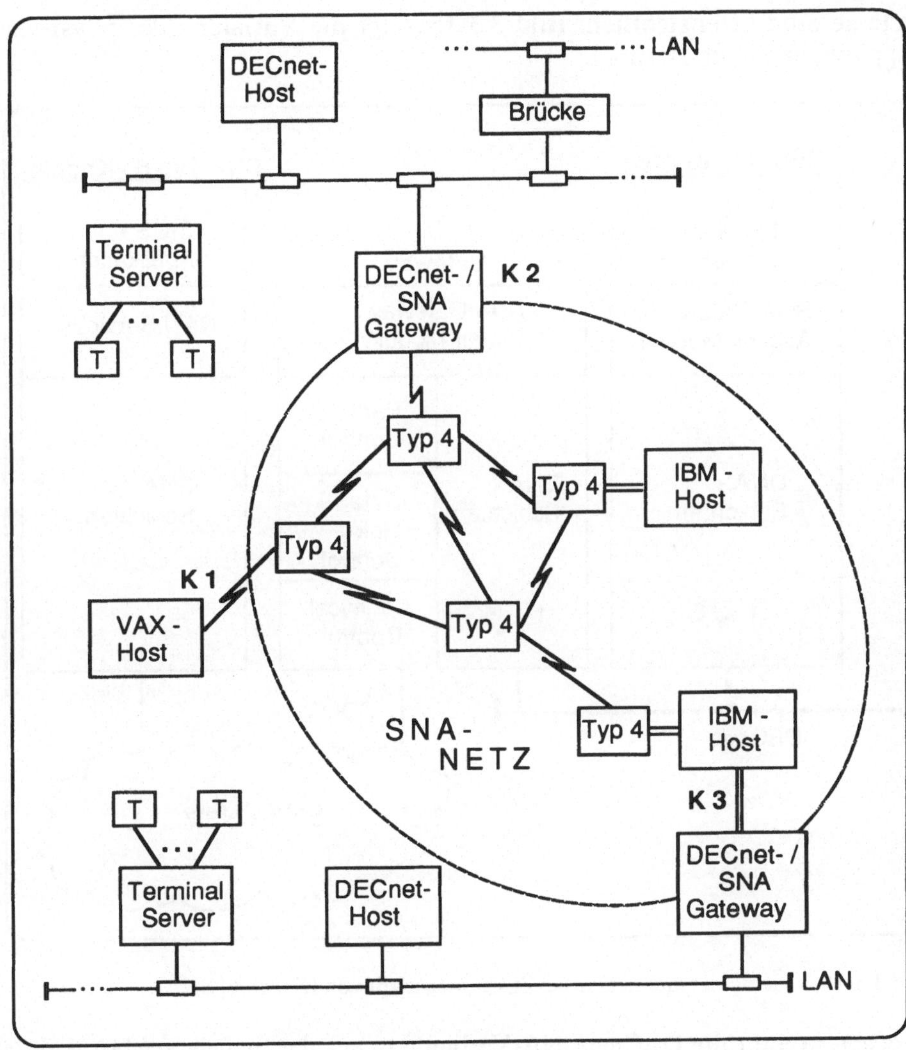

Bild 3.3-15 Physische Kopplungsvarianten von DNA- und SNA-Netzen

K3 Anbindung eines DNA-Netzes an ein SNA-Netz über ein Gateway, gebildet durch einen an Ethernet angeschlossenen DEC Channel Server, der direkt an einen E/A-Kanal eines IBM-Hosts angeschlossen ist.

Die unterschiedlichen Fähigkeiten und damit Einsatzfelder dieser drei Varianten bezüglich Entfernung, Durchsatz und Komplexität der zu verbindenden

Systeme sind offensichtlich. Bild 3.3-15 zeigt die Varianten der physischen Kopplung an einem Beispiel.

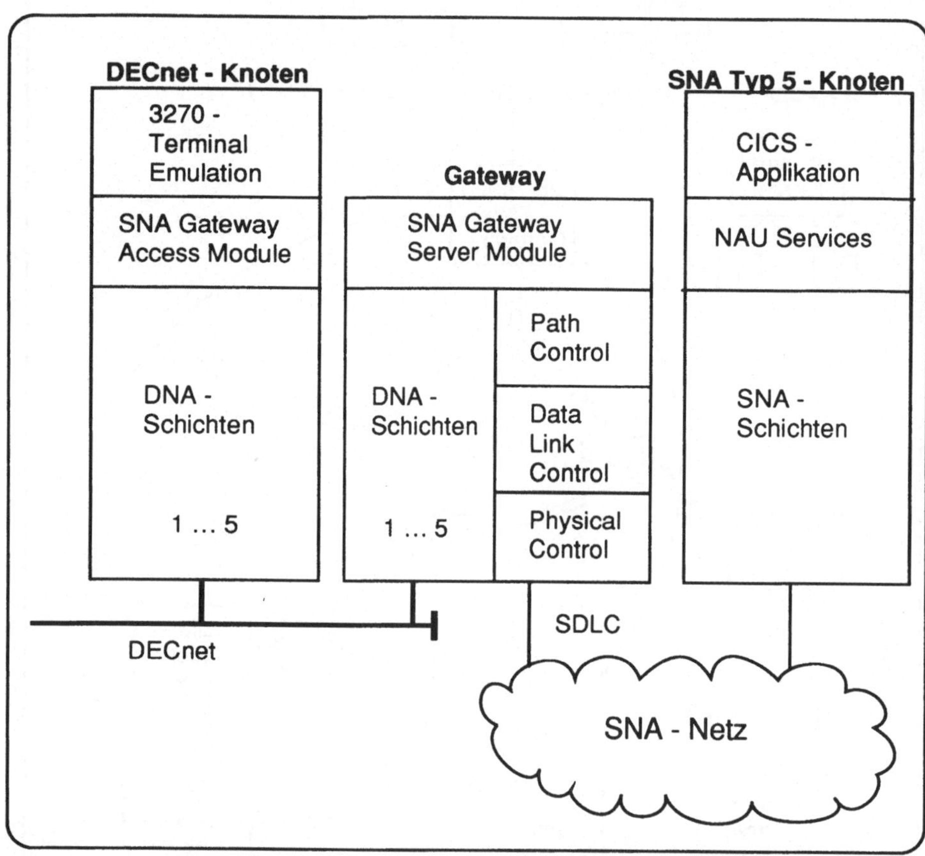

Bild 3.3-16 Schichtenarchitektur bei Zusammenarbeit von DNA und SNA

Logisch kommt die DECnet/SNA-Verbindung aus der Sicht von SNA dadurch zustande, daß das DECnet/SNA-Gateway (nur diese Lösung soll hier betrachtet werden) wie ein Typ2-Knoten betrachtet wird (vgl. Abschnitt 3.2.1). Bei der als typisch anzusehenden Gateway-Variante sind zwei Arten von Koppelsoftware erforderlich (vgl. Analogien zum X.25-Fall):

- Software auf dem Gateway selbst, in der die Protokollumsetzung unterhalb der DNA Network Application Layer vorgenommen wird,
- Software auf dem DECnet-System, das Zugang zum SNA-Netz wünscht (SNA Gateway Access Module, vgl. Bild 3.3-16).

Die Anwendungsprogramme im DECnet, die mit SNA kommunizieren möchten, befinden sich in der DNA User Layer. Hierzu zählen die oben unter F1 bis F5 genannten (aus der DECnet-Sicht) aktiven Komponenten und die für F6 (HCF) erforderliche passive Komponente. In der Network Application Layer befindet sich der SNA Gateway Access Module. Dieser arbeitet über einen normalen DNA Logical Link (vgl. Abschnitt 3.3.4) mit dem in der gleichen Schicht im Gateway-System befindlichen SNA Gateway Server Module mittels des SNA Gateway Access Protocols zusammen [3.3-1]. In seiner Eigenschaft als SNA-Typ2-Knoten betreibt der Gateway eine Session zum IBM-Host und dem darauf arbeitenden Anwendungsprogramm. Im aktuellen Produktangebot [3.3-3] kann der Gateway bis zu 128 Sessions gleichzeitig unterstützen, wobei eine maximale Übertragungsleistung bei nur einer physischen Verbindung zur SNA-Seite von 256 kbit/s möglich ist.

In Bild 3.3-16 ist als Beispielanwendung der Zugang zu einem auf einem IBM-Host unter CICS laufenden Anwendungsprogramm von einem DECnet-Knoten mit 3270-Terminalemulation dargestellt.

3.3.6 DNA und OSI

Als ein erster Schritt zu OSI kann natürlich die im letzten Abschnitt dargestellte Möglichkeit angesehen werden, Kommunikation mit oder über X.25-Netze abzuwickeln. Hier sollen nun die darüber hinausgehenden Lösungswege besprochen werden.

DNA Phase IV und OSI

Ähnlich, wie dies auch etwas später im Rahmen von SNA getan wurde (vgl. Abschnitt 3.2.4), gibt es in DNA Phase IV die Möglichkeit, parallel zur traditionellen firmenspezifischen Protokollarchitektur eine OSI-Protokollsäule zu installieren, Bild 3.3-17 vermittelt einen Überblick [3.3-3]. Der hervorgehobene Teil markiert angebotene Programmprodukte. Der unterschiedliche Überdeckungs- bzw. Integrationsgrad bezüglich der OSI-Schichtenarchitektur macht deutlich, daß diesen Lösungen kein durchgängiges Konzept zugrunde liegt und daß sie unabhängig voneinander entwickelt wurden. Auf Einzelheiten kann hier nicht eingegangen werden, es soll lediglich eine kurze Charakterisierung erfolgen.

Plattform für OSI-gerechte Nutzerprogramme

Für die Entwicklung eigener Programme mit OSI-Kommunikation oberhalb von X.25 (PSI/PSI Access, vgl. Abschnitt 3.3.5) und Ethernet stehen Implementationen bis zur Kommunikationssteuerungsschicht zur Verfügung. Es sind dies:

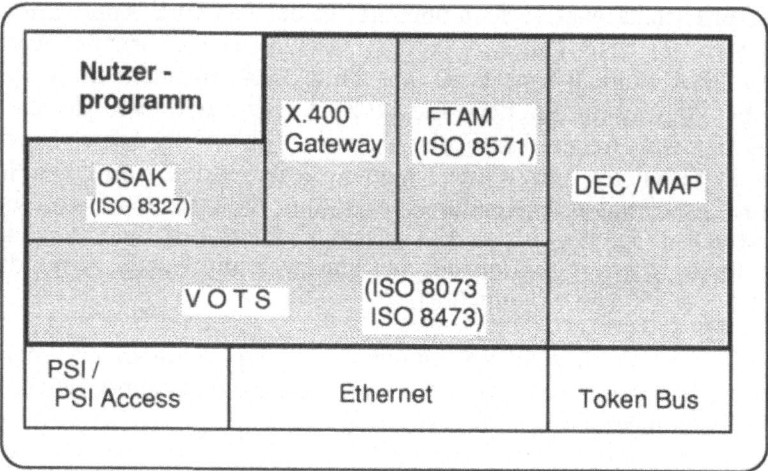

Bild 3.3-17 DNA Phase IV und OSI

- VAX OSI Transport Service (VOTS), eine Realisierung der OSI-Transportschicht mit den beiden Optionen verbindungsorientiertes Transportprotokoll ISO 8073, Klassen 0, 2 und 4 und verbindungsloses Protokoll ISO 8473 [3.3-9].
- VAX OSI Application Kernel (OSAK), eine Realisierung der OSI-Kommunikationssteuerungsschicht nach ISO 8328 [3.3-10].

Neuerdings wird VOTS nicht mehr einzeln, sondern nur noch als Bestandteil der übergeordneten Produkte vertrieben [3.3-3]. Auf der Grundlage von OSAK können vom Anwender beliebige Nutzerprogramme geschrieben werden, die mit analogen Nutzerprogrammen auf anderen Knoten (Endsystemen) kommunizieren.

X.400-Gateway

Das Electronic-Mail-Konzept im Rahmen von DNA lehnt sich in seiner Grundstruktur an das X.400-Konzept (mit Message Transfer Agents MTA und User Agents UA) an. Das allgemeine Modell (Bild 3.3-18, nach [3.3-3]) geht davon aus, daß die hier als Message Router bezeichneten MTA, die auch gewisse Directoryfunktionen einschließen, untereinander mit DECnet-Mitteln kommunizieren. Die Message-Router-Komponenten bieten ein einheitliches Interface gegenüber User Agents und Gateways, das MAILbus genannt wird.

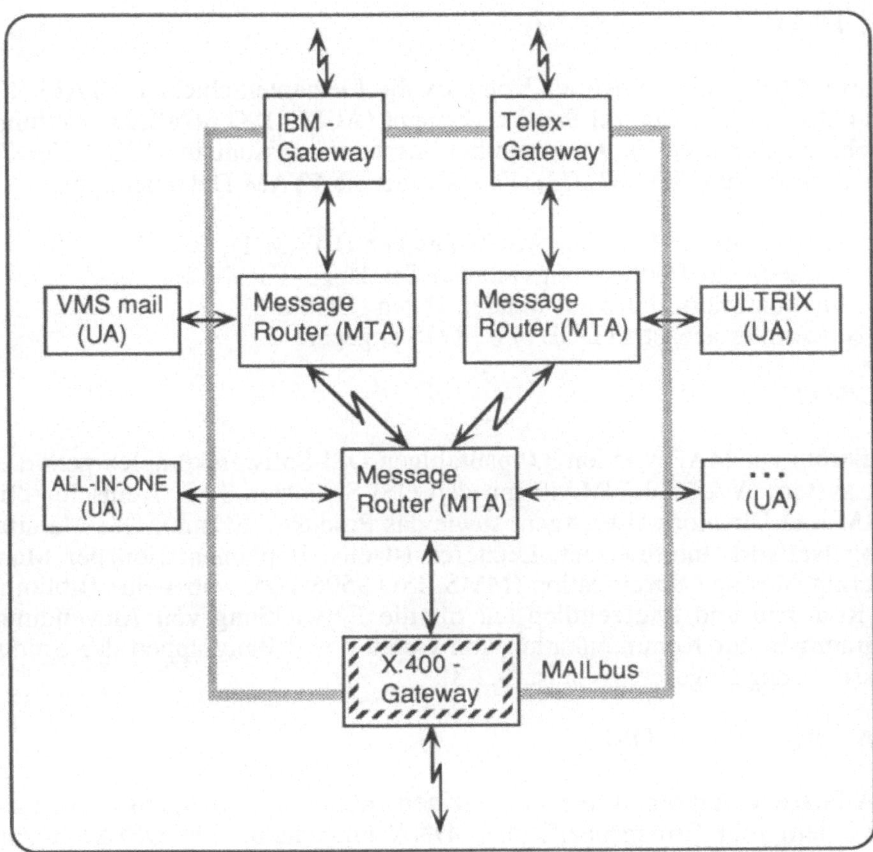

Bild 3.3-18 X.400-Gateway in DECnet

Die User Agents können unterschiedliche Endnutzerschnittstellen bedienen, z.B. VMSmail (eine in das Betriebssystem VMS integrierte Lösung), ALL-IN-ONE (ein komplexes Büroautomatisierungssystem von DEC) oder das Unix-basierte Mailsystem im Rahmen der DEC-Unix-Version ULTRIX. Aus der DEC-Welt hinaus führen Gateways, z.B. zwei unterschiedliche Wege in SNA-basierte Mailsysteme (SNADS, PROFS), zum Telex-Netz und zu externen X.400-kompatiblen Systemen. Letzteres Gateway wird als Message Router X.400 Gateway (MRX) bezeichnet. Dieses Gateway ist eine Softwarelösung, die auf einem DECnet Phase IV-Knoten läuft. Es realisiert die wechselseitige Umwandlung von DECnet- und X.400(1984)-Protokolldateneinheiten. Es enthält OSAK-Funktionen und baut auf VOTS auf, wie im Bild 3.3-17 dargestellt ist.

VAX FTAM

Dieses OSI-Produkt enthält als Komplex die Elemente/Schichten FTAM (ISO 8571), Association Control Service Element (ACSE, ISO 8650), Darstellungsschicht (ISO 8822/23), Kommunikationssteuerungsschicht (ISO 8326/27), Transportschicht (ISO 8072/73). Es realisiert die FTAM-Dokumenttypen

- unstrukturierte Files aus ASCII-Zeichen (FTAM 1),
- sequentielle Textfiles mit variabler Satzlänge (FTAM 2),
- unstrukturierte Files aus binären Daten (FTAM 3).

Das Nutzerinterface ist an DCL bzw. RMS angepaßt.

DEC/MAP

Zu diesem zur MAP Version 3.0 paßfähigen OSI-Softwarekomplex gehört ein Basissystem (VAX DEC/MAP) mit den OSI-Schichten 3 bis 7 einschließlich FTAM und Directory User Agent sowie das Produkt DEComni OSI Manufacturing Network Interconnect. Letzteres ist eine Implementation der Manufacturing Message Specification (MMS, ISO 9506-1/2), wobei eine Bibliothek mit Routinen und Laufzeitdiensten für die Entwicklung von Anwendungsprogrammen zur Kommunikation von Geräten und Baugruppen der Produktionssteuerung eingeschlossen ist [3.3-3].

DNA Phase V und OSI

DNA Phase V verkörpert in seiner jetzigen Gestalt eine Übergangsetappe zwischen dem rein firmenspezifischen DNA und einem rein OSI-konformen Kommunikationssystem. Dies wird in Bild 3.3-19 deutlich. Auf der Basis eines gemeinsamen bis Schicht 3 OSI-konformen Protokollapparats, der von verschiedenen, überwiegend standardisierten Übertragungsverfahren und -medien getragen wird, erheben sich zwei voneinander unabhängige Protokollsäulen, eine firmenspezifische und eine OSI-konforme.

Die *firmenspezifische Protokollsäule* sichert die Weiterexistenz aller bisher erarbeiteten DECnet-Applikationen und die Kompatibilität zu DECnet Phase IV. Die OSI-Protokollsäule bildet die Basis für OSI-Applikationen innerhalb DNA sowie für die Kommunikation mit offenen Systemen außerhalb DNA.

Der Basisübertragungsapparat läßt sich insbesondere in Abhängigkeit vom physikalischen Übertragungsmedium und den Anforderungen an Topologie, Entfernung und Übertragungsrate unterschiedlich konfigurieren. So lassen sich neben für synchrone und asynchrone Übertragung vor allem im WAN-Bereich geeigneten Verfahren (insbesondere EIA RS-232C/V.24 und X.21bis), CSMA/CD-LAN und FDDI (ISO 9314) einsetzen. Dementsprechend werden in

Schicht 2 HDLC, DDCMP, für LAN ISO 8802/2 bzw. IEEE 802.2 und FDDI (ISO 9314-2) unterstützt. In der Vermittlungsschicht kann vor allem zwischen dem verbindungslosen (CLNS, ISO 8348 Ad.1) und dem verbindungsorientierten (CONS, ISO 8348) Dienst gewählt werden. Mit der vollständigen Integration der OSI-Vermittlungsschicht mit den in Bild 3.3-19 angegebenen Protokollen ergeben sich mehrere funktionelle und terminologische Veränderungen gegenüber DNA- Phase IV:

Schicht			
7	DECnet - Anwendungen	Nutzer - Anwendungen	OSI - Anwendungen
6	DNA Session Control	OSI Presentation	ISO 8822 / 23 ISO 8824 / 25
5		OSI Session	ISO 8326 / 27
4	DNA Network Services Protocol	OSI Transport	ISO 8072 /73
3	ISO 8348 ISO 8208	ISO 8473 · ***OSI Network***	ISO 8880 ISO 8878 ISO 8881
2	ISO 7809 ISO 7776 ISO 4335 DDCMP	***OSI Data Link***	ISO 8802 /2 IEEE 802 /2 ISO 9314 -2
1	EIA RS - 232c EIA RS - 422 EIA RS - 423	***OSI Physical***	ISO 8802 /3 IEEE 802 /3 ISO 9314 -1, ISO 9314 -3

Bild 3.3-19 DNA Phase V: Schichtenarchitektur und Protokolle

• Der Begriff "Knoten" wird durch "System" ersetzt, wobei entsprechend dem OSI-Basisreferenzmodell zwischen End- und Transitsystemen (end systems, intermediate systems) unterschieden wird. Transitsysteme werden weiterhin als Router bezeichnet, die Unterscheidung zwischen Level 1- (Vermittlung innerhalb eines Bereichs) und Level 2-Routern (Vermittlung zwischen Bereichen) wird beibehalten.

• Die Adressierung der Systeme (Knoten) wird gegenüber DNA Phase IV wesentlich verändert. Entsprechend ISO 8348 Ad. 2 werden Adressierungsdomänen eingeführt. Jedes System hat eine, bei Anschluß an mehrere (Sub-) Netze mehrere NSAP-Adresse(n). Sie ist wie in Bild 3.3-20 dargestellt aufgebaut.

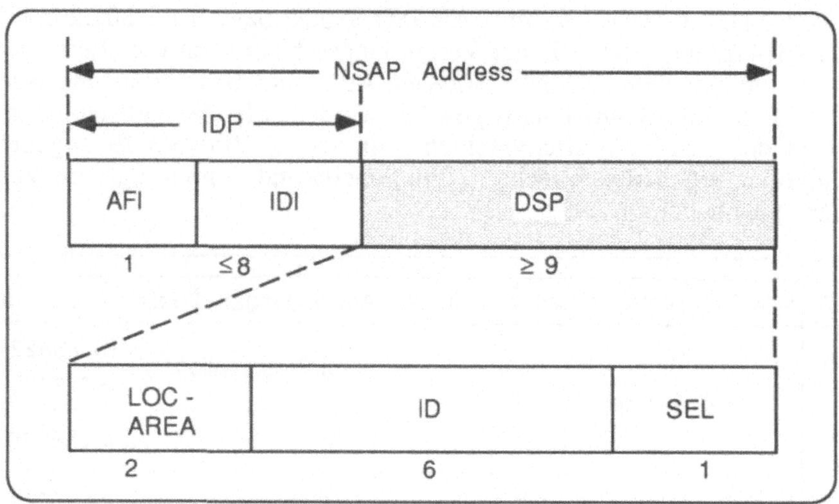

Bild 3.3-20 NSAP-Adresse in DNA Phase V

Der Initial Domain Part (IDP) ist syntaktisch und semantisch durch ISO-Standards festgelegt. Der Authority and Format Identifier (AFI) bezeichnet eine Adreßvergabeautorität und deren Adreßvergabeschema, z.B. X.121 für X.25-Netze. Der Initial Domain Identifier (IDI) ist in diesem Fall eine X.121-Adresse. Damit wird eine weltweit eindeutige Adressierung bei unbegrenzter Anzahl von Systemen erreicht. Der Domain Specific Part (DSP) wird in seinem Inhalt nicht vorgegeben und kann entsprechend den Bedürfnissen in Routingdomänen strukturiert werden. In einer DNA- Routingdomäne ist DSP so aufgebaut wie im unteren Teil von Bild 3.3-20 gezeigt. LOC-AREA ist die schon aus DNA Phase IV bekannte Bereichsadresse (Area Address). ID identifiziert ein System eindeutig innerhalb eines Bereichs. SEL wird systemintern verwendet, um den Empfänger einer NPDU anzugeben, der z.B. eine Transportschichtinstanz oder ein Routingmodul sein kann.

• Das Routingverfahren selbst ist gegenüber DNA Phase IV verbessert. Es wird das Inter-Domain-Routing unterstützt, was insbesondere ein durchgängiges Routing mit Nicht-DNA-Netzen ermöglicht [3.3-8].

Die firmenspezifische Protokollsäule von DNA Phase V ist gegenüber DNA Phase IV vor allem in der Session Control Layer wesentlich verändert und erweitert worden. Dies betrifft insbesondere den netzweiten Namens- und Zeitservice.

Der *Namensservice* (Naming Service, Distributed Name Service, DECdns) kann als eine Vorstufe des OSI Directory Service angesehen werden. Er ersetzt die lokalen Knotendatenbasen (node databases) aus DNA Phase IV und sichert so die netzweite Konsistenz von Namen, Name-Adreß-Zuordnungen oder allgemeiner Name-Attribut-Zuordnungen. Der Namensservice wird intern vor allem von der DNA Session Layer benutzt, um externe (mnemonische) Namen in interne Namen und Adressen umzusetzen; er kann aber auch von Anwendungsprogrammen verwendet werden.

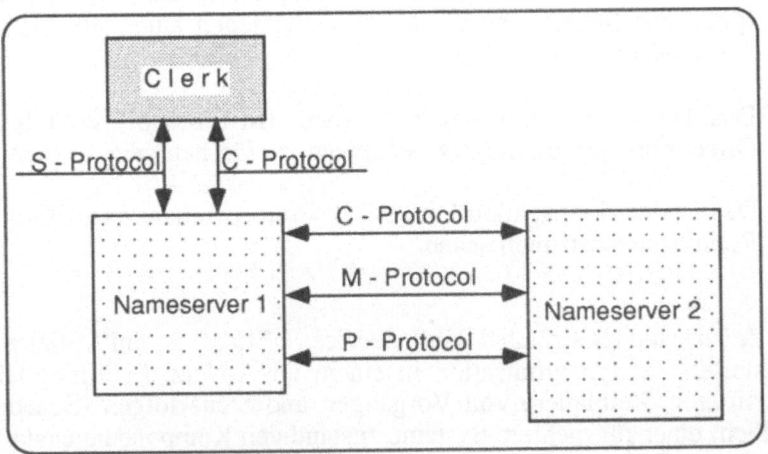

Bild 3.3-21 Komponenten des DNA-Namensdienstes

Der Namensservice verwaltet eine logische Baumstruktur von Namen. Diese Baumstruktur wird durch Verzeichniseinträge (Directories) gebildet, von denen drei Typen von Einträgen unterschieden werden:

- Objekteinträge (Object entries) mit den Namen und den zugeordneten Attributen, darunter vor allem der NSAP-Adresse des Systems, in dem sich das Objekt befindet;
- Kindeinträge (Child directory entries), die einen Verweis auf direkt untergeordnete Objekteinträge in der Objekthierarchie darstellen;
- Zeigereinträge (Soft links), die es ermöglichen, ein Objekt über unterschiedliche Wege zu erreichen (Aliasnamen).

Der gesamte logische Namensbaum ist in geteilten, teilweise replizierten Datenbasen gespeichert, die durch Namensserver verwaltet werden (vgl. Bild 3.3-21). Die Klientenschnittstelle wird als Clerk bezeichnet. Für Zugriff auf Namen sowie für den Änderungsdienst existieren zwischen einem Clerk und dem (nächstgelegenen) Namensserver sowie zwischen den Namensservern mehrere Protokolle:

- Mit Hilfe des Solicitation and Advertisement Protocol (S-Protocol) ermittelt der Clerk den für ihn benutzbaren Namensserver. Das gleiche Protokoll nutzt dieser Namensserver, um seine Verfügbarkeit mitzuteilen.

- Das Clerk-Server Protocol (C-Protocol) organisiert inhaltsbezogene Kommunikation zwischen Clerk und Server, wobei der zunächst angesprochene Server weitere Server einbeziehen kann, um die geforderte Dienstleistung zu erbringen.

- Das Directory Maintenance Protocol (M-Protocol) wird benutzt, um Directories oder Einträge zu erzeugen, zu löschen oder zu modifizieren.

- Das Update Propagation Protocol (P-Protocol) dient dazu, Änderungen in Replikaten nachzuvollziehen.

Der *Zeitservice* (Distributed Time Service, DECdts) ist ein Mittel zur softwarebasierten Zeitsynchronisation in einem DNA-Netz. Er ermöglicht es, Ereignisfolgen, Zeitdauern von Vorgängen und Steuerfolgen (Scheduling) aus der Sicht einer für mehrere Systeme zuständigen Komponente exakt zu behandeln. Damit ist er ein Mittel, ein allgemein in verteilten Systemen infolge der Differenzen in den Ständen der systeminternen Uhren sowie von Signallaufzeiten und Laufzeiten von Protokolldateneinheiten auftretendes Zeitsynchronisationsproblem zu lösen (vgl. Abschnitt 8.10.3 zu äquivalenten Konzepten in einer OSI-Umgebung). Der Zeitdienst wird wie der Namensdienst nach dem Client-Server-Modell realisiert. Ein Client empfängt Angaben über Zeitintervalle von mehreren Servern und ermittelt daraus ein überlappendes Intervall. Dieses benutzt er zur Justierung seiner eigenen Zeit, die er auf Anforderung an Nutzerprogramme weitergibt. Die Zeitserver gleichen ihre Zeiten auch untereinander ab. Dabei wird zwischen lokalen (in einem einzelnen LAN) sowie globalen Zeitservern (in WAN oder erweiterten LAN) unterschieden. In einem lokalen Bereich soll mindestens ein lokaler Server zu einem globalen Server Synchronisationsbeziehungen unterhalten. Dieser lokale Server heißt *courier*. Die Erreichbarkeit der Zeitserver wird über den Namensservice unterstützt [3.3-7].
Mit dem Namens- und Zeitdienst enthält DECnet Phase V zwei für das Netzmanagement wesentliche Erweiterungen gegenüber früheren Versionen.

Die *OSI-Protokollsäule* von DNA Phase V (vgl. Bild 3.3-19) besteht aus:

- Transportdienst und -protokoll (Klassen 0, 2, 4) nach ISO 8072/73,

- Dienst und Protokoll der Kommunikationssteuerungsschicht ISO 8326/27,
- Dienst und Protokoll der Darstellungsschicht (ISO 8822/23) unter Beachtung von ASN.1 und BER (ISO 8824/25),
- die Association Control Service Elements (ACSE) nach ISO 8649,
- die Remote Operations Service Elements (ROSE) nach ISO 9072.

Wie aus Bild 3.3-19 ersichtlich, werden 3 Kategorien von Anwendungen unterschieden:

A1 DECnet-Anwendungen (vgl. Phase IV),
A2 OSI-Anwendungen (z.B. FTAM, MHS, MMS),
A3 Nutzeranwendungen, die wahlweise auf der firmenspezifischen oder der OSI-Protokollsäule aufsetzen können.

Bemerkenswert ist, daß trotz der Ankündigung von DECnet/OSI im Jahre 1987 ein komplexes Phase V-Angebot in [3.3-3] nicht enthalten ist, sondern lediglich die Phase IV-OSI-Erweiterungen sowie der Name Service aus der firmenspezifischen Protokollsäule von DNA-Phase V angeboten werden.

3.4 Beispiel 3: TCP/IP

3.4.1 Vorbemerkungen

Nachdem in den Abschnitten 3.2 und 3.3 zwei Beispiele bedeutender *herstellerspezifischer* Netzarchitekturen behandelt wurden, soll nun noch auf die wichtigste Protokollhierarchie eingegangen werden, die aus einem anwenderspezifischen Netzkonzept hervorgegangen ist und weite Verbreitung gefunden hat. TCP/IP ist das weltweit praktisch verbreitete Stichwort zur Kennzeichnung einer Protokollfamilie, die in mehreren Entwicklungsetappen aus dem ARPANET des US-amerikanischen Verteidigungsministerium (DoD) hervorgegangen ist, weshalb sie gelegentlich auch als *DoD-Protokollsuite* bezeichnet wird. Sie hat sich mittlerweile weit über ihr Ursprungsgebiet hinaus entwickelt und dient vor allem der internationalen wissenschaftlichen Datenkommunikation. In diesem Zusammenhang wird häufig auch von den *Internetdiensten und -protokollen* gesprochen. In seiner heutigen Form existiert diese Protokollfamilie etwa seit 1983, wo im ARPANET vorherige Protokolle abgelöst und TCP/IP als DoD MIL-STD veröffentlicht wurde. Seitdem ist TCP/IP auf vielen Rechnertypen und in zahlreichen Betriebssystemumgebungen sowie auf der Grundlage unterschiedlicher Übertragungsnetze implementiert worden. Insbesondere in der UNIX-Welt stellt TCP/IP die am meisten verbreitete Kommunikationsbasis dar. Es wurde damit praktisch vieles erreicht, was mit OSI angestrebt wird. Allerdings ist TCP/IP gegenüber OSI funktionell einfacher angelegt. Ungeachtet seiner großen Verbreitung wird es in seinem Ursprungsbereich nicht mehr ohne Bezug zu OSI weiterentwickelt. Für das DoD und andere maßgebliche Regierungsinstitutionen der USA und auch anderer Länder gibt es klare Migrationspläne zu OSI.

Dennoch ist damit zu rechnen, daß TCP/IP noch längere Zeit eine große Bedeutung haben wird.

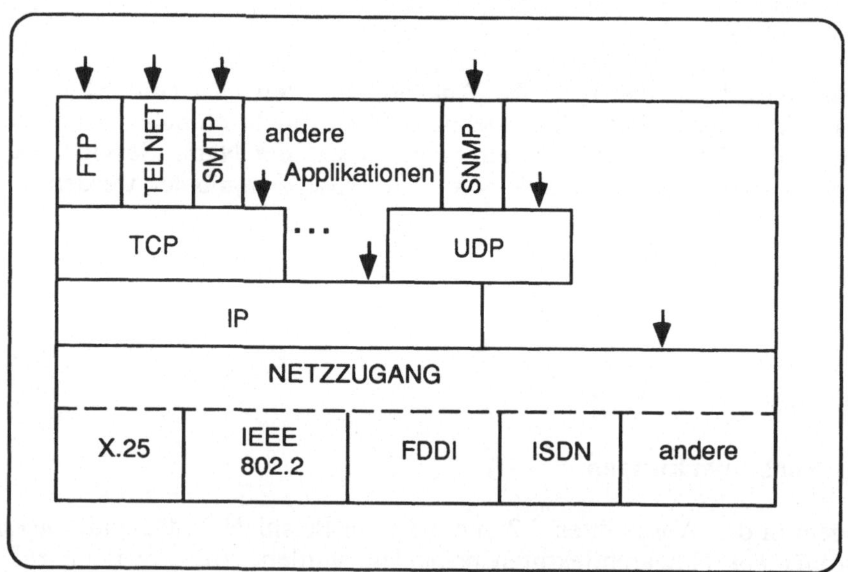

Bild 3.4-1 Überblick über TCP/IP

Auch im LAN-Bereich hat TCP/IP eine gewisse Verbreitung gefunden. Dies hängt einmal mit der immer stärkeren WAN/LAN-Verflechtung zusammen, zum anderen mit der Existenz zahlreicher UNIX-basierter Workstations in LAN. Genaue Informationen zum aktuellen Stand der TCP/IP-Protokollfamilie können aus den Request for Comments (RFC) genannten Dokumenten der Internet Working Groups (INWG) entnommen werden. Auf sie wird nachfolgend unter RFCnnn gelegentlich verwiesen.

3.4.2 Überblick

TCP/IP im engeren Sinne kennzeichnet die beiden Protokolle *Transmission Control Protocol* (TCP) und *Internet Protocol* (IP), die inhaltlich den OSI-Schichten vier und drei zuzuordnen sind. Bild 3.4-1 vermittelt einen allgemeinen Überblick.
An seiner Basis beruht das Gesamtkonzept darauf, heterogene Subnetze miteinander zu verbinden. Diese Subnetze unterscheiden sich vor allem in den unteren beiden OSI-Schichten. Praktisch kommt es aber auch vor, daß die einzelnen Schichten nicht streng nach dem OSI-Modell abgegrenzt sind, so daß in solchen Fällen Protokollfunktionen einer unteren Schicht in einer höheren Schicht wiederholt werden. Dies resultiert daraus, daß angestrebt wird, Trägernetze möglichst unverändert zu lassen und darüber als unterstes einheitliches Protokoll das verbindungslose Internetprotokoll IP (DoD MIL-STD-1777) zu legen. Dieses verbindet einzelne Subnetze miteinander. Vermittlungsrechner, die die Internetschicht als oberste Kommunikationsschicht enthalten, heißen *Router* (vgl. Bild 3.4-2).

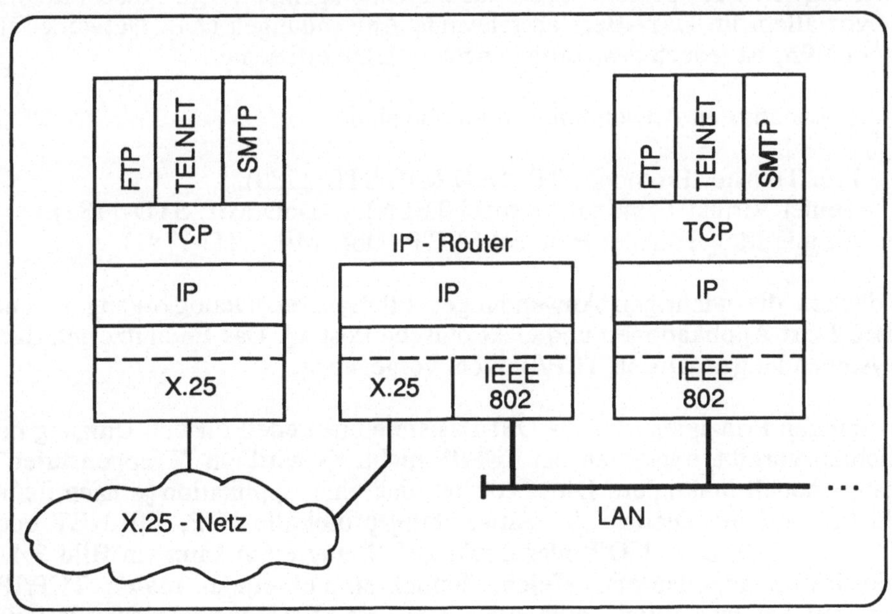

Bild 3.4-2 Einordnung eines IP-Routers

Diese Router oder Internet-Router führen neben der ihrem Namen entsprechenden wichtigen Leitweglenkung (Routing) in vielen Fällen auch Gatewayfunktionen aus, nämlich wenn die miteinander zu verbindenden Subnetze unterschiedliche untere Schichten aufweisen (z.B. praktisch häufig: X.25 und IEEE 802.2). Zwischen IP und der obersten Dienst- und Protokollschicht des Trägernetzes sind implementationsabhängige Anpassungen notwendig ("Netzzugang" in Bild 3.4-1). Aussagen zu Problemen in diesem Zusammenhang, die bei der Benutzung von IP in CSMA/CD-LAN auftreten, enthält z.B. [3.4-5].

Oberhalb IP gibt es vor allem zwei Transportprotokolle:

- das verbindungsorientierte Transmission Control Protocol (TCP, DoD MIL-STD-1778),

- das verbindungslose User Datagram Protocol (UDP) [3.4-2].

Das wichtigere von beiden ist TCP, das seine Motivation zur Verbindungsorientierung daraus ableitet, daß bei einer Vielzahl möglicher Trägernetze keine Aussagen über die Zuverlässigkeit der Datenübertragung auf einem längeren Pfad möglich sind und daher ein verbindungsorientiertes Transportprotokoll notwendig ist. Für spezielle (z.B. das Netzmanagement, vgl. Abschnitt 6.3) oder vor allem im LAN-Bereich relevante Anwendungen (z.B. Network File System NFS) ist jedoch das verbindungslose UDP effizienter.

Die drei wichtigsten Anwendungsprotokolle sind:

- File Transfer Protocol FTP (DoD MIL-STD-1780),
- Telnet Virtual Terminal Protocol TELNET (DoD MIL STD-1782),
- Simple Mail Transfer Protocol SMTP (DoD MIL-STD-1781).

Sie decken die wichtigen Anwendungen Filetransfer, Dialogzugang zu entfernten Host-Applikationen und elektronische Post ab. Das Endnutzerinterface von Anwendungen wird in TCP/IP nicht vorgegeben.

Die strengen Prinzipien, die das OSI-Basisreferenzmodell für den Umgang mit Schichten vorgibt, existieren bei TCP/IP nicht. Es wird ein "Treppenstufen"-Zugangsmodell praktiziert. Dies bedeutet, daß eine Applikation je nach ihrem Bedürfnis auf die Dienste der Anwendungsprotokolle FTP, TELNET oder SMTP, auf TCP bzw. UDP oder direkt auf IP zugreifen kann (in Bild 3.4-1 durch Pfeile angedeutet). Welche Schichten bei einem realen TCP/IP-Softwarepaket tatsächlich zugänglich sind, ist allerdings implementationsabhängig. Bemerkt werden soll noch, daß in Bild 3.4-1 aus Gründen der Übersichtlichkeit nur die wichtigsten Protokolle aufgenommen wurden.

Daneben gibt es noch weitere. Von ihnen sollen wegen ihrer Bedeutung für das praktische Funktionieren großer TCP/IP-Netze erwähnt werden:

- das Internet Control Message Protocol ICMP (RFC 792),
- das Ethernet Address Resolution Protocol ARP (RFC 826),
- das Exterior Gateway Protocol EGP (RFC 904),
- das Simple Network Management Protocol SMNP (RFC 1067).

Das *ICMP* gehört praktisch zum IP, es überträgt Fehler- und Statusinformationen. Streng genommen kann man es als Subschicht zwischen TCP und IP einordnen.
Das *ARP* sorgt für die Umsetzung von Internet- und Ethernet-Adressen. Es ist als Subschicht in den in Bild 3.4-1 als Netzzugang bezeichneten Bereich unterhalb IP und oberhalb IEEE 802.2 einzuordnen.
Das *EGP* ist ein zwischen Routern abgewickeltes Protokoll, das der Aktualisierung von Routingtabellen dient. Es nutzt die IP-Dienste und steht deshalb auf einer Ebene mit TCP. Es gibt noch weitere Routing-Protokolle in TCP/IP.
Auf *SNMP* wird in Abschnitt 6.3 ausführlich eingegangen.

3.4.3 Protokolle der Internet-Schicht

Adressierung

Das Internetwork Protocol IP baut auf einem relativ variablen Adressierungsmechanismus auf, um verschiedenartigen praktischen Gegebenheiten bezüglich Anzahl der Netze und Anzahl der Systeme (in der IP-Terminologie: Knoten (node)) entsprechen zu können. Die Internet-Adresse ist 32 bit lang. Sie ist in einen Netz- und einen Knotenteil gegliedert.
Es sind 5 Adreßklassen vorgesehen (vgl. Bild 3.4-3):

Klasse A: maximal 2^7-1 Netze mit je maximal 2^{24} Knoten,

Klasse B: maximal 2^{14} Netze mit je maximal 2^{16} Knoten,

Klasse C: maximal 2^{21} Netze mit je maximal 2^8 Knoten,

Klasse D: maximal 2^{28} Multicastadressen,

Klasse E: reservierter Adreßraum mit 2^{28} Adressen.

Die Codierung der Adreßklasse erfolgt in den ersten 1 ... 4 Bit. Extern können die Adressen dezimal, oktal oder hexadezimal dargestellt werden. In Dokumentationen verbreitet ist die oktettweise durch Punkte getrennte Dezimalschreibweise, z.B. 128.8.1.107.

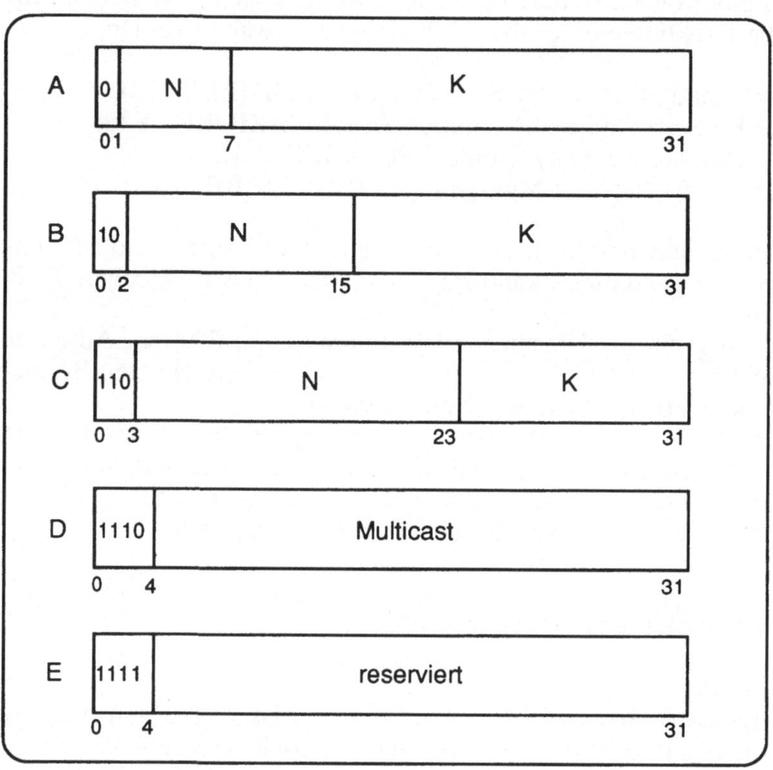

Bild 3.4-3 Strukturen von IP-Adressen

In praktischen Fällen besteht vielfach das Bedürfnis, zwischen der Netz- (Internet-) und Knotenadresse noch eine weitere Adressierungsebene "Subnetz" einzufügen. Das gilt besonders im Bereich großer Organisationen, die technisch oder organisatorisch strukturierte LAN betreiben. Unter diesen Bedingungen gibt es zur Adressierung drei Möglichkeiten:

M1 je Subnetz eine IP-Adresse; es müssen dann zwischen den Subnetzen IP-Router vorhanden sein,

M2 für das Gesamt-LAN eine IP-Adresse, alle Knoten werden subnetzunabhängig fortlaufend adressiert (transparente Subnetze); hierdurch geht die gewünschte Strukturierungsmöglichkeit verloren,

M3 für das Gesamt-LAN eine IP-Adresse und Einführung einer Subnetzadresse im Bereich der Knotenadresse (explizite Subnetze); dies zieht eine Änderung des IP nach sich. Einzelheiten dazu vgl. [3.4-1], S. 122 ff.

IP-Routing

Die Leitweglenkung (Routing) ist die wichtigste Aufgabe der IP-Schicht. Sie wird in den Router genannten Transitsystemen durchgeführt (vgl. Bild 3.4-2). Ein Router kann zwei oder mehr Netze über einen oder mehrere physische Kanäle verbinden. Router müssen demnach entscheiden:

- ob eine empfangene IP-Protokolldateneinheit (IP-Datagramm) an eines der direkt angeschlossenen Netze zu übergeben ist und an welches,
- oder ob sie an einen weiteren Router zu senden ist und an welchen.

Dazu können statische oder dynamische Routingtabellen benutzt werden. Da *statische Routingtabellen* ein physisch statisches Internetz voraussetzen, bringen sie unter realen Bedingungen, wo dies nicht zutrifft, einen höheren Änderungsaufwand und die Gefahr von Inkonsistenzen mit sich, da ja von jeder Änderung die Routingtabellen mehrerer, gegebenenfalls vieler Router betroffen sind.
Deshalb werden *dynamische Routingtabellen* bevorzugt, die allerdings einen automatischen Änderungsdienst der Tabellen durch ein spezielles Protokoll, z.B. das Exterior Gateway Protocol (EGP) erfordern.
Es sind verschiedene Routingverfahren möglich, deren Verbesserung auch Gegenstand weiterer theoretischer Arbeiten ist. Sie unterscheiden sich vor allem darin, welche Freiheitsgrade für die Router auf dem Weg von Quelle zu Ziel bestehen. Um bei dynamischen Routingtabellen und alternativen Wegen Schleifen zu verhindern, werden Begrenzungen für die Lebenszeit eines Datagramms entweder durch Zeitstempel und absolute Zeitmessung oder durch Angabe und Kontrolle der maximalen Anzahl zu durchlaufender Router-Router-Abschnitte (hops) gesetzt. Routingparameter sind ein wichtiger Gegenstand des Netzmanagements.

Internetwork Protocol (IP)

Die Dienste des IP werden an der Dienstschnittstelle durch zwei Primitive beschrieben:

- Senden (SEND)
- Empfangen (DELIVER).

Die Parameter dieser Primitive sind in Tabelle 3.4-1 beschrieben. Ihr Inhalt wird aus den nachfolgenden Erläuterungen zum Protokoll klar. IP ist ein verbindungsloses Protokoll mit einem einzigen Typ von Protokolldateneinheiten, der Datagramm genannt wird. Jedes Datagramm besteht aus Steuerdaten, die in einem Kopf (Header) untergebracht sind und einem variabel langen Datenteil. Der Kopf hat für alle Datagramme grundsätzlich die gleiche Struktur. Diese wird in Bild 3.4-4 gezeigt. Anhand der einzelnen Felder des Kopfes läßt sich die Funktionalität des Protokolls erläutern.

Parameter \ Primitiv	SEND	DELIVER
Source Address	X	X
Destination Address	X	X
Protocol	X	X
Service Typ	X	X
Don´t Fragment	X	-
Time - to - Live	X	-
Data Length	X	X
Options	X	X
Data	X	X

Tabelle 3.4-1 Parameter der IP-Primitive

Die *Versionsnummer* (Version) widerspiegelt den Entwicklungsstand des Protokolls. Gegenwärtig wird überwiegend Version 4 verwendet. Die *Header-Länge* (Internet Header Length) wird benötigt, weil der Header wegen des variablen Optionsteils variabel lang sein kann. Mit dem *Servicetyp*-Feld (Type of Service) werden zwei Arten von Dienstanforderungen vermerkt, die, soweit unterstützt, entsprechende Funktionen in den Routern steuern:

- die beschleunigte (bevorzugte) Übertragung von Datagrammen (Precedence);

- die Dienstqualität, die in den drei qualitativen Merkmalen
  - Verzögerung (Delay),
  - Durchsatz (Throughput),
  - Zuverlässigkeit (Reliability)

  ausgedrückt wird, wobei zur Kennzeichnung jeweils ein Bitschalter mit den Werten (NORMAL, HOCH) zur Verfügung steht.

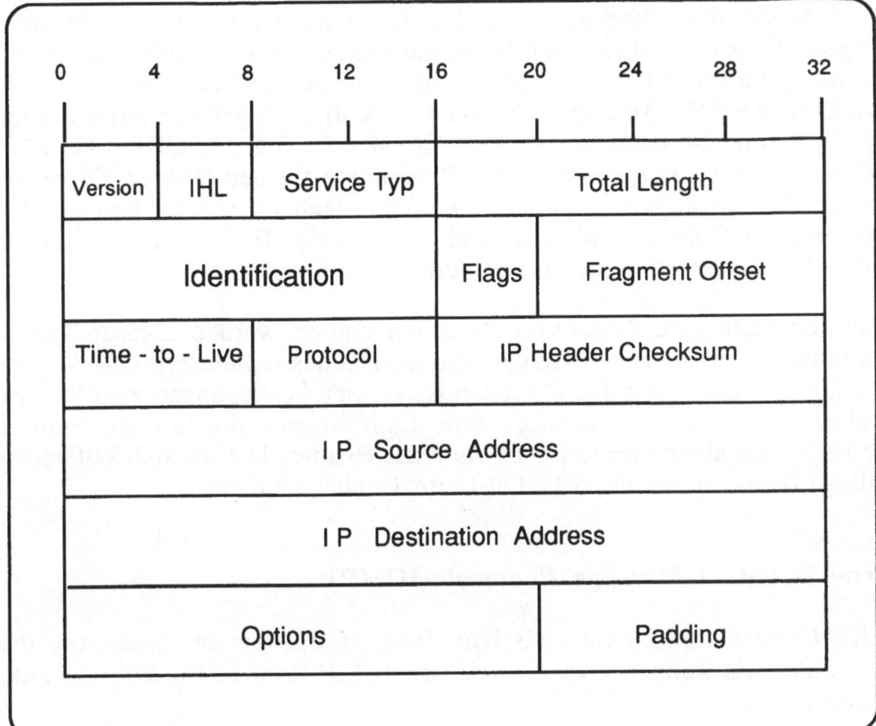

Bild 3.4-4 Struktur des IP-Headers

Die *Gesamtlänge* (Total Length) gibt die Länge des Datagramms (Header und Datenteil) an. Das *Identifikationsfeld* wird mit dem SENDE-Primitiv des Dienstnutzers vergeben und dient der eindeutigen Kennzeichnung eines Datagramms auf dem Weg von Sender zu Empfänger bzw. der Zuordnung von unterwegs von einem Datagramm gebildeten Segmenten (im IP Fragmente genannt).

IP unterstützt demnach die allgemeine Protokollfunktion Segmentieren/ Reassemblieren. Diese wird notwendig, wenn ein Teilnetz ein Datagramm nicht in seiner ursprünglichen Länge transportieren kann. Die Reassemblierungszeit wird durch einen Zähler überwacht. Verstreicht eine zu lange Zeit, bis das letzte Segment (Fragment) eines Datagramms im Ziel ankommt, werden die bereits vorhandenen Segmente verworfen (vgl. ICMP, Time exceeded). Ein 3 bit langes *Indikatorfeld* (Flags) dient der Steuerung des Segmentierungs- (Fragmentierungs-) Prozesses. Danach kommt ein Feld, das die Lage eines Segments relativ zum Beginn im ursprünglichen Datagramm angibt (*Segment Offset*). Damit wird der Reassemblierungsprozeß gesteuert. Der schon erwähnten Lebenszeitüberwachung dient das *Time-to-live-Feld*. Die Lebenszeit wird in einer Zahl ≤ 255 angegeben. Der Wert dieses Felds wird von jedem auf dem Pfad zum Ziel berührten Router (in der Regel um 1) herabgesetzt. Ist der Zähler Null, bevor das Datagramm am Ziel angekommen ist, wird es vernichtet (vgl. ICMP, Time execeeded). Das *Protokoll-Feld* spezifiziert den Dienstnutzer, d.h. das Protokoll der nächsthöheren Schicht. Seine Codierung ist standardisiert (z.B. ICMP : 1, TCP : 6, UDP : 17, EGP : 8). *IP Header Checksum* enthält eine Prüfsumme für den Header. Diese wird an jedem Router wegen möglicher Veränderungen im Header neu gebildet. *Quelladresse* (IP Source Address) und *Zieladresse* (IP Destination Address) sind die IP-Adressen (vgl. oben) von Sender und Empfänger.

Schließlich kann eine Reihe von *Optionen* codiert werden. Dieser Teil des Headers ist eine Liste mit Einträgen, die jeweils aus Optionstyp und Angaben zur Option bestehen. Mit den Optionen lassen sich Festlegungen zum Routing-Verfahren, zur Laststeuerung, zur Laufwegprotokollierung und zu Sicherheitsmaßnahmen treffen. Am Ende des Headers können sich Füllzeichen (Padding) befinden, um das 4-Oktett-Format sicherzustellen.

Internet Control Message Protocol (ICMP)

Das ICMP ist ein Protokoll zwischen IP-Instanzen, das der Steuerung ihrer Arbeit dient. Es können zwei Typen von ICMP-Protokollfunktionen unterschieden werden:

- auf gesendete Datagramme bezogene Fehlermeldungen,
- Test- und Organisationsfunktionen.

Kann ein Router oder ein empfangender Knoten die von ihm im Header eines IP-Datagramms geforderte Aufgabe nicht erfüllen, verwirft er das IP-Datagramm und informiert den Sender über diesen Sachverhalt mit einer ICMP-Protokolldateneinheit. Es werden folgende Fehlerzustände unterschieden:

F1 Empfänger nicht erreichbar (Destination unreachable), wobei im einzelnen folgende Ursachen unterschieden werden:

- Netz nicht erreichbar,
- Knoten nicht erreichbar,
- Protokoll nicht erreichbar (Dienstnutzer der nächsthöheren Schicht im Zielknoten),
- Port nicht erreichbar,
- Fragmentierung notwendig, aber vom Sender untersagt,
- vom Sender angegebene Route (Source Route) nicht erreichbar.

F2 Routenänderung nötig (Redirect)
Bei vorgegebenem Leitweg kann von einem Router der nächste Knoten nicht erreicht werden. Dem Sender wird eine Routeradresse mitgeteilt, über die der Knoten erreichbar ist.

F3 Zeitüberschreitung (Time exceeded)
Die vom Sender vorgegebene Maximallebensdauer eines Datagramms ist verstrichen, bevor es den Zielknoten erreicht hat. Die Ursachen dafür können verschieden sein. Unterschieden werden der Ablauf des Lebenszeit- und Reassemblierungstimers.

F4 Ressourcenmangel (Source Quench)
Kann ein Router oder der Zielknoten den Strom der ankommenden Datagramme nicht rasch genug verarbeiten, so reagiert er mit der Source-Quench-Meldung. Das sendende System kann hierauf im Sinne einer Flußsteuerung mit Senkung der Senderate antworten.

F5 Parameterfehler (Parameter Problem)
Diese ICMP-Nachricht wird erzeugt, wenn ein Router oder der Zielknoten wegen eines Fehlers im IP-Header ein Datagramm nicht ordnungsgemäß behandeln können.

Folgende Test- und Organisationsfunktionen sind definiert:

T1 Echo
Damit wird ein Empfänger aufgefordert, das empfangene Datagramm zu Testzwecken zurückzuschicken.

T2 Zeitmessung (Timestamp)
Auf eine Timestamp-Nachricht erhält der Sender eine Antwort (Timestamp Reply), in der Sende- und Empfangszeit der Timestamp-Nachricht und Sendezeit der Timestamp-Reply-Nachricht eingetragen sind.

O1 Beschaffen Netzadresse (Information Request/Reply)
Mit dieser Funktion kann ein Knoten seine eigene Netzadresse erfragen.Es antwortet ein Knoten im gleichen Netz.

O2 Erfragen Adreßstruktur (Address Request/Reply)
Mit dieser Funktion kann die Länge der Subnetzadresse erfragt werden.

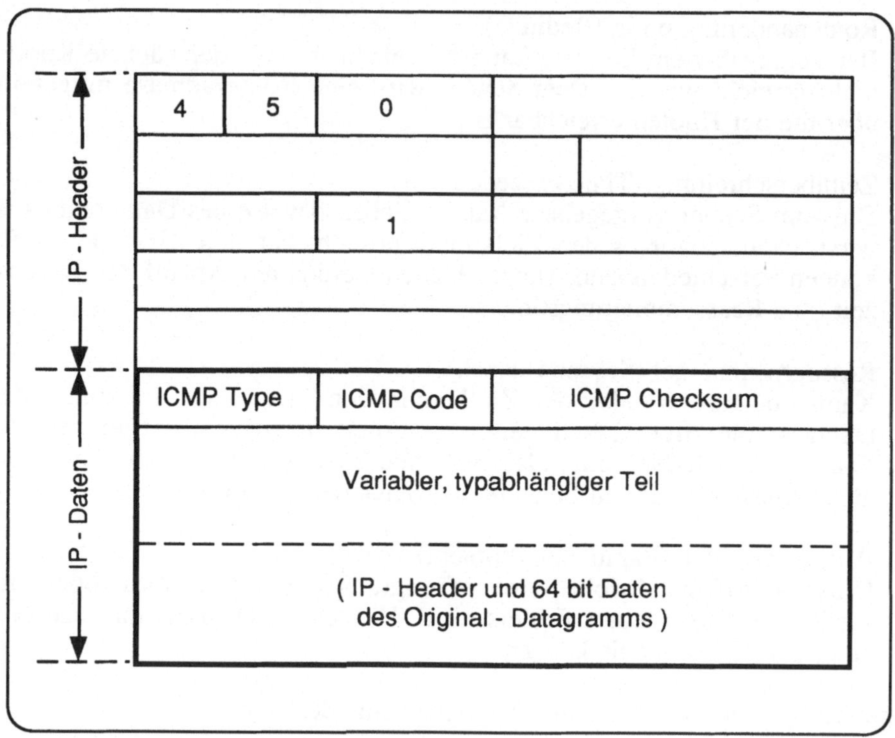

Bild 3.4-5 Struktur einer ICMP-PDU

Eine ICMP-Protokolldateneinheit besteht aus:

- einem normalen IP-Header, in dem einige Felder auf spezielle Weise belegt sind;
- einem festen ICMP-Kopf, bestehend aus ICMP-Typ, ICMP-Code und ICMP-Prüfsumme;
- einem ICMP-typabhängigen Teil, der z.B. im Falle F5 einen Zeiger auf das fehlerhafte Parameterfeld enthält (vgl. Bild 3.4-5).

Alle ICMP-Nachrichten der Fehlerklasse enthalten im typabhängigen Teil den IP-Header sowie 64 Bit Daten des betroffenen Datagramms.

Address Resolution Protocol (ARP)

In verschiedenen Schichten oder Schichtenkomplexen einer Protokollhierarchie werden häufig unterschiedliche Adressierungsmechanismen und Adreßformate verwendet. Dies kann unterschiedliche Ursachen haben und ist nicht von vornherein als Entwurfsfehler anzusehen. In verschiedenen Schichten können unterschiedliche Adressierungsbedürfnisse vorliegen, und häufig werden Schichten aus unterschiedlichen Protokollwelten später in Verbindung gebracht.

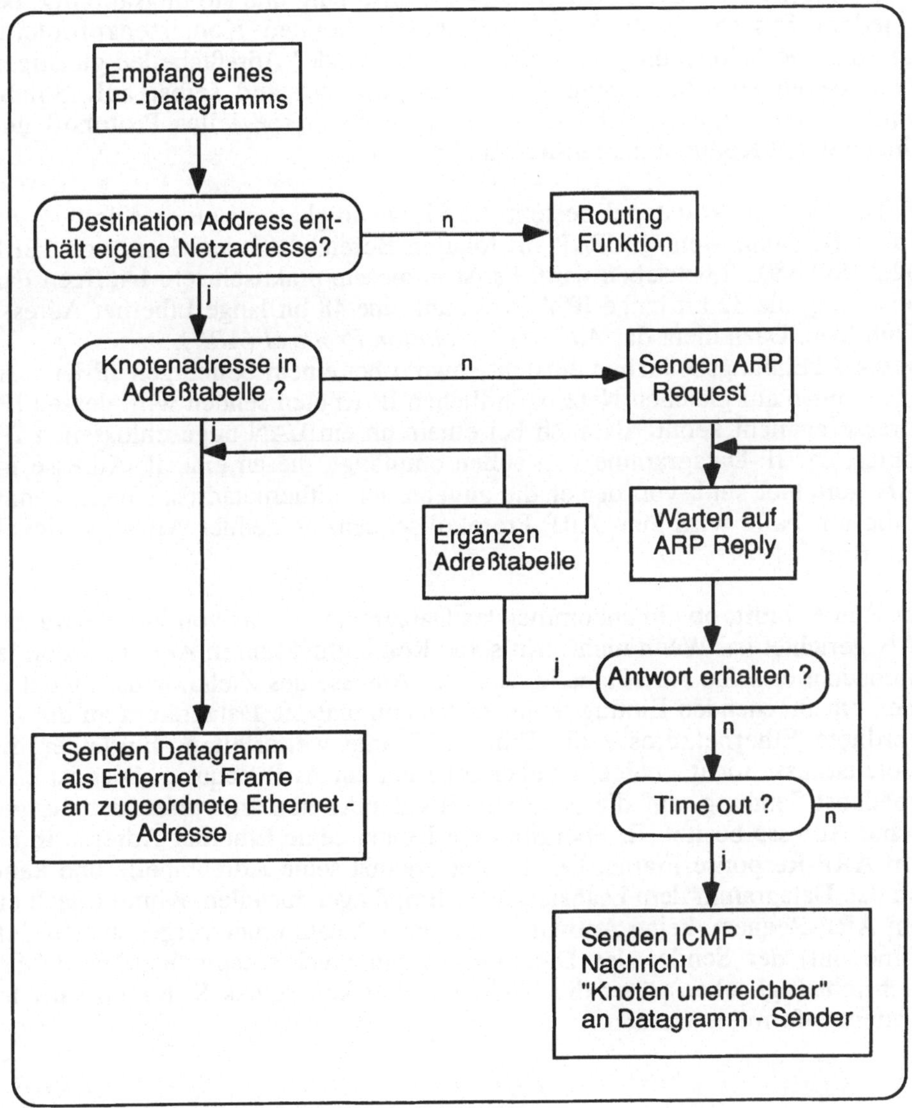

Bild 3.4-6 Beispielsituation für Nutzung des ARP

Um solche Unverträglichkeiten zu überwinden, werden Adreßtabellen verwendet, die Einträge mit den paarweise einander entsprechenden Adressen enthalten (address mapping). Eine solche Adreßtabelle kann in jedem System vorhanden sein, es kann aber auch Adreßserver geben. Die Adreßtabellen können *statisch* eingerichtet sein, so daß ihre Aktualisierung nur gelegentlich durch Eingriff von außen erfolgt. Dies ist aufwendig und störungsanfällig; bei in jedem System geführten Adreßtabellen können Konsistenzprobleme auftreten. Deshalb sind dynamische, "selbstlernende" Adreßtabellen günstiger. Diese bauen sich beginnend mit einem Anfangsstand selbst auf. Solche *dynamischen* Adreßtabellen erfordern jedoch ein spezielles Protokoll und bringen damit Kommunikationsaufwand mit sich.

Im TCP/IP-Protokollstapel besteht die Notwendigkeit zu einer Adreßumsetzung z.B. dann, wenn TCP/IP im lokalen Bereich auf der Basis von IEEE 802.2/ISO 8802.2 betrieben wird. Es ist in diesem praktisch sehr häufigen Fall notwendig, die 32 bit lange IP-Adresse auf eine 48 bit lange Ethernet-Adresse abzubilden. Dazu dient das *Address Resolution Protocol (ARP)*.
Dieses Abbildungsbedürfnis entsteht sowohl bei einem beliebigen IP-Knoten, der an einen am gleichen Netz befindlichen IP-Knoten senden will, dessen IP-Adresse er nicht kennt, als auch bei einem an ein LAN angeschlossenen IP-Router, der IP-Datagramme von außen empfängt, die an eine IP-Adresse im LAN gerichtet sind, von der er die zugeordnete Ethernetadresse nicht kennt. In diesem Falle wird eine ARP-Protokollsequenz folgender Art abgewickelt (vgl. Bild 3.4-6):

Der Router prüft, ob ein ankommendes Datagramm an das von ihm verwaltete LAN gerichtet ist. Wenn nicht, tritt seine Routingfunktion in Aktion. Wenn ja, durchsucht er seine Adreßtabelle nach der Adresse des Zielknotens. Findet er einen entsprechenden Eintrag, kann er das empfangene Datagramm an die zugeordnete Ethernetadresse als Ethernet-Frame weiterleiten. Findet er die Knotenadresse nicht, schickt er über Ethernet ein ARP-Request. Dies ist eine Broadcast-Sendung, auf die positivenfalls der Knoten antwortet, der die gesuchte Adresse besitzt. Er übergibt dem Router seine Ethernet-Adresse in einem ARP-Response-Frame. Der Router ergänzt seine Adreßtabelle und kann nun das Datagramm dem beabsichtigten Empfänger zustellen. Kommt nach einem ARP-Request keine Antwort, kann nach Ablauf einer vorgegebenen Zeit (Time out) der Sender des Datagramms mit einer entsprechenden ICMP-Nachricht (vgl. oben) über die Nichterreichbarkeit seines Kommunikationspartners informiert werden.

3.4.4 Protokolle der Transportschicht

Transmission Control Protocol (TCP)

TCP ist ein verbindungsorientiertes Transportprotokoll, das seinerseits die verbindungslosen IP-Dienste nutzt, um möglichst viele potentielle Probleme, die bei der Kommunikation über ein verbindungsloses Protokoll entstehen, für die Anwendungsprogramme nicht wirksam werden zu lassen. Dadurch ist TCP relativ komplex, so daß es hier nicht im einzelnen beschrieben werden kann. Nachfolgend wird ein Überblick über wichtige Funktionen gegeben, um Ansätze für das Management sichtbar zu machen. Für Einzelheiten wird z.B. auf [3.4-1] oder die Originalquelle (DoD MIL-STD-1178) verwiesen.

TCP ermöglicht eine Datenübertragung in beiden Richtungen über End-zu-End-Verbindungen, wobei eine explizite Quittierung (positive acknowledgement) vorgenommen wird. Diese Verbindungen werden zwischen Prozessen als Dienstnutzern hergestellt und aufrecht erhalten, die den Transportdienst über Dienstzugangspunkte, bei TCP *Ports* genannt, nutzen. Diese Ports tragen zur Identifikation Nummern, die von der lokalen TCP-Instanz vergeben werden. Für eine Reihe von Standard-Anwendungsprozessen wie z.B. FTP (21), TELNET (23), SMTP (25) werden nach RFC 990 feste ("well known") Portnummern verwendet.

Sollen Prozesse in der Internetumgebung eindeutig gekennzeichnet werden, dient dazu der Begriff *"Socket"*. Ein Socket ist die Zusammenfassung von (lokaler) Portnummer und (globaler) IP-Adresse. Mit Hilfe dieses Adressierungsverfahrens kann TCP mehrere Transportverbindungen unterstützen, die von einem Knoten ausgehen.
Die nach dem Verbindungsaufbau mögliche Datenübertragung erfolgt reihenfolgegerecht, wozu die Vergabe von Folgenummern dient. TCP realisiert automatische Sendewiederholung bei Übertragungsfehlern, führt eine Flußkontrolle über einen Windowmechanismus durch und überwacht den Datentransport sowie die bestehende Verbindung mit Hilfe einiger Zeitgeber. Diese für das TCP-Management wichtigen Größen sind:

- der Retransmission Timer, der die Zeit festlegt, nach der unbestätigte Datenblöcke erneut gesendet werden;

- der Reconnection Timer, der die Zeit festlegt, die nach dem Verbindungsaufbau gewartet werden muß, bevor zur gleichen Zieladresse erneut eine Verbindung aufgebaut wird;

- der Window Timer, der bei der Umstellung einer aktuellen Windowgröße Fehlersituationen vermeiden hilft;

- der Retransmit-Syn Timer, der die Zeit festlegt, die vergangen sein muß, bevor nach erfolglosem Verbindungsaufbauversuch erneut ein Verbindungsaufbau angefordert werden kann;

- der Give-up Timer, nach dessen Ablauf eine Verbindung abgebaut wird, wenn gesendete Daten nicht bestätigt werden.

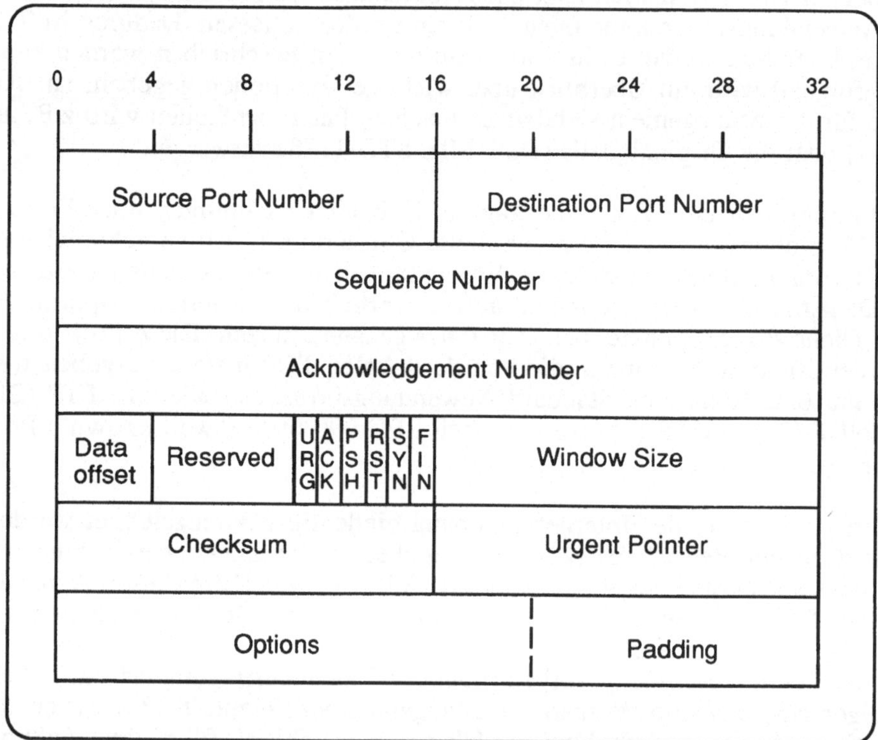

Bild 3.4-7 TCP-Header

Neben dem normalen Datentransfer gibt es in TCP noch zwei Möglichkeiten, Datenblöcke als "dringend" zu behandeln:

- die Push-Option, hierbei werden die damit als dringend gekennzeichneten Daten ungeachtet des Füllstandes des Sende- oder Empfangspuffers sofort gesendet bzw. an den Empfängerprozeß weitergegeben. Zusätzlich könnte die sendende TCP-Instanz bei der Abbildung auf IP den Precedence-Servicetyp nutzen;

- die Urgent-Option, die zu einer Kennzeichnung des Datenblocks führt, die der Empfänger auswerten kann, aber keine spezielle Behandlung durch TCP selbst nach sich zieht.

Bild 3.4-7 zeigt den Header einer TCP-Protokolldateneinheit. Daraus lassen sich auch Schlüsse für die Wertebereiche einiger protokollbestimmender Größen ableiten.

Source Port Number und *Destination Port Number* geben Quelle und Ziel einer TCP-Verbindung an. Die *Sequence Number* (Folgenummer) dient der Reihenfolgesicherung und in Form der *Acknowledgement Number* (Quittungsnummer) gleichzeitig der Flußkontrolle. Der letzgenannte Wert bezieht sich auf die höchste Folgenummer eines empfangenen Datenblocks, der bestätigt (quittiert) werden soll, und gibt gleichzeitig dem Sender bekannt, welche Folgenummer als nächste erwartet wird. *Data Offset* enthält die Verschiebung (in 32-bit-Oktettfolgen) bis zum Beginn des Datenteils an (dies ist wegen des variabel langen Optionsteils nötig).
Sechs Bitschalter (*Flags*) übermitteln spezielle Informationen. Es sind dies:

- das *Urgent Flag* (URG), das den oben erläuterten "Dringend"-Status von übertragenen Daten anzeigt, wenn es auf 1 gesetzt ist. In diesem Falle ist der nachfolgende Urgent-Pointer auszuwerten;

- das *Acknowledgement Flag* (ACK), das die Quittungsnummer als auswertungswürdig kennzeichnet;

- das *Push Flag* (PSH), das die oben erläuterte Notwendigkeit markiert, empfangene Daten sofort an den Dienstnutzer weiterzugeben;

- das *Reset Flag* (RST), das den Verbindungsabbauwunsch eines Partners anzeigt;

- das *Synchronization Flag* (SYN), das den Verbindungsaufbauwunsch anzeigt;

- das *Final Flag* (FIN), das über die Bestätigung des Verbindungsabbaus informiert.

Das Feld *Window* enthält die zur Flußkontrolle notwendige Window-Größe (der empfangende Knoten teilt dem sendenden Knoten mit, wie groß sein freier Empfangspuffer in Oktetts ist). *Checksum* dient der Feststellung von Übertragungsfehlern. *Urgent Pointer* verweist auf das Ende der dringenden Daten (diese folgen dem Header stets direkt). Mit *Options* können spezielle

Festlegungen für eine Verbindung festgelegt werden, z.B. eine maximale Segmentlänge. *Padding* enthält Füllzeichen bis zum Erreichen der 32-bit-Grenze.

User Datagram Protocol (UDP)

UDP ist ein sehr einfaches, verbindungsloses Transportprotokoll. Es ist für Anwendungen mit relativ seltenen Kommunikationswünschen und jeweils geringem Kommunikationsaufkommen geeignet, z.B. viele Aufgaben des Netzmanagements und der Verzeichnisdienste.
Da keine Verbindungen aufgebaut werden, wird keine End-zu-End-Kontrolle gewährleistet. Damit übernimmt UDP keine Übermittlungsgarantie (kein Quittungsmechanismus), keine Reihenfolgesicherung (keine Folgenummern) und auch nicht das Erkennen von Duplikaten. Das dienstnutzende Anwendungsprotokoll muß daher selbst entsprechende Mechanismen implementieren, wenn sie für die jeweilige Anwendung relevant sind. Zur Adressierung von Prozessen wird in UDP ebenfalls das aus TCP bekannte Port/Socket-Konzept [3.4-2] verwendet. Da im Zielknoten das "Protocol"-Feld des IP-Headers ausgewertet wird, bevor das "Destination Port"-Feld des UDP- oder TCP-Headers analysiert wird, können TCP und UDP die Portnummern unabhängig voneinander verwenden, was für bestimmte Fälle ein Fehlerpotential in sich birgt (vgl. oben die "well known ports" von TCP).

3.4.5 Protokolle der Anwendungsschicht

Beispiel 1: File Transfer Protocol (FTP)

Das Übertragen von Dateien ist eine der häufigsten Anforderungen an Rechnerkommunikationssysteme. FTP ist ein relativ einfaches, an die UNIX-Fileorganisation angepaßtes Anwendungssystem für diesen Zweck. Insbesondere werden folgende Übertragungsbedürfnisse befriedigt:

- das Abspeichern von Dateien auf und das Wiederauffinden und Rückübertragen von Dateien von entfernten Knoten. Mit dem Rückübertragen kann eine Auswahl des Ablageortes verbunden sein: ein externer Speicher, ein Drucker, ein Anzeigegerät. Verzeichnisse sind ebenfalls Dateien;

- das Durchführen von Fileverwaltungsfunktionen auf einem entfernten Knoten, z.B.
  - Neueinstellen von Verzeichnispfaden,
  - Umbenennen von Dateien,
  - Löschen von Dateien.

- das Steuern und Überwachen von Transfers, z.B.
  - Initiieren und Abschließen von Transfers,
  - Angaben zur Zugriffskontrolle,
  - Anfrage nach dem Status eines Transfers,
  - Abbrechen eines Transfers,
  - Definieren von Wiederanlaufpunkten,
  - Setzen von Übertragungsparametern (Datenrepräsentation, Filestruktur, Übertragungsmodus u.a.).

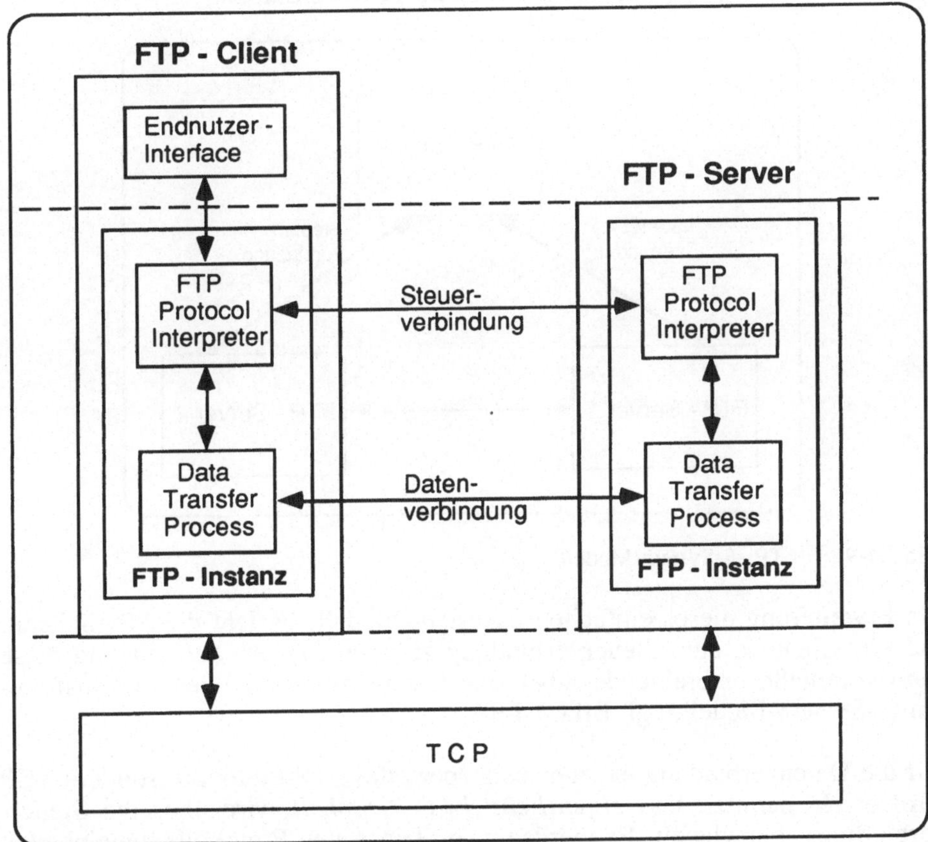

Bild 3.4-8 Architektur von FTP

Das Architekturmodell von FTP ist in Bild 3.4-8 gezeigt. Es wird zwischen FTP-Client und FTP-Server unterschieden. Unabhängig davon ist eine FTP-Instanz in zwei Prozesse gegliedert: den Protokollinterpreter (Protocol Interpreter) und den Datentransferprozeß (Data Transfer Process). Der FTP-Client ist mit einer Endnutzerschnittstelle verbunden, von hier aus werden Übertragungsoperationen initiiert und parametrisiert. Dazu wird zwischen Client-System und dem entfernten Partner eine spezielle Verbindung aufgebaut (Steuerverbindung). Im Rahmen einer *Steuerverbindung* können mehrere voneinander unabhängige Datentransferoperationen durchgeführt werden. Nach Aufbau einer Steuerverbindung wird vom entfernten Partner (Server) eine *Datenverbindung* zum Clienten aufgebaut. Auf dieser Datenverbindung wird der eigentliche Datentransfer abgewickelt. Steuerverbindung und Datenverbindung sind voneinander unabhängige, nur durch die kooperierenden FTP-Instanzen in Zusammenhang gebrachte TCP-Verbindungen.

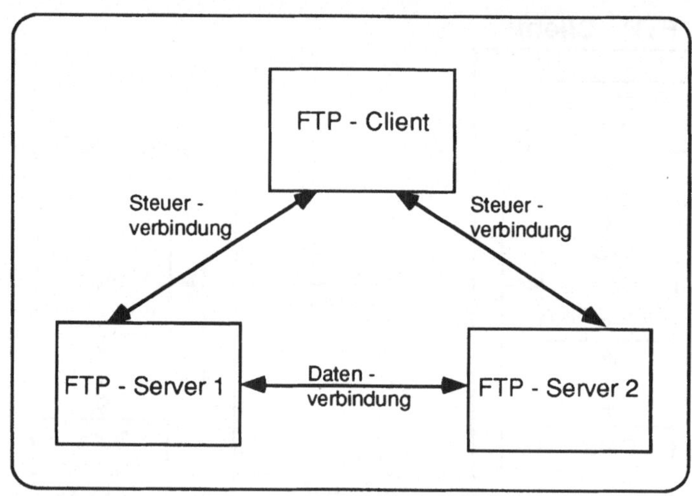

Bild 3.4-9 FTP: 3-System-Modell

Als Erweiterung dieses einfachen 2-System-Modells besteht die Möglichkeit, daß ein Client je eine Steuerverbindung zu zwei Servern aufbaut und diese dann veranlaßt, untereinander über eine Datenverbindung Files zu transferieren (3-System-Modell, vgl. Bild 3.4-9).

Für die Datenverbindung existiert kein spezielles FTP-Protokoll, sondern TCP wird direkt benutzt. Das *eigentliche FTP-Protokoll* wird über die Steuerverbindung abgewickelt. Es werden zwei Typen von Protokolldateneinheiten unterschieden:

T1 Kommandos (Commands),
T2 Bestätigungen (Replies).

Auf jedes Kommando folgt eine Bestätigung. Die FTP-Protokolldateneinheiten haben die Struktur von Zeichenketten, wie sie auch in TELNET üblich sind.

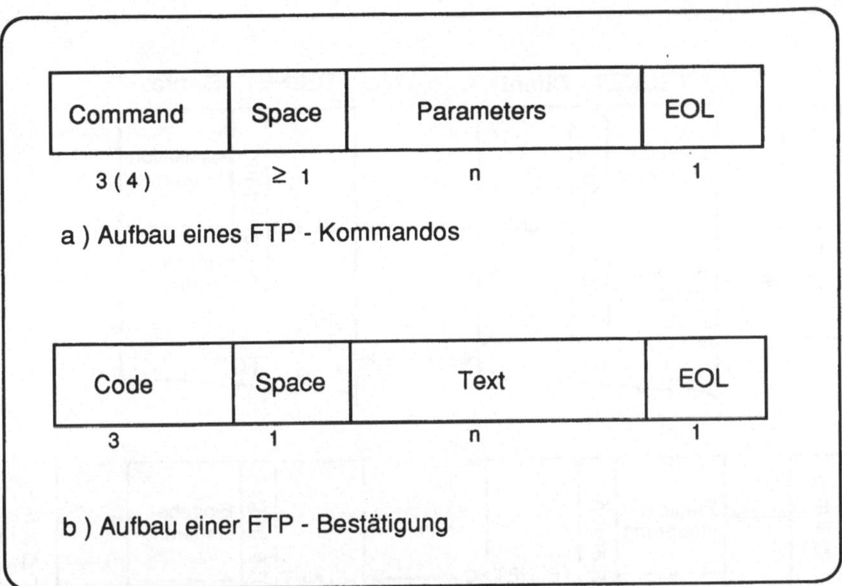

Bild 3.4-10 Aufbau der FTP-Protokolldateneinheiten

Bild 3.4-10 zeigt dies. Damit ist die unmittelbare Abbildung auf die Endnutzerschnittstelle als zeilenorientiertes Interface naheliegend, wenn auch nicht vorgeschrieben. FTP-Kommandos werden in drei Gruppen eingeteilt:

- Zugriffskontrollkommandos
- Transferparameterkommandos
- Servicekommandos.

Auf Einzelheiten kann hier nicht eingegangen werden, vgl. hierzu entsprechende Produktdokumentationen.

Beispiel 2: TELNET

TELNET ist ein Protokoll der TCP/IP-Anwendungsschicht, das dem Wesen nach der zeichenorientierten Kommunikation zwischen zwei Knoten dient, wie sie aus der Ein- und Ausgabe von/zu Terminals resultiert. Auf jedem der beteiligten Knoten arbeitet eine TELNET-Instanz, die den über eine TCP-Verbindung ankommenden Datenstrom nach dem Prinzip des virtuellen Terminals interpretiert. Lokaler Partner jeder TELNET-Instanz ist ein (Anwendungs-) Programm oder ein reales Terminal. Daraus ergeben sich die Betriebsweisen (vgl. Bild 3.4-11):

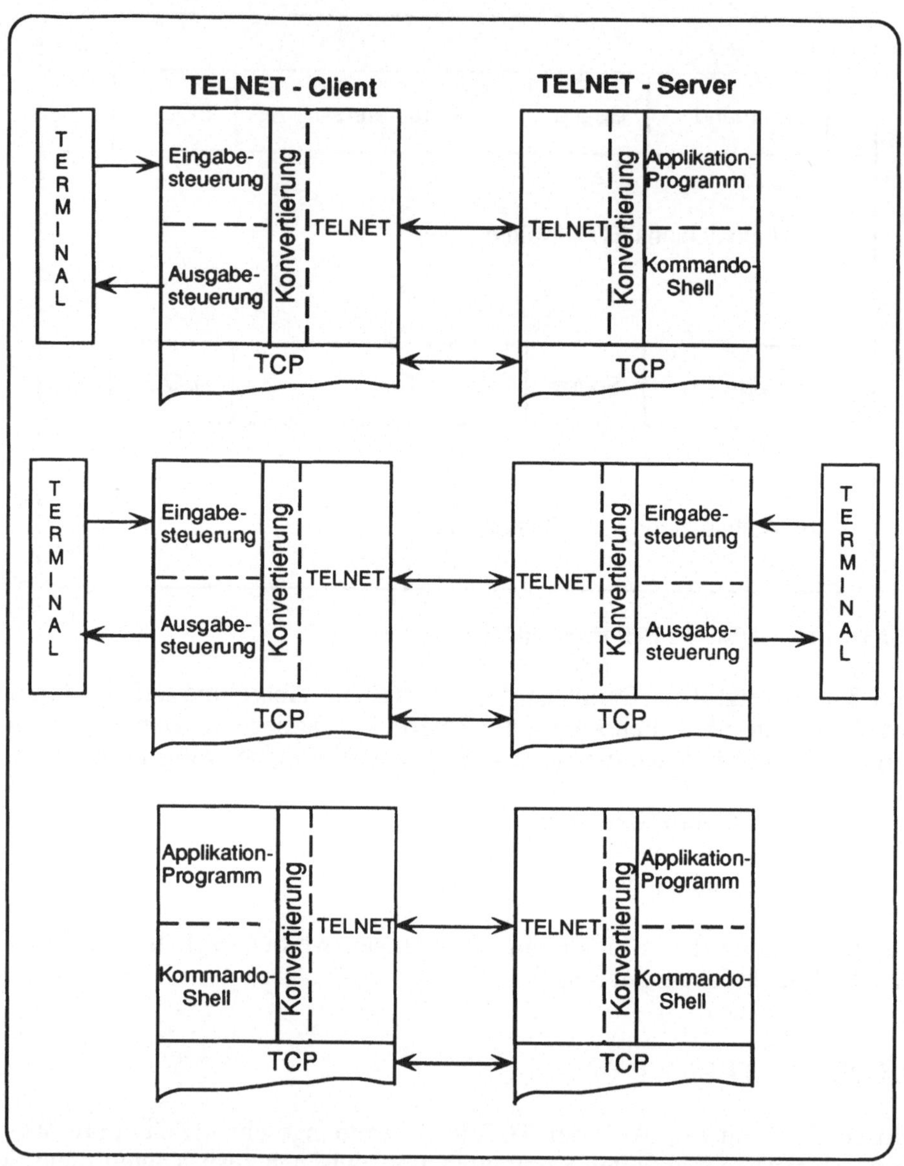

Bild 3.4-11 TELNET-Betriebsweisen

T1 lokales Terminal zu einem entfernten Programm, das entweder ein Applikationsprogramm oder eine dialogorientierte Betriebssystem-oberfläche sein kann (Remote Login, vgl. oberer Teil von Bild 3.4-11);

T2 lokales Terminal zu einem entfernten Terminal (Linking, vgl. mittlerer Teil von Bild 3.4-11);

T3 lokales Programm zu einem entfernten Programm (Distributed Computing, vgl. unterer Teil von Bild 3.4-11).

Der typische und ursprüngliche Fall ist T1; er soll noch etwas näher erläutert werden.

Ein lokales Terminal aktiviert an seinem lokalen Hostrechner den TELNET-Klienten und teilt ihm die Adresse des entfernten Knotens mit, mit dem eine Terminalsitzung geführt werden soll. Die lokale TELNET-Instanz baut daraufhin eine TCP-Verbindung zum Zielknoten auf. Sobald diese besteht, ist der TELNET-Server aktiv und fordert zu einem seinen Konventionen entsprechenden Login auf. Danach ist das Terminal mit dem entfernten Host verbunden und kann dessen Konventionen entsprechende Kommandos absetzen. Auf diese Weise kann ein dialogorientiertes Applikationsprogramm aktiviert und mit diesem die Konversation weitergeführt werden. Eine bestehende Terminalsitzung kann mit Steuerkommandos an die Gegebenheiten und Bedürfnisse beider Seiten angepaßt werden. Dazu dienen aushandelbare Optionen, deren Spektrum ständig erweitert und, soweit als Bestandteil des Standards akzeptiert, in eine entsprechende Liste aufgenommen werden. Ein Minimum an Optionen muß jede TELNET-Implementation unterstützen (Standard Options), die übrigen sind als Assigned Options wahlfrei.

In seiner Basisversion ist das virtuelle Terminal ein einfaches zeilenorientiertes Druckerterminal. Es ist Aufgabe der lokalen TELNET-Implementation, die über das TELNET-Protokoll ankommenden Merkmale eines virtuellen Terminal-Datenstromes in einen dem angeschlossenen realen Terminal entsprechenden Datenstrom funktionsgerecht umzusetzen und umgekehrt (vgl. Bild 3.4-11, "Konvertierung").

Das TELNET-Protokoll besteht aus einer Reihe von TELNET-Kommandos. Reine Bestätigungs-Protokolldateneinheiten gibt es nicht, dazu kann das TCP-Acknowledgement benutzt werden. Die beim Aushandeln von Optionen erforderlichen Bereitschaftserklärungen werden ebenfalls in Kommandoform übertragen. Kommandos können in beliebiger Folge in den Datenstrom eingeführt werden, der als TCP-Nutzdatenblock übertragen wird. Jedes Kommando wird durch das Zeichen "INTERPRET AS COMMAND" (X'FF') eingeleitet und ist einschließlich dieses Zeichens in der Regel 1 bis 3 Zeichen lang. Daraus ergibt sich, daß das TELNET-Protokoll relativ ineffizient ist, da in vielen Fällen für 1 bis 3 Zeichen Nutzinformation der gesamte TCP- und IP-Header mit übertragen wird.

4 Managementfunktionen und -architekturen

4.1. Begriff und Einordnung

Allgemein wird unter Management die zielgerichtete Koordination der Aktivitäten von Menschen und Menschengruppen verstanden. Im Sinne einer Analogie wurde dieses Begriffsverständnis im Bereich der Informatik auch auf die Koordination von Hard- und Softwareobjekten übertragen, die unter Umständen völlig automatisch abläuft. In diesem Sinne taucht der Begriff "Management" in Wortbildungen wie

- Datenbankmanagement
- Softwaremanagement
- Systemmanagement

auf. Auch in Produktbezeichnungen wird "Management" gelegentlich in diesem Sinne gebraucht (vgl. z.B. LAN-Manager für ein Netzbetriebssystem). "Netz- (oder Netzwerk-) management" ist auf die gleiche Weise gebildet worden.
Ein völlig automatisches Management ist jedoch praktisch nur bei kleinen Objektmengen mit abgegrenzter Funktionalität möglich. Zwar ist eine Grenze nicht exakt angebbar und auch im Zuge der wissenschaftlichen und technischen Entwicklung fließend, aber alle größeren informationsverarbeitenden Systeme mit automatisierten Komponenten, die Leistungen für einen Endnutzer erbringen, erfordern den Eingriff von Menschen, um eine zielgerichtete, vollständige und effiziente Koordination der vorhandenen Hard- und Softwareobjekte zu garantieren. Bei großen Systemen ist dies wiederum ein arbeitsteiliger Prozeß, so daß Aspekte der ursprünglichen Bedeutung des Begriffs "Management" zum Tragen kommen. Andererseits sind informationsverarbeitende Systeme, die automatisierte Komponenten einschließen, nicht ausschließlich mit den natürlichen Mitteln des Menschen ("manuell") oder unter Zuhilfenahme primärorganisatorischer Hilfsmittel ("mit Papier und Bleistift") koordinierbar. Es sind Werkzeuge erforderlich, die ihrerseits aus Hard- und Softwarekomponenten bestehen (und damit eine weitere Ebene von Managementerfordernissen hervorbringen). Diese Werkzeuge können unabhängig von den Objekten des Managements, aber auch mit diesen integriert sein.

Management in informationsverarbeitenden Systemen mit automatisierten Komponenten ist demnach die zielgerichtete Koordination der Aktivitäten von Hard- und Softwareobjekten durch menschliche Aufgabenträger sowie unter Einsatz von Hilfsmitteln der Primärorganisation, von aus Hard- und Softwarekomponenten bestehenden Werkzeugen und der von diesen zu vollziehenden Hilfsfunktionen.

Managementfunktionen erbringen keine Leistungen direkt im Interesse von Endnutzern von informationsverarbeitenden Systemen (z.B. das Übertragen, Speichern oder Wiederauffinden einer Information), sondern unterstützen solche Leistungen nur. Ihre Hauptziele bestehen in der Koordination einer Vielzahl von Endnutzeranforderungen sowie in der Unterstützung von deren zuverlässiger, fehlerfreier und effizienter Ausführung.

Mehr oder weniger synonym zu "Management" werden in der Fachliteratur auch "Verwaltung" und "Administration" gebraucht. Gelegentlich wird versucht, Abgrenzungen zwischen diesen Begriffen zu finden. In diesem Buch wird in Übereinstimmung mit dem überwiegenden Sprachgebrauch der Praxis der Begriff "Management" als Sammelbegriff verwendet und im allgemeinen auf weitere Differenzierungen verzichtet.

Die Komplexität des Begriffes "Management von automatisierten informationsverarbeitenden Systemen (AIVS)" wird in Bild 4-1 veranschaulicht (ähnliche Darstellungen vgl. [3.3-11]). Der Gegenstandsbereich des Managements ("Managementraum") wird unter den Aspekten Objekte, Lebenszyklus und Funktionen kategorisiert.

Nach **Objekten** gegliedert gibt es ein Management für jeden *Einzelrechner* ("System"), für relativ anwendungsinvariante Basissoftwaresysteme wie *Datenbanken* und für *Anwendungslösungen* (Applikationen). Gegenstand dieses Buches ist das *Netzmanagement.* Damit ist das Management von Rechnerkommunikationssystemen gemeint (vgl. Kapitel 1). Netzmanagement in diesem Sinne hat Bezüge zum Management der angeschlossenen Einzelrechner (vgl. nächsten Abschnitt) und zum Management der reinen Übertragungsdienste. Spezielle Managementerfordernisse von reinen Übertragungsdiensten stehen nicht im Mittelpunkt der Behandlung. Eine weitere Eingrenzung ergibt sich in diesem Buch durch den Schwerpunkt "Datenkommunikation".

Jedes Objekt durchläuft einen **Lebenszyklus,** der in Phasen gegliedert ist, wobei in jeder Phase spezifische Managementerfordernisse auftreten. Es werden die Phasen

- Planung,
- Installation,
- Betrieb,
- Migration

unterschieden.

In der *Planungsphase* erfolgt die Auswahl von Hard- und Softwarekomponenten und der Art und Weise ihrer wechselseitigen Zusammenarbeit ausgehend von Nutzer- und Betreibererfordernissen. Bezogen auf das Netzmanagement, werden die physische und topologische Struktur und die Komponentenverteilung festgelegt. Beschaffungsmaßnahmen werden ebenfalls der Planungsphase zugerechnet.

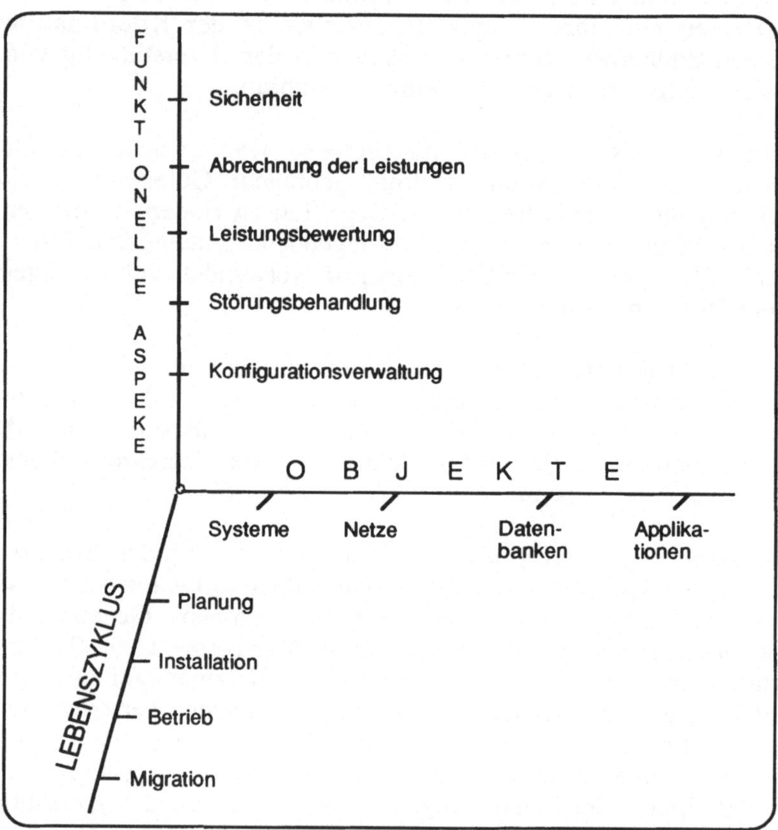

Bild 4-1 Management in automatisierten informationsverarbeitenden Systemen

In der *Installationsphase* werden die beschafften Hardwarekomponenten aufgestellt bzw. eingebaut und auf ihre Funktionsfähigkeit überprüft. Im Bereich des Netzmanagements gehört hierher die Verkabelung bzw. Installation und Inbetriebnahme sonstiger Kommunikationskanäle. Softwarekomponenten werden an die Hardwarekonfiguration durch Auswahl, Generierung und Parametrisierung angepaßt, erprobt und in Betrieb genommen.

Die *Betriebsphase* umfaßt den größten Teil des Lebenszyklus. Aufbauend auf Datenbeständen, die der Registrierung der Objekte und ihrer Eigenschaften dienen (zu denen auch deren Relationen zu Nutzern und Aufträgen gehören), erfolgt die Überwachung und Steuerung des laufenden Betriebs. Dazu gehörende Konzepte und Werkzeuge stehen im Mittelpunkt dieses Buches.

Wartung und Instandhaltung gehören ebenfalls zur Betriebsphase, bilden jedoch hier keinen Behandlungsschwerpunkt.

Schließlich hören Objekte in komplexen informationsverarbeitenden Systemen am Ende ihres Lebenszyklus in vielen Fällen nicht einfach auf zu existieren. Der Lebenszyklus wird durch eine *Migrationsphase* weitergeführt. Komponenten und ihre Funktionen werden durch weiterentwickelte Lösungen ersetzt, ohne daß der Endnutzer auf bisherige Funktionen verzichten muß. Im Sinne eines echten Zyklus ist Migration mit der Planungs- und Installationsphase identisch, die von einer bereits existierenden Objektmenge ausgeht.

Schließlich wird der Managementraum gemäß Bild 4-1 durch eine Achse mit einer Gliederung nach funktionellen Aspekten aufgespannt. Für das Netzmanagement wird dieser Aspekt in Abschnitt 4.3 näher behandelt. Ohne weitere Erläuterungen ist klar, daß die in Bild 4-1 angegebenen funktionellen Aspekte

- Konfigurationsverwaltung
- Störungsbehandlung
- Leistungsbewertung und -verbesserung
- Abrechnung der Leistungen
- Sicherheit

auch für Objektklasssen wie Einzelrechner, Datenbanken oder Applikationen von Bedeutung sind.

Bild 4-2 soll nun für Rechnernetze als Managementobjekt den Unterschied und die Beziehungen zwischen *Nutzer- und Betreiberfunktionen* verdeutlichen. Ausgangspunkt und Ziel eines Rechnernetzes sind die Nutzer. Diese greifen auf die Dienste des Rechnernetzes direkt (d.h. auf die Dienstschnittstelle der obersten Protokollschicht) oder indirekt (d.h. durch Vermittlung eines Applikationsprogramms) zu. Die Funktionen, die das Rechnernetz zu diesem Zweck bereitstellt, sollen *exekutive Funktionen* genannt werden. Sie sind in der Regel darauf ausgelegt, einen (einzigen) Kommunikationsvorgang als direkte Folge einer Anforderung aus der Anwendungsumgebung zu vollziehen.
Treten mehrere Anforderungen dieser Art gleichzeitig auf, sind *Managementfunktionen* (administrative oder Verwaltungsfunktionen) erforderlich. Soweit diese nicht automatisch ablaufen, ist für sie der *Betreiber* des Rechnernetzes verantwortlich. Managementfunktionen können im weiteren Sinne deshalb auch als Betreiberfunktionnen aufgefaßt werden. Die Funktion "Organisation" in Bild 4-2 ist sowohl als Koordinierung mehrerer menschlicher Aufgabenträger (Netzmanagement als arbeitsteiliger Prozeß) als auch als Einsatz primärorganisatorischer und rechnergestützter Hilfsmittel für alle anderen Funktionen zu verstehen. Die Unterscheidung zwischen Nutzersicht und Betreibersicht bzw. zwischen exekutiven und Managementfunktionen ist begrifflich sehr

wichtig, auch wenn sie in konkreten Rechnernetzen, deren Software und zugehörigen Dokumentationen nicht immer sauber auseinandergehalten werden.

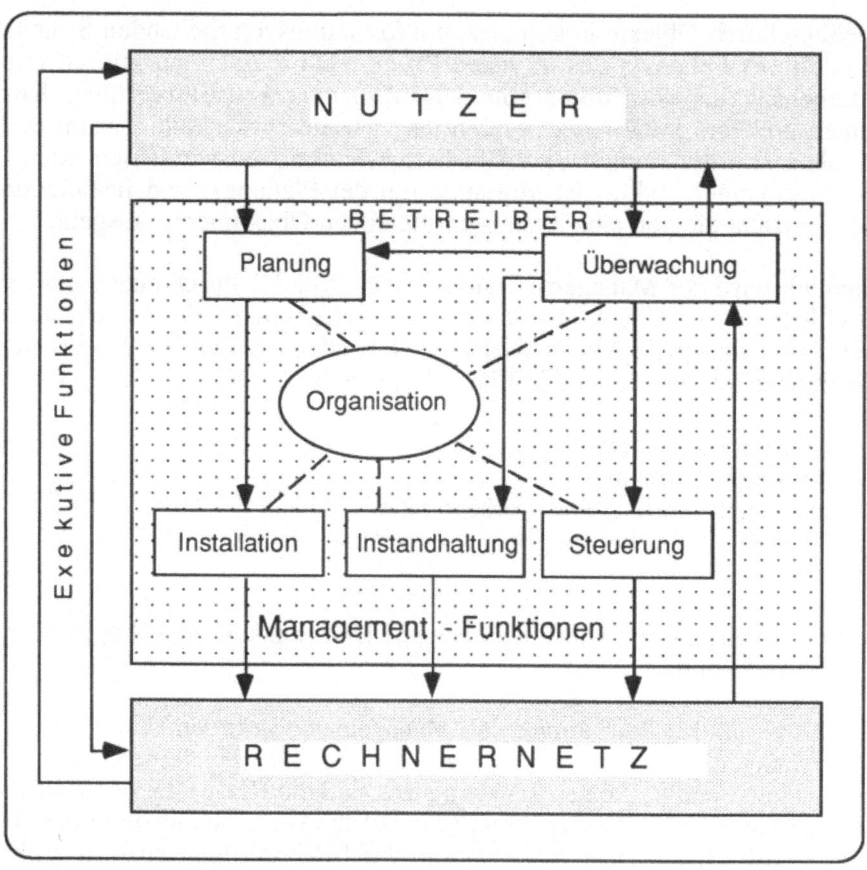

Bild 4-2 Exekutive und Managementfunktionen

Nach dem Automatisierungsgrad bzw. den Aufgabenträgern können noch automatisierte Managementfunktionen und Funktionen menschlicher Aufgabenträger unterschieden werden. Letztere werden als *Netzadministratoren* bezeichnet. In ähnlicher Weise wird in [4-3] in innere (d.h. automatisierte) und äußere Managementfunktionen gegliedert.

Für die Aufgaben und Funktionen des Netzmanagements finden sich in der Literatur auch andere Gliederungen. In [4-1] und [4-2] wird unterschieden zwischen:

- *Netzbetrieb* mit den Aufgaben Benutzerservice, Operating, Technische Unterstützung;

- *Netzadministration* mit den Aufgaben Bestandskoordination, Änderungskoordination, Problemkoordination und Servicekoordination;

- *Netzanalyse* mit den Aufgaben Performanceanalyse und Datenbankkoordination;

- *Netzplanung* mit den Aufgaben Planung, Technologieanalyse und Modellierungskoordinierung,

wobei der Versuch unternommen wird, diese Aufgaben Aufgabenträgern zuzuordnen und eine Organisationsstruktur daraus abzuleiten. In [4-2] sind auch Richtwerte für erforderliche Personalstellen enthalten.

4.2 Lokale und globale Managementfunktionen

Für das Management von Rechnernetzen ist typisch, daß zwischen lokalen (d.h. auf ein einzelnes System, insbesondere Endsystem gerichteten) und globalen (d.h. auf das Kommunikationsnetz gerichteten) Aufgaben und Funktionen unterschieden werden muß. Auf der anderen Seite sind beide Kategorien (soweit sie in einem System, insbesondere Endsystem aufeinandertreffen) eng miteinander verbunden. Das in Kapitel 8 ausführlich behandelte OSI-Management beschränkt sich im wesentlichen auf die globalen Managementfunktionen. Praktische Implementationen von realen Managementwerkzeugen müssen jedoch stets lokale Managementfunktionen mit einbeziehen. Hauptgründe dafür sind:

- auf Endsystemen nutzen Netzsoftware und Applikationssoftware eine einheitliche Ressourcenbasis (Konfigurationselemente, Speicherplatz, Betriebssystem), daher ist zwischen ihnen eine Koordinierung nötig;

- Managementsoftware für globale Funktionen nutzt vielfach normale Endsysteme, es werden lokale Ressourcen belegt.

Lokale Managementfunktionen sind z.B.:

L1 Generieren und Parametrisieren von Netzsoftware

L2 Einschalten und Bedienen der Netzhardware

L3 Laden und Starten von Netzsoftware

L4 Anlegen und Pflegen netzrelevanter Datenbestände (z.B. Nutzerverzeichnisse, Routingtabellen u.a.)

L5 Ausführen lokaler Test- und Diagnoseprozeduren.

Lokale Managementfunktionen sind auf das lokale System und seine Software beschränkt.

Globale Managementfunktionen sind z.B.

G1 Funktionstests der Verbindungen im Netz

G2 Statistische Erfassung des Datenverkehrs im Netz

G3 Aufbau und Pflege von netzrelevanten Datenbeständen von mehreren Systemen aus.

Globale Managementfunktionen erfordern zu ihrer Ausführung natürlich stets lokal vorhandene Komponenten (vgl. Abschnitt 4.4).

Sowohl physische Schaltoperationen als auch die verschiedenartigsten Softwarefunktionen können lokal durch einen Administrator oder von einem an einem entfernten System arbeitenden Administrator durch Vermittlung eines Managementprotokolls ausgelöst werden. Ideal ist, wenn beide Möglichkeiten gegeben sind, wobei geeignete Prüfungen der Ausführungsberechtigung vorausgesetzt werden. Werden lokale Managementfunktionen von einem entfernten System initiiert, können sie als globale Managementfunktionen angesehen werden.

4.3 Funktionelle Gebiete

4.3.1 Vorbemerkungen

Um den Aufgabenbereich des Netzmanagements etwas näher zu beschreiben, ist es sinnvoll, sich auf die aus Bild 4-1 ableitbare Gliederung nach funktionellen Gebieten zu beziehen. Diese Gliederung in die Gebiete

- Konfigurationsmanagement
- Störungsmanagement
- Leistungsmanagement
- Abrechnungsmanagement
- Sicherheitsmanagement

befindet sich in Übereinstimmung mit der internationalen Standardisierung in diesem Bereich (vgl. Kapitel 8) und wird, zumindest in jüngerer Zeit, auch von bedeutenden herstellerspezifischen Netzmanagementkonzepten benutzt (z.B. [3.3-11]). Natürlich dürfen bei der an dieser Stelle noch allgemeinen Behandlung des Netzmanagements als Einheit von lokalen und globalen Funktionen die einzelnen funktionellen Gebiete nicht mit denen des OSI-Managements völlig gleichgesetzt werden, da sich letzteres nur mit globalen Managementfunktionen befaßt.

In der Literatur werden gelegentlich für ähnliche Zwecke zumindest teilweise abweichende Gliederungen verwendet (vgl. z.B. [4-1], [4-2], [4-3]). Dies hat zum einen historische Ursachen. Die ordnende Autorität des OSI-Managementmodells kann sich nur allmählich durchsetzen. Zum anderen ist die Gliederung in die funktionellen Gebiete nach OSI auch nicht für alle Aspekte des Netzmanagements ideal. Deshalb ist schon eine gewisse Diskussion notwendig, um Begriffe wie Änderungsmanagement (Change Management), Benutzerverwaltung (User Administration), Administratormanagement (Operations Management), Softwaremanagement oder Zeitmanagement der OSI-Nomenklatur zuzuordnen. Andererseits sollte auch nicht versucht werden, die funktionellen Gebiete direkt und geschlossen auf Verantwortungsbereiche von menschlichen Aufgabenträgern abzubilden. Dazu sind gesonderte Überlegungen erforderlich (vgl. [4-2]).

4.3.2 Konfigurationsmanagement

Das Konfigurationsmanagement umfaßt die Registrierung des Bestands und seiner Veränderung sowie des Status aller Objekte und strukturbestimmenden Zusammenhänge zwischen den Objekten eines Rechnernetzes.
Im umfassenden Sinne gehören zu den Objekten (vgl. Bild 4-3):

- *gerätetechnische Objekte* wie Endsysteme, Transitsysteme (Gateways, Router, Brücken, Repeater, Vermittlungsrechner, Modems), alle Typen von Servern wie Fileserver, Druckserver usw. sowie die mit dem Übertragungsmedium direkt verbundenen Objekte wie Kabel, Kabelanschlußelemente, Verteiler, Sende- und Empfangsstationen für drahtlose Übertragungskanäle usw.;

- *Softwareobjekte* wie Moduln für die einzelnen Kommunikationsfunktionen, -dienste, -schichten und Dateien mit netzbeschreibenden Daten (u.a. Helpfiles), Steuerdaten und Nutzerdaten (letztere soweit sie mit netzbezogenen Aktivitäten zusammenhängen) einschließlich deren physischer Begleiterscheinungen wie zugehörige Datenträger und

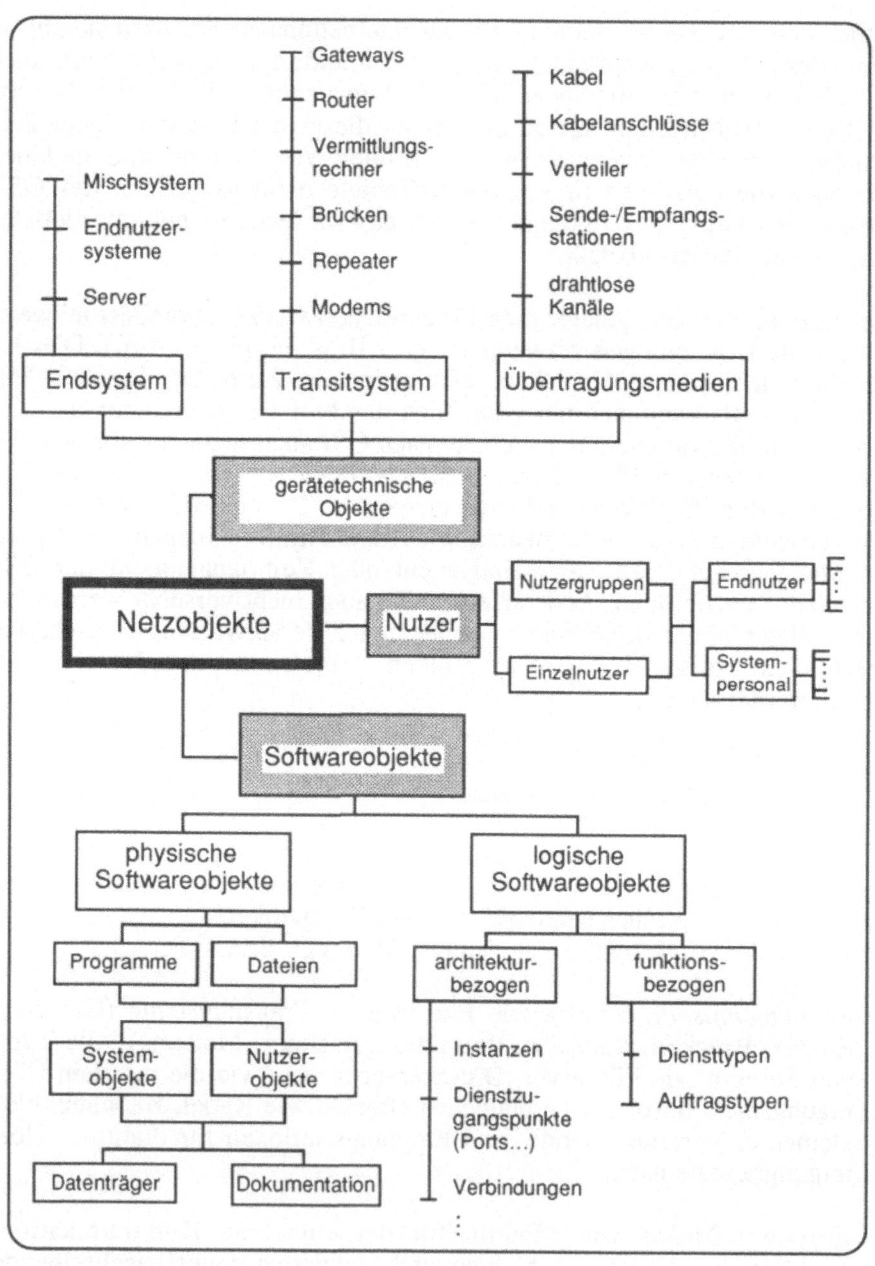

Bild 4-3 Objekte des Konfigurationsmanagements

Dokumentationen sowie die verschiedenartigen von der Netzarchitektur abhängigen logischen Softwareobjekte wie Instanzen, Dienstzugangspunkte, Verbindungen usw. Zu den Softwareobjekten sollen auch funktionsbezogene Objekte wie Dienst- und Auftragstypen und ihre konkreten (meist an Nutzer gebundenen) Inkarnationen gezählt werden.

- *Nutzer und Nutzergruppen,* die sich nach ihren Benutzungsrechten unterscheiden wie z.B. anwendungsabhängig kategorisierte Endnutzer, Netzadministratoren, Netzbediener, Systembediener usw.

Zu allen Netzobjekten sind die managementrelevanten Eigenschaften (Merkmale, Attribute) zu erfassen und zu pflegen. Diese Attribute lassen sich allgemein gliedern in (vgl. Bild 4-4):

A1 Identifikatoren (Namen, Aliasnamen),
A2 beschreibende Attribute,
A3 Zeitattribute,
A4 Statusattribute,
A5 Parameter,
A6 Verweisattribute.

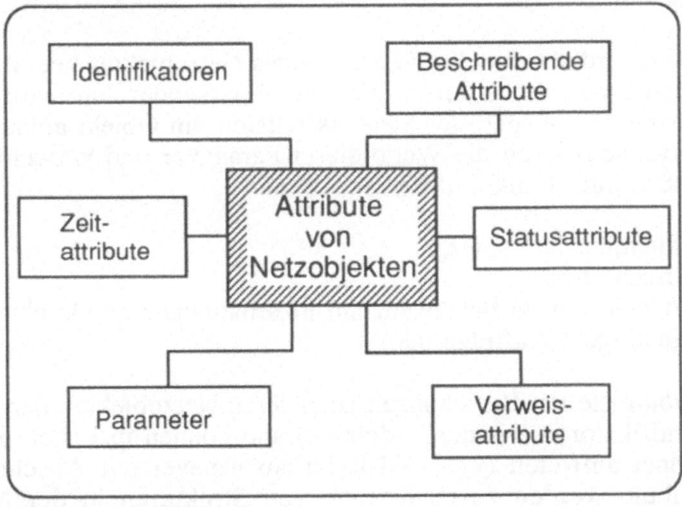

Bild 4-4 Attribute von Netzobjekten

Identifikatoren dienen der Namensgebung und Wiederauffindung von Netzobjekten. Identifikatoren können die Form formaler strukturierter oder unstrukturierter Schlüssel oder von extern lesbaren Zeichenketten haben. Objekte können mehrere Identifikatoren haben (Aliasnamen).

Beschreibende Attribute charakterisieren beliebige Eigenschaften von Netzobjekten, die in irgendeinem Zusammenhang mit den Aktivitäten von Netzadministratoren, Instandhaltungspersonal und Nutzern von Interesse sein können. Ihre Werte sind meist relativ stabil, müssen aber änderbar sein. Beispiele sind:

- textuelle Beschreibungen der Funktionalität,
- Leistungskenngrößen,
- Herkunft, Besitzer, Verantwortlicher o.ä.,
- Lokalisierung,
- Rechte (von Nutzern).

Zeitattribute können auch den beschreibenden Attributen zugeordnet werden. Sie charakterisieren relevante Ereignisse im Lebenszyklus eines Objekts, z.B. Herstellungsdatum, Auslieferungsdatum, Installationsdatum, Datum der letzten Wartung bei geräte- und programmtechnischen Objekten, Erzeugungszeitpunkt und Zeitpunkte des Erreichens bestimmter Bearbeitungszustände bei logischen Softwareobjekten, Beginn der Nutzungsberechtigung und Intervalle zeitweiliger Suspendierungen bei Nutzern.

Statusattribute geben Auskunft über den Zustand eines Netzobjekts. Ihr Wertevorrat ist vom Typ des Netzobjekts abhängig (Beispiele vgl. OSI-Statusmanagement, Abschnitt 8.5.3).

Parameter sind Größen, die die Funktion eines Netzobjektes beeinflussen. Sie sind Gegenstand von außen auf das Objekt einwirkender automatisierter oder von Administratoren ausgelöster Steueraktivitäten. Im Objekt ablaufende Prozesse (Algorithmen) lesen die Werte dieser Parameter und verwenden sie als Eingangsgrößen ihrer Funktion. Beispiele sind:

- Dienstqualitätsparameter,
- Ressourcenlimite,
- Ober-/Untergrenzen für die Anzahl Inkarnationen von Objekttypen (Verbindungen, Aufträge u.ä.).

Verweisattribute stellen Beziehungen zu anderen Netzobjekten dar. Sie bestehen aus Identifikatoren (Namen, Adressen) und können in Listen nach Gruppen angeordnet auftreten (vgl. OSI-Relationsmanagement Abschnitt 8.5.4). Verweisattribute werden zur Schaffung von Strukturen in der Menge der Netzobjekte verwendet. Beispiele sind durchgängig hierarchische Strukturen wie in der Management Information Base (MIB) von SNMP (vgl. Abschnitt 6.3.3) oder OSI (vgl. Abschnitt 8.2.4), Domänenstrukturen (vgl. Abschnitt 8.1.7) oder beliebige andere wie z.B. die Zuordnung von Nutzern und Aufträgen.

Zum Konfigurationsmanagement gehören Mechanismen zum Aufbau und zur Pflege einer Konfigurations- und Nutzerdatenbasis sowie zur Wiederauffindung und Anzeige (tabellarisch, graphisch) von Informationen daraus. Dem Konfigurationsmanagement sind auch solche Managementkategorien wie Softwaremanagement (Change Management, Änderungsmanagement) oder Zeitmanagement (Zeitdefinitions- und Synchronisationsmechanismen) zuordenbar. Das Konfigurationsmanagement bildet neben seinen eigenständigen Funktionen die Basis für alle anderen funktionellen Gebiete. Eine Reihe von Netzobjekten und ihrer Attribute, die vom Konfigurationsmanagement verwaltet werden, gehen ausschließlich auf Anforderungen aus anderen funktionellen Bereichen zurück.

4.3.3 Störungsmanagement

Das Störungsmanagement (auch Fehlermanagement, Problemmanagement) umfaßt alle Aktivitäten, die mit der Behandlung von anomalen Situationen im Rechnernetz zusammenhängen. Dazu gehören (vgl. Bild 4-5):

S1 die Entgegennahme und Sammlung von Informationen über anomale Situationen wie Fehler, Überlastungen, Nichteinhaltung der geforderten Dienstqualität u.ä.;

S2 die Bewertung (Analyse) von derartigen Informationen und eine erste Zuordnung zu Störungsklassen, woraus sich Alarmmeldungen an Netzadministratoren ergeben können;

S3 die Störungsdiagnose, um die Ursachen von Störungen zu identifizieren. Störungsdiagnose beinhaltet auch Abfrage oder das Auslösen spezieller Tests;

S4 die Störungsbehebung, wenn dies mit Mitteln des Störungsmanagementsmöglich ist, d.h. durch Verändern von Parametern in der Konfigurationsdatenbasis, durch Neuladen von Software u.a. Maßnahmen. Diese Aktivitäten können auch dem Konfigurationsmanagement zugeordnet werden;

S5 die Störungsregistratur und Verfolgung von weiteren Diagnose- und Behebungsmaßnahmen außerhalb des Störungsmanagements, z.B. durch Instandhaltungstechniker oder Konfigurationsänderungen bei gerätetechnisch bedingten Störungen, durch Softwareentwickler oder Systemprogrammierer bei durch Softwarefehler verursachten Störungen;

S6 das Führen und Bewerten von Störungsstatistiken und Dateien mit Problembeschreibungen;

S7 das Informieren der Nutzer über den Fortgang bzw. das Ende der Störungsbeseitigung.

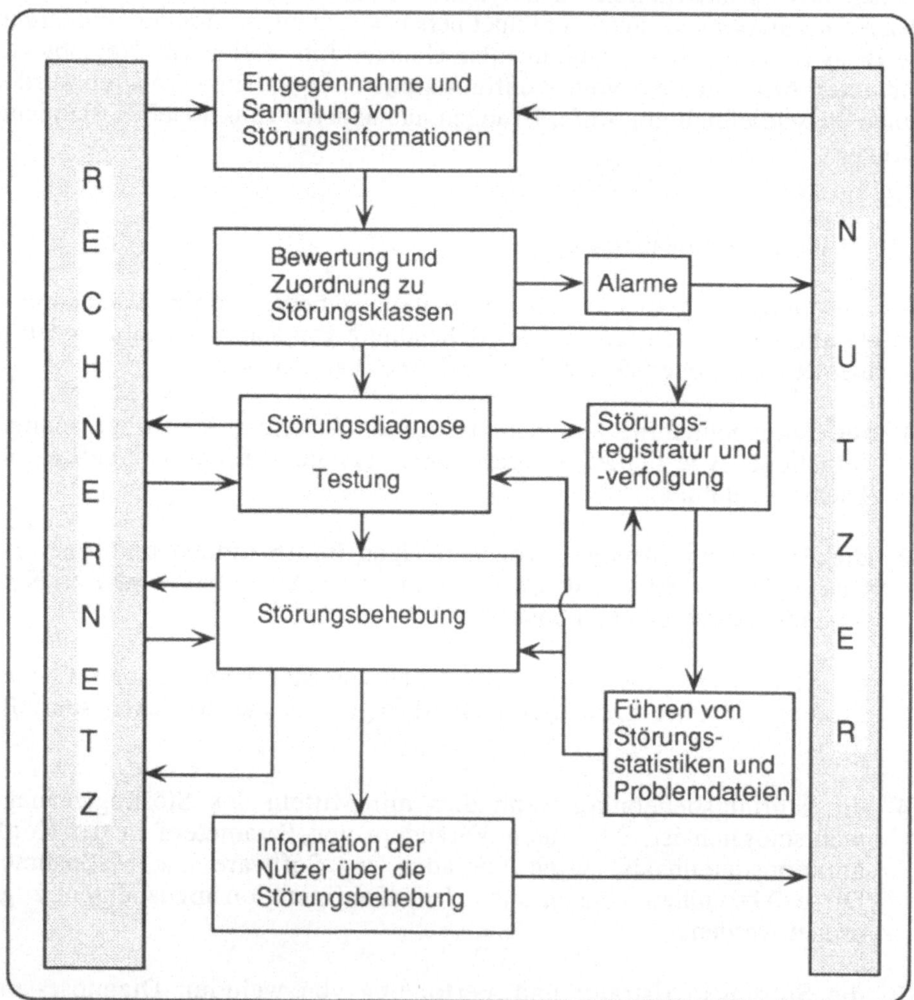

Bild 4-5 Aktivitäten des Störungsmanagements

Quellen von Störungsinformationen sind

- interne Störungsanzeiger in der Netzhard- und -software, wie Störungsnachrichten, Alarme, Statuswechselinformationen u.ä.;

- umgebungsbezogene Störungen (Brand, Klimastörungen, Eindringen Unbefugter u.ä.);
- Meldungen, Beschwerden, Anfragen der Nutzer;
- Informationen des Betriebspersonals (Systembediener, Netzadministratoren, Wartungstechniker);
- Meldungen aus Trägernetzen, z.B. wenn ein Anwendungs- oder Unternehmensnetz (zumindest teilweise) öffentliche Netze oder Übertragungsstrecken nutzt;
- Meldungen von Herstellern von Netzhard- und -software über Fehler oder Änderungen.

Beispiele für Konzepte, Methoden und Werkzeuge des Störungsmanagements sind in den folgenden Kapiteln zu finden.

4.3.4 Leistungsmanagement

Unter Leistungsmanagement versteht man die Aktivitäten, die mit der Überwachung und Beeinflussung leistungsrelevanter Parameter zusammenhängen. Anlässe für Maßnahmen des Leistungsmanagements sind:

A1 aufgetretene Überlastungssituationen, ohne daß es zu ausgesprochenen Störungen gekommen ist (unbefriedigende Werte für Durchsatz, Verbindungsaufbauzeit, Reaktionszeit, Antwortzeit bei Dialoganwendungen u.ä.);

A2 das Bestreben, Erkenntnisse über das Verhalten eines Rechnernetzes bei höheren oder anders strukturierten Arbeitslasten zu gewinnen, die sich eventuell im Zuge der Entwicklung der Nutzerbedürfnisse herausbilden könnten;

A3 der Wunsch, verschiedene Konfigurations- oder Parametrisierungsvarianten zu bewerten.

Das Leistungsmanagement in Rechnernetzen sollte methodisch der Leistungsbewertung klassischer Rechnersysteme folgen, für die nachstehende Abfolge von Arbeitsschritten typisch ist (insbesondere für A1 gültig, sonst sinngemäß), vgl. Bild 4-6:

S1 Genaue Definition des Problems. Aufstellen einer Hypothese (eines Modells) über den Zusammenhang von Ursachen, Wirkungen und Beeinflussungsmöglichkeiten (Problemanalyse, Modellierung).

S2 Spezifikation von Meßpunkten und Meßverfahren. Durchführung von Messungen (Messung).

S3 Aufbereitung der Meßwerte (Verdichtung, Selektion, Ermittlung von leistungsbeschreibenden Kenngrößen z.B. mittels statistischer oder bedienungstheoretischer (analytischer, simulativer) Berechnungen. Erzeugen geeigneter tabellarischer oder graphischer Präsentationen (Analyse).

S4 Ableitung und Durchführung von leistungsverbessernden Maßnahmen, z.B. Konfigurationsänderungen, Parameteränderungen, Beeinflussung der Arbeitslast (Leistungsregulierung, Tuning).

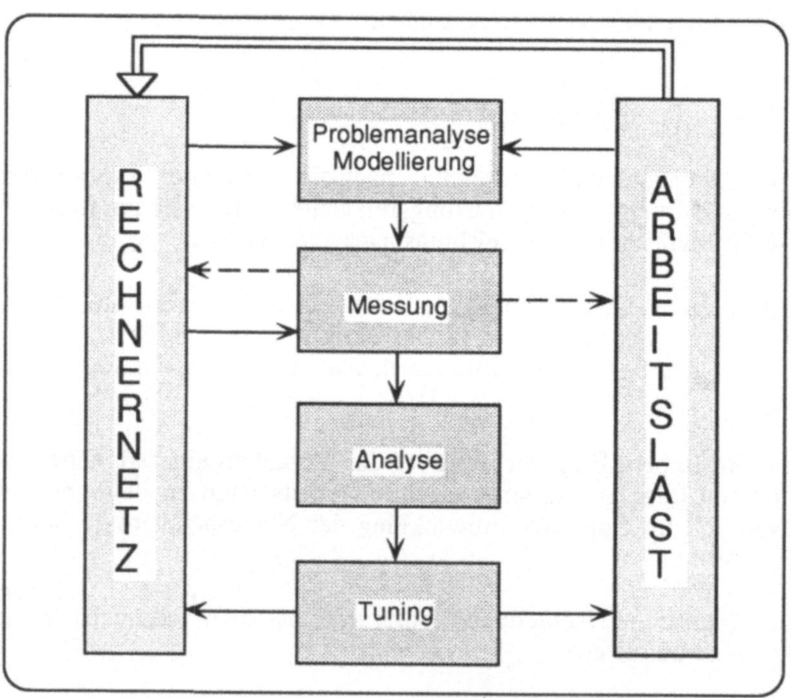

Bild 4-6 Allgemeine Aktivitäten des Leistungsmanagements

In der Praxis ist diese Schrittfolge als iterativer Prozeß aufzufassen, in dem Modellverfeinerung, Änderung in den Meßpunkten, Meß- und Analyseverfahren, Einsatz weiterer Tuningmaßnahmen erfolgen, bis das Problem als gelöst angesehen werden kann.

Zu beachten ist, daß bei Definition mehrerer Leistungskriterien diese häufig zueinander widersprüchlich in dem Sinne sein können, daß Tuningmaßnahmen zur Verbesserung der Werte eines Kriteriums die Werte eines anderen Kriteriums negativ beeinflussen können. Dies trifft z.B. zu wenn einerseits mit dem Service des Rechnernetzes gegenüber den Nutzern, andererseits mit der Auslastung der Netzressourcen zusammenhängende Leistungskriterien definiert werden.

Messungen im Rahmen des Leistungsmanagements können den normalen Nutzungsprozeß des Rechnernetzes ständig im Sinne einer kontinuierlichen Überwachung begleiten. In diesem Fall ist darauf zu achten, daß ein möglichst geringer Meßoverhead entsteht. Es kann aber auch zweckmäßig sein, spezielle Meßexperimente zur Bewältigung aufgetretener Probleme oder im Sinne von A2 und A3 durchzuführen. In diesen Fällen ist ein höherer Aufwand für eine begrenzte Zeit tolerierbar, häufig wird hier auch mit speziell konstuierten Arbeitslasten (künstlichen Arbeitslasten, Benchmarks) gearbeitet.

Der bei der Messung entstehende Aufwand (insbesondere auch der das Netz belastende und in Konkurrenz zu den eigentlichen Nutzeranforderungen auftretende Overhead) hängt sehr stark von einer geeigneten Instrumentierung ab. Hierbei ist besonders zu unterscheiden zwischen in die Netzsoftware integrierten Meßverfahren und Meßmonitoren, die das Netz selbst nicht oder nur wenig belasten. Ausführlicher wird darauf in Abschnitt 4.5 und Kapitel 5 eingegangen. Wichtig für den Meßaufwand und die Auswertungsmöglichkeiten ist die Definition der Meßwerte. Bild 4-7 enthält eine mögliche Systematik zu Übersichtszwecken (in Anlehnung an [4-4]).
Zunächst lassen sich Meßwerte nach dem Erfassungsregime und nach der Bezugsbasis gliedern.

Nach dem **Erfassungsregime** werden ereignisgesteuert und intervallgesteuert gewonnene Meßwerte unterschieden.
Ereignisgesteuert erfaßte Meßwerte beziehen sich auf ein Ereignis, z.B. einen Zustandswechsel wie Einleitung eines Verbindungsaufbaus oder Beginn einer Datenübertragung. Als *Einzelereignis* markieren sie bestimmte analyserelevante Einschnitte im Zeitfluß, sind aber für das Störungsmanagement wesentlicher als für das Leistungsmanagement. Einzelereignisse werden meist mit verschiedenen charakteristischen Informationen als Ereignissätze erfaßt. Wichtiger für das Leistungsmanagement sind *Ereignissummen.*

Intervallgesteuert erfaßte Meßwerte entstehen durch Abfrage interner zustandsbeschreibender Werte oder von Ereignissummen (Polling). Sie haben Stichprobencharakter. Soweit keine Zähler abgefragt werden, widerspiegeln solche Meßwerte *Zustände.* Zustände können durch einen *Absolutwert* bzw. eine entsprechende Aussage (z.B. Verbindung besteht, x Puffer belegt) oder durch einen *Relativwert* (z.B. Puffer zu y % belegt) ausgedrückt werden. Wenn die interne Abtastfrequenz höher ist als die Aufzeichnungsfrequenz des von außen abfragbaren Wertes, entstehen in gewisser Weise aufbereitete Meßwerte höherer Aussagekraft (*Stichprobensummen*).

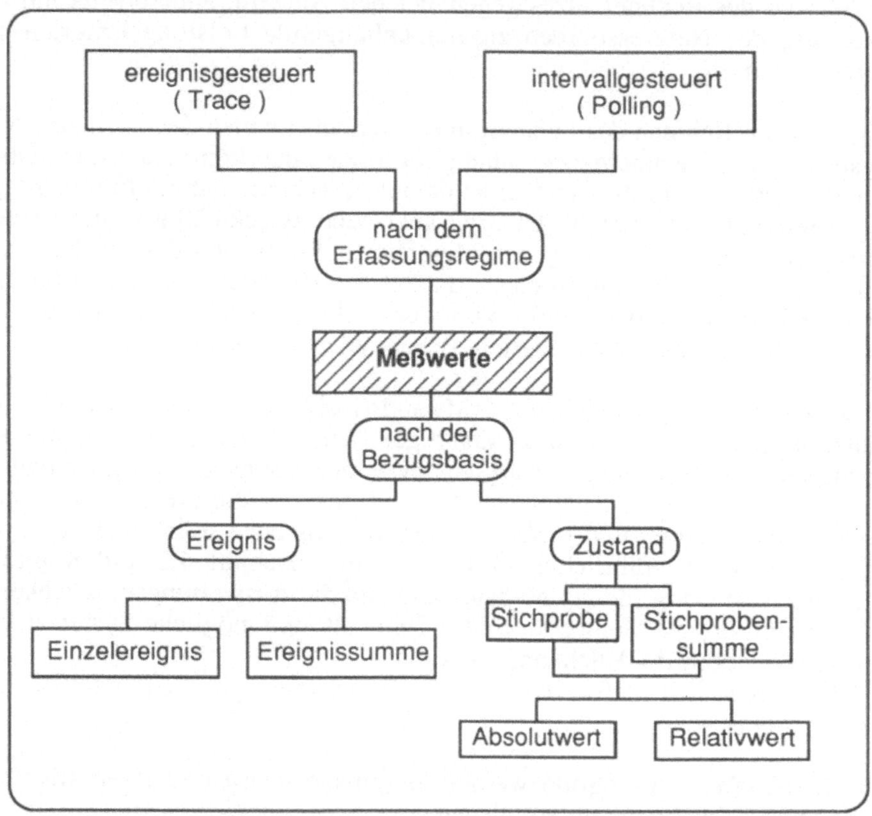

Bild 4-7 Klassen von Meßwerten

4.3.5 Abrechnungsmanagement

Das Abrechnungsmanagement hat zum Ziel, die vom Rechnernetz bereitgestellten Dienste nutzerbezogen zu erfassen und die Grundlagen dafür zu schaffen, eine verursachungsgerechte Weiterbelastung der damit verbundenen Kosten zu ermöglichen. Ob und nach welchem Algorithmus eine solche Weiterbelastung erfolgt, ist Gegenstand der *Abrechnungspolitik*. Dabei muß das Abrechnungsmanagement eines realen Rechnernetzes auch die Nutzung lokaler Ressourcen mit einbeziehen, z.B. lokale Verarbeitungskapazität, lokale Speicher und/oder Drucker, und kann sich nicht nur auf die im OSI-

Abrechnungsmanagement konzipierte Erfassung der Übertragungsleistungen beschränken (vgl. Abschnitt 8.8).

In manchen Anwendungsumgebungen existieren (evtl. neben Kostenbelastungsmechanismen) Limitierungen (oder Kontingentierungen) für die mengenmäßige Inanspruchnahme von Diensten des Rechnernetzes. Es ist eine weitere Aufgabe des Abrechnungsmanagements, die Einhaltung dieser Limite (Kontingente) zu überwachen. Bild 4-8 zeigt die wichtigsten Aktivitäten des Abrechnungsmanagements. Es wird vorausgesetzt, daß eine Datei mit Angaben zu den Nutzern des Rechnernetzes, deren Rechten und Limiten existiert.

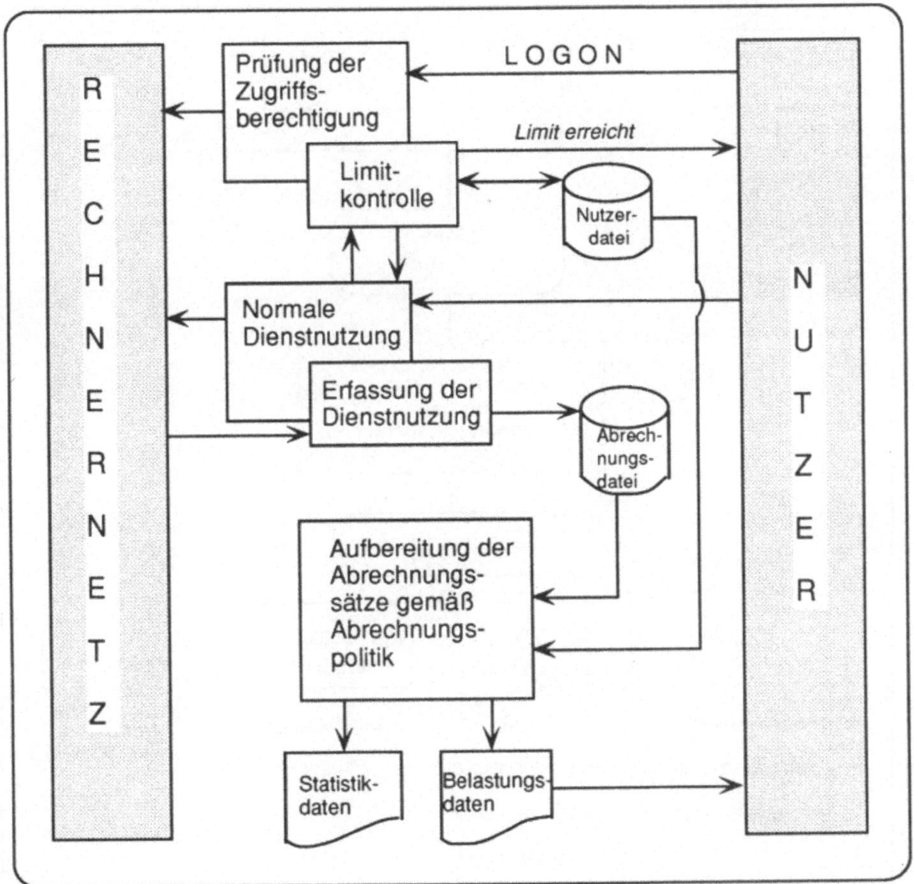

Bild 4-8 Aktivitäten des Abrechnungsmanagements

Bei der Anmeldung eines Nutzers wird (physisch zur Prüfung der Zugriffsberechtigung, logisch zum Abrechnungsmanagement gehörend) die Limitkontrolle durchgeführt. Dies geschieht auch bei der Nutzung normaler Dienste,

soweit diese abrechnungspflichtig sind. Ist das Limit erreicht, wird die Nutzeranforderung zurückgewiesen (mögliche Mechanismen zu online-Verhandlungen über Limiterhöhungen sollen hier außer Betracht bleiben).
Während der normalen Dienstnutzung erfolgt eine Erfassung, wobei bei verschiedenen Anlässen (z.B. Dienstwechsel), spätestens aber bei der Abmeldung des Nutzers ein Satz in die Abrechnungsdatei geschrieben wird. Zu gewissen Zeitpunkten (z.B. monatlich) wird die Abrechnungsdatei nach den Algorithmen der Abrechnungspolitik aufbereitet. Es entstehen die nutzerbezogenen Belastungsdaten sowie Benutzungsstatistiken.

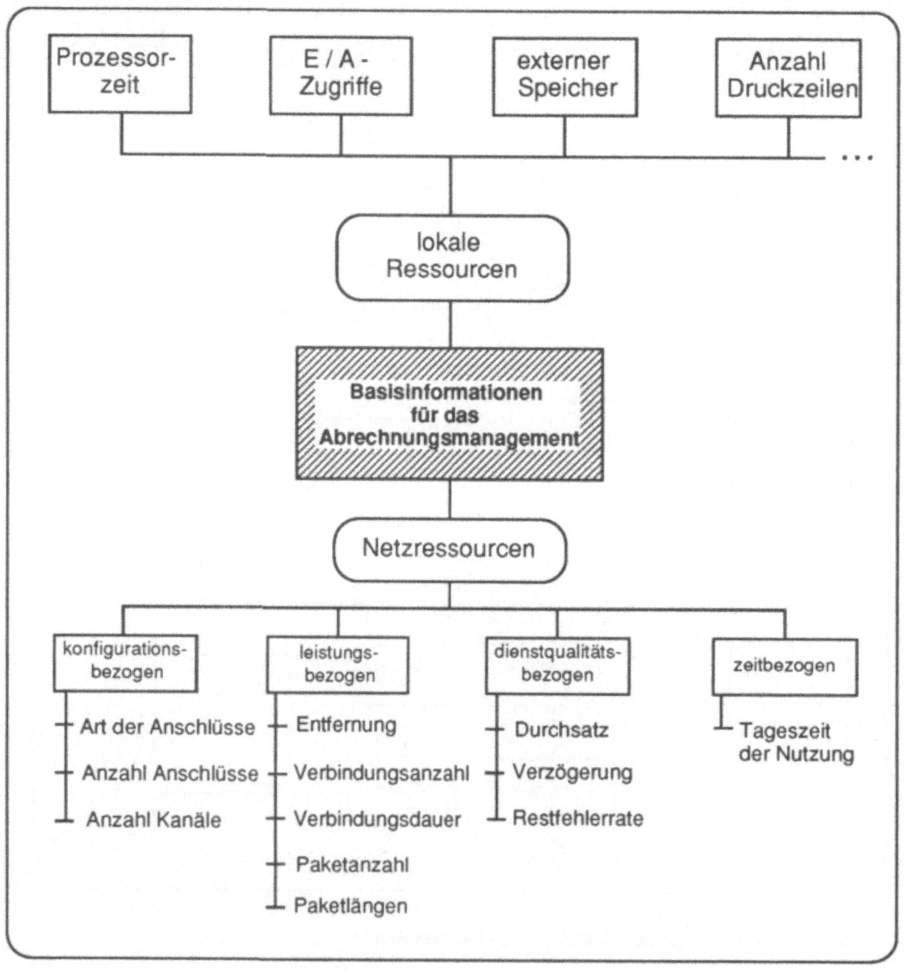

Bild 4-9 Mögliche Gliederung von Basisinformationen für das Abrechnungsmanagement

Welche Ressourcennutzungen in die Belastungsrechnung eingehen, ist Gegenstand der Abrechnungspolitik, wird aber auch von den Erfassungsmöglichkeiten der Netzsoftware und der Basisbetriebssysteme beeinflußt. Wichtig ist die Plausibilität des Abrechnungsverfahrens für die Nutzer, die eine Kostenplanung durch den Nutzer ermöglicht, sowie die Reproduzierbarkeit der Kostenbelastung. Letzteres bedeutet, daß für gleichartige Nutzungsfälle gleichartige Kostenbelastungen entstehen. Für den Nutzer können die Kostensätze von den vereinbarten Dienstqualitätsparametern abhängig sein. Abweichungen von der vereinbarten Dienstqualität (überdurchschnittliche Fehlerhäufigkeit, geminderter Durchsatz oder Reaktionszeit) sollen sich auch in niedrigeren Kosten für den Nutzer niederschlagen. Der Betreiber eines (anwendungsorientierten) Netzes muß für solche Fälle geeignete Vereinbarungen mit den Betreibern von Trägernetzen haben. Daraus folgt, daß die Abrechnungspolitik in Trägernetzen wesentlichen Einfluß auf die Abrechnungspolitik in Anwendungsnetzen hat. Bild 4-9 gibt einen Überblick über eine mögliche Gliederung von Basisinformationen für das Abrechnungsmanagement. Eine mögliche Detaillierung und Konkretisierung der einzelnen Informationen soll hier aus Platzgründen nicht vorgenommen werden, ist jedoch für konkrete Anwendungsfälle erforderlich. Aus Bild 4-9 lassen sich sowohl Schlüsse bezüglich möglicher Abrechnungsalgorithmen als auch zu möglichen Meßpunkten und Meßverfahren an lokalen und Netzressourcen ableiten. Detailliertere Untersuchungen dazu vgl. [4-5], [4-6], [4-7].

4.3.6 Sicherheitsmanagement

Sicherheit ist der wohl komplexeste Querschnittsaspekt bei der Gestaltung und beim Betrieb von Rechnernetzen. Wenn alle anderen Anforderungen an die Funktionalität eines Netzes erfüllt werden, ist sie entscheidend sowohl für die ständige Bereitschaft des Netzes, Dienste zu erbringen, als auch für die Bereitschaft der Nutzer, sich dieser Dienste zu bedienen. Bild 4-10 zeigt das dabei zu beachtende Beziehungs- und Kausalgeflecht, das hier nicht näher erläutert werden soll [4-8]. Um Datensicherheit zu gewährleisten, ist ein breites Spektrum aufeinander abgestimmter Maßnahmen notwendig. Bild 4-11 nimmt eine grobe Gruppierung vor, wobei gleichzeitig Aussagen zum Wirkungsbereich und zur gegenseitigen Ergänzung enthalten sind.

Bau- und versorgungstechnische Maßnahmen bilden den äußeren, physischen Rahmen für die Datensicherheit. Dazu gehören Standortauswahl, Baukonstruktion und -ausrüstung, Flächen- und Raumaufteilung, Versorgung/Entsorgung, Zugangs- und Abgangssicherungen und andere technische Einrichtungen zur Verminderung oder Erkennung von Sicherheitsverletzungen.

Organisatorische Maßnahmen gliedern sich in aufbauorganisatorische (Schaffung eindeutiger, überschneidungsfreier Verantwortungsbereiche), ablauforganisatorische (Regelung von Zeit und Form der Übergabe/Übernahme von Arbeitsaufträgen einschließlich dabei abzuwickelnder Kontroll- und Protokolltätigkeiten sowie der Arbeitsschritte innerhalb eines Verantwortungsbereiches bei normalen und anomalen Bedingungen), primärorganisatorische (Arbeitsanweisungen in schriftlicher, tabellarischer und graphischer Form, Ordnungen und Richtlinien in schriftlicher Form, Belege aller Art, Konventionen für Namens- und Nummernsysteme, äußerliche Kennzeichnung von Arbeitsmitteln, schriftliche Protokolle u.a.) und personelle Maßnahmen (Auswahl, Ausbildung, Belehrung, Verpflichtung, Kontrolle).

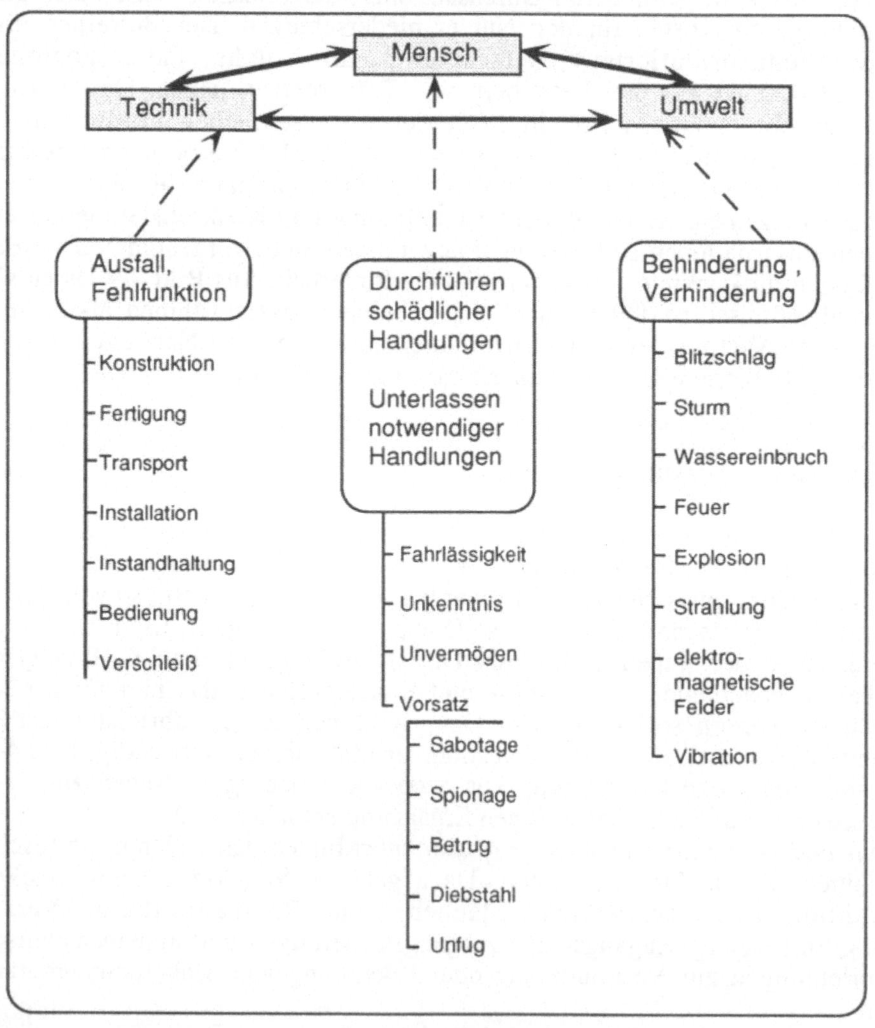

Bild 4-10 Einflußfaktoren auf die Datensicherheit

Technologische Maßnahmen können datenorientiert (z.B. Datei- und Datenträgersicherung) oder programmorientiert sein (Änderungsverfahren, Ergebniskontrolle). Die technologischen Maßnahmen werden in der Regel unmittelbar durch programmtechnische Verfahren unterstützt.

Programm- und gerätetechnische Maßnahmen treten meist in engem Zusammenhang auf. Dazu gehören z.B. Privilegierung der Befehlsausführung, Begrenzung der Speicherzugriffsrechte, das Prinzip der Virtualisierung von Ressourcen, Autorisierungs- und Zugriffskontrollmechanismen, kryptographische Verfahren, Authentisierung usw.

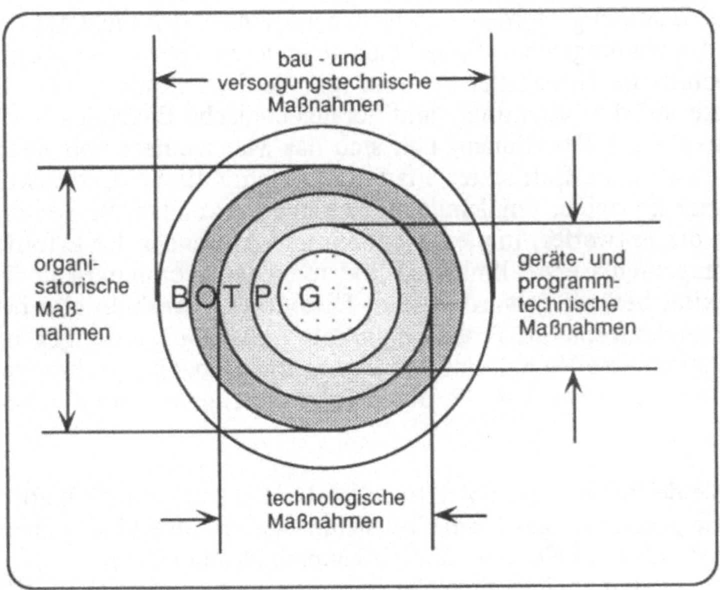

Bild 4-11 Schalenmodell der Datensicherheitsmaßnahmen

Wie in den vorangegangenen Abschnitten, muß auch hier auf die Einheit von lokal und global (netzweit) wirksamen Maßnahmen hingewiesen werden. Das betrifft sowohl den Menschen als Subjekt der Datensicherheit, als auch Gerätetechnik, Programme und Daten als Objekte der Datensicherheit. Auf spezielle Probleme des Schutzes personenbezogener Daten soll hier nicht eingegangen werden. Die im Rahmen des Netzmanagements besonders wichtigen global wirksamen Sicherheitsmaßnahmen werden in Kapitel 9 ausführlicher behandelt. Hingewiesen werden soll schon hier darauf, daß im Rahmen des OSI-Managements der Begriff "Sicherheitsmanagement" wesentlich auf einige Hilfsfunktionen zur Unterstützung der Sicherheit in Netzen eingeschränkt ist (vgl. Abschnitte 8.9 und 9.5).

4.4 Architekturelle Konzepte

4.4.1 Vorbemerkungen

Wie soeben am Beispiel der Sicherheitsaspekte von Rechnernetzen gezeigt wurde, sind die Anforderungen des Netzmanagements außerordentlich komplex. So gilt ganz allgemein, daß zumindest organisatorische, technologische, programm- und gerätetechnische Maßnahmen notwendig sind, um diesen Anforderungen gerecht zu werden und daß alle diese Maßnahmen in ein abgestimmtes System zu bringen sind.

Ferner ist deutlich geworden, daß Netzmanagement sich nicht auf organisatorische und technologische Maßnahmen reduzieren läßt. Ohne programm- und gerätetechnische Hilfsmittel (Werkzeuge, Tools) und ohne unmittelbare Bezugnahme auf die programm- und gerätetechnische Basis des Rechnernetzes selbst (exekutive Funktionen) läßt sich das Management von Rechnernetzen nicht bewältigen. Betrachtet man die geschichtliche Entwicklung realer Rechnernetzkonzepte, -implementationen und -anwendungen, so wird deutlich, daß sich die Entwerfer, Implementatoren und Anwender der Erfordernisse des Netzmanagements erst allmählich und nicht von vornherein in ihrer vollen Komplexität bewußt geworden sind. Dies erklärt, weshalb alle bedeutenden Rechnernetzkonzepte als Produkte und als Anwendungslösungen im Verlaufe der Zeit durch eine Vielfalt von Managementfunktionen, -werkzeuge und -produkte ergänzt wurden, die durch folgende Eigenschaften gekennzeichnet sind:

- sie decken nicht alle funktionellen Bereiche systematisch ab,
- sie geben unabgestimmte Teilsichten auf einzelne Managementaspekte,
- sie liefern große und unüberschaubare Datenmengen,
- sie weisen uneinheitliche Nutzerschnittstellen auf.

Selbst Produkte ein und derselben Firma, die oft in verschiedenen Entwicklungs- und Servicebereichen entstanden sind oder von Kundeninstallationen übernommen wurden, sind durch diese Merkmale gekennzeichnet, ganz zu schweigen von der unübersehbaren Vielfalt des Angebots unabhängiger Hard- und Softwarehersteller.

Insbesondere in den unmittelbar zurückliegenden Jahren und ganz offenbar unter dem Einfluß der OSI-Konzepte haben nun alle bedeutenden Anbieter von Netzsoftware begonnen, in Ergänzung zu den schon früher erarbeiteten, die exekutiven Funktionen des Netzes ordnenden Netzarchitekturen auch Netzmanagementarchitekturen zu publizieren (vgl. Kapitel 6). In den nachfolgenden Abschnitten soll versucht werden, architekturelle Ansätze zum Netzmanagement systematisch zu entwickeln und darzustellen.

4.4.2 Basisalternativen

Unter einer Managementarchitektur sollen die Gliederung der Managementfunktionen, ihre Zuordnung zu Hard- und Softwarekomponenten, deren physische und logische Kopplungen sowie die Beziehungen zur Architektur der exekutiven Netzfunktionen verstanden werden.
Eine Managementarchitektur kann mit einem Produkt vorgegeben sein, wie das bei den bedeutenden hersteller- oder anwendungsspezifischen Netzarchitekturen der Fall ist (z.B. SNA, DNA, TCP/IP). Sie kann aber auch für ein konkretes Netz aus auf dem Markt angebotenen oder eigenentwickelten Produkten bzw. Lösungen für Teilfunktionen des Netzmanagements konstruiert werden.
Ein wichtiger Aspekt zur Kennzeichnung der architekturellen Ansätze zum Netzmanagement sind die in obiger Definition erwähnten Beziehungen zwischen Managementfunktionen und -komponenten und der Architektur der exekutiven Netzfunktionen. Danach lassen sich zwei Grundkonzepte unterscheiden:
K1 Isolierte Managementwerkzeuge,
K2 integrierte Managementsysteme,
zwischen denen es Übergangsformen gibt (vgl. Bild 4-12).

Isolierte Managementwerkzeuge wurden völlig unabhängig von den exekutiven Netzfunktionen und deren Implementation entwickelt. Sie beruhen überwiegend auf dem Konzept, Informationen vom Übertragungsmedium passiv abzugreifen und auszuwerten. Typische Vertreter sind die in Bild 4-12 aufgeführten Meßgeräte und Protokollanalysatoren. Soweit die isolierten Managementwerkzeuge selbst Daten senden, geschieht das zu Testzwecken, nicht für Steuerungsaufgaben. Näher wird auf diese Klasse von Managementwerkzeugen in Kapitel 5 eingegangen.

Integrierte Managementsysteme sind so beschaffen, daß sie mit den exekutiven Netzfunktionen eng verbunden sind, insbesondere können sie gemeinsame Parameter lesend und schreibend benutzen. In Bild 4-12 sind als Vorstufe der eigentlichen integrierten Managementsysteme Werkzeuge für das Management einzelner Komponenten der physischen Netzbasis aufgeführt, z.B. für Brücken, Router oder Vermittlungsrechner.

Das Grundkonzept eines integrierten Managementsystems ist in Bild 4-13 dargestellt. Im rechten Teil des Bildes ist ein normales Endsystem gezeigt. Es enthält exekutive Netzfunktionen (ENF), lokale Nutzerfunktionen (LUF, z.B. eine Anwendung auf der Grundlage eines verteilten Filesystems) und ein Nutzerinterface (UI) zu den Endnutzern. Für Managementzwecke sind zwei zusätzliche Funktionsgruppen integriert: die Management-Netzfunktionen (MNF), die über ein Management-Protokoll mit anderen Systemen am Netz Managementinformationen austauschen können, und die lokalen Management-

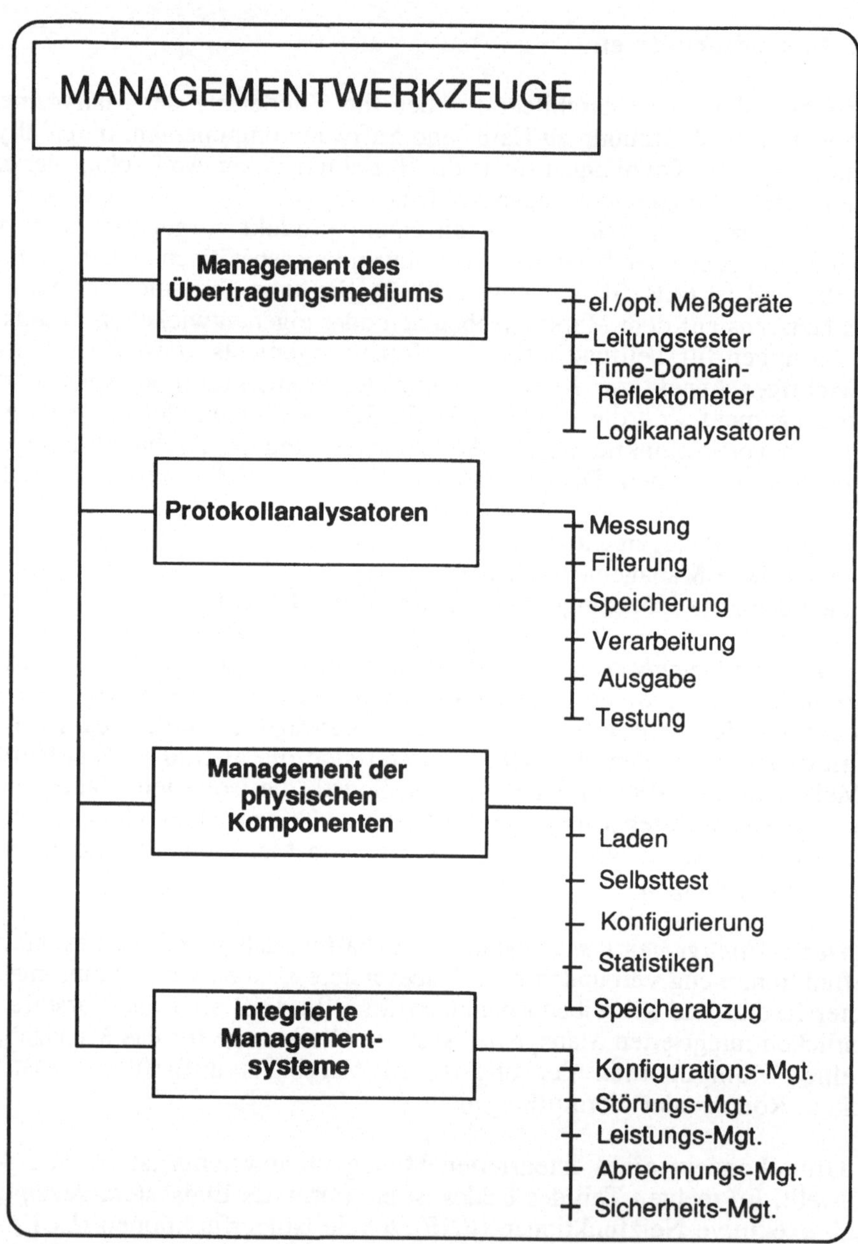

Bild 4-12 Übersicht über mögliche Managementwerkzeuge

funktionen (LMF), die lesenden und schreibenden Zugriff zu endsystemspezifischen Managementinformationen haben und eventuell spezielle Managementfunktionen (wie Diagnosetests oder Sammlung ereignisbezogener Managementinformationen in lokalen Logdateien) ausführen.

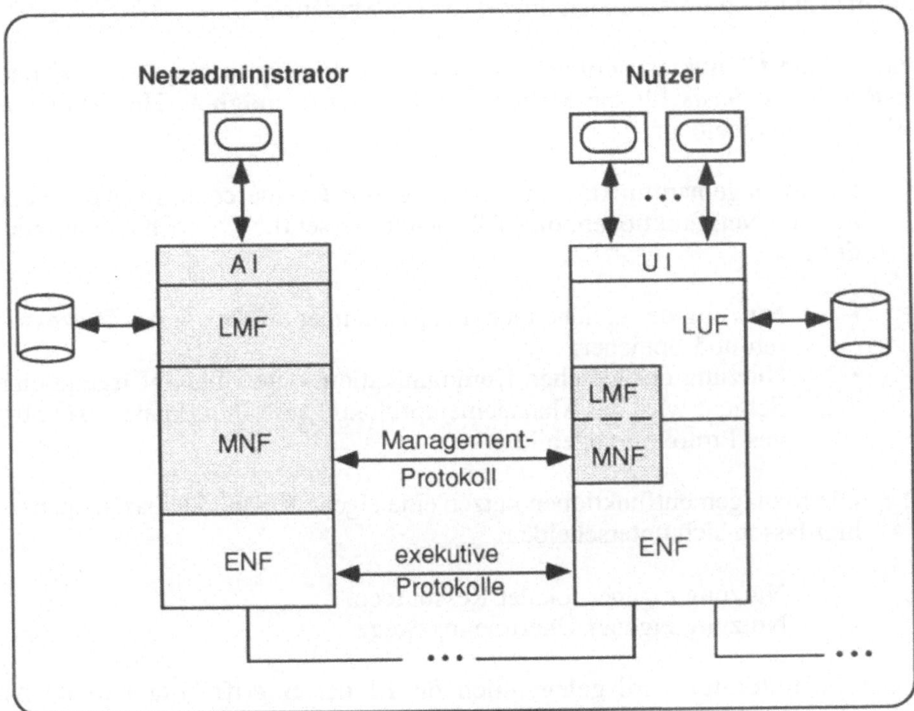

Bild 4-13 Architektur eines integrierten Managementsystems

Auf der linken Seite von Bild 4-13 ist ein dediziertes Endsystem dargestellt, an dem ein Netzadministrator als menschlicher Handlungsträger über ein Administratorinterface (AI) Managementfunktionen am gleichen (LMF) oder über das Managementprotokoll (MNF) an entfernten Systemen auslösen kann. Als Erweiterung des in Bild 4-13 gezeigten Grundschemas kann es zwei weitere Systemtypen geben:

- Systeme, die keine Endsysteme sind (Transitsysteme), es fehlen dann UI und LUF;
- Systeme, die normale Endsysteme sind und zusätzlich über ein Administratorinterface AI verfügen.

Wie in Bild 4-12 dargestellt ist, bilden die in die Software von Transitsystemen (Brücken, Gateways, Router, Vermittlungsrechner u.ä.) integrierten Managementfunktionen (Management der physischen Komponenten) die Vorstufe zu den eigentlichen integrierten Managementsystemen. Sie verfügen häufig über lokale Bedien- und Anzeigeelemente als einfaches Administratorinterface und können andererseits gelegentlich schon über ein Managementprotokoll von entfernten Administratorstationen angesprochen werden.

Eine weitere Charakterisierung der integrierten Managementsysteme ist nach der *Ressourcenbasis* für die Managementfunktionen möglich. Hier sind zwei Fälle zu unterscheiden:

F1 Die Managementfunktionen nutzen dieselbe Ressourcenbasis wie die exekutiven Netzfunktionen; dies läßt sich im wesentlichen noch einmal gliedern in:

- Nutzung der gleichen lokalen Ressourcen, insbesondere Prozessoren und Speicher;
- Nutzung der gleichen Kommunikationswege, d.h. auf irgend einer Schicht wird das Managementprotokoll auf ein normales exekutives Protokoll abgebildet.

F2 Die Managementfunktionen nutzen eine eigene Ressourcenbasis; auch hier lassen sich unterscheiden:

- Nutzung eigener lokaler Ressourcen,
- Nutzung eigener Übertragungswege.

In der Fachliteratur wird gelegentlich für F1 der Begriff "Mainstream-Approach" [4-9], [4-10], für F2 der Begriff "Sidestream-Approach" [4-8] verwendet. Zwischen beiden Formen gibt es auch Übergänge. So ist in einem integrierten Managementsystem ein reiner Sidestream-Approach für lokale Ressourcen praktisch nicht denkbar, so daß in jedem Fall Zwischenformen auftreten. Ein typischer Vertreter des Sidestream-Approach bezüglich des Übertragungsweges ist das ISDN, wo ein gesonderter Kanal für die "Outband-Signalisierung" existiert.

Vorteile des Mainstream-Approachs sind die überschaubare Architektur und die leichte Zugänglichkeit aller managementrelevanten Informationen in der exekutiven Netzarchitektur. Vorteile des Sidestream-Approachs ist die Entlastung des Endsystems von Managementaufwand. Dieser letztere Aspekt scheint in der Gegenwart von den Entwerfern von Managementsystemen nicht mehr hoch bewertet zu werden, denn es dominieren bei integrierten Managementsystemen durchweg Lösungen nach dem Mainstream-Approach. Da jedoch der Aufwand für komplexe Managementsysteme, z.B. eine umfassende Implementation der OSI-Managementstandards, immens hoch ist, könnten in Zukunft Sidestream-Ansätze wieder aktuell werden. Zunächst wird jedoch durchweg der schon in Bild 4-13 angedeutete Weg beschritten:

- auf den normalen Endsystemen wird ein sogenannter Management-Agent installiert, der möglichst wenig Ressourcen benötigt, aber unverzichtbare lokale Managementfunktionen und das Managementprotokoll ausführen kann;

- es gibt für Managementzwecke dedizierte Endsysteme, die alle aufwendigen und zentralisierbaren Managementfunktionen realisieren.

In Rechnernetzen, wo ein breitbandiges Übertragungsmedium zur Verfügung steht, auf dem sich im Frequenz- oder Zeitmultiplexverfahren mehrere physische Kanäle zur Verfügung stellen lassen, werden sich zur Vermeidung von Ressourcenkonkurrenz auch Sidestream-Lösungen verbreiten.

4.4.3 Management heterogener Rechnernetze

Wie in Kapitel 1 ausgeführt wurde, kann sich die Heterogenität von Netzverbunden in sehr unterschiedlichen Merkmalen der Einzelnetze zeigen. Häufig sind es lokale Netze mit verschiedenen Basistechnologien (CSMA/CD, Token Ring), lokale und Weitverkehrsnetze oder Netze unterschiedlicher Hersteller, die miteinander im Sinne ihrer exekutiven Funktionen verbunden werden, wobei Brücken-, Router- oder Gatewayfunktionen zwischengeschaltet sind. Immer häufiger werden in große Anwendungsnetze heterogene Subnetze integriert, von denen jedes einzelne seinen Zweck in einem bestimmten Bereich am besten erfüllt. Nichtsdestoweniger existiert ein Gesamtsystem (ein Netzverbund), für den zumindest teilweise das Bedürfnis eines durchgängigen Netzmanagements besteht. Vielfach existieren in solchen Fällen zwei Managementebenen, die der Subnetze und die des Gesamtnetzes. Einigen Subnetzen kann außerdem noch ein Trägernetz eines öffentlichen oder privaten Betreibers unterlagert sein. Auch wenn im Sinne einer effizienten Lösung auf möglichst hohe Autonomie der Subnetze geachtet wird, gibt es doch subnetzübergreifende Managementaufgaben, z.B. die Störungssuche in subnetzübergreifenden Kommunikationsvorgängen.

Für derartige Zwecke werden häufig Managementzentralen eingerichtet (*Netzkontrollzentren*). Diese Netzkontrollzentren können (müssen aber nicht) physischen Zugang zu allen Subnetzen haben. Aber auch, wenn physische Übertragungswege zwischen den Subnetzen sowie diesen und dem Netzkontrollzentrum existieren, ergeben sich für ein subnetzübergreifendes Management erhebliche Schwierigkeiten. Diese ergeben sich aus den Unterschieden in:

U1 Architekturen der exekutiven Netzfunktionen,
U2 Managementarchitekturen,
U3 Managementprotokollen,

U4 unterstützten funktionellen Bereichen,
U5 Überwachungs- und anderen Managementalgorithmen,
U6 Definition von Managementinformationen,
U7 Management-Kommandosprachen,
U8 Darstellungsformaten von Managementinformationen,

um nur die wichtigsten Probleme aufzuzählen. Als Lösungswege haben sich drei mittelfristig gangbare Übergangslösungen und ein radikales Lösungskonzept herausgebildet:

W1 Netzkontrollzentrum mit unabhängigen Managementsystemen,
W2 Transparente Transportpfade für Managementinformationen zwischen Netzkontrollzentrum und Subnetzen,
W3 Managementgateways,
W4 Umstellung der exekutiven und der Managementarchitektur auf ein einheitliches architekturelles Konzept.

Diese vier Wege sollen nachfolgend kurz diskutiert werden.

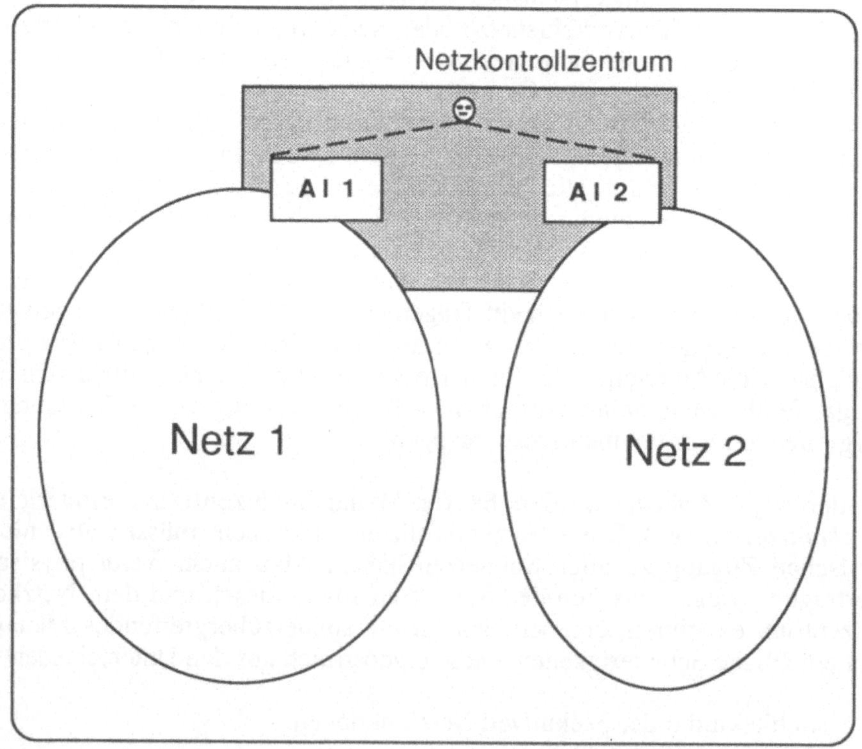

Bild 4-14 Netzkontrollzentrum mit getrennten Managementsystemen

Netzkontrollzentrum mit unabhängigen Managementsystemen

Diese einfachste Form des Managements in einem Verbund heterogener Netze ist dann möglich, wenn sich alle Subnetze an einem Punkt physisch berühren. Dort besteht die Möglichkeit, für jedes Subnetz ein Bedienterminal für den Netzadministrator zu installieren (vgl. Bild 4-14). Bei geeigneter Anordnung der Terminals ist der Netzadministrator so in der Lage, managementrelevante Vorgänge in allen Subnetzen von einem Platz aus zu überblicken. Jedes Subnetz verfügt über sein spezifisches Managementsystem, diese sind untereinander völlig getrennt. Eine Koordination kann nur über den Kopf des Netzadministrators erfolgen. Die wesentlichen Probleme dieses Lösungsweges sind:

- der Netzadministrator muß die Managementsysteme aller Subnetze inhaltlich beherrschen,
- der Netzadministrator muß koordinierungswürdige Zusammenhänge zwischen den Subnetzen erkennen,
- der Netzadministrator ist insgesamt einer kaum beherrschbaren Informationsflut ausgesetzt,
- es gibt keinerlei subnetzübergreifende Managementautomatismen.

Transparente Transportpfade für Managementinformationen

Ein zweiter Weg, grob veranschaulicht in Bild 4-15, ist dann möglich, wenn die Netzsoftware eines oder mehrerer Subnetze transparente Transportpfade für Managementinformationen zur Verfügung stellt. Dies bedeutet zweierlei:

- Managementinformationen, z.B. Informationen über einen fehlerhaften Zustand in einem Subnetz, können zu einem Netzadministrator, der physisch an ein anderes Subnetz angeschlossen ist übertragen und dort an der Bedienkonsole angezeigt werden;

- Kommandos in der Sprache des Zielmanagementsystems werden vom Netzadministrator an seinem Bedienterminal eingegeben, zum Zielsubnetz übertragen und dort ausgeführt.

Dieser Lösungweg hebt die Beschränkung von W1 auf, daß sich alle Subnetze im Netzkontrollzentrum physisch berühren müssen. Es kann ferner auf mehrere Bedienterminals verzichtet werden, wenn das Administratorinterface moderne Windowsysteme verwendet. Allerdings ist es strittig, ob es ergonomisch günstig ist, nur ein einziges Bedienterminal mit einander überlagernden Fenstern für jedes Subnetz vorzusehen. Ansonsten bleiben die bei W1 aufgezählten Probleme bestehen. Es ist aber bei W2 möglich, bei vorhandenen Austrittspunkten in der Managementsoftware des Subnetzes, mit dem der Administrator physisch verbunden ist, programmtechnische Koordinierungsautomatismen zu entwickeln. Ein Vertreter für W2 ist NetView von IBM (vgl. Abschnitt 6.1), wo allerdings auch Gatewayaspekte mit zum Tragen kommen. Prinzipiell erlauben alle Netze mit der Remote-Login-Funktion diese Arbeitsweise.

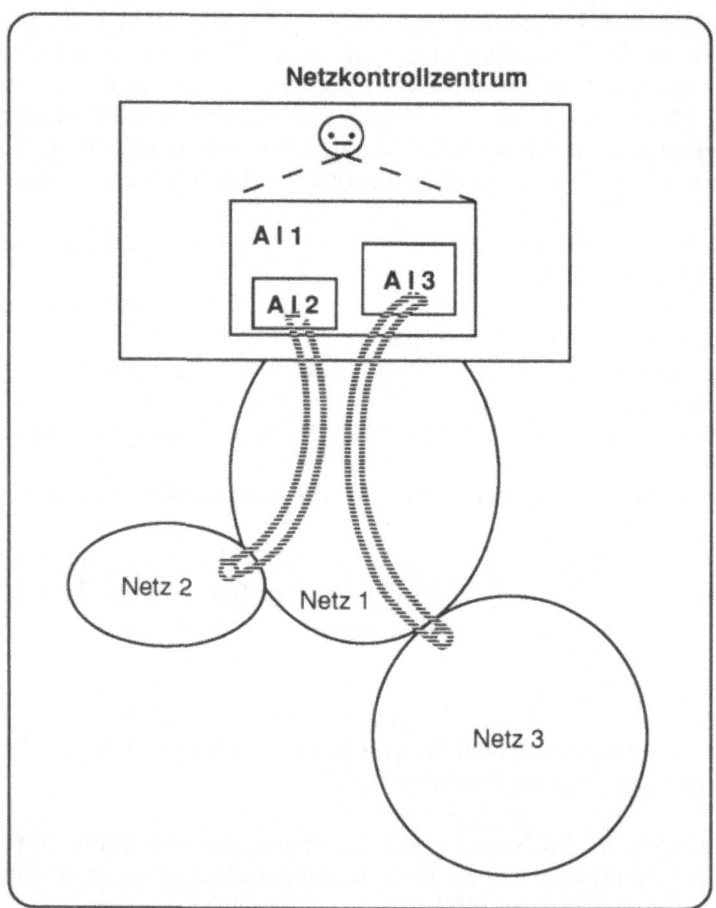

Bild 4-15 Transparente Transportmechanismen für Managementinformationen

Managementgateways

Managementgateways sind dedizierte Systeme oder spezielle programmtechnische Funktionen in normalen Systemen, die verschiedene Managementprotokolle aufeinander abbilden (vgl. Bild 4-16). Damit existiert aus der Sicht eines Administrators im Netzkontrollzentrum ein homogenes Managementsystem.

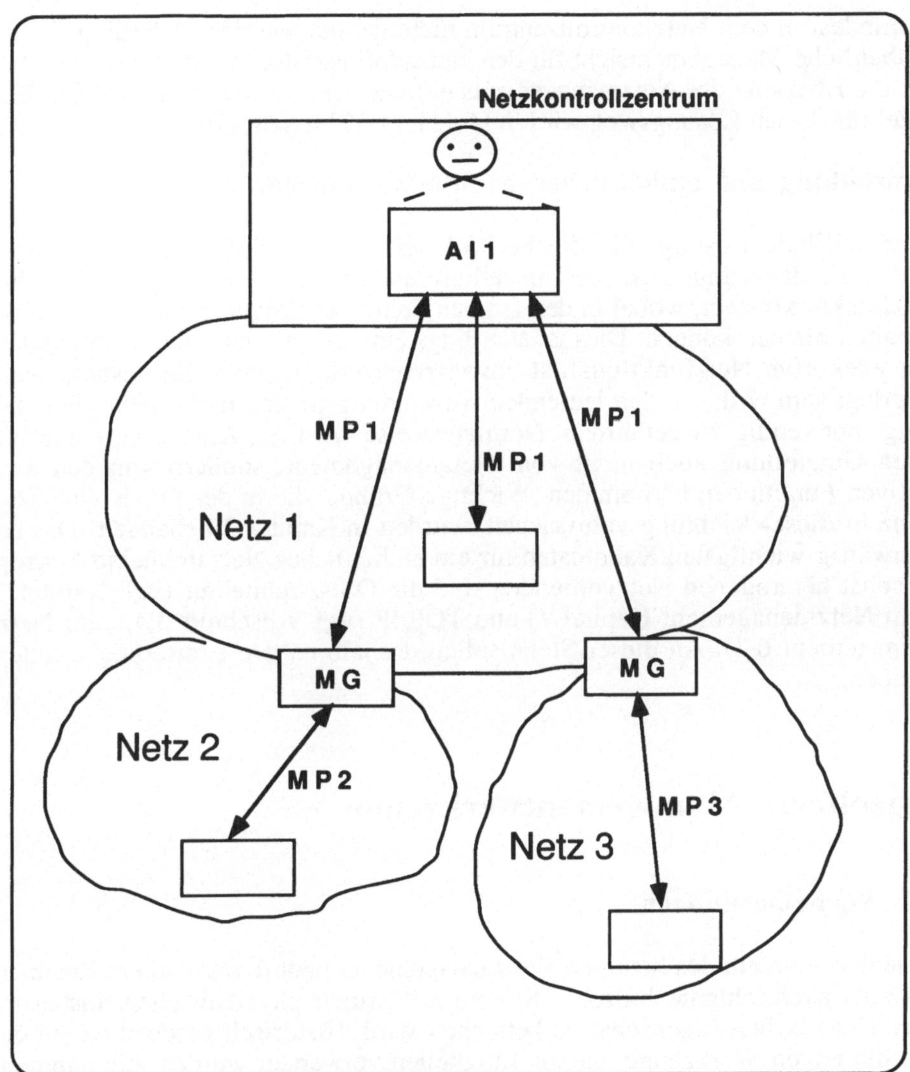

Bild 4-16 Prinzipschema für Managementgateways

Prinzipielle Voraussetzung für diesen Weg ist die syntaktische und semantische Abbildbarkeit der Managementprotokolle untereinander. Wieviele Abbildungen programmiert werden müssen, hängt von der Struktur des Netzverbundes ab. Falls die Abbildbarkeit nicht vollständig gegeben ist, besteht die Gefahr des Funktionsverlusts. Wird eine Struktur wie in Bild 4-16 unterstellt, steht für das Gesamtnetz nur die Managementfunktionalität des Subnetzes 1 zur Verfügung, eine evtl. reichere Funktionalität in den Subnetzen 2 oder 3 kann zumindest in dem Netzkontrollzentrum nicht genutzt werden. Allerdings ist die einheitliche Managementsicht für den Netzadministrator und damit letztendlich für die Effizienz des Netzmanagements ein wichtiger Vorteil von W3. Ein Beispiel für diesen Lösungsweg wird in [4-11], [4-12] beschrieben.

Umstellung auf einheitliches Architekturkonzept

Eine radikale Lösung, die die bei W1 bis W3 prinzipiell unvermeidbaren Nachteile überwindet, ist die Umstellung aller Subnetze auf ein einheitliches Architekturkonzept, wobei in den unteren Schichten durchaus Subnetzspezifika erhalten bleiben können. Dies ist allerdings eine die gesamte, d.h. insbesondere die exekutive Netzfunktionalität umwälzende Maßnahme, die deshalb wohl überlegt sein will, um den laufenden Anwendungsprozeß nicht mehr als unbedingt notwendig zu gefährden. Normalerweise wird der Anstoß zu einer solchen Umstellung auch nicht vom Netzmanagement, sondern von den exekutiven Funktionen herkommen. Wichtige Gründe, die in der Praxis eine Tendenz in dieser Richtung verursachen, wurden in Kapitel 2 behandelt. Die gegenwärtig wichtigsten Kandidaten für ein einheitliches Netzarchitekturkonzept in sonst heterogenen Netzverbunden sind die OSI-Architektur (vgl. Kapitel 2, zum Netzmanagement Kapitel 7) und TCP/IP (vgl. Abschnitt 3.4, zum Netzmanagement 6.3). An dieser Stelle sollen deshalb nähere Erörterungen unterbleiben.

5 Isolierte Managementwerkzeuge

5.1 Vorbemerkungen

Eine der Wurzeln des heutigen Netzmanagements liegt darin, daß ein Rechnernetz als nachrichtentechnisches System mit primär physikalischen, insbesondere elektrischen Eigenschaften betrachtet wird. Historisch gesehen waren daher die ersten Werkzeuge, die zu Tätigkeiten verwendet wurden, die nunmehr auch dem Netzmanagement zugeordnet werden, elektrische Meß-, Prüf- und Testgeräte. Mit der auch unabhängig von den Anforderungen des Netzmanagements verlaufenden technischen Entwicklung dieser Geräteklasse, die insbesondere durch die zunehmende Integration von Meßtechnik und Computertechnik gekennzeichnet ist, entstanden Geräte, die wesentlich komplexere Funktionen als einfache Meßvorgänge durchführen können. Derartige universelle (mikroprozessorgestützte, z.T. programmierbare) Geräte wurden dann unter Beachtung der besonderen Anforderungen des Netzmanagements in Netzen mit ausgeprägten Protokollhierarchien spezialisiert bzw. durch Berücksichtigung des Modularitätsprinzips spezialisierbar gestaltet. Damit entstanden

sehr leistungsfähige Werkzeuge für das Netzmanagement, die allerdings wegen des hohen Hardware- und Softwareaufwands auch teuer sind.
So kommt es, daß heute in der Praxis Geräte aller Funktionalitätsniveaus nebeneinander im Einsatz sind. Am "unteren Ende" befinden sich Meßgeräte für elektrische und optische Kenngrößen von Übertragungskanälen und Interfaces, am "oberen Ende" komplexe PC- oder workstationgestützte Hard- und Softwaresysteme mit zum Teil relativ komplexer Netzmanagement-Funktionalität (vgl. Bild 4-12).

Eine plausible Kategorisierung, die zunächst zu Abgrenzungszwecken eingeführt werden soll, ergibt sich aus dem Anwendungsbereich oder Verwendungszweck. Dies ist in Bild 5-1 dargestellt. Selbstverständlich benötigt der *Entwickler* von Netzhardware und (insbesondere hardwarenaher) Netzsoftware derartige Hilfsmittel. Dieser Aspekt soll hier nicht weiter verfolgt werden.

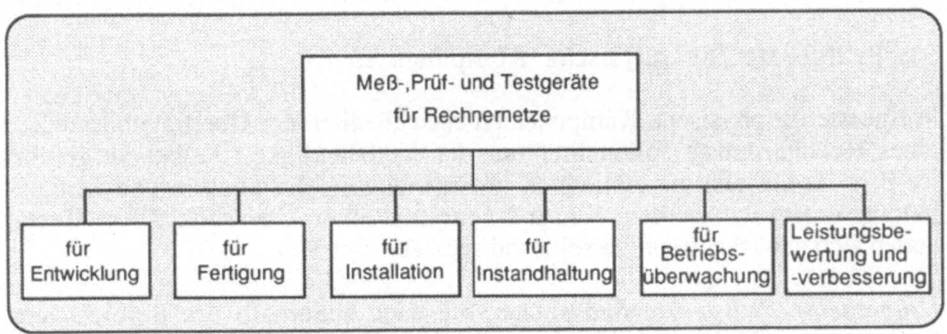

Bild 5-1 Gliederung der Meß-, Prüf- und Testgeräte nach Verwendungszwecken

Bei der *Installation* eines Netzes werden derartige Geräte ebenfalls benötigt, z.B. um mechanische Schäden aufzuspüren, die sich auf die elektrische Funktionsfähigkeit auswirken, oder die im Installationsprojekt vorgegebenen Dimensionierungen zu verifizieren.
Ähnliches gilt für die *Instandhaltung*, die im allgemeinen als Reaktion auf Fehlerzustände in den Schritten Fehlersuche und Fehlerbehebung abläuft. Installation und Instandhaltung werden als Tätigkeiten angesehen, die in der Regel von spezialisierten Technikern durchgeführt werden. Sie sollen hier ebenfalls nicht im Vordergrund des Interesses stehen. Systementwicklung, Installation und Instandhaltung bilden die Haupteinsatzgebiete isolierter Netzmanagementwerkzeuge, hier zunächst auf Meß-, Prüf- und Testgeräte beschränkt.
Aber auch für die laufende *Betriebsüberwachung* können sie nützlich sein. Darunter sollen hier Tätigkeiten verstanden werden, die ein Netzbediener (Netzoperateur, Netzadministrator) bei der routinemäßigen (täglichen) Inbe-

triebnahme und im laufenden Betrieb zur Kontrolle der Funktionsfähigkeit ausführt. Ebenso gehören erste Versuche einer Störungsdiagnose hierher. Schließlich ist ein wichtiges Einsatzgebiet die *Leistungsbewertung und -verbesserung* vorhandener Installationen. Dazu gehören Messungen im Normalbetrieb sowie Tests auf das Verhalten in Grenzlastsituationen, etwa um daraus Konfigurationsänderungen abzuleiten.

Hier sollen insbesondere die laufende Betriebsüberwachung und die Leistungsbewertung und -verbesserung als Einsatzgebiet für isolierte Netzmanagementwerkzeuge betrachtet werden. Inwieweit sie in einem praktischen Fall für diese Zwecke wirklich eingesetzt werden, hängt natürlich von der Funktionalität der integrierten Managementwerkzeuge ab (vgl. nachfolgende Kapitel).
Auf konkrete Produkte kann in diesem Rahmen nicht eingegangen werden. Ihre Anzahl ist unübersehbar. Es wird hier auf die einschlägige Fachpresse sowie auf Firmenschriften verwiesen ([5.4] bis [5.22]).

5.2 Prüfgeräte für physische Komponenten

Prüfgeräte für physische Komponenten einschließlich der Übertragungsmedien eines Rechnernetzes sollen hier nur der Vollständigkeit halber aufgeführt werden, da sie fast ausschließlich in Entwicklung, Installation und Instandhaltung eingesetzt werden. Bild 5-2 vermittelt einen Überblick. Diese Geräte lassen sich zunächst in universelle und spezielle einteilen.

Universelle Prüfgeräte sind solche, die auch außerhalb des Bereichs von Datenkommunikations- und Rechnernetzen eingesetzt werden, etwa Ohmmeter, Multimeter oder Oszilloskope.

Spezielle Prüfgeräte sind für den Einsatz in der Entwicklung, Fertigung, Installation und Wartung von physischen Datenkommunikations- und Rechnernetzkomponenten konstruiert worden. Sie sind unter sehr unterschiedlichen Bezeichnungen im Handel und in ihrer Funktionalität häufig überlappend. Ausgehend von der Grundfunktionalität sollen unterschieden werden:

Leitungstester (Cable scanner) dienen zunächst dazu, die physische Unversehrtheit und Durchgängigkeit einer Leitungsführung zu prüfen. Sie können ferner die Längen von Leitungen feststellen und elektrische Kennwerte wie Widerstand und Störpegel messen. Es lassen sich damit Anhaltspunkte für den Einsatz von Repeatern gewinnen. Auch das Wiederauffinden von Leitungen in Wänden u.ä. ist möglich. Kombiniert mit einem Oszilloskop sind solche Geräte für die sogenante Zeitbereichsreflektometrie (Time Domain Reflectometer) einsetzbar. Ein vom Gerät an einem Leitungsende eingesetztes Signal wird an

Störstellen reflektiert und aus der Zeit bis zum Eintreffen des Reflexionssignals kann der Ort der Störung abgeleitet werden.

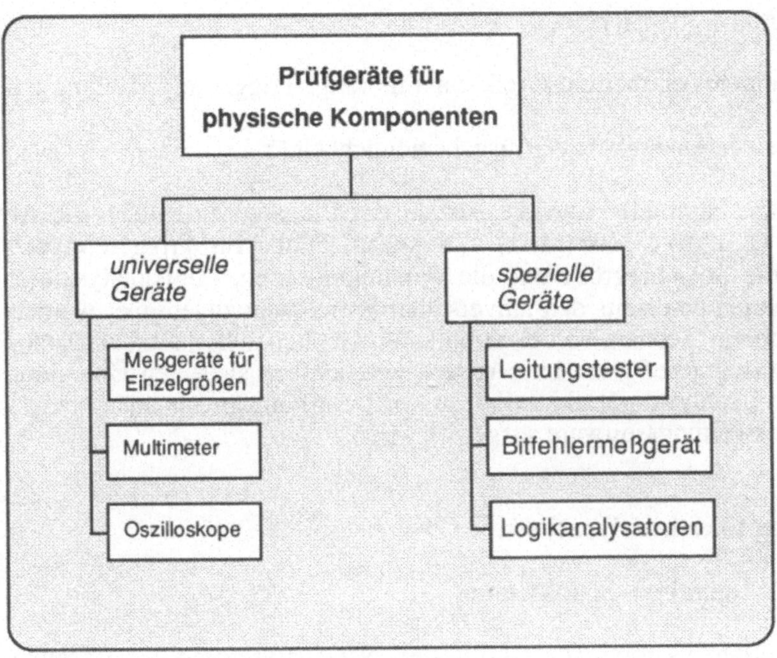

Bild 5-2 Gliederung der Prüfgeräte für physische Komponenten

Bitfehlermeßgeräte (Bit Error Rate Tester, BERT) werden eingesetzt um festzustellen, ob ein Übertragungsweg die erforderliche Qualität gewährleistet. Es wird die echte Übertragungsleistung auf der Leitung festgestellt, d.h. bei Messung von Endgerät zu Endgerät wirksame Prüffolgenkontrollen auf OSI-Schicht 2 und höher werden ausgeschaltet. Es existieren Geräte, die unterschiedliche Medien (Koaxialkabel, Zweidrahtleitung usw.) sowie Interfaces (z.B. V.24, V.35 u.a.) unterstützen sowie in einem weiten Bereich von Übertragungsraten arbeiten (z.B. 75 bit/s ... 15 Mbit/s). Moderne Geräte dieser Klasse sind mit komfortablen Anzeige-, Speicher -und Druckfunktionen versehen [5-19], [5-22]. Neben elektrischen können auch optische Übertragungsstrecken ausgemessen werden.

Logikanalysatoren (Hardwaremonitore, Netzmonitore u.a. Bezeichnungen) sind zur Prüfung komplexerer Hardwaresysteme wie Netzadapterkarten, Modems, Repeater usw. sowie deren Baugruppen konstruiert. Logikanalysatoren bestehen funktionell im wesentlichen aus:

- Meßwertaufnehmern (Tastköpfe mit Klemmen zum direkten Anlegen an Leitungswege, spezielle Koppeleinheiten wie Prozessorproben oder Buskoppler),

- Meßwertspeichern,

- einer Verarbeitungslogik zur Filterung, Triggerung, Zählung u.ä.,

- einer Anzeige- bzw. Ausgabemöglichkeit [5-23].

Wichtige Parameter sind die Anzahl der Eingänge (z.B. 32), die Abtastfrequenz (z.B. 10 ... 100 MHz), die Anzahl Zähler für Triggerereignisse (z.B. 256), die Speichergröße und die Darstellungsarten. Logikanalysatoren dieser Art können einerseits den universellen Prüfgeräten zugeordnet werden, indem sie auch zur Testung von elektronischen Geräten außerhalb der Datenkommunikation eingesetzt werden. Andererseits können sie einen Übergang zu den Protokollanalysatoren darstellen, wenn sie mit entsprechender Prozessorlogik und Auswertungssoftware ausgerüstet sind.

5.3 Protokollanalysatoren

5.3.1 Allgemeine Funktionen

Protokollanalysatoren (Protokolltester, Netzanalysatoren u.a. Bezeichnungen) sind mikrorechnergestützte Meß- und Analysegeräte für Datenkommunikationskanäle. Moderne Protokollanalysatoren [5-19], [5-22] bestehen aus (vgl. Bild 5-3):

B1 einem (eventuell modular konstruierten und daher auswechselbaren) Interface zum Kommunikationsmedium;

B2 einer Empfangsfunktion, die auch mehrfach vorhanden sein kann (mehrere Ports);

B3 einer Filterfunktion, um Signale differenziert weiterbehandeln zu können (z.B. Verwerfen, mit Zeitstempel versehen, Abspeichern, Ereignis auslösen);

B4 einer Funktion zum Ergänzen der aufgenommenen Daten um die aktuelle Zeit (Zeitstempel);

B5 einer Speicherfunktion, um empfangene Daten für weitere Aufbereitungen aufbewahren zu können; es kommen neben internen auch externe Speicher wie Disketten und Festplatten zum Einsatz. Bei kleinen internen Speichern wird häufig nach dem "Wrap-around"-Prinzip bei Erreichen des Speicherendes der Speicher von vorn wieder überschrieben, was Datenverluste nach sich ziehen kann;

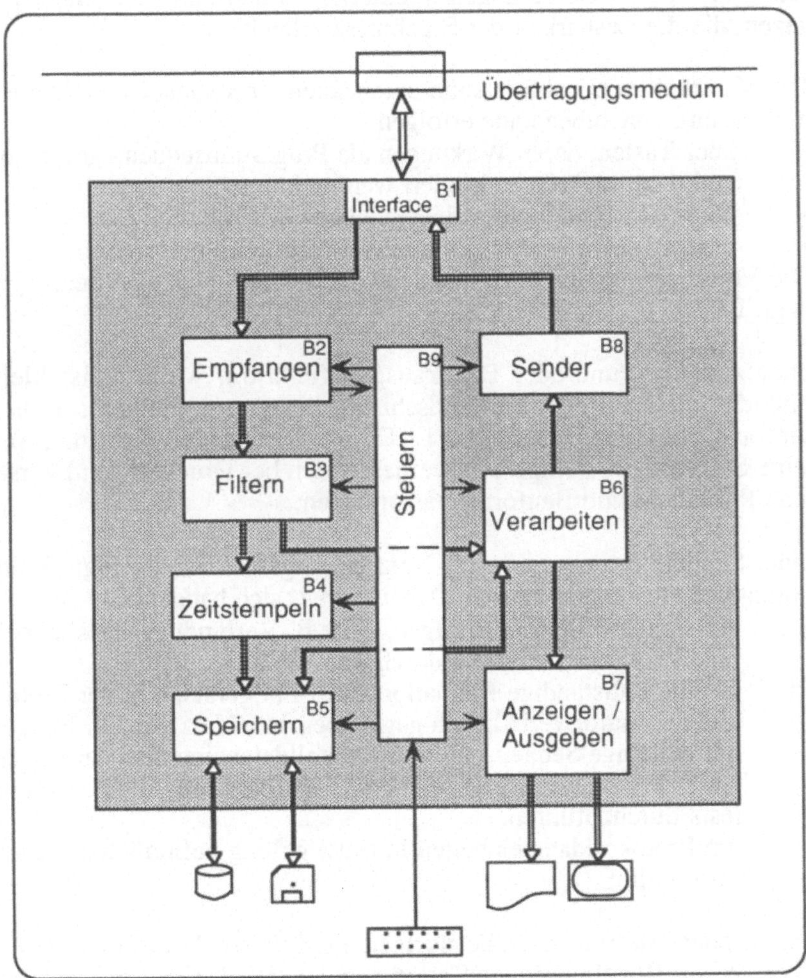

Bild 5-3 Funktionelle Struktur eines Protokollanalysators

B6 einer (programmierbaren) Verarbeitungsfunktion, die auf die im Speicher stehenden Daten zugreift und diese

- decodiert, um verschiedene Protokolle und Protokolldateneinheiten zu identifizieren,

- zu statistischen Kennzahlen verarbeitet (Zähler u.a.);

- für die Ausgabe aufbereitet, z.B. in graphischer oder tabellarischer Form oder in Form von Alarmen; dazu werden häufig Tabellen genutzt, um interne Codierungen in externe Namen und Bezeichner umzusetzen, die die Lesbarkeit der Ergebnisse erleichtern.

Die Verarbeitungsfunktion kann unterschiedlich variabel sein. Die Beeinflussung von außen kann erfolgen
- über Tasten, deren Wirkungen als Programmsequenz gespeichert und dann mehrfach aktiviert werden können,
- über spezielle Kommandosprachen,
- frei programmierbar in üblichen Programmiersprachen.

Die Verarbeitungsfunktion kann auch Sendefunktionen auslösen. (vgl. B8);

B7 einer Anzeige- und/oder Druckausgabefunktion, wozu meist kleinere monochromatische oder Farbbildschirme dienen, seit einiger Zeit die von Laptop-Computern bekannten LCD- oder Plasmabildschirme, soweit keine Standard-PCs eingesetzt werden. Auch bei Druckern sind verschiedene Prinzipien und Bauformen anzutreffen;

B8 einer Sendefunktion, um in der Verarbeitungsfunktion erzeugte Protokolldateneinheiten abzusetzen. Dabei kann es sich handeln
- um standardisierte Testfolgen, die z.B. Verbindungstests zu beliebigen Stationen am Netz durchführen,
- um die vollständige Emulation eines Endgeräts, d.h. der Protokollanalysator verhält sich gegenüber dem Netz wie ein Endgerät,
- um beliebige Sequenzen von Protokolldateneinheiten der auf dem Netz aktiven Protokolle mit dem Ziel, Diagnose- oder Leistungstests durchzuführen,
- um Protokolldateneinheiten in Entwicklung befindlicher, neuer Protokolle;

B9 einer Steuerfunktion, die alle übrigen Funktionen koordiniert und von außen, in der Regel über eine Tastatur, gelegentlich aber auch von einem anderen am Netz befindlichen Gerät beeinflußbar ist.

Aus dem bisher Gesagten wird deutlich, daß das Übertragungsmedium mit seinen Eigenschaften primär nur eine Funktion des Protokollanalysators prägt, nämlich das Interface zum Medium. Deshalb gibt es auch Protokollanalysatoren, die lediglich durch Auswechseln dieses Interfaces an unterschiedliche Übertragungsmedien angepaßt werden können. Ein Beispiel dafür ist der Pro tokolltester K 1100 von Siemens [5-19]. Dies setzt allerdings voraus, daß die Hard- und Softwarebasis für die übrigen Funktionen entweder hinreichend variabel ausgelegt oder an die höchsten Leistungsanforderungen angepaßt sind, die auftreten können. Dies betrifft vor allem die Leistungsfähigkeit der Verarbeitungslogik. Hohe Übertragungsraten wie z.B. 10 Mbit/s in Ethernet-LAN, 16 Mbit/s in Token-Ring-LAN oder noch höhere bei FDDI oder den Breitband-WAN stellen hohe Anforderungen vor allem an die Verarbeitungsfunktion, wenn keine Datenverluste tolerierbar sind oder Echtzeitanzeigen in aufbereiteter Form ermöglicht werden sollen. Deshalb sind in solchen Protokollanalysatoren auch Hochleistungsprozessoren erforderlich, z.B. auf der Basis von Transputern [5-19]. Damit werden solche universell einsetzbaren Geräte relativ teuer. Wo diese Universalität nicht benötigt wird, werden spezialisierte Geräte verwendet, deren Konstruktion für einen bestimmten Einsatzzweck optimiert ist und die deshalb billiger sind. Bisher ist es deshalb im allgemeinen noch üblich, zwischen WAN- und LAN-Analysatoren zu unterscheiden.

5.3.2 WAN-Protokollanalysatoren

WAN-Protokollanalysatoren sind von ihrer Schnittstellengestaltung her vorgesehen für z.B.

- ISDN-Interfaces (z.B. So, Upo),
- V./X.-Interfaces (V.24, V.28, V.35, V.36, X.21),
- PCM-Interfaces.

Bild 5-4 zeigt Beispiele, wie ein Protokollanalysator mit V./X.- bzw. ISDN-Interface verwendet werden kann.
Im *Einsatzfall a)* (Monitorbetrieb) wird die Leitung zwischen einer Datenübertragungseinrichtung (DÜE), z.B. einem Modem, und einer Datenendeinrichtung, z.B. einem PC, überwacht.
Im *Einsatzfall b)* tritt der Protokollanalysator (PA) an die Stelle entweder der DÜE oder der DEE (Emulation eines der beiden Geräte). Damit soll vor allem geprüft werden, ob sich die Gegenstelle des Protokollanalysators normgerecht verhält.
Im *Einsatzfall c)* wird der Protokollanalysator über zwei Ports an ein X.25-Netz angeschlossen, um eine Durchsatzmessung durchzuführen.
Einsatzfall d) bezieht sich auf eine ISDN-Konfiguration. Der Protokollanalysator ist hier wiederum über zwei Ports an die So- bzw. Upo-Schnittstelle einer ISDN-Untervermittlung angeschlossen.
Welche Protokolle ein WAN-Protokollanalysator erkennen, decodieren und anschaulich darstellen kann, hängt von der verfügbaren Software ab. Beispiele sind:

- X.21/X.25/X.75,

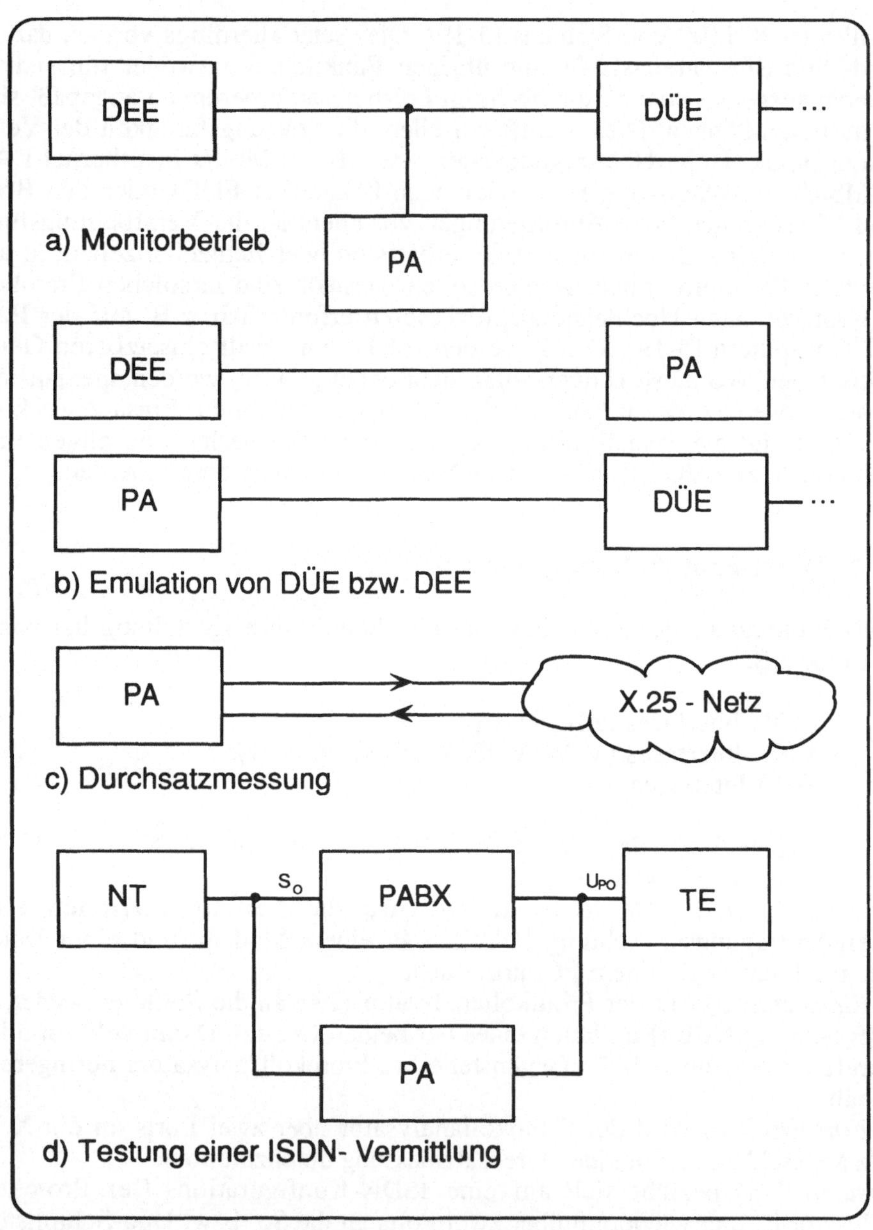

Bild 5-4 Beispiele für die Verwendung eines WAN-Protokollanalysators

- SDLC/SNA (bis zu den Request Units der Functional Management Layer, vgl. Abschnitt 3.2, u.a. Bilder 3.2-7 und 3.2-8),
- BSC für IBM 3274- und 3705-Geräte,

- ISDN (LAP D, D-Kanal-Protokoll),
- DDCMP,
- TCP/IP.

Neben dedizierten Geräten gibt es auch reine Softwarelösungen, die auf einem Standard-PC mit der erforderlichen Kommunikationsschnittstelle lauffähig sind. Leistungsverbesserungen werden durch spezielle Interfacekarten erreicht (vgl. z.B. [5-3]). Einige WAN-Protokollanalysatoren bieten fortgeschrittene Unterstützungen für Konformitätstests. So ermöglicht es der Protokolltester K 1195 von Siemens [5-19], auf der Tree and Tabular Combined Notation (TTCN, nach ISO 9646) beruhende Testfolgen zu erzeugen, abzuarbeiten und zu protokollieren. Dieser Anwendungsfall liegt jedoch außerhalb des Betrachtungsfeldes dieses Buches.

5.3.3 LAN-Protokollanalysatoren

LAN-Protokollanalysatoren gibt es vor allem für die Kanalzugriffsverfahren

- CSMA/CD (IEEE 802.3, 10Base5/Ethernet und 1Base5/StarLAN),
- Token Bus (IEEE 802.4),
- Token Ring (IEEE 802.5).

LAN-Protokollanalysatoren werden wie normale Stationen an das Netz angeschlossen. Sie haben im Prinzip die im Bild 5-3 angegebenen Funktionsgruppen. Für den CSMA/CD-Fall zeigt Bild 5-5 verschiedene Bauformen.

Variante a) stellt einen dedizierten LAN-Protokollanalysator dar. Häufig ist die Möglichkeit gegeben, nach Austausch der Schnittstellenkarte und der Software das gleiche Gerät für andere LAN-Typen einzusetzen.
Variante b) verwendet einen Standard-PC als Träger für den LAN-Protokollanalysator. Er kann mit einer normalen, aber auch mit einer speziellen LAN-Adapterkarte ausgerüstet sein. Im letzteren Fall kann der Prozessor des PCs entlastet und die Wahrscheinlichkeit, Protokolldateneinheiten nicht zeitgerecht verarbeiten zu können, reduziert werden. Gegenüber Variante a) ist bei Vorhandensein eines PC mit einem wesentlich niedrigerem Preis zu rechnen, allerdings geht die bei dedizierten Geräten meist gute Transportierbarkeit verloren. Häufig werden deshalb Standard-Laptops verwendet.
Variante c) zeigt eine etwas ältere Konstruktionsart, bei der ein vom PC abgesetztes Meßteil die Hochgeschwindigkeits-Vorverarbeitung übernimmt, während der PC die Speicher-, Verarbeitungs- und Anzeigefunktionen ausführt [5-4]. Soweit kein Standardinterface zwischen Meßteil und PC benutzt wird, ist im PC zusätzlich eine spezielle Adapterkarte erforderlich.

Eine sehr effiziente Lösung, die allerdings gegenüber den vorher beschriebenen Varianten Einbußen an Leistungsfähigkeit und Komfort aufweist, ist in Bild 5-5 unter *Variante d)* dargestellt. Hier enthält eine sparsame Spezialhardware ohne Bedienungsfunktionen LAN-Interface und alle Protokollanalysefunktionen gemäß Bild 5-3 außer Anzeige und Eingabe der Steuerkommandos. Für letzteres läßt sich ein (nichtintelligentes) Terminal über eine V.24-Schnittstelle anschließen [5-2]. Wird anstelle des Terminals ein PC angeschlossen, kann ähnlich wie bei Variante c) eine komfortablere Aufbereitung der von der Adapterbox vorverarbeiteten Daten vorgenommen werden. Neben der Protokollanalyse ermöglicht die Adapterbox auch noch weitere im Störungsmanagement von LAN nützliche Funktionen.

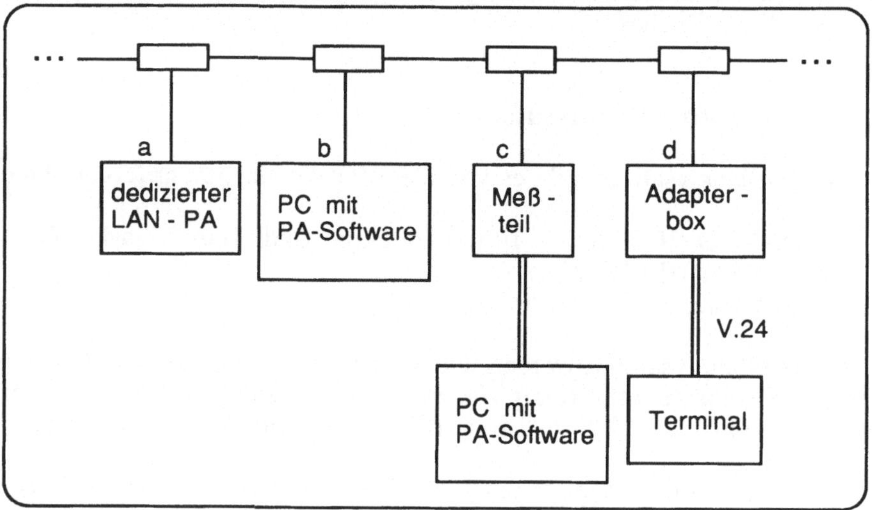

Bild 5-5 Beispiele für die Bauformen von LAN-Analysatoren

Wegen der beträchtlichen Vielfalt möglicher Protokolle, die auf einem LAN transportiert werden können, ist die Softwareunterstützung zur Decodierung von Protokolldateneinheiten wichtig. Gute LAN-Analysatoren unterstützen ein breites Spektrum von Protokollen, z.B. der Siemens-Protokolltester K 1102 [5-19]:

- ISO 8802.3, 8473, 8072;
- TCP/IP (IP, TCP, UDP, ARP, ICMP, EGP, FTP, TELNET);
- DECnet;
- XNS, NFS, NetBios, AppleTalk u.a.

Dedizierte LAN-Analysatoren bzw. solche mit einer speziellen Adapterhardware wie in den Varianten c) und d) bieten häufig noch hardware- oder medienorientierte Funktionen, die ein Standard-PC nicht realisieren kann. Dazu gehören Funktionen, die zur Logikanalyse gehören (z.B. [5-7]), Time Domain-Reflektometerfunktionen sowie die Überprüfung elektrischer Parameter wie Impedanz, Frequenzbereich und Dämpfung.

Welche Werte über die Anzeigefunktion eines Protokollanalysators verfügbar sind und die Form ihrer Präsentation (tabellarisch, Balkendiagramme, Kurven, Verbindungsmatrizen u.a.) kann sehr vielfältig sein und ist produktabhängig (vgl. [5-2] bis [5-17]). Beispiele sind:

- Häufigkeit von Stationsaktivitäten
- Häufigkeit von fehlerhaften Protokolldateneinheiten, darunter
  - Kollisionen,
  - zu lange/zu kurze Frames,
  - Präambel-Fehler,
  - CRC-Fehler,
  - Alignment-Fehler,
  - Gap-Fehler (Abstand zwischen zwei Ethernet-Frames);
- Häufigkeit von Protokolldateneinheiten nach Protokolltypen;
- Anzeige des decodierten und mit Kommentaren bzw. inhaltlich charakterisierenden Bezeichnungen versehenen Flusses der Protokolldateneinheiten.

6 Managementarchitekturen in hersteller- und anwendungsspezifischen Rechnernetzen

6.1 SNA-Management

6.1.1 Geschichte

Wie offenbar bei allen Rechnernetzarchitekturen (OSI nicht ausgeschlossen), haben sich auch bei SNA konzeptionelle Ideen und Komponenten für das Netzmanagement sowie Werkzeuge zu ihrer Umsetzung erst mit zeitlicher Verzögerung gegenüber den auf den eigentlichen Zweck eines Rechnernetzes bezogenen Komponenten und Funktionen entwickelt. In [6-1] wird davon gesprochen, daß dies für SNA für etwa 1979 zutrifft, was einen fünfjährigen Abstand zur Ankündigung von SNA darstellt. Es wird weiter betont, daß nicht systemkonzeptionelle Überlegungen der Entwickler zu diesem Schritt geführt haben, sondern Forderungen des firmeneigenen technischen Kundendienstes, der offenbar die immer komplexer werdenden Netzkonfigurationen ohne geeignete Netzmanagement-Hilfsmittel nicht mehr beherrschen konnte. In dieser frühen Phase entstanden eine Reihe voneinander unabhängiger Einzelwerkzeugen, z.B.

- Network Problem Determination Application (NPDA),
- Network Error Management Facility (NEMF),
- Account Network Management Program (ANMP),
- Network Communication Control Facility (NCCF),
- Network Logical Data Manager (NLDM),
- Network Management Productivity Facility (NMPF),
- VTAM Node Control Application (VNCA).

Weitere Werkzeuge mit ähnlicher Zielstellung wurden von Fremdherstellern angeboten. Es ist nicht beabsichtigt, diese frühe Phase des SNA- und Prä-SNA-Managements hier näher zu behandeln. Ein guter Überblick kann [4-1] entnommen werden, dort sind auch weiterführende Originalquellen zitiert (zu NEMF und ANMP vgl. z.B. [6-6]. Gemeinsame Eigenschaften der genannten und weiterer Netzmanagement-Produkte dieser Phase sind:

- Sie wurden relativ unabhängig voneinander entwickelt und berücksichtigen nur teilweise ihre wechselseitige Existenz, daraus ergeben sich eine Reihe praktischer Probleme.

- Sie sind im wesentlichen auf Informationsgewinnung und - präsentation ausgerichtet, ohne den Steuerungs- und Regelungsaspekt systematisch zu berücksichtigen.

- Sie integrieren ungenügend physische und logische Netzkomponenten, so daß unkorrelierte Ergebnisdaten angeboten werden.

- Sie überschneiden sich in ihren Wirkungsbereichen und bieten zu wenige Filter- und andere Verdichtungsfunktionen, die die Problemerkennung fördern.

- Sie sind in ihrer Aussage zu sehr auf innere Systemzustände, weniger auf deren Auswirkungen auf die Nutzer (Servicegrad) gerichtet.

- Es gibt keine einheitliche Datenorganisation, so daß eine Aufbereitung der Daten sowie deren Zusammenfassung zu Aussagen, die innere Zusammenhänge berücksichtigen, sehr erschwert wird [4-2].

Die bestehenden Lösungen wurden daher auch bei IBM bewertet und das Ziel formuliert, ein integriertes Netzmanagementsystem zu schaffen [6-4]. Das

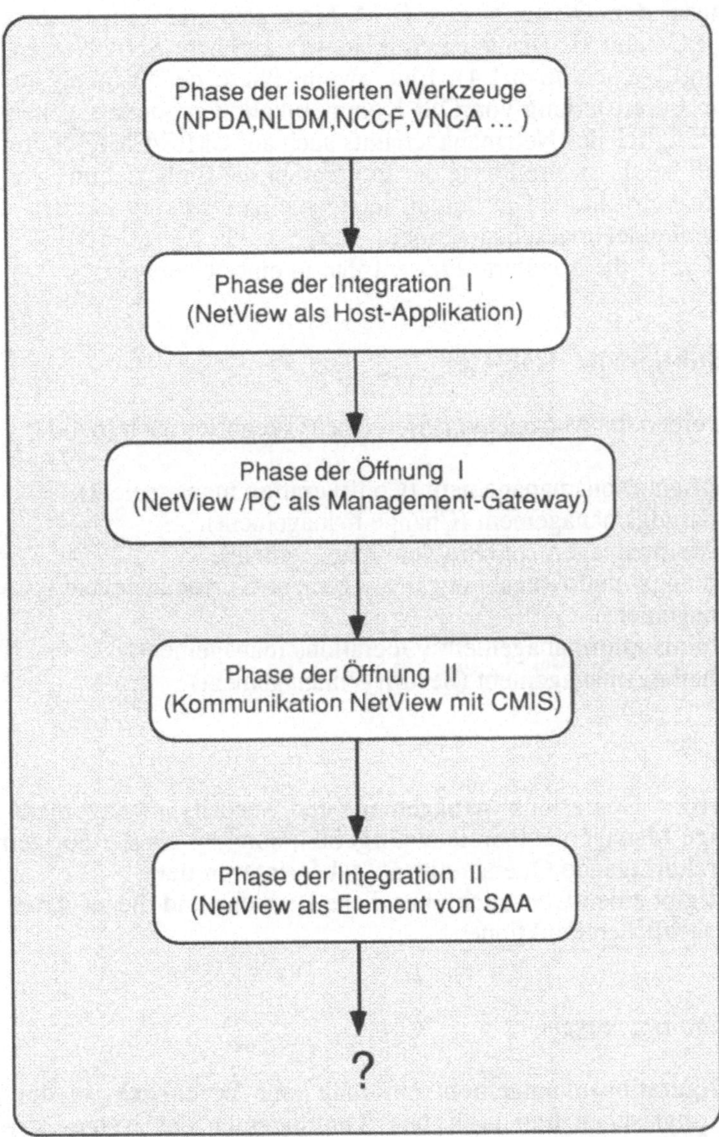

Bild 6-1 Entwicklungsphasen des SNA-Managements

daraus entstandene NetView kann als Repräsentant der ersten Integrationsphase des SNA-Managements betrachtet werden (1986). NetView war zunächst eine auf die hierarchische Baumstruktur klassischer SNA-Netze zugeschnittene Host-Applikation (vgl. Abschnitt 6.1.3). Nicht so sehr unter zeitlichem als unter sachlichem Aspekt soll die Entwicklung von NetView/PC [6-3] hier als

erste Phase der Öffnung des SNA-Managements eingeordnet werden. NetView/PC kann als Management-Gateway zu Nicht-SNA-Netzen betrachtet werden (vgl. Abschnitt 6.1.4). Eine zweite Phase der Öffnung ist durch die alternative Bereitstellung von OSI-Kommunikationsprodukten gekennzeichnet, die sich bezüglich des Netzmanagements auch auf CMIS/CMIP erstreckt [3-34]. Schließlich ist als zweite Phase der Integration die Einbeziehung von NetView in SAA zu betrachten. Die beiden letztgenannten Phasen können wohl noch nicht als vollendet angesehen werden.
Bild 6.1-1 zeigt die erläuterte Phasenfolge in einer Übersicht.

6.1.2 Funktionelle Gebiete

In SNA werden die Management-Bereiche (Categories nach [6.1-1])

- Konfigurationsmanagement (Configuration management),
- Änderungsmanagement (Change management),
- Problemmanagement (Problem management),
- Leistungs- und Abrechnungsmanagement (Perfomance and accounting management),
- Administratormanagement (Operations management),
- Sicherheitsmanagement (Security management)

unterschieden.

Dabei werden Operations management und Security management nicht als selbständige Managementbereiche aufgefaßt, sondern als die übrigen vier Bereiche durchdringende Querschnittsaufgaben interpretiert.
Bild 6.1-2 gibt einen Überblick über diese Bereiche und die zu ihnen gehörenden hauptsächlichen Funktionen.

Konfigurationsmanagement

Das Konfigurationsmanagement unterhält eine Datenbank, in der Angaben über alle physischen und logischen Komponenten des Netzes sowie deren Merkmale, darunter insbesondere ihre Beziehungen untereinander enthalten sind. Zu den Merkmalen einer Netzkomponente gehören ferner ihre Lokalisierung, identifizierende Attribute und Statuswerte. Das Konfigurationsmanagement beschafft diese Informationen, speichert sie in einer (möglicherweise verteilten) Datenbank, stellt sie auf Anforderung zur Verfügung und hält sie aktuell. Neben operativen Informationsbedürfnissen anderer Netzmanagementkomponenten werden vom Konfigurationsmanagement auch Aufgaben wie Bestandsregistratur und Netzplanung unterstützt.

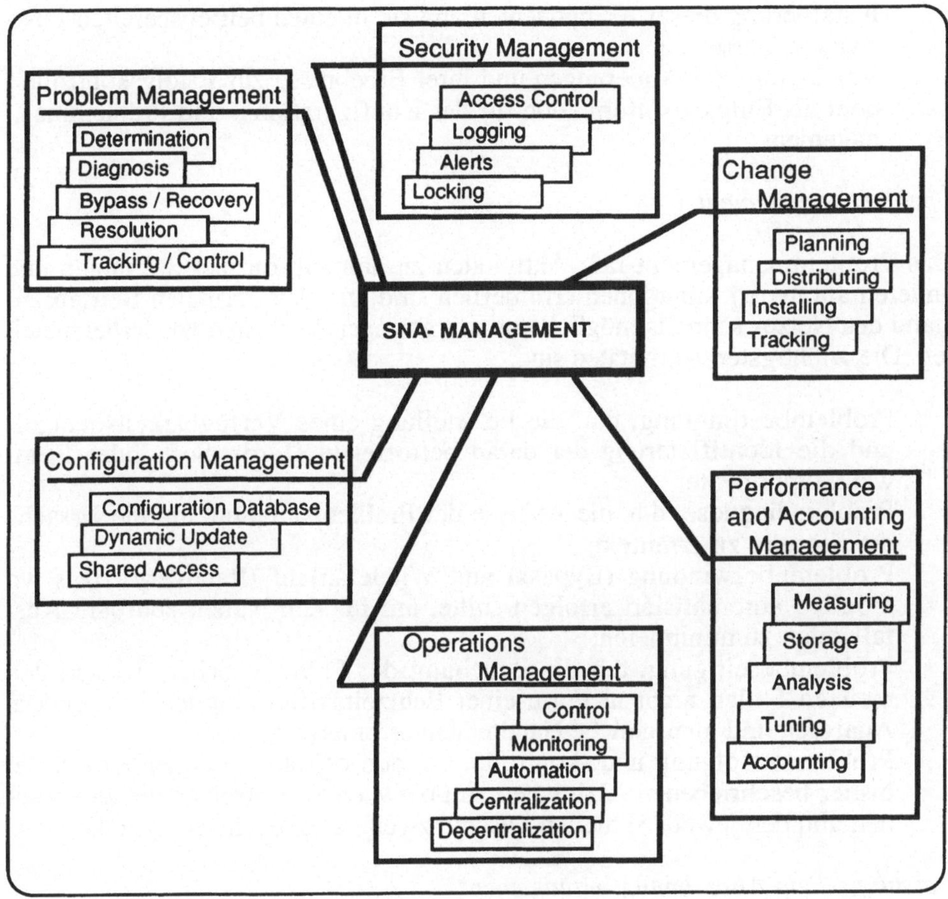

Bild 6.1-2 Funktionelle Gebiete des SNA-Managements

Änderungsmanagement

Das Änderungsmanagement befaßt sich mit allen Aufgaben, die sich aus der Tatsache ergeben, daß ein Rechnernetz ein lebender Organismus ist, der einer ständigen Entwicklung unterliegt. Diese Änderungen gehen von neuen Nutzeranforderungen, neuen technischen Entwicklungen, Ergebnissen des Problemmanagements sowie Betriebserfordernissen aus und müssen auf eine konsistente Weise vollzogen werden, um den laufenden Netzbetrieb nicht zu stören. Zum Änderungsmanagement gehören vier Hauptaufgaben:

- Planung der Änderung;
- Verteilung von Softwarekomponenten und ihrer Versionen;

- Installierung dieser Komponenten, um sie in einen betriebsbereiten Zustand zu versetzen;
- Verfolgung der Änderungen und ihrer Ergebnisse zur Erfolgskontrolle oder als Eingangsinformation für das Konfigurations- und Problemmanagement.

Problemmanagement

Das Problemmanagement faßt Aktivitäten zusammen, die bei Störungen und anderen anomalen Situationen erforderlich sind, um den normalen Betriebszustand des Netzes schnellstmöglich und mit geringen Verlusten wiederherzustellen. Die wichtigsten Aktivitäten sind:

- Problembestimmung, d.h. die Feststellung eines Verfügbarkeitsmangels und die Identifizierung der daran betroffenen Hard-, Soft- oder Firmwarekomponente;
- Problemdiagnose, d.h. die Analyse der Problemsituation, um die Ursache der Störung zu ermitteln;
- Problemüberwindung (Bypass) und Wiederanlauf (Recovery), was wo möglich automatisiert erfolgen sollte, um für den Nutzer spürbare Ausfallzeiten zu minimieren;
- Problembeseitigung, d.h die Behebung der Fehlerursachen, was in den meisten Fällen nicht in Form einer Echtzeitaktion möglich ist, sondern Analysen und menschliche Handlungen erfordert;
- Problemverfolgung und -kontrolle, um den oft langwierigen Prozeß der bisher beschriebenen Aktivitäten zu überwachen, Korrelationen zu erkennen und den jeweils aktuellen Zustand zweifelsfrei nachweisen zu können.

Leistungs- und Abrechnungsmanagement

Der Betreiber eines Rechnernetzes ist daran interessiert, Aussagen über die Leistungsparameter wie Verfügbarkeit, Antwortzeit, Durchsatz, Ressourcenausstattung und andere Kenngrößen zu erhalten, um seine eigene Leistung bewerten und Maßnahmen zu deren Verbesserung ableiten zu können. Andererseits ist es in vielen Fällen erforderlich, die Leistungsinanspruchnahme der Nutzer genau zu erfassen, um eine Abrechnung dieser Leistungen zu ermöglichen und damit die Wirtschaftlichkeit des Netzbetriebs zu gewährleisten. Da sowohl Leistungsbewertung als auch Abrechnung auf zum Teil identischen Erfassungsmechanismen und Kennzahlen beruhen, sind beide Gebiete im SNA-Management zusammengefaßt. Weiterverarbeitung und Analyse der erfaßten Werte unterscheiden sich jedoch für beide Zielrichtungen deutlich.

Administratormanagement

Um eine bequeme und effiziente Arbeit der Netzoperateure (Administratoren) zu sichern, ist es sinnvoll, die Eingriffsmöglichkeiten für diese systematisch zu gestalten und entsprechende Bedienoberflächen und andere Hilfsmittel zur Verfügung zu stellen. Es sollen zentralisierte und dezentralisierte Informations- und Eingriffsmöglichkeiten zur Verfügung stehen. Administratoroperationen müssen zu Prozeduren zusammengefaßt und automatisiert werden können. Für die Automatisierung geeigneter Entscheidungen sollen Verfahren der Künstlichen Intelligenz angewendet werden.

Sicherheitsmanagement

Zu den Aufgaben des Sicherheitsmanagements gehören die Kontrolle des Zugangs zu Netzressourcen unter dem Aspekt der dafür erforderlichen Rechte. Dies ist für die Funktionen aller Bereiche des Netzmanagements wegen der potentiell weitreichenden Folgen für den Netzbetrieb besonders notwendig. Der Benutzungsprozeß soll für sicherheitsrelevante Ressourcen und Aktivtäten aufgezeichnet werden. Gegebenenfalls ist ein Alarm auszulösen.

6.1.3 Überblick über Mechanismen und Werkzeuge

Die Möglichkeiten, ein komplexes SNA-Netz zu überwachen und zu steuern, sind außerordentlich vielfältig, so daß sie in diesem Rahmen weder beschrieben werden können noch sollen. Bild 6.1-3 enthält den Versuch einer Systematisierung, der eine erste Zuordnung von in der Praxis auftretenden Lösungen ermöglichen soll.

Basismechanismen sind solche, die unmittelbar mit SNA verbunden sind, z.B. in Form von VTAM-Funktionen. Sie sollen weiter gegliedert werden in Minimalmechanismen, optionale Mechanismen und Nutzer-/Betreiberergänzungen. *Minimalmechanismen* sind solche Managementunterstützungen, die vom Hersteller zwingend vorgesehen sind und die nach Installierung der Netzsoftware zur Verfügung stehen, ohne daß dies vom Betreiber oder Anwender in irgend einer Weise explizit angefordert wurde. Dazu zählen im Normalfall die Anzeige ausgewählter Zustands- und Fehlerinformationen sowie eine minimale Kommandofunktionalität, um das System zu beeinflussen, wenigstens aber für Zwecke der In- und Außerbetriebnahme.

Optionale Mechanimen sind solche, die vom Hersteller vorgesehen und funktionsreif implementiert wurden, deren Wirksamwerden aber von expliziten Anforderungen des Betreibers oder Nutzers abhängen. Diese Anforderungen können z.B. auftreten in Form von:

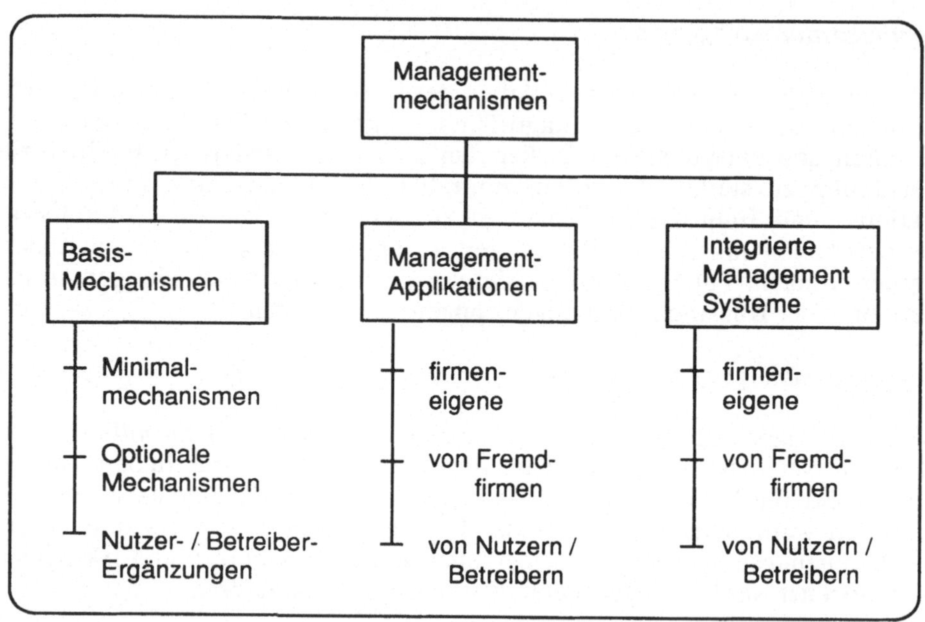

Bild 6.1-3 Kategorien von Managementmechanismen für SNA-Netze

- Auswahlentscheidungen beim Kauf von Software, die Konfigurierungs-, Generierungs- oder Parametrisierungsentscheidungen beim Vertreiber der Software nach sich ziehen;
- Auswahlentscheidungen bei der Installation der Software, die Konfigurierungs-, Generierungs- oder Parametrisierungsentscheidungen beim Betreiber oder Nutzer einschließen;
- Auswahlentscheidungen im laufenden Nutzungsprozeß, z.B. durch Aktivierung gewisser Kommandos und deren Parameter, wodurch die Auswahlentscheidungen bei der Installation verändert und/oder ergänzt werden.

Nutzer-/Betreiberergänzungen machen im allgemeinen Gebrauch von den vom Entwickler für solche Zwecke vorgesehenen wohldefinierten Austrittspunkten (Exits) in der Netzsoftware. Sie ermöglichen es, an die Bedürfnisse eines konkreten Rechnernetzes angepaßte Managementmechanismen zu implementieren, ohne die Daten- oder Steuerungskonsistenz der vom Hersteller gelieferten Lösung zu gefährden. Gelegentlich können bei Übergang zu neueren Softwareversionen des Herstellers Probleme auftreten.
Managementapplikationen bauen auf den Basismechanismen auf und schaffen für komplexe Managementaufgaben, z.B. aus den in Abschnitt 6.1.2 aufgeführten funktionalen Bereichen, geeignete Anwendungslösungen. Diese verfügen im Normalfall über eine eigene Nutzerschnittstelle und eine eigene (externe)

Datenorganisation. Solche Managementapplikationen schränken einerseits die große Funktionalität der Basismechanismen durch Auswahl ein, andererseits erleichtern sie dem Benutzer die Arbeit erheblich. Managementapplikationen können vom Entwickler der Netzsoftware (z.B. die schon in Abschnitt 6.1.1 genannten Systeme NLDM, NCCF, NPDA, VNCA), von Fremdfirmen (z.B. MAZDAMON [6-11], COMINFO u.a.; eine Übersicht ist in [4-1] enthalten) oder von den Betreibern/Nutzern eines SNA-Netzes selbst entwickelt werden.

Integrierte Managementsysteme sind im Sinne der in Abschnitt 6.1.1 geschilderten Evolution entstanden, um immer komplexere Netze zu beherrschen. Sie integrieren zumeist zuvor entstandene Managementapplikationen, indem sie diese mit einer vereinheitlichten Nutzeroberfläche versehen, Datenverbindungen zwischen ihnen ermöglichen, sie funktionell weiterentwickeln und ergänzen. Auch bei dieser Kategorie kommen unterschiedliche Quellen in Frage, wie in Bild 6.1-3 angedeutet. Präzedenzbeispiel für SNA ist NetView, auf das nachfolgend noch näher eingegangen wird. Ein Beispiel für ein Fremdprodukt ist NET/Master von CINCOM [6-9].

6.1.4 Basismechanismen

Um sich in der komplexen und in der Original-Terminologie ungemein vielfältigen und schwer übersichtlichen SNA-Managementwelt zurechtzufinden, ist es gut, sich an das allgemeine Modell eines Mainstream-Managements zu erinnnern, das in Abschnitt 4.4 eingeführt wurde. Die in diesem Modell enthaltenen logischen Komponenten finden sich auch im SNA-Management wieder. Bild 6.1-4 gibt einen Überblick, wobei als Ausschnitt aus einem hierarchischen SNA-Netz ein Typ 5- und ein Typ 2-Knoten gewählt wurde. Der Typ 5-Knoten soll die domänenverwaltenden Aufgaben ausüben, die unter dem Aspekt eines zentralisierten Netzmanagements durch einen menschlichen Aufgabenträger dort einem Netzadministrator zugeordnet sind. Dieser Netzadministrator nimmt über eine Mensch-Maschine-Schnittstelle die Dienste eines SSCP in Anspruch. Der SSCP wandelt die Anforderungen des Administrators in SNA-Anforderungeinheiten (Request Units, vgl. Abschnitt 3.2) um. Sind die Anforderungen an lokale Ressourcen des Hostrechners gerichtet, werden sie an diese weitergeleitet (PU, LUs, PC, DLC), dort bearbeitet und die entstehenden Ergebnisse dem Administrator auf umgekehrtem Wege zugeleitet.
Sind die Anforderungen an entfernte Ressourcen gerichtet, z.B. an solche, die in dem in Bild 6.1-4 gezeigten Typ 2-Knoten residieren, muß zu diesem entfernten Knoten eine SNA-Session eingerichtet werden, die als Träger der Managementkommunikation dienen kann. Dies ist eine SSCP-PU-Session, reprä-

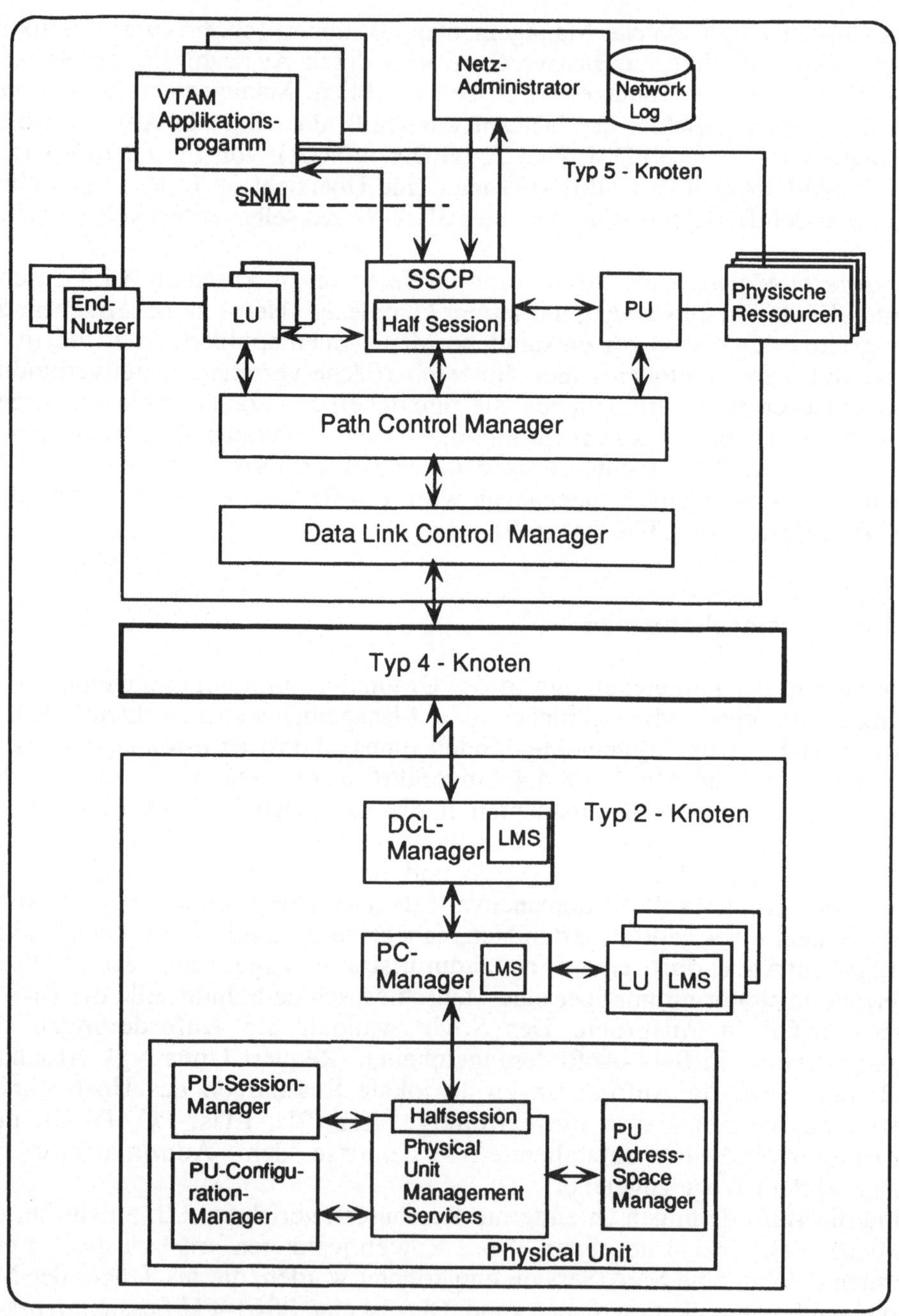

Bild 6.1-4 SNA-Management-Basismechanismen

sentiert durch die beiden in Bild 6.1-4 angegebenen Halfsessions. Über diese Session wird die Anforderung des Administrators als Request Unit an die Physical Unit Management Services (PUMS) weitergeleitet, die die Funktion eines Management-Agenten aus dem allgemeinen Managementmodell ausüben. Dort werden je nach Art der Anforderung andere logische Komponenten der PU (wie PU Session Manager, PU Configuration Manager und PU Adress Space Manager) oder des Typ 2-Knotens wie LUs, PC oder DLC aktiviert. Diese verfügen über lokale Management Services (LMS), die die Anforderung (z.B. Bereitstellung eines Parameterwertes) ausführen. Das Ergebnis wird auf umgekehrtem Wege zurückgeleitet.

Das in SNA verwendete Managementprotokoll ist im Verlaufe der Entwicklung immer stärker vereinheitlicht und damit vereinfacht worden. Gegenwärtig gibt es nur noch einen Typ von Request Units, den sogenannten Network Management Vector Transport (NMVT). Auf diesen wird in Abschnitt 6.1.6 noch näher eingegangen.

Neben den von einem Netzadministrator ausgehenden Aktivitäten des Netzmanagements, wie sie soeben beschrieben wurden, gibt es im SNA-Netzmanagement natürlich auch unaufgeforderte Ereignismeldungen. Diese verwenden die gleichen Kommunikationsmechanismen, die in diesem Falle zunächst im zuständigen SSCP enden. Dort können die Ereignismeldungen vom Netzadministrator abgefragt, ihm automatisch angezeigt, gesammelt und/oder an Management-Applikationen weitergeleitet werden. Neben Netzadministratoren können auch entsprechend privilegierte Programme Managementdienste in Anspruch nehmen. Sie können dazu das CNM-Interface (Communication network management interface) ansprechen und geeignet formatierte Request Units an bestimmte PUs in der gleichen Domäne senden bzw. von diesen empfangen. Jedes Applikationsprogramm, das diese Fähigkeit haben soll, muß in einer CNM Routing Table verzeichnet sein [3-2]. Die Administratorkommunikation kann in einem Network Log (auch primary program operator log, PPO-Log) aufgezeichnet werden. Mit Hilfe von Session Awareness Filters (SAW) kann die Menge der Sessions, die Gegenstand der Überwachung durch den Administrator ist, eingeschränkt werden.

6.1.5 NetView

NetView ist das integrierte SNA-Managementsystem [6-4], [6-5], [6-12], das aus den Management-Applikationen

- Network Logical Data Manager (NLDM),
- Network Communication and Control Facility (NCCF),
- Network Problem Determination Application (NPDA),

- Network Management Productivity Facility (NMPF),
- VTAM Node Control Application (VNCA)

hervorgegangen ist. Aus diesen Management-Applikationen wurde eine mehr oder minder homogene Lösung als zentralisiertes hostorientiertes VTAM-Applikationsprogrammsystem entwickelt, auf das noch eingegangen wird (NetView-Kern). Im weiteren Sinne gehören zu NetView einige weitere Programmprodukte, deren Beziehungen zum NetView-Kern (noch) loser sind, also ein Übergangsstadium zwischen isolierter und integrierter Managementapplikation verkörpern. Bild 6.1-5 zeigt alle NetView-Komponenten in einer groben Übersicht [6-4].

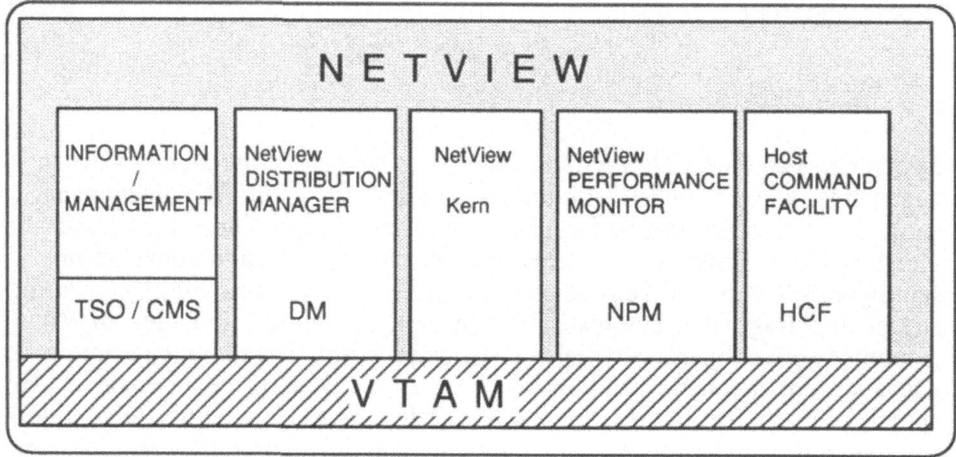

Bild 6.1-5 NetView im weiteren Sinne

Information/Management (nicht zu verwechseln mit dem DB/DC-System Information Management System IMS) ist eine Funktionsgruppe des Programmsystems Information/System. Dieses stellt ein interaktives Wiederauffindungsprogramm für technische Dokumentationen dar. Im Zusammenhang mit NetView wird es für Aufgaben des Konfigurations-, Änderungs- oder Problemmanagements genutzt [3-2].

Der *NetView Distribution Manager* [6.1-7] ist ein Werkzeug für das Änderungsmanagement. Es können komplexe Änderungen geplant werden, die in einem change distribution plan enthalten sind. Dieser kann automatisch unter Beachtung von Bedingungen und Zeitablaufplanung abgearbeitet und in seiner Abarbeitung verfolgt werden. Wiederanlaufmechanismen, die nach Störungen wirksam werden, sind eingeschlossen. Der NetView Distribution Manager nutzt die SNA/File Services (SNA/FS, vgl. [3-41] als Instrument für den mit der Verteilung von Software verbundenen Massendatentransfer.

Der *NetView Performance Monitor* ist ein Applikationsprogramm, das Leistungsdaten des zu einer Domäne gehörenden SNA-Netzes sammelt, aufbereitet und für die interaktive Abfrage bereitstellt. NPM arbeitet mit betreiberdefinierten Schwellwerten. Es hat ein graphisches Subsystem, das Leistungsdaten online und aus Logdateien anzeigen kann. NPM kann auch Daten aus anderen Domänen übernehmen und bereitstellen (cross network session data) [3-3].

Die *Host Command Facility* (HCF) erlaubt es, Netzmanagementfunktionen für entfernte (Sub-) Hosts, die unter DPPX (Distributed processing programming executive) laufen, auszuführen [4-1].

Nunmehr soll der *NetView-Kern* etwas eingehender beschrieben werden. Bild 6.1-6 vermittelt zunächst einen groben Überblick über die innere Komponentenstruktur, Bild 6.1-7 zeigt wichtige funktionelle Zusammenhänge.

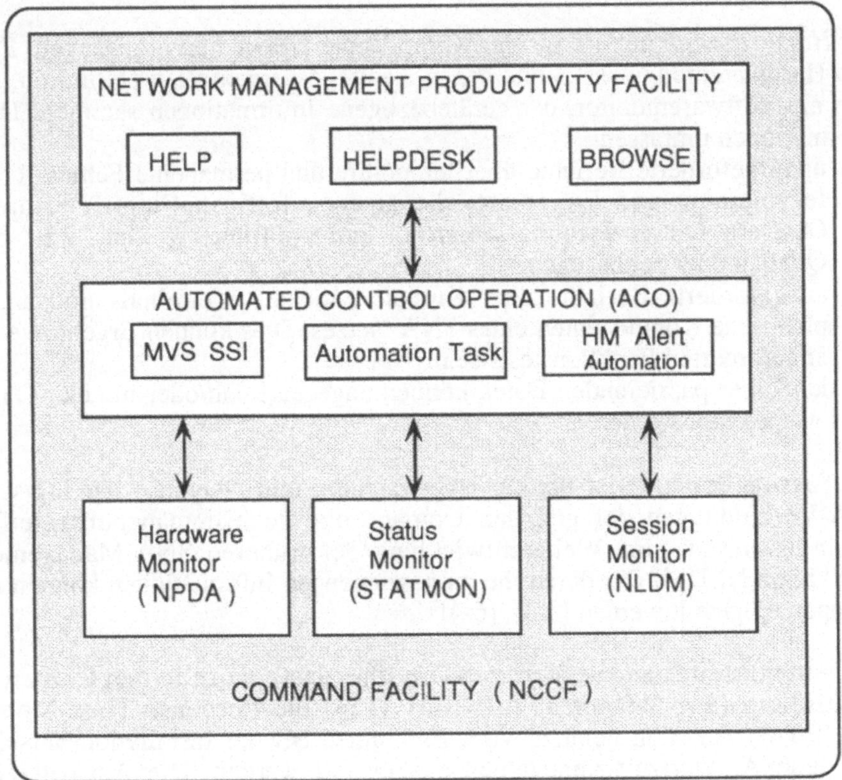

Bild 6.1-6 Komponentenstruktur des NetView-Kerns

Unter inhaltlichen Aspekten der Management-Funktionalität bilden

- Statusmonitor
- Hardwaremonitor
- Sessionmonitor

die wichtigsten Bestandteile von NetView.

Der *Statusmonitor* macht Statusangaben und Aktivitätsstatistiken des Netzes zugänglich. Er liefert Angaben:

- über die Zeitanteile, in denen sich die Knoten in definierten Zuständen befinden (active, inactive, pending);
- über Zustände von Domänen oder ihren Bestandteilen in hierarchisch geordneten Übersichten (Panels);
- über die Sende-/Empfangsaktivität von VTAM-Applikationen.

Mit dem Statusmonitor sind auch Steueraktivitäten möglich, z.B. zur Reaktivierung von inaktiven untergeordneten Knoten.

Der *Hardwaremonitor* ist aus der Komponente NPDA hervorgegangen. Er ist kein Hardwaremonitor im Sinne der in Kapitel 5 verwendeten Definition, sondern ein Softwaremonitor, der gerätebezogene Informationen sammelt. Diese Informationen umfassen:

- unaufgeforderte Berichte über temporäre und permanente Fehler, Transfervolumina und Ereignisse, die einen sofortigen Eingriff erfordern (Alerts). Dieser Informationsstrom kann gefiltert werden, z.B. nach Quellen oder zeitbezogen.
- aufgeforderte Berichte über Knoten, Modems, Terminals und andere physische Komponenten eines SNA-Netzes. Dies können Ergebnisse von angeforderten Funktionstests sein.

Die den Filter passierenden Daten können angezeigt und/oder in einer Datenbasis gespeichert werden.

Der *Session Monitor* ist für die Überwachung und Diagnose der logischen SNA-Verbindungen der gleichen Domäne und auch domänenübergreifend zuständig. Er ist eine Weiterentwicklung der früheren SNA-Managementapplikation NLDM. Die durch ihn zu gewinnenden Informationen können in 5 Gruppen eingeteilt werden [3-3], [6-4]:

- Antwortzeitdaten (Session response time data), wozu in den Clustercontrollern (Typ 2-Knoten, z.B. IBM 3174) die Response Time Monitor (RTM) Function genutzt wird. Es können bei der Installation verschiedene Antwortzeit-Kennzahlen ausgewählt werden. Die Antwortzeiten werden in variabler Form numerisch oder graphisch angezeigt, so absolut, bezogen auf eine Vorgabe und für unterschiedliche Bezugsperioden.

- Tracedaten (Session trace data), wozu Ereignisinformationen zum Lebenszyklus einer Session gezählt werden. Quellen sind VTAM, NCP und Path Control (vgl. Abschnitt 3.2.3). Auch hier gibt es Auswahl- und Filtermechanismen.

- Abrechnungs- und Verfügbarkeitsdaten können vom Session Monitor gesammelt werden, wenn dies bei der Installation von NetView spezifiziert wurde. Es werden Zähler von Pfadinformationseinheiten (PIUs, vgl. Bild 3.2-8) für jede Session sowie Konfigurationsdaten bereitgestellt und in einem externen Log abgelegt.

- Pfaddaten, d.h. Angaben über die einen expliziten Pfad bildenden physischen Einheiten (PUs) und Leitungen (Transmission Groups).

- Session-Überwachungsdaten umfassen Angaben über die Partner einer Session und ihre Aktivität. Diese Daten werden aufbereitet und angezeigt in Listen mit unterschiedlichen Ordnungsmerkmalen, z.B. für eine einzelne Session, für eine ganze Domäne, für eine SNA-Ressource usw.

Alle übrigen Komponenten von NetView nach Bild 6.1-6 dienen mehr oder weniger dem Administratormanagement (operations management). Ihr Ziel besteht darin, den Zugang zu den oben beschriebenen funktionellen Komponenten zu vereinheitlichen, zu erleichtern bzw. automatisieren sowie verschiedenartige Unterstützungen für den Netzadministrator bereitzustellen.

Allgemein erfolgt das Anfordern von NetView-Leistungen über eine Kommandoschnittstelle (Command Facility, aus der früheren Komponente NCCF hervorgegangen). Unaufgeforderte Nachrichten oder Reaktionen auf Kommandos werden dem Administrator zugänglich gemacht bzw. in Log abgelegt. Die Kommandoschnittstelle bietet mehrere Einflußmöglichkeiten:

- auf die Komponenten von NetView selbst,
- über die Terminal Access Facility (TAF) können lokale oder entfernte Anwendungs-Subsysteme wie IMS, CICS, TSO sowie andere Komponenten der NetView-Familie wie NMP oder DM (vgl. Bild 6.1-5) oder entfernte NetView-Systeme gesteuert werden,
- über die Inter System Control Facility (ISCF) ist es möglich, an entfernten Knoten Operationen auszulösen, die normalerweise einen Bedienereingriff erfordern, z.B. Anfangsprogrammladen (IPL), Setzen der Tageszeit oder Initialisierung von Betriebssystemfunktionen.

Eine Reihe dieser aus der Sicht eines zentralisierten Netzmanagements mächtigen Funktionen sind vom Typ des Zielbetriebssystems abhängig, z.B. kann auf MVS über das MVS Subsystem Interface (SSI), auf VM über den Programmable Operator (PROP), auf VSE über Operator Command Control Facility (OCCF) zugegriffen werden.

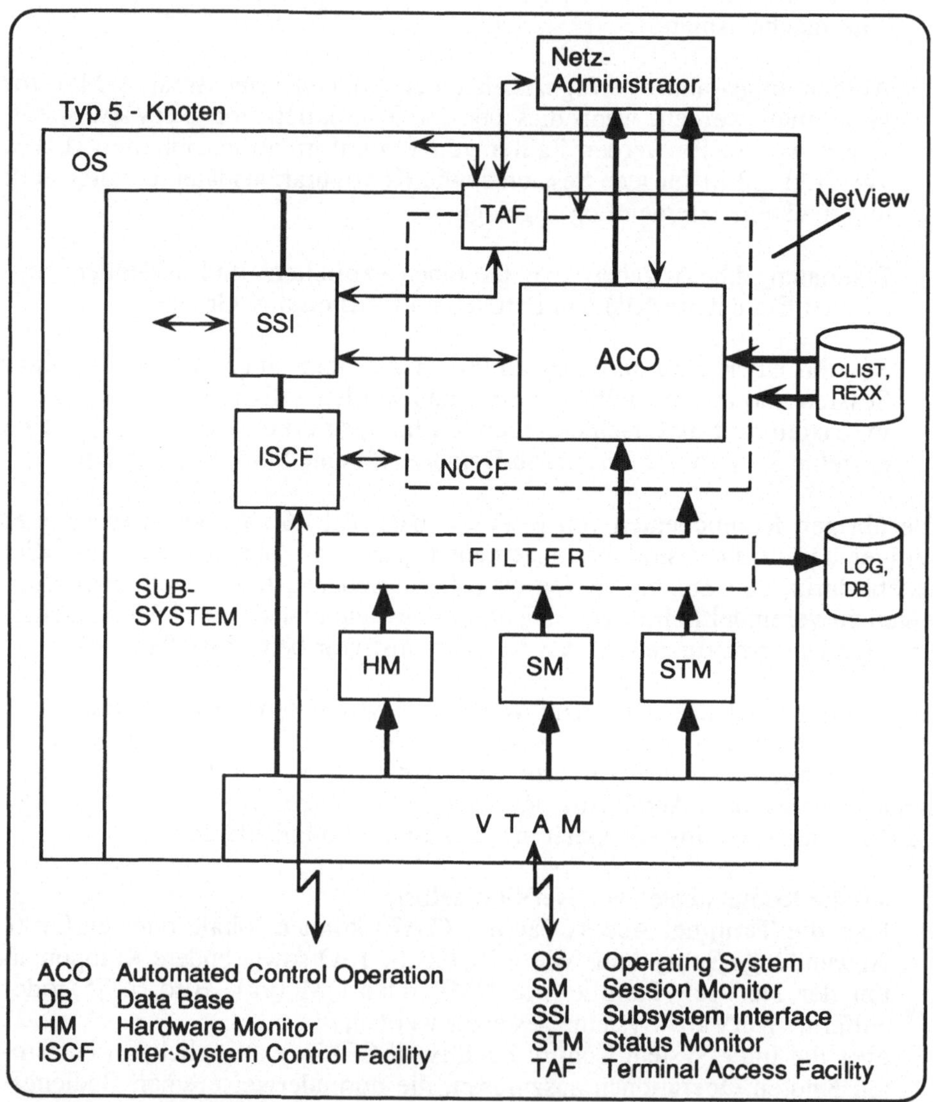

Bild 6.1-7 Wichtige funktionelle Zusammenhänge von NetView

Wichtig sind in diesem Zusammenhang Automatisierungsansätze, in Bild 6.1-6 unter *Automated Control Operation* (ACO) zusammengefaßt. Grundlage dafür sind Kommandoprozedurmechanismen. Kommandoprozeduren sind durch

Steueranweisungen (Bedingungen, Abfragen) ergänzte Folgen von System-, VTAM- und NetView-Kommandos, die in Dateien gespeichert sind und unter ihrem Namen aktiviert werden können. Damit können komplexe Aktionsfolgen eines Netzadministrators automatisiert werden. Die Kommandoprozeduren können geschrieben werden:

- in der NetView-Prozedursprache CLIST,
- in der SAA-Prozedursprache REXX [6-13].

Kommandoprozeduren können aktiviert werden durch:
- Administratoraufruf,
- System-, Subsystem- und NetView-Nachrichten (aufgeforderte und unaufgeforderte),
- Zeitablauf.

Die *Hardware Monitor (HM) Alert Automation* dient der Vereinfachung und Automatisierung der Fehlerverarbeitung [6-5]. Weitere Automatisierungsmöglichkeiten sind durch Ausnutzung von Programmausgängen (Exits) möglich. Diese werden im nächsten Abschnitt näher behandelt. Ergänzende Komponenten des Administratormanagements sind in der *Network Management Productivity Facility* (NMPF) zusammengefaßt. Es handelt sich um die Komponenten:

- *Help Facility* (HELP), die Informationen über NetView zur Verfügung stellt und damit das Nachschlagen in Dokumentationen erübrigt;

- *Help Desk Facility* (HELPDESK) bietet Anleitungen für das Verhalten des Netzadministrators in definierten Problemsituationen, indem komplexe Abläufe in kleinere Schritte aufgegliedert werden, die zur Ausführung vorgeschlagen werden;

- *Browse Facility* (BROWSE) erlaubt es, Logdateien, Kommandoprozedurdateien, Installationsdateien u.a. bequem zu durchsuchen. Zum leichteren Auffinden wichtiger Nachrichten können diese vier Kategorien zugeordnet und farbig codiert werden.

6.1.6 NetView in heterogenen Netzen

Die erste Phase der Öffnung des SNA-Managements (in [6-1] Open Network Management genannt) ist durch das Ziel gekennzeichnet, Nicht-SNA-Systeme von IBM selbst, digitale Nebenstellenanlagen für die Sprachkommunikation (speziell solche der Firma ROLM) und Telekommunikationssysteme anderer

Hersteller unter dem Dach eines von NetView dominierten Netzmanagements zu vereinen. Um einer solchen Heterogenität Rechnung zu tragen, wurden folgende Mittel eingesetzt:

M1: eine Erweiterung der NetView-Architektur,
M2: die Publikation gewisser Prinzipien und Schnittstellen dieser Architektur, um Fremdanbietern und Nutzern die Möglichkeit der Anpassung zu geben,
M3: die Entwicklung von Netzmanagementprodukten auf der Grundlage von M1 und M2, mit deren Hilfe einheitliches Management von SNA- und Nicht-SNA-Komponenten möglich ist.

Die Erweiterung der NetView-Architektur von der reinen Host-Applikation, wie sie in Abschnitt 6.1.5 beschrieben wurde, zu einem hierarchisch verteilten System zeigt Bild 6-8. Wie bisher wird eine Netzdomäne von einer zentralen NetView-Applikation auf einem Typ 5-Knoten gesteuert. Diese zentrale Funktion wird in der erweiterten (geöffneten) NetView-Architektur als *Focal Point* bezeichnet. Auch die anderen in Abschnitt 6.1.5 erwähnten Komponenten der NetView-Produktfamilie (vgl. Bild 6.1-5) zählen zu einem Focal Point. Einem Focal Point untergeordnet sind zwei Typen von Komponenten mit Managementinterfaces: Entry Points und Service Points. Ein *Entry Point* verwaltet einen Teilbaum eines SNA- Netzes, bestehend aus Typ 2-Knoten und/oder entfernten Typ 4- Knoten. Entry Points sind also Teile reiner SNA-Netze.

Ein *Service Point* schließt Systeme und/oder Subnetze aus Nicht-SNA-Komponenten an. Er repräsentiert eine Art Management-Gateway. Eine typische Realisierung eines Service Points ist das IBM-Produkt NetView/PC [6-3]. NetView/PC wird später noch näher erläutert.
Bei den offengelegten Schnittstellen sind vor allem drei erwähnenswert:

- Generic Alert,
- Service Point Command Interface (SPCI),
- NetView Exits.

Generic Alerts [6-2] sind ein Konzept, um Informationen über managementrelevante Ereignisse aus einer Netzdomäne unabhängig davon, ob ihre Quelle in SNA- oder Nicht-SNA-Produkten liegt, an die zentrale NetView-Anwendung zu senden. Der Service Point hat hier die Aufgabe, die Umwandlung von den spezifischen Ereignismeldungsformaten in das Generic-Alert-Format vorzunehmen. Unter einem Alert (Alarm) wird eine unaufgeforderte Ereignismeldung verstanden, die in der Regel auf ein Problem hinweist. Mit einem Alert werden folgende Angaben geliefert:

- A1 Identität der Alarmquelle,
- A2 Identität der betroffenen Ressource,
- A3 Indikator für den Schweregrad des Problems,

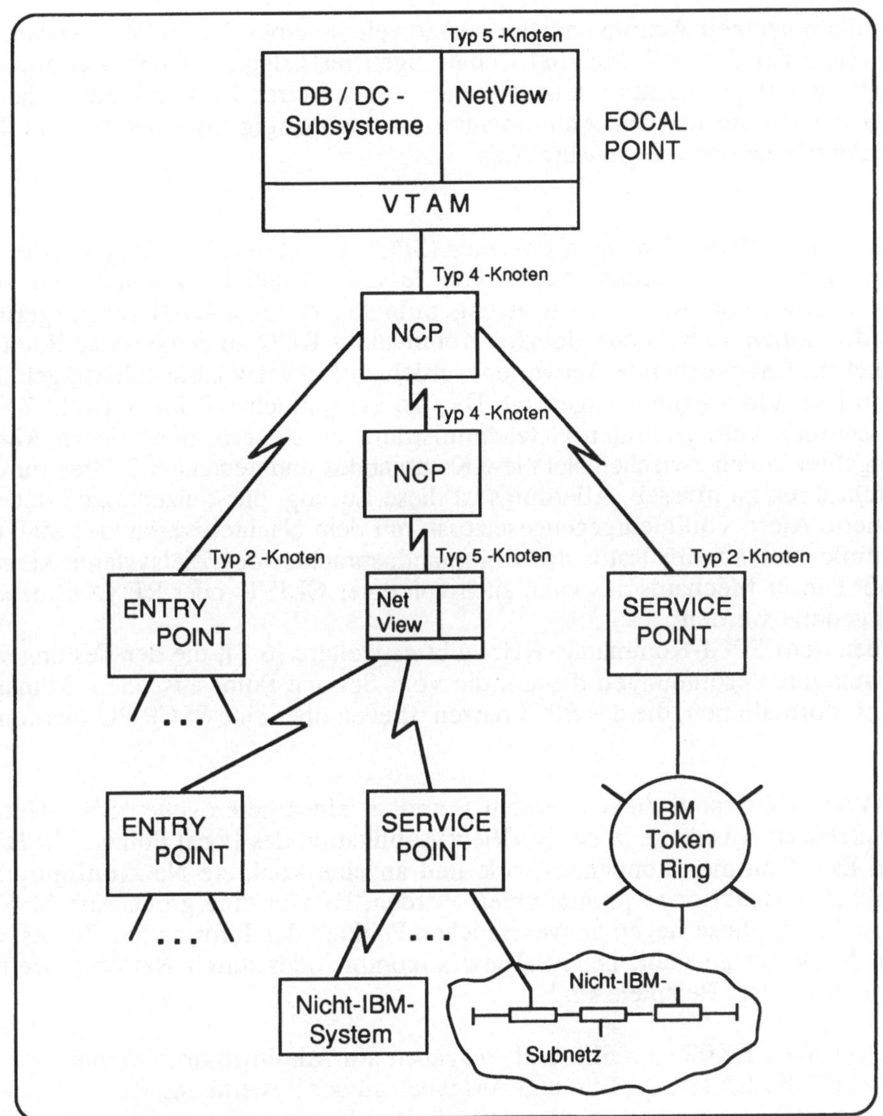

Bild 6.1-8 NetView in heterogenen Netzen

- A4 Problembeschreibung,
- A5 nach Wahrscheinlichkeiten geordnete Liste möglicher Ursachen,
- A6 eine Liste der für den Administrator empfohlenen Reaktionen,
- A7 ggf. protokollspezifische Fehlerdaten,
- A8 ggf. produktspezifische Fehlerdaten,
- A9 ggf. Zeit, zu der das Problem festgestellt wurde.

Für die einzelnen Alarmparameter und soweit sie einen festen Wertevorrat haben auch für deren Werte sind Codierungen festgelegt, auf deren Grundlage NetView auf gespeicherte Standardtexte zurückgreifen kann, um ein einheitliches Ausgabeformat für Alarmmeldungen unabhängig vom Sender und Typ des Anzeigegerätes zu gewährleisten.

Das *Service Point Command Interface* (SPCI) erlaubt es, Kommandos, die auf dem Service Point (zum Steuern von dessen lokalen Funktionen oder zum Veranlassen von Aktionen im nachgeordneten Nicht-SNA-Netz) ausgeführt werden sollen, mittels des globalen Kommandos RUN an den Service Point zu schicken. Entsprechende Antworten werden zu NetView zurückübertragen und beim Netzadministrator angezeigt. Dies ist ein einfaches Prinzip, Nicht-SNA-Ressourcen vom zentralen Netzadministrator zu steuern, ohne intern Abbildungsfunktionen zwischen NetView-Kommandos und denen der Zielressourcen durchführen zu müssen. Allerdings ist diese Lösung, die konzeptionell der des Generic Alert völlig entgegengesetzt ist, mit dem Nachteil verbunden, daß der zentrale Netzadministrator die Kommandosprachen der Zielsysteme kennen muß. Dieser Mechanismus kann auch von einer CLIST- oder REXX-Prozedur aus genutzt werden.
Neben dem SPCI-Kommando RUN gibt es weitere [6-3], die der Testung von Leistungen/Verbindungen dienen, die vom Service Point ausgehen. Managementinformationen, die das SPCI nutzen, fließen über eine SSCP/PU-Session.

NetView-Exits sind die von einem Betreiber eines heterogenen SNA-Netzes benutzbaren Ausgänge in der NetView-Applikation des Focal Points. Mit Hilfe von Exit-Routinen können variable und an eine konkrete Netzkonfiguration angepaßte Reaktionen programmiert werden. Es gibt eine große Anzahl NetView-Exits. Diese liegen an wesentlichen Punkten des Informationsflusses, der von NetView ausgeht, bei NetView ankommt oder durch NetView weitervermittelt wird. Beispiele sind:

- EX01, EX02 Ein- und Ausgaben am Administratorterminal,
- EX09, EX10 Ein- und Ausgaben an der Systemkonsole,
- EX03 Interner Aufruf eines Kommandos,
- EX06, EX11 Empfang aufgeforderter oder unaufgeforderter Nachrichten,
- EX04 Schreiben eines Logsatzes,
- EX07, EX08 Kommunikation mit NetView-Systemen in anderen Domänen.

Für die Programmierer von Exitroutinen stehen NetView-Makros und dokumentierte Steuerblöcke zur Verfügung.

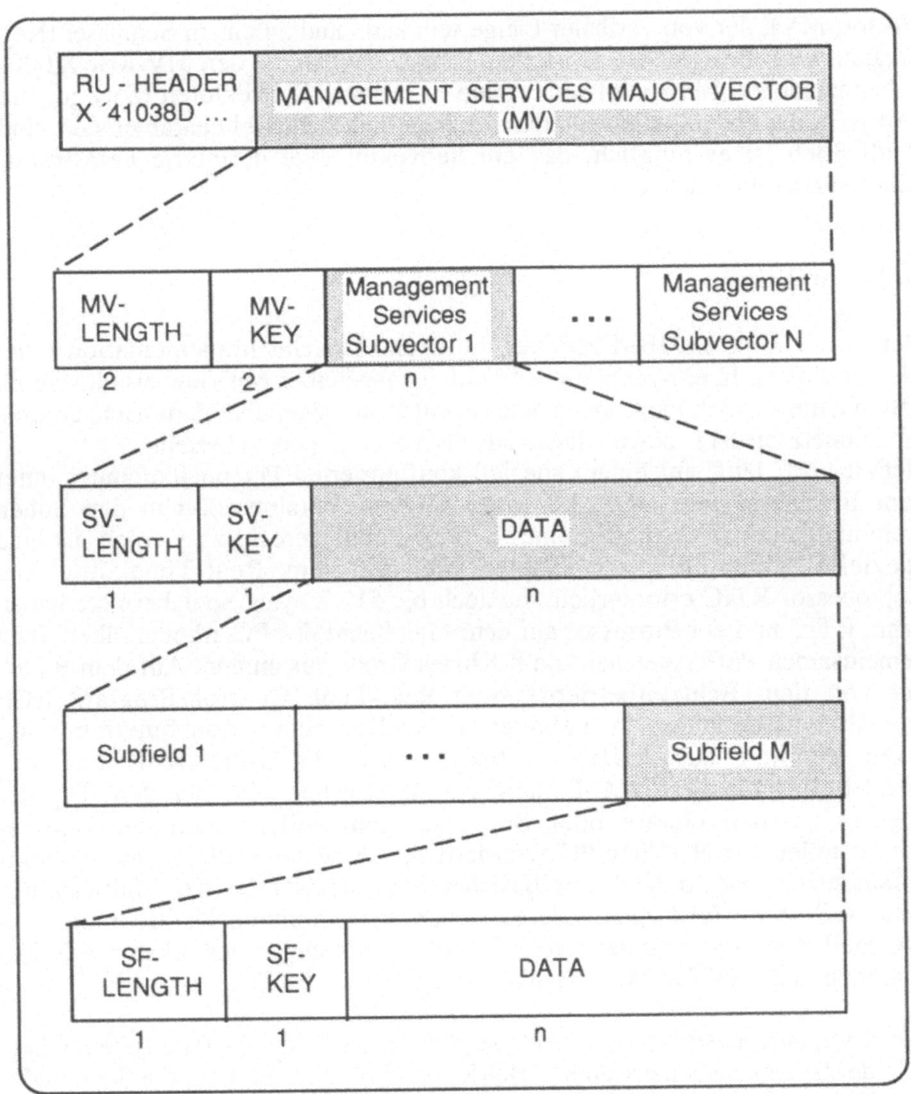

Bild 6.1-9 Struktur einer SNA-Management-Protokolldateneinheit (NMVT)

Network Management Vector Transport (NMVT) heißt die SNA-Protokolldateneinheit, die Informationen für beliebige Managementzwecke transportiert. Im Sinne der SNA-Protokollhierarchie (vgl. Abschnitt 3.2, insbesondere Bild 3.2-8) ist es eine SNA-Anforderungseinheit (Request Unit, RU). Die Struktur einer NMVT-RU wird in Bild 6.1-9 gezeigt. Die RU, die in ihrem Kopf die Codierung X'41038D' trägt, wird als NMVT identifiziert. Jede NMVT enthält genau einen Managementdienst-Hauptvektor (Management Services Major

Vector, MV), der von varibaler Länge sein kann und an einem Schlüssel (Key) erkannt wird. Beispielsweise ist eine Alert-NMVT durch den MV-Key X'0000' gekennzeichnet. Ein Hauptvektor kann in mehrere Subvektoren (SV) gegeliedert sein, die ebenfalls jeweils durch Länge und Schlüssel charakterisiert sind. Schließlich ist es möglich, daß ein Subvektor eine definierte Feldstruktur (Subfields) aufweist.

NetView/PC

NetView/PC ist als IBM-Produkt die exemplarische Implementation eines Service Points. In eingeschränktem Umfang gegenüber NetView als Hostapplikation kann es auch Funktionen eines Focal Point gegenüber dem nachgeordneten Subnetz ausüben, soweit dieses aus SNA-Komponenten besteht.
NetView/PC läuft auf einem speziell konfigurierten Personalcomputer unter dem Betriebssystem DOS 3.2 (oder höheren Versionen). Um den hohen Kommunikationsbelastungen eines Service Points gerecht zu werden, ist eine spezielle Kommunikationsadapterkarte mit dem Real-Time Interface Coprocessor RTIC erforderlich, die auch bis 512 Kbytes Speicherplatz haben kann. RTIC und der Prozessor auf dem Mainboard des PC arbeiten über einen gemeinsamen Pufferspeicher von 8 Kbytes Größe zusammen. Auf dem RTIC, der von dem Echtzeitbetriebssystem Real-Time Control Program RCP verwaltet wird, laufen in mehreren Tasks Kommunikationsfunktionen ab. Dazu gehören das LU/PU-Protokoll, das SDLC-Protokoll und der Gerätetreiber für die SDLC-Leitung zum Hostrechner. Je nach dem Typ der angeschlossenen Geräte oder Subnetze sind weitere Kommunikationsschnittstellen für NetView/PC erforderlich. Als weitere allgemeine Systemvoraussetzung ist oberhalb des Basisbetriebssystems DOS das Multitaskingsystem CP/88 erforderlich. Dieses sichert die simultane Verarbeitung von eventuell mehreren Alarmen neben Dialoganforderungen des lokalen Administrators und der PC/Hostkommunikation.

Die Komponentenstruktur von NetView/PC ist im Bild 6.1-10 zu sehen. Oberhalb der beiden soeben erwähnten Betriebssystemschichten liegt die Schicht der Basisdienste. Dazu gehören:

- Dialog Management,
- Extended File Services,
- Support Services,
- Communication Services.

Das *Dialogmanagement* stellt Funktionen bereit, die eine einheitliche Benutzeroberfläche aller Applikationsprogramme von NetView/PC ermöglichen, die vom Hersteller selbst stammen. Dieses Dialogmanagement (EZ-VU) enthält Funktionen des hostbasierten Entwicklungssystems ISPF (Interactive System Productivity Facility).

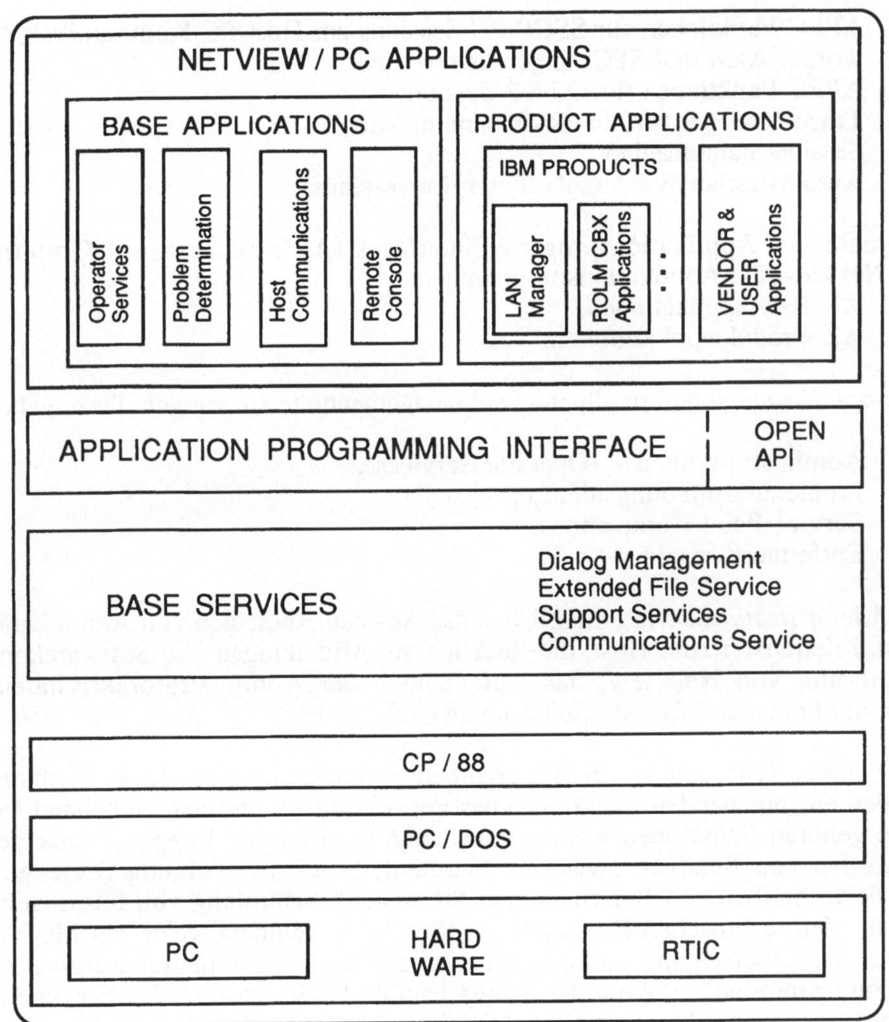

Bild 6.1-10 Komponentenstruktur von NetView/PC

Die *erweiterten Fileservices* bauen auf den DOS-Filefunktionen auf und erweitern diese um grundlegende Datenbankfunktionen. Filefolgen und Logfiles werden unterstützt.

Zu den *Support Services* gehören Verzeichnisse sowie die Unterstützung der Statuszeile, die als Zeile 25 auf Bildschirmgeräten der aktuellen Information des Netzadministrators dient.
Zu den Basisdiensten gehören schließlich Kommunikationsfunktionen. Dies sind:

- APPC-Funktionen für SSCP-PU-Sessions zur Host-PC-Kommunikation, worauf Alert und SPCI angebildet werden;
- APPC-Funktionen für LU 6.2-Sessions;
- Trace-Manager für die Hostkommunikation;
- Session-Statusanzeige;
- Automatischer Wiederanlauf von Hostsessions.

Oberhalb des Applikationsprogramminterfaces (API) gibt es zwei Gruppen von NetView/PC-Applikationsprogrammen:

A1 Basisapplikationen,
A2 Produktapplikationen.

Basisapplikationen liefern allgemeine Managementunterstützungen. Dazu gehören:

- Administratordienste (Operator Services),
- Problembestimmungsdienste,
- Service-Point-Kommandos,
- Entfernte Konsole.

Die *Administratordienste* ermöglichen das An- und Abmelden von Administratoren, Filetransfer zum Host, die Reaktion auf Mitteilungen, die Softwarekonfigurierung von NetView, das Aufzeichnen der Administratoraktivitäten, Hilfefunktionen und das Abschließen von NetView/PC.

Die *Problembestimmungsdienste* erlauben es, unabhängig sowie im Verbund mit den entsprechenden Funktionen des Focal Points, Störungen zu behandeln. Dazu gehören Funktionen wie Alarmbehandlung (Routing, Logging, Anzeige, Herstellen von Bezügen zwischen Alarmen); Problemverfolgung (Erzeugen und Fortschreiben von Berichten über Störungen); Sammlung von Informationen für den technischen Kundendienst (Service Reminder) sowie ein Mechanismus zur Übertragung größerer Mengen dezentral gesammelter Informationen zum zentralen NetView (Host Data Facility HDF). Auf die Service-Point-Kommandos wurde bereits weiter oben eingegangen (SPCI).

Die *Dienste der entfernten Konsole* (Remote Console Services) stellen Hilfsmittel bereit, von einem lokalen NetView/PC entfernte NetView/PC-Installationen zu überwachen und steuern. Zum Funktionsumfang des entfernten Konsoldienstes gehört auch ein Filetransfer.

Die Gruppe der *Produktapplikationen* wird in zwei Untergruppen eingeteilt:
P1: IBM-Applikationen
P2: Applikationen für Fremdprodukte.
IBM-Produktapplikationen unterstützen das Management spezieller Nicht-SNA-Netzkomponenten von IBM. Dies sind insbesondere der IBM-Token-

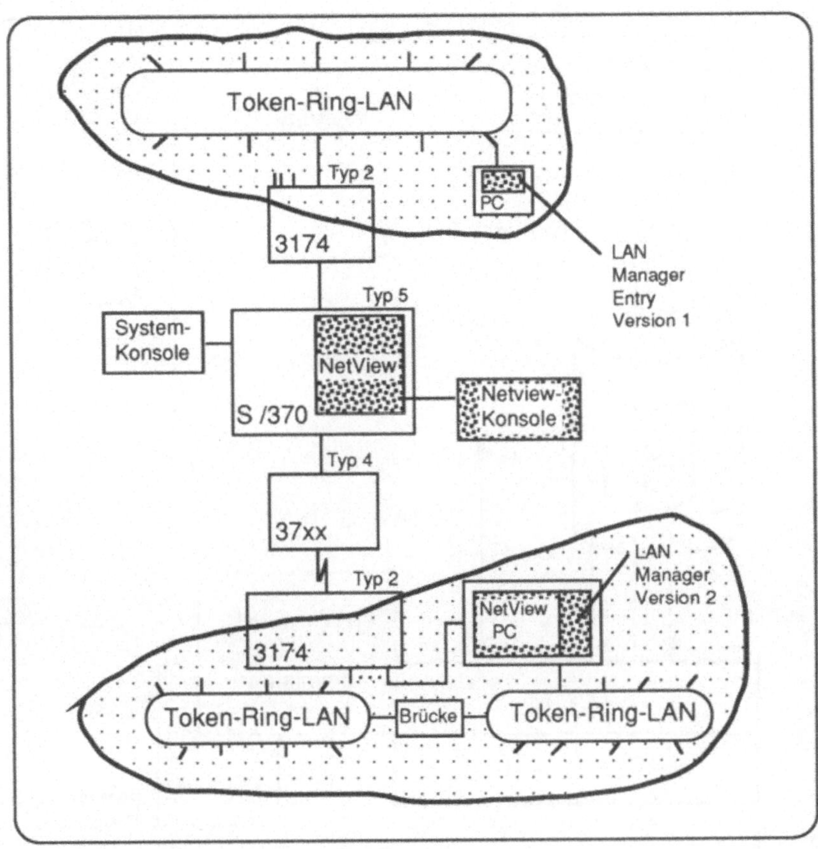

Bild 6.1-11 Management von Token-Ring-LAN
im Rahmen der NetView-Architektur (Beispiel)

Ring-Manager und die ROLM CBX Applications für digitale Nebenstellenanlagen.
Der LAN-Manager [6-14], [6-15] ist zunächst für das Management isolierter lokaler Token-Ring-Netze entwickelt worden. Mit dem LAN-Manager-Programm Version 2 können komplexe LAN-Konfigurationen unter Einschluß von Brücken und Breitbandsegmenten (IBM PC Network) überwacht werden. Eine abgerüstete Variante ist IBM LAN Manager Entry Version 1.0 für die Überwachung eines einzelnen lokalen Netzes. LAN Manager Entry Version 1 verfügt über keine Administratorschnittstelle. Beide Versionen können jedoch mit einem zentralen NetView zusammenarbeiten, indem sie die bisher schon beschriebenen Mechanismen (Alerts, SPCI) nutzen (vgl. Bild 6.1-11).

Applikationen für Fremdprodukte sind ein wichtiger Ansatz zur Öffnung des SNA-Managements. Sie können sowohl von Produktanbietern als auch von

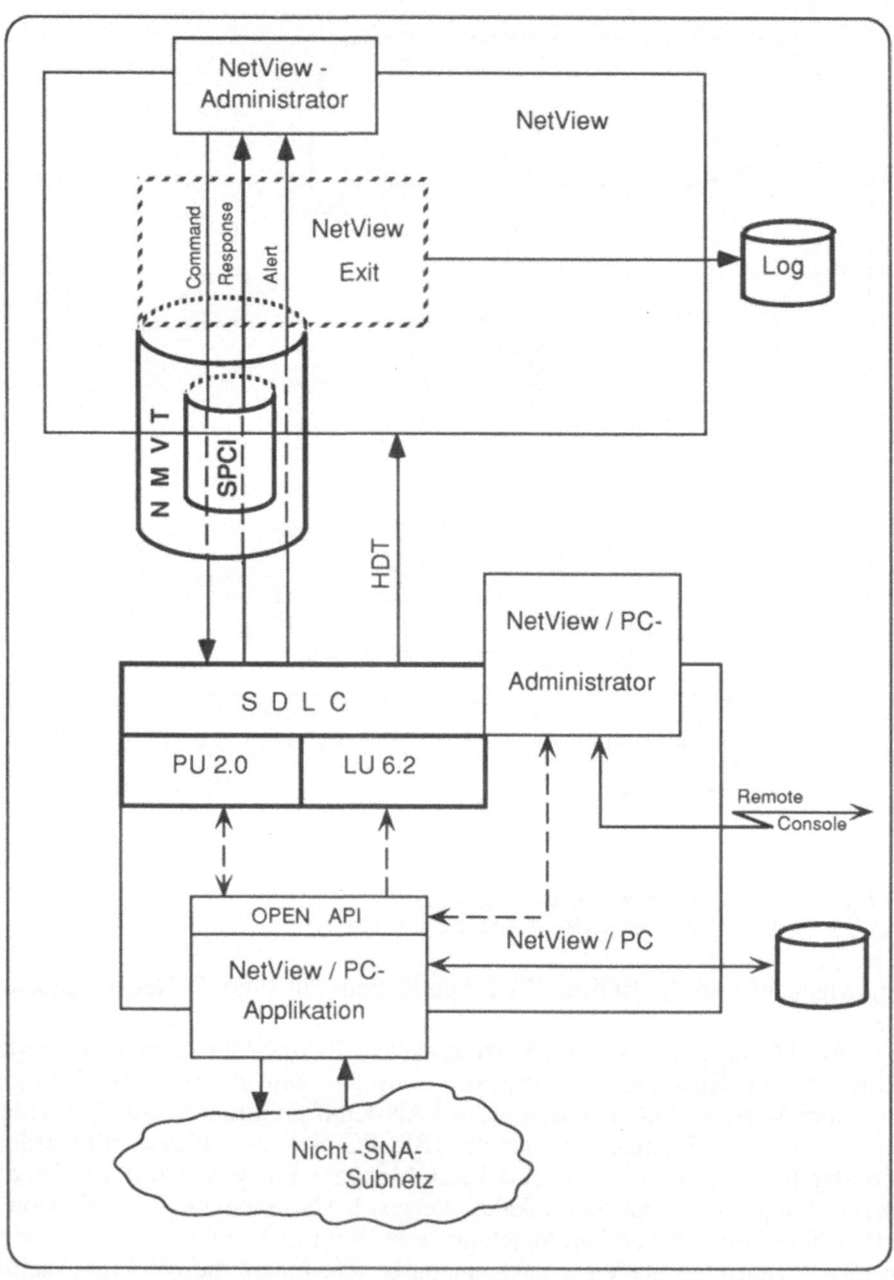

Bild 6.1-12 Mechanismen zur Öffnung des SNA-Managements

Netzbetreibern entwickelt werden. Die oben beschriebenen Erweiterungen des Betriebssystems in Form der Basisdienste sind derartigen Applikationen allerdings nicht direkt zugänglich. Statt dessen wurden zwei Wege geöffnet [6-3]:
W1 die DOS-Partition,
W2 das offene Anwendungsprogramm-Interface (Open API).
Die *DOS-Partition* erlaubt es DOS-Programmen, die eine Reihe vorgegebener Restriktionen einhalten, als NetView/PC-Applikationen zu laufen.

Das *Open API* besteht aus einer Reihe von DOS-Objektmoduln, die mit dem Applikationsprogramm verbunden werden können. Damit sind einige wichtige NetView-Funktionen zugänglich, insbesondere:

- das Senden von Alarmen zum Host oder einer lokalen Einrichtung (Alarm API);
- das Empfangen und Analysieren von Hostkommandos über das SPCI, das auch das Zurückgeben von Antworten ermöglicht;
- die Information des lokalen NetView-Administrators über notwendige Eingriffe (Operator Communications API);
- den Filetransfer zum Host über das Host DataTransfer (HDT-)API.

Bild 6.1-12 zeigt noch einmal in einer zusammenfassenden Übersicht die Mechanismen zur Öffnung des SNA-Managements im Rahmen des traditionellen NetView-Ansatzes.

Neben NetView gibt es mit dem Produkt IBM NETCENTER ein neues Netzmanagementprodukt, das die bei NetView ursprünglich nicht vorhandenen graphischen Präsentationsmöglichkeiten enthält. Nach [6-16] kann es NetView in diesem Sinne ergänzen, aber auch unabhängig von diesem eingesetzt werden. Ähnlich wie NetView hat es ein Service Point Interface. Ähnliche Funktionen mit offenbar stärkerer Integration in NetView weist die Graphic Monitor Facility [6-43] auf.

6.1.7 Netzmanagement in SAA

Soweit es sich um reine SNA-Netze handelt oder die Öffnung im Sinne von Abschnitt 6.1.6 erfolgen soll, gibt es für das Netzmanagement in SAA gegenüber dem bisher beschriebenen SNA-Management keine Veränderungen. Interessant sind Entwicklungstendenzen in Richtung OSI. In Abschnitt 3.2 wurde erläutert, daß die Einheitliche Kommunikationsunterstützung in SAA (vgl. Bild 3.2-14 bis Bild 3.2-16) neben der traditionellen SNA-Säule alternativ eine OSI-Säule umfaßt. Da in SAA bisher nicht von reinen OSI-Netzen ausgegangen wird, sondern eher von einer Dominanz des traditionellen SNA-Konzepts, widerspiegelt sich dies auch im Managementkonzept.

Nach [3-34] und [3-39] ist das OSI-Managementprotokoll CMIP (vgl. Kapitel 7) Bestandteil des SAA OSI/Communications Subsystems. Damit soll das Management von OSI-Netzen im Rahmen von SAA möglich sein. Es ist allerdings anzunehmen, daß dieser Weg von IBM vorerst weniger intensiv verfolgt wird.

Mehr der Firmenlogik entspricht die z.B. [3-39] angedeutete Richtung, das OSI/Communications Subsystem mit seiner CMIP-Fähigkeit als SNA Service Point auszubauen. Ein OSI-Netz wird nach diesem Modell wie in Abschnitt 6.1.6 ausführlich erläutert als Nicht-SNA-Subnetz betrachtet und über einen Service Point (der in diesem Fall nicht durch NetView/PC, sondern durch das OSI/Communications Subsystem repräsentiert wird) von der zentralen NetView-Applikation steuer- und überwachbar. Bild 6.1-13 zeigt diesen Weg schematisch. Der Service Point liegt dabei physisch im gleichen System wie der Focal Point. Die Kommunikation zwischen beiden (Alerts, SPCI) wird über eine LU 6.2-Session abgewickelt [6-16].

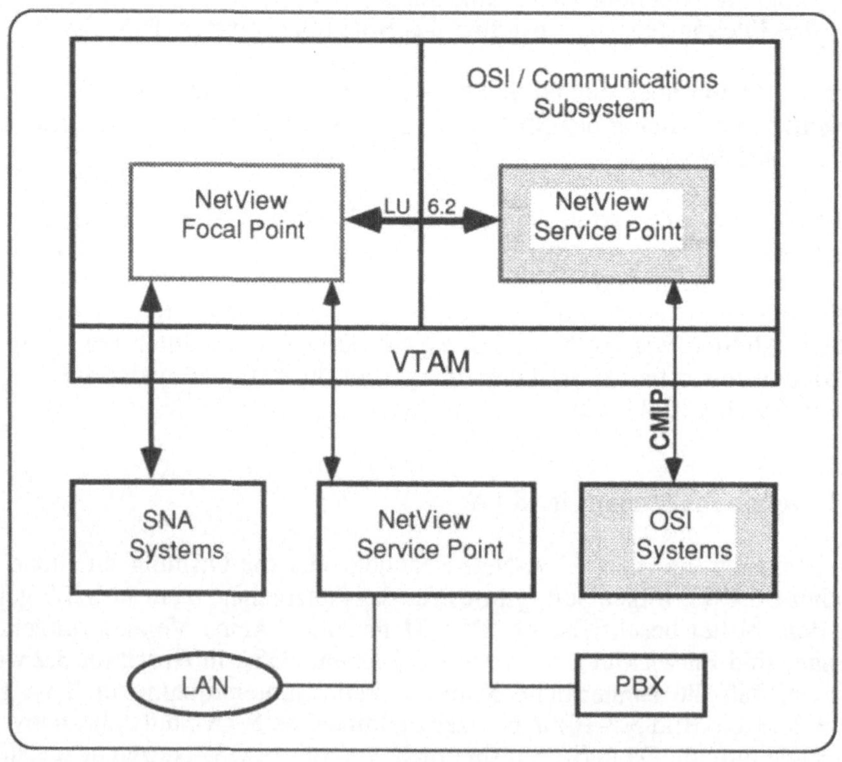

Bild 6.1-12 Anschluß von OSI-Netzen an NetView

6.2 DNA-Management

6.2.1 Aufgaben und funktionale Bereiche

Wie in Kapitel 3 deutlich geworden ist, unterscheiden sich die beiden in diesem Buch als Beispiel für firmenspezifische Netzarchitekturen herangezogenen Konzepte SNA und DNA erheblich. Diese Unterschiedlichkeit spiegelt sich auch im Netzmanagement wider. Insbesondere ist im DNA-Management nicht der für SNA typische Zentralisierungszwang vorhanden. Dennoch ist eine zentrale Sicht für das Management jedes Netzes unabdingbar. Diesem Erfordernis wird in DNA weniger durch systemtechnische Zwänge Rechnung getragen, sondern es bleibt dem Organisationsregime überlassen. Im Verlaufe der Entwicklung sind jedoch auch Werkzeuge entstanden, die eine zentrale Sicht auf ein Netz unterstützen.

In früheren Publikationen zum DNA-Management beschränkte sich die funktionelle Strukturierung auf die Aufzählung von Aufgaben [3-42], später wurden diese den fünf funktionellen Gebieten des OSI-Managements

- Konfigurationsmanagement
- Störungsmanagement
- Leistungsmanagement
- Abrechnungsmanagement
- Sicherheitsmanagement

zugeordnet [6-17], ohne sich dabei streng an die OSI-Definitionen zu halten. (vgl. Kapitel 7). Hier soll zur Erleichterung des Überblicks und der Vergleichbarkeit diesem letzteren Ansatz gefolgt werden (vgl. Bild 6.2-1).

Konfigurationsmanagement

Einschließlich der Aufgaben, die bei der Neuinstallierung eines DNA-Netzes anfallen, gehören zum DNA-Konfigurationsmanagement:

K1 *Planung des Netzes und der Knotengenerierung*
Dazu zählen die Festlegung der Knotentypen, ihrer Adressen und Namen sowie der physischen Verbindungen zu anderen Knoten. In DECnet Phase IV werden diese Angaben Bestandteil der Node Database, in DECnet Phase V werden entsprechende Einträge im Namensservice erzeugt (vgl. Abschnitt 3.3.6).

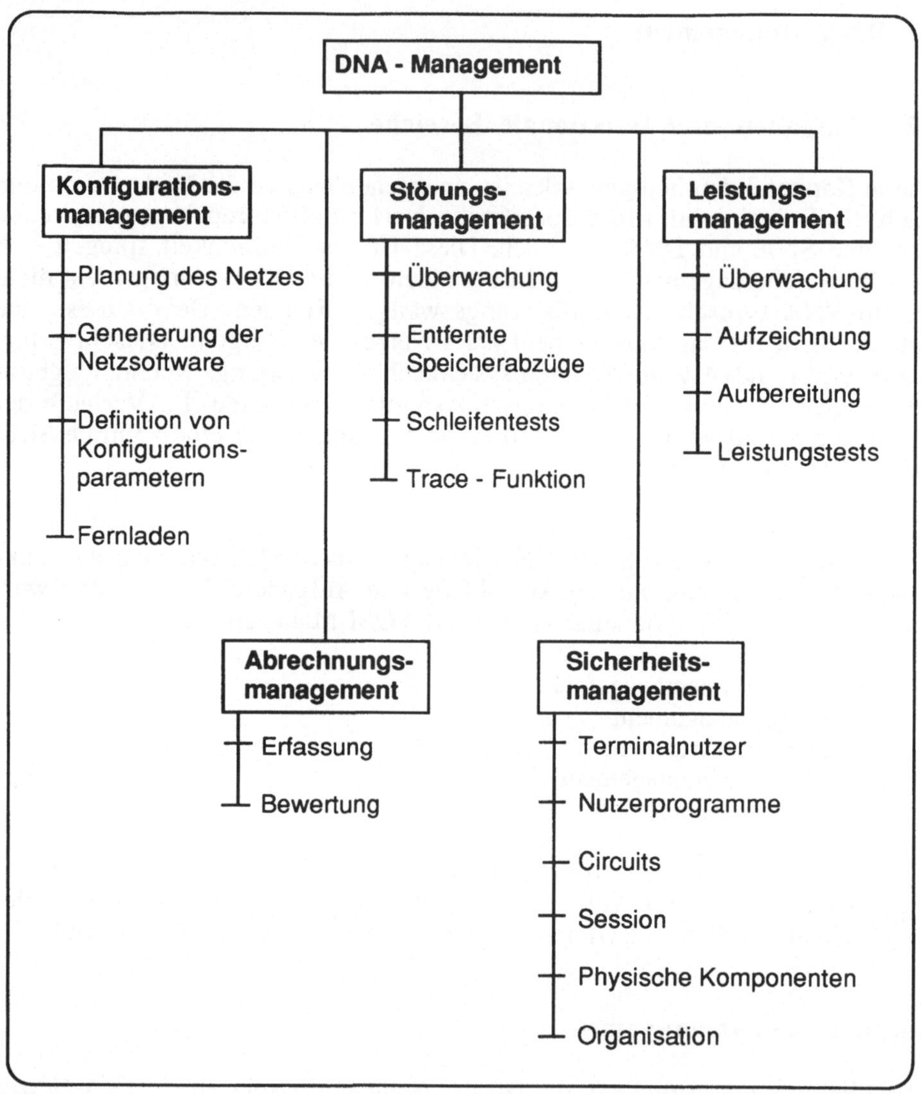

Bild 6.2-1: Funktionelle Gebiete im DNA-Management

K2 *Generierung der Knotensoftware*
Durch Parametrisierung von Generierungsprozeduren wird aus der vom Hersteller gelieferten Software eine den Erfordernissen und Gegebenheiten jedes Knotens angepaßte Softwarekonfiguration erzeugt. Das schließt die Auswahl von Komponenten ein (z.B. Treiber für bestimmte Übertragungsmedien/-verfahren).

K3 *Definition und Redefinition von Konfigurations- u.a. Parametern*
Diese Aufgabe hat bezüglich ihrer Zuordnung zu den genannten fünf funktionellen Gebieten relativ universellen Charakter, wird jedoch der Einfachheit wegen dem Konfigurationsmanagement zugeordnet. Beispiele sind die Belegung von:

- Knotenadressen und Knotennamen,
- Knotenverifikations-Passwörtern,
- Netzobjektparametern, z.B. Namen, Adressen, Zugriffskontrollinformationen und maximale Objektanzahl für Anwendungs- und Systemmoduln,
- Routingparametern, z.B. der "Kosten" jeder Leitung, der maximalen Kosten eines Pfads, der maximalen Kosten im Bereich, der maximalen Anzahl Abschnitte von Knoten zu Knoten (Hops), des Routingtimers, der Puffergröße usw.,
- Leitungsidentifikatoren,
- Parametern für Schicht 2-Verbindungen (Circuits) in Abhängigkeit von Übertragungsverfahren (z.B. DDCMP oder Ethernet).

K4 *Fernladen (Downline Loading)*
Diese Funktion gehört in die Inbetriebnahmephase eines Netzes und ist daher eine typische Aufgabe des Konfigurationsmanagements im laufenden Betrieb. Sie ist für unbediente bzw. konstruktiv oder konfigurationsabhängig plattenlose Knoten erforderlich, wo ein lokales Systemladen nicht möglich ist. In diesem Zusammenhang wird zwischen Exekutivknoten (executor node) und Zielknoten (target node) unterschieden. Am Exekutivknoten werden die zur Einleitung und Steuerung des Vorgangs erforderlichen Kommandos abgearbeitet, er liefert auch den auf den Zielknoten zu übertragenden Betriebssystemcode. Zielknoten sind meist Router, Gateways oder Terminalserver. Da Exekutivknoten und Zielknoten benachbart sein müssen, kann es erforderlich sein, einen weiteren Knoten in den Vorgang einzubeziehen. Es ist dies ein Kommandoknoten (command node), an dem die entsprechenden Kommandos eingegeben werden (vgl. Bild 3.2-2). Fernladen kann auch vom Zielknoten eingeleitet werden (target-initiated downline load). Das kann entweder auf Anforderung eines Bedieners oder als Folge eines störungsbedingten Speicherabzugs (Upline Dumps, vgl. nachfolgende Erläuterungen zum Störungsmanagement) automatisch geschehen. Die dazu erforderlichen Protokolle NICE und MOP werden in Abschnitt 6.2.2 näher erläutert.

Störungsmanagement

Unter Störungsmanagement (Fehlermanagement) wird hier der Gesamtprozeß der Überwachung des laufenden Netzbetriebs sowie die Reaktion auf dabei festgestellte Abweichungen vom Normalverhalten verstanden. Zum Störungsmanagement zählen folgende Aufgaben:

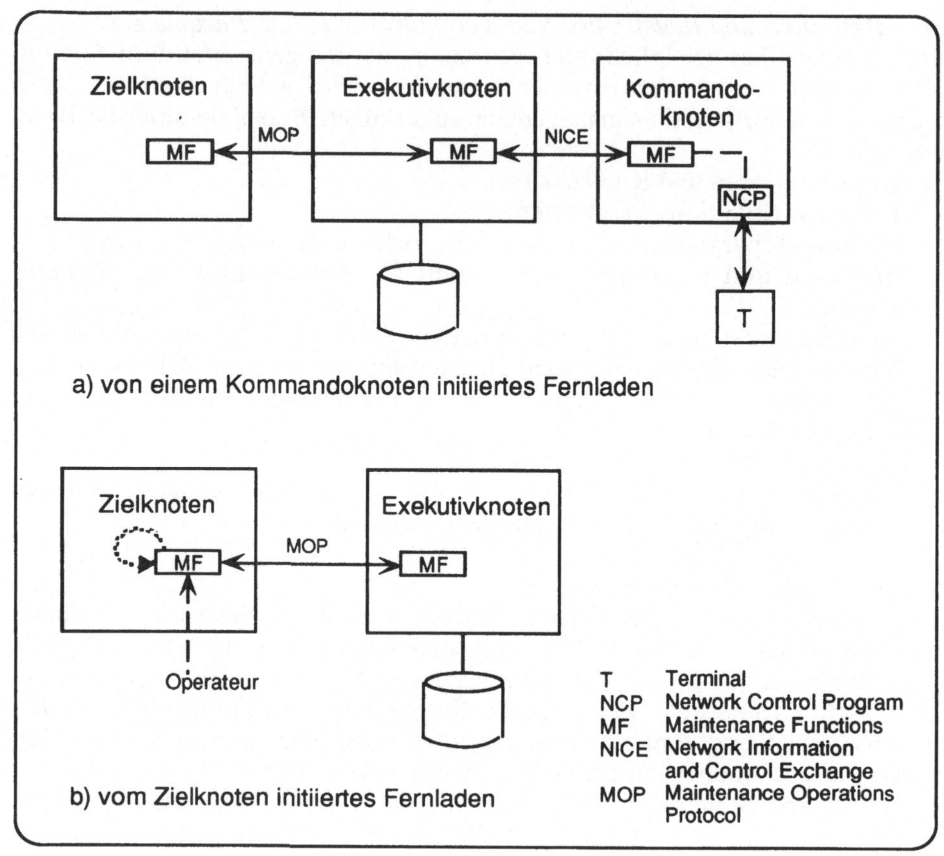

Bild 6.2-2: Fernladen in DECnet

F1 *Überwachung*

- Kontrolle des Knotenstatus,
- Kontrolle des Leitungs- und Circuitstatus,
- Überwachung der Knotenaktivität, wozu verschiedenartige Zähler vorhanden sind.

F2 *Entfernte Speicherabzüge* (Upline Dumping)
Entfernte Speicherabzüge bilden das Gegenstück zum Fernladen. Sie werden bei Störungen eines Knotens ohne eigenes Externspeichermedium für diesen Zweck zwischen einem Ziel- und einem Exekutivknoten ausgetauscht. Es werden prinzipiell die gleichen Mechanismen wie beim Fernladen benutzt (Maintenance Operations Protocol, vgl. Bild 6.2-2). Entfernte Speicherabzüge werden vom Zielknoten automatisch bei Vorliegen gewisser Fehlersituationen ausgelöst. Ist ein entfernter Speicherabzug beim Exekutivknoten angekommen,

kann ebenfalls automatisch ein Fernladen zur Wiederherstellung der Funktionsfähigkeit des Zielknotens erfolgen.

F3 *Schleifentests* (Loopback Testing)
Diese dienen der Prüfung der Funktionsfähigkeit von Netzverbindungen, insbesondere aber der Isolierung von Störungsursachen. Bild 6.2-3 zeigt Beispiele für Schleifentests, von denen in DECnet eine große Vielfalt unterstützt wird. Sie können durch Kommandos aus dem Administratorprogramm NCP, aber auch aus Nutzerprogrammen heraus initiiert werden. Spiegelungspunkte sind:

- im initiierenden Knoten
  - A die Routing-Schicht,
  - B der Controller für die physische Leitung;

- im Übertragungssystem
  - C das lokale Modem knotenseitig,
  - D das lokale Modem netzseitig,
  - E ein zwischengeschaltetes spezielles Gerät,
  - F das entfernte Modem;

- im entfernten Knoten
  - G die Routingschicht,
  - H die Netzmanagementschicht,
  - I die Nutzerschicht (ein Nutzerprogramm).

F4 *Tracefunktion*
Die Tracefunktion ist in DECnet für die Verfolgung von Protokollaktivitäten im Zusammenhang mit Internetzverbindungen vorgesehen (vgl. Abschnitt 3.3.5). Dies betrifft insbesondere Kommunikationsvorgänge, an denen ein SNA- oder ein X.25-Gateway beteiligt ist.

Leistungsmanagement

Auch im DNA-Management bilden Funktionen für das Leistungsmanagement eine wichtige Komponente. Dazu gehören:

L1 *Überwachung von leistungsbezogenen Parametern*
Diese Funktion entspricht in ihren Mechanismen weitgehend F1, lediglich die Zielrichtung der Betrachtung ist anders. Neben der knotenorientierten, auf einzelne Parameter gerichteten Leistungsüberwachung werden auch komplexe Instrumente eingesetzt (vgl. auch Abschnitt 6.2.2), die ebenso die Funktionen L2 und L3 einschließen.

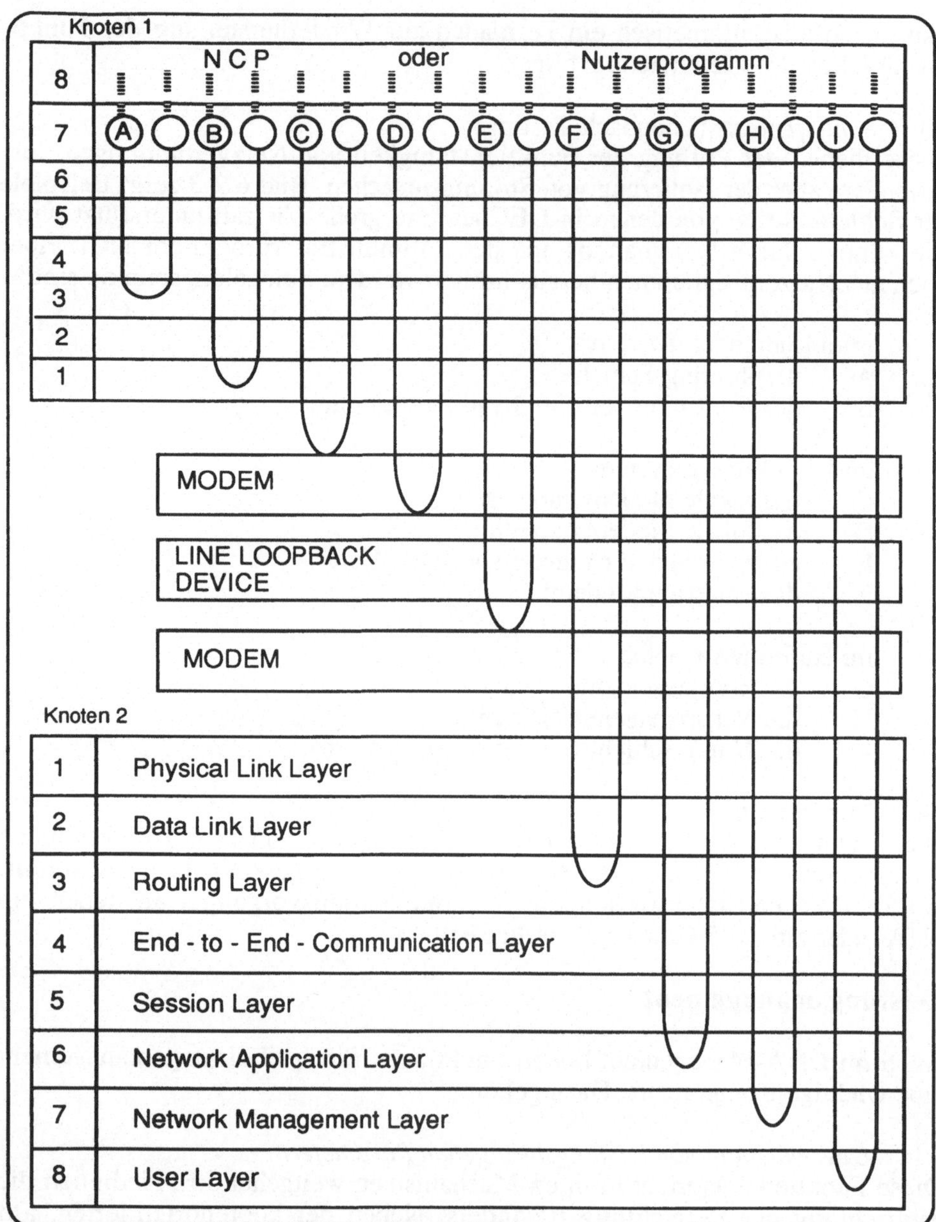

Bild 6.2-3 Beispiele für Schleifentests

L2 *(Langzeit-) Aufzeichnung von Leistungsdaten*
Mit dieser Funktion wird die Voraussetzung für eine nachfolgende Analyse geschaffen.

L3 *Aufbereitung und Analyse von Leistungsdaten*
Die statistische und graphische Aufbereitung von Leistungsdaten bildet die Grundlage für die Ableitung von Maßnahmen zur Leistungsverbesserung (Tuning).

L4 *Leistungstests*
In ähnlicher Weise wie Schleifentests können auch Leistungstests mit einstellbaren Parametern spezifiziert werden (Ultilities DTSEND und DTRECV).

Abrechnungsmanagement

Für das Abrechnungsmanagement werden in DNA keine speziellen Mechanismen ausgewiesen. Die mit dem hauptsächlichen Betriebssystem VMS gegebenen Möglichkeiten der Nutzer- und Nutzungserfassung können als Grundlage für ein DNA-Abrechnungsmanagement angesehen werden.

Sicherheitsmanagement

Sicherheitsmaßnahmen sind in DECnet auf mehreren Ebenen vorgesehen. Zu unterscheiden sind:

- Zugriffsschutzmechanismen für Terminalnutzer,
- Zugriffsschutzmechanismen für Nutzerprogramme,
- Zugriffsschutzmechanismen beim Aufbau von Circuits,
- Zugriffsschutzmechanismen beim Aufbau von Sessions,
- Physische und organisatorische Schutzmaßnahmen.

Einzelheiten können hier nicht behandelt werden.

6.2.2 Managementmechanismen in DNA Phase IV

Wie schon in Abschnitt 3.3 erläutert, sind die Managementmechanismen von DECnet Phase IV in einer speziellen Schicht, der Network Management Layer (vgl. Bild 3.3-8) enthalten. Dies entspricht der Positionierung des OSI-Systemmanagements in der Verarbeitungsschicht.
Bild 6.2-4 gibt einen Überblick über die Komponenten der Network Management Layer in einem Knoten sowie ihre Beziehungen zu anderen Schichten (nach [3-42]).

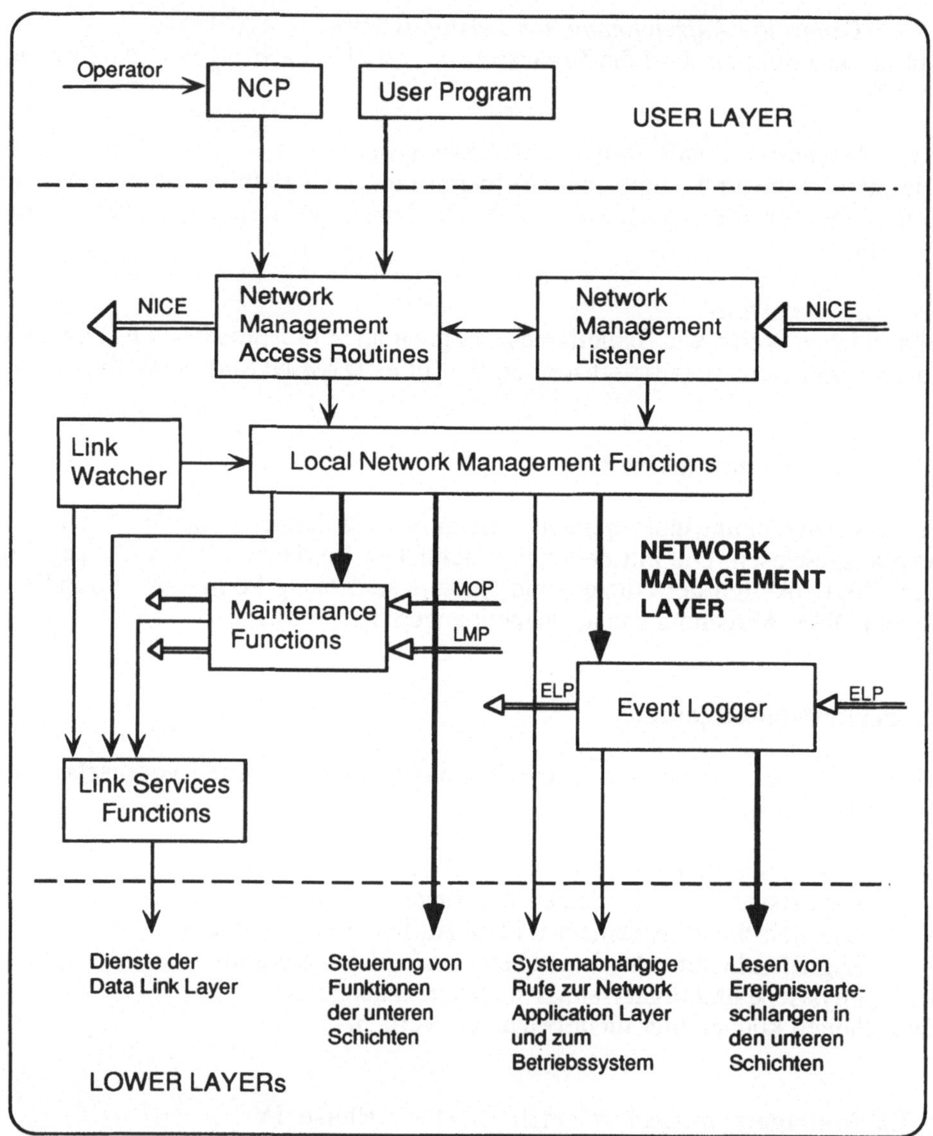

Bild 6.2-4 Managementmechanismen in DNA Phase IV

Es lassen sich die Hauptbestandteile einer Managementinstanz erkennen:

- ein Administratorinterface (NCP bzw. User Program),
- lokale Managementfunktionen,
- Management-Protokollinstanzen,

- eine Schnittstelle zu den unteren Schichten, um knotenlokale Managementinformationen auszutauschen
- eine Schnittstelle zu den unteren Schichten, um Management-Protokolldateneinheiten zu übertragen.

In der Network Management Layer werden drei unabhängige Managementprotokolle abgewickelt:

MP1 das Network Information and Control Exchange Protocol (NICE) als das allgemeine Managementprotokoll;

MP2 das Event Logger Protocol (ELP) zum Senden und/oder Empfangen von ereignisbezogenen Managementinformationen;

MP3 das Loopback Mirror Protocol (LMP) für die Schleifentestfunktionen (vgl. vorhergehenden Abschnitt).

Diese Protokolle arbeiten auf der Basis normaler Logical Links (vgl. Abschnitt 3.3.4). Daneben gibt es noch ein weiteres Managementprotokoll, das auf der Basis der Data Link Layer lediglich zwischen benachbarten Knoten funktioniert:

MP4 das Maintenance Operations Protocol (MOP) als Basis für das Fernladen und für entfernte Speicherabzüge (Downline Loading und Upline Dumping) sowie für Schleifentestfunktionen und die Steuerung entfernter Konsolen.

Wie aus Bild 6.2-4 ersichtlich, werden Managementanforderungen auf zwei Wegen erzeugt:

W1 lokal durch Administratorkommandos (Network Control Program Commands, NCP) bzw. Programme in der User Layer, die NCP-Rufe verwenden;

W2 entfernt; sie erreichen dann den Managementmechanismus eines Knotens über eines der angeführten Managementprotokolle MP1...MP4

Managementanforderungen sind entweder lokal erfüllbar, dann werden sie den lokalen Managementroutinen (*Local Network Management Functions*) übergeben. Dort werden sie in Rufe an lokale Netzsoftware- oder Systemsoftwarekomponenten umgesetzt. Sind sie an entfernte Knoten gerichtet, so werden sie über die entsprechenden Protokollinstanzen in Protokolldateneinheiten umgewandelt und über den jeweiligen Transportmechanismus abgesendet. Der *Event Logger* erfüllt neben seiner Protokollfunktion gleichzeitig lokale Aufgaben, wozu er über ein Interface zu allen unteren Schichten des gleichen Knotens verfügt, in denen Ereignisinformationen gesammelt werden. Eine Ereignisnachricht enthält folgende Bestandteile:

- Zielknoten und Zielgerät,
- Ereignistyp und -klasse,
- Ereignisdaten,
- Ereignis Datum und -Uhrzeit am Quellknoten,
- Name und Adresse des Quellknotens,
- Quellkomponente (Modul, Knoten, Leitung, Verbindung).

Die *Link Service Functions* bilden das direkte Interface zu den Übertragungsfunktionen der Data Link Layer, insbesondere auch für die MOP-Funktionen. Der *Link Watcher* nimmt in diesem Zusammenhang auftretende Anforderungen von benachbarten Knoten entgegen und übernimmt automatische Statuswechsel z.B. zwischen Upline Dumps und Downline Load.

Um einen Vergleich mit dem später noch zu besprechenden OSI-Managementprotokoll CMIP zu ermöglichen (vgl. Kapitel 7), sollen noch die Typen von Protokolldateneinheiten genannt werden, die zum NICE-Protokoll gehören :

T1 *Request Downline Load* fordert das Fernladen an,
T2 *Request Upline Dump* startet einen entfernten Speicherabzug,
T3 *Trigger Bootstrap* fordert einen Exekutivknoten auf, in einem Zielknoten den Lader zu aktivieren,
T4 *Test* initiiert Schleifentests,
T5 *Change Parameters* verlangt, einen oder mehrere Netzmanagementparameter zu setzen oder zu löschen,
T6 *Read Information* fordert, einen oder mehrere Parameter oder Zähler zu lesen,
T7 *Zero Counters* führt zum Rücksetzen von Zählern,
T8 *System Specific* ermöglicht eine knotentypspezifische Managementfunktion,
T9 *Response* ist die einheitliche Antwort-Protokolldateneinheit auf eine der anderen NICE-Anforderungen.

6.2.3 Werkzeuge für das Netzmanagement

In DECnet Phase IV gibt es eine beträchtliche Anzahl von Softwarewerkzeugen für das Netzmanagement. Sie widerspiegeln in ihrer Gesamtheit eine auch für SNA beobachtbare Etappe der allmählichen Ansammlung einander teilweise ergänzender, teilweise überschneidender Programmsysteme, die relativ unabhängig voneinander entstanden sind und daher kein integriertes System ausmachen. Hinsichtlich ihrer Funktionalität und ihrer Bereitstellungsbedingungen lassen sie sich in Basiswerkzeuge und optionale Werkzeuge einteilen (vgl. Bild 6.2-5).

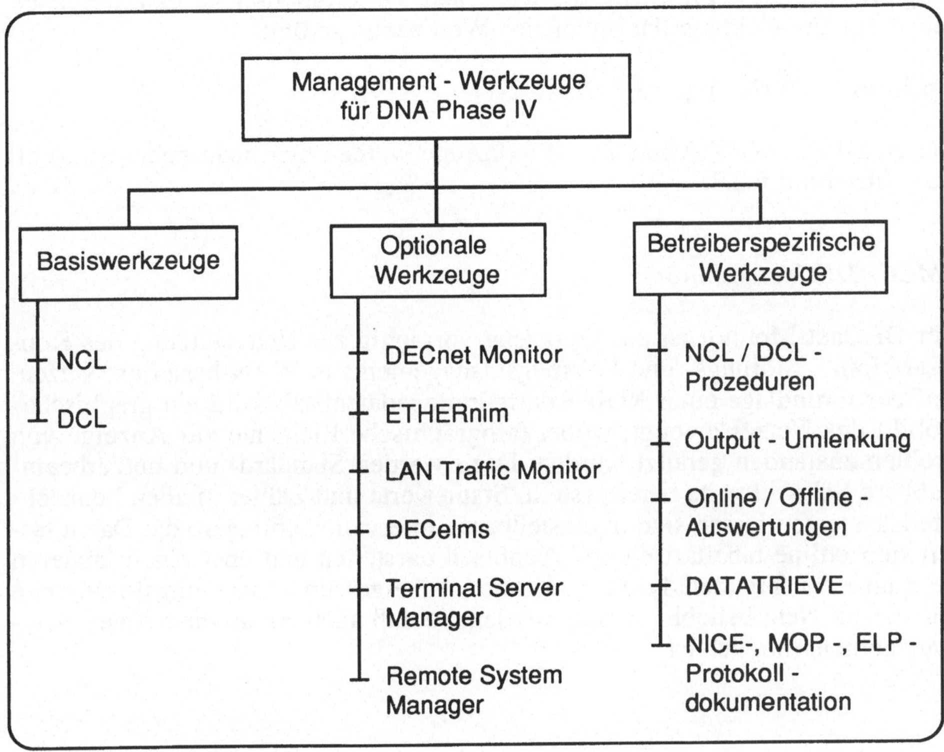

Bild 6.2-5 Übersicht über Managementwerkzeuge in DNA Phase IV

Basiswerkzeuge

Zu den Basiswerkzeugen gehören insbesondere das Netzadministratorinterface *Network Control Program* (NCP) mit seiner Kommandosprache *Network Control Language* (NCL), die von ihm ansteuerbaren in Abschnitt 6.2.2 beschriebenen Mechanismen sowie die über die *Digital Command Language* (DCL) zugänglichen Mechanismen des Basisbetriebssystems. Die damit gegebenen Überwachungs- und Steuerungsmöglichkeiten können hier wegen ihrer Vielfalt nicht im einzelnen beschrieben werden.

NCL und DCL bieten ein sehr differenziertes und flexibles Instrumentarium für das Netzmanagement, jedoch wegen ihrer überwiegend auf einzelne Knoten beschränkten Wirkungen wenig integrative Möglichkeiten. Übersichten über das Verhalten mehrerer Objekte im Netz lassen sich nur durch programmtechnischen Zusatzaufwand erzeugen. Ferner ist die Präsentation der Ergebnisse rein alphanumerisch und zeilenorientiert, so daß der Netzadministrator auch von der softwareergonomischen Seite keine besondere Unterstützung erfährt. Diese Probleme und wünschenswerte funktionelle Erweiterungen haben zur Entwicklung der optionalen Werkzeuge geführt.

Optionale Werkzeuge [3.3-3], [6.2-1]

Die zu DECnet/OSI gehörenden Werkzeuge werden hier nicht behandelt, vgl. dazu Abschnitt 6.2.4.

NMCC /DECnet Monitor

Der DECnet-Monitor ist ein Werkzeug vorrangig zur Unterstützung des Konfigurations-, Störungs- und Leistungsmanagements in WAN-basierten Netzen. Auf der Grundlage einer RDB-Konfigurationsdatenbasis wird ein graphisches Abbild des Netzes erzeugt, wobei farbgraphische Elemente zur Anzeige von Problemzuständen genutzt werden. Dazu werden Standard- und nutzerbeeinflußbare Schwellwerte bereitgestellt. Statuswerte und Zähler in allen beobachteten Systemen lassen sich in einstellbaren Intervallen abfragen, die Daten lassen sich online tabellarisch und graphisch darstellen und über einen längeren Zeitraum für Trendanalysen speichern. Anzeige- und Erfassungsfunktionen können im Netz beliebig verteilt werden, so daß auch ein arbeitsteiliges Netzmanagement möglich ist.

NMCC/VAX ETHERnim

Der Ethernet Network Integrity Monitor dient, wie der Name andeutet, zur Unterstützung des Konfigurations- und Störungsmanagements in LAN-basierten Netzen. Er erzeugt automatisch eine Konfigurationsdatenbasis und auf dieser Grundlage eine graphische Darstellung der Netztopologie, worin auch firmenfremde Komponenten mit eingeschlossen sein können. Soweit ein System nicht über NICE erreichbar ist, besteht die Möglichkeit, Konfigurationsdaten durch den Administrator zu ergänzen. Mit ETHERnim kann man alle Schicht 1- und Schicht 2-Verbindungen zwischen an Ethernet angeschlossenen Komponenten sowie alle DECnet-Verbindungen der Network Application Layer und User Layer testen. Dazu gibt es die Möglichkeit, auf entfernten Knoten Test-Kommandoprozeduren zu aktivieren. Ferner werden gewisse Statistikwerte (z.B. die Stationen mit den höchsten Sende- und Empfangsraten) geführt und angezeigt.

LAN Traffic Monitor

Der Traffic Monitor dient der Verkehrsüberwachung in komplexen LAN-Konfigurationen, die Brücken einschließen. Zum Traffic Monitor gehören zwei Komponenten, von denen eine mit Aufbereitungs- und Anzeigefunktionen auf einem VMS-Host, die andere in beliebiger Häufigkeit auf Brücken läuft. Damit wird das Problem gelöst, Meßdaten aus Segmenten zu erhalten, die durch filternde Brücken abgetrennt sind. Einzelne Segmente können differenziert analysiert werden, wobei leistungsfähige Brücken gewährleisten, daß alle Protokolldateneinheiten der Schichten 1 und 2 unabhängig von den Protokollen der oberen Schichten erfaßt werden. Einsatzziel des Trafficmonitors sind vor allem Konfigurierungsentscheidungen.

DECelms

Die Extended LAN Management Software [6.2-5] dient dem Management in gemischten Ethernet/FDDI-Netzen (vgl. Abschnitt 3.3.2). Dieses Produkt stellt eine Erweiterung des früher für reine Ethernet-Installationen eingesetzten Remote Bridge Manager System (RBMS) dar. Eine auf einem VMS-Host befindliche zentrale Überwachungs- und Steuerungskomponente arbeitet mit Firmwarekomponenten in Ethernet-Brücken sowie FDDI-Brücken und FDDI-Konzentratoren zusammen. Es können Statusdaten abgefragt und Komponentenparameter ferneingestellt werden, Selbsttestroutinen aktiviert und Fehlerprotokolldateien erzeugt und durchsucht werden. Bezüglich der FDDI-Stationen werden die FDDI-Station-Management-Funktionen realisiert.

Terminal Server Manager

Der Terminal Server Manager ist für die Unterstützung des zentralen Managements von Terminalservern in LAN-Konfigurationen vorgesehen. Er besteht aus einer Komponente auf einem VMS-Host, die mit den im LAN verteilten Terminalservern zusammenarbeitet. Die Terminalserver können nach wählbaren Kriterien zu Domänen zusammengefaßt werden, die dann gemeinsamer Managementgegenstand sein können. Die Funktionsfähigkeit der Terminalserver und angeschlossener Geräte wie z.B. Drucker kann getestet werden. Die Parameter der Terminalserver sind einstellbar. Die DECnet-Konfigurationsdatenbasis wird automatisch ergänzt. Gesammelte Daten werden angezeigt bzw. in Logfiles abgelegt.

Remote System Manager

Der Remote System Manager ist ein Werkzeug zur Unterstützung des Softwaremanagements (im OSI-Sinne, vgl. Abschnitt 7.10) bzw. Änderungsmanagement (im SNA-Sinne, vgl. Abschnitt 6.1.2). Er realisiert eine zentrale Softwareverwaltung auf einem VMS-Host und kann VMS-Hosts und ULTRIX-Hosts am Netz mit Backup- und Update-Service versorgen. Der Remote System Manager arbeitet mit dem Distributed Name Service zusammen (vgl. Abschnitt 3.3.6).

Betreiberspezifische Managementwerkzeuge

Mehr oder weniger umfangreiche konfigurations- und anwendungsspezifische Ergänzungen der firmenspezifischen Managementwerkzeuge lassen sich entwickeln, indem einige Ansatzpunkte des Basisbetriebssystems und von DECnet genutzt werden. Zu diesen Ansatzpunkten zählen [6.2-1]:

- das Zusammenfassen häufig auftretender Kommandofolgen zu DCL/NCP-Prozeduren;
- das Umlenken der Ausgabedaten von DCL/NCP-Kommandos über den /OUTPUT-Parameter in spezielle Files, die mit eigenen Programmen online oder nachträglich durchsucht werden können, um Reaktionen daraus abzuleiten;
- das Verwalten und/oder Aufbereiten solcher Files mittels DATATRIEVE und anderen Werkzeugen;
- das Schreiben eigener Managementanwendungen auf der Basis der veröffentlichten NICE-, MOP- und ELP-Dokumentationen.

Weitergehende Möglichkeit bietet DECmcc (vgl. folgenden Abschnitt).

6.2.4 Netzmanagement in DNA Phase V

Allgemeine Ziele

DNA Phase V ist ein umfangreiches Entwicklungsvorhaben, das sich in mehreren Subphasen über viele Jahre erstrecken wird. Dieser Umstand dürfte im wesentlichen durch drei Ursachen begründet sein:

- die innere Dynamik und Langwierigkeit des OSI-Standardisierungsprozesses, so daß in absehbarer Zeit kein endgültiger Abschluß erkennbar ist;

- der immense Aufwand für die Umsetzung aller OSI-Standards, der nur eine schrittweise Realisierung zuläßt;

- der Notwendigkeit von Migrationspfaden für bereits vorhandene Netzsoftware, hier also speziell DNA Phase IV-Netze.

Es ist verständlich, daß über einen längeren Zeitraum auch neue Ziele entstehen, die konzeptionelle Erweiterungen mit sich bringen. Dies wird aus den Publikationen zum Netzmanagement in DNA Phase V deutlich sichtbar. Es lassen sich drei Zielaspekte erkennen, die sich zeitlich nacheinander seit der Ankündigung von DNA Phase V ausgeprägt haben:

Z1 die Migration zu OSI-Standards, um prinzipiell die Voraussetzungen für das Funktionieren von DNA-Netzen in der OSI-Welt zu sichern [3-50], [6-20];

Z2 die Entwicklung eines konkreten Softwarekonzepts, das erlaubt, auch Komponenten von Fremdherstellern und Nicht-OSI-Komponenten zu integrieren (DECmcc) [3-49], [6-18], [6-19];

Z3 die Erweiterung des zunächst auf das Management des Kommunikationssubsystems bezogenen Konzepts zu einer allgemeineren *Enterprise Management Architecture* (EMA), womit das Management komplexer verteilter Systeme mit allen ihren Aspekten gemeint ist [3-49], [6-22].

Diese letztgenannte Zielstellung ist bisher nur grob umrissen, so daß auf sie hier nicht weiter eingegangen werden soll.

Systemkonzept

Das Systemkonzept für das Management in DNA Phase V [3-50] hat sehr viele Gemeinsamkeiten mit dem OSI-Management (vgl. Kapitel 7), wenngleich es in einigen Punkten weniger abstrakt, sondern mehr implementationsorientiert ist. Gewisse Bezüge zum Management in DNA Phase IV sind sichtbar. Unglücklicherweise wird eine weitgehend eigenständige Terminologie benutzt, so daß eine Abbildung auf die OSI-Begriffswelt vorgenommen werden muß. Um dem Leser den Zugang zur Ursprungsliteratur von DEC nicht zu erschweren, wird bei der nachfolgenden Beschreibung weitgehend die englische Originalterminologie verwendet (vgl. Bild 6.2-6).

Grundelemente des Managementmodells sind

- der *Director*, worunter die einem Netzadministrator (Network Manager) zur Verfügung stehenden Softwarekomponenten verstanden werden;

- viele *Entities (Entitäten),* die die Komponenten des Netzes verkörpern, die Gegenstand von Managementoperationen sind;

- ein *Management Protocol*, das die Kommunikation zwischen Director und Entity gewährleistet. In einem komplexen Netz können auch mehrere Directors aktiv sein.

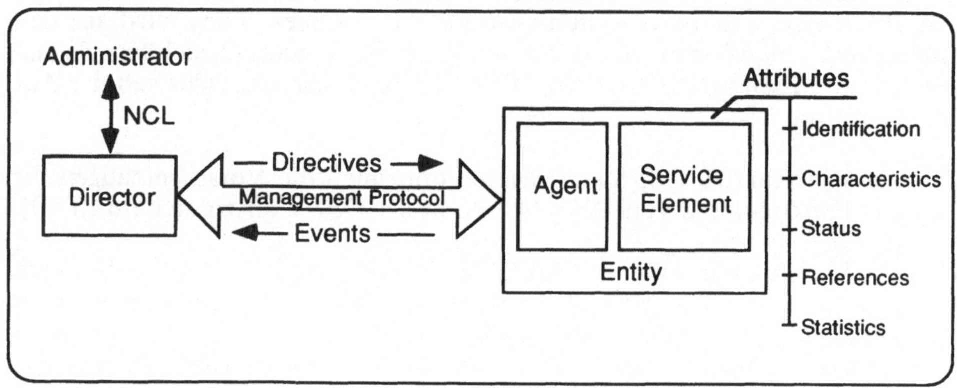

Bild 6.2-6 Grundkomponenten im DNA(Phase V)-Netzmanagement

Eine Entität besteht stets aus zwei Teilen, nämlich einem *Service Element*, das die eigentliche (exekutive) Funktion im Netz erbringt, z.B. Funktionen im Zusammenhang mit einem Schichtenprotokoll, und einem *Agent*, der die Managementschnittstelle der Entität darstellt. In ähnlicher Weise wie OSI-Managementobjekte sind Entitäten gekennzeichnet durch Attribute, Direktiven und Events:

- **Attribute** weisen einen Namen und einen Wert auf. Sie sind in 6 Klassen gegliedert [3-49]:

  Identification, d.h. ein Name oder eine Zahl, die eine eindeutige Kennzeichnung einer Entität erlauben;

  Characteristics, die vom Administrator beeinflußbare Parameter einer Netzkomponente verkörpern;

  Status, d.h. vom Administrator nicht beeinflußbare Zustandswerte einer Entität;

  Counters, d.h. Zähler für die Häufigkeit des Auftretens managementrelevanter Ereignisse;

  Reference, das sind für die Operation der Entität nicht erforderliche, aber für den Administrator nützliche Angaben wie z.B. die physische

Lokalisierung einer Komponente, der Name eines lokalen Systemverantwortlichen, die Bezeichnung einer Softwareversion usw.;

Statistics, das sind für die verschiedenen funktionalen Bereiche des Managements (wie Störungs- und Leistungsmanagement) erforderlichen elementaren und aufbereiteten Meßwerte.

- **Directives** sind die Form, die Kommandos einnehmen, wenn sie von einem Netzadministrator am Director eingegeben werden, um in einer Entität Operationen auszulösen, z.B. das Lesen oder Schreiben eines Attributwertes oder eine andere Aktion. Directives sind mit den Operationen des OSI-Managements vergleichbar.

- **Events** sind managementrelevante Ereignisse in einer Entität Sie schlagen sich in Informationen nieder, die eine Quelle (Source) und eine Senke (Sink) haben. Sie sind mit den Notifikationen des OSI-Managements vergleichbar.

Ähnlich wie die Management Information Base im OSI-Management als Menge aller Managementobjekte stehen die DNA-Entitäten zueinander in einer hierarchischen Struktur (vgl. Bild 6.2-7). Diese ist aber nicht so völlig abstrakt wie im OSI-Management. Neben einer Null-Entität an der Spitze der Hierarchie, die nur aus Systematisierungsgründen existiert, bilden die *node entities* die oberste Ebene der Hierarchie. Jedes System (Knoten in der DNA Phase IV-Terminologie) wird in bezug auf das Netzmanagement durch ein node entity repräsentiert. Node entities haben einen netzweit eindeutigen Namen. Dieser wird durch den DNA Naming Service (vgl. Abschnitt 3.3.6) verwaltet.

Die Entitäten der nächstniederen Ebene heißen *modules*. Sie realisieren einen bestimmten Dienst einer bestimmten Schicht, z.B. den OSI-Transportdienst oder DDCMP in der Sicherungsschicht. Jedes module entity ist in einem node entity nur einmal enthalten, so daß keine Unterscheidung zwischen Klasse (Class) und Exemplar (instance) erforderlich ist. Bei weiteren Untergliederungen kann dies aber notwendig werden. Dies trifft z.B. für Entitäten zu, die einzelne logische oder physische Verbindungen repräsentieren. Die Entitäten ab dieser Ebene heißen *Subentities*. Die Anzahl der weiteren Hierarchiestufen ist theoretisch nicht begrenzt. Diese Entitäten-Hierarchie wird auch zur Namensbildung der Entitäten herangezogen (Kettung der Namen von der Node-Ebene an). Klassen von Entitäten haben generell eine Reihe gemeinsamer Merkmale, insbesondere

- die Form des Namens,
- die Attribute,
- die zulässigen Directives,
- die möglichen Events.

In [3-49] ist ausgeführt, daß es eine management specification language (MSL) gibt, um Entitäten zu definieren.
Im Vergleich zu OSI ist interessant, daß für node entities in DNA auch eine *event dispatcher* genannte Komponente vorgesehen ist, die Ereignisse bezüglich ihrer weiteren Behandlung bewertet und dabei Filterfunktionen ausführt und den Empfänger (Sink) endgültig festlegt. Ein event dispatcher hat damit ähnliche Aufgaben wie die Event-Report-Management-Funktion im OSI-Management (vgl. Abschnitt 7.6).

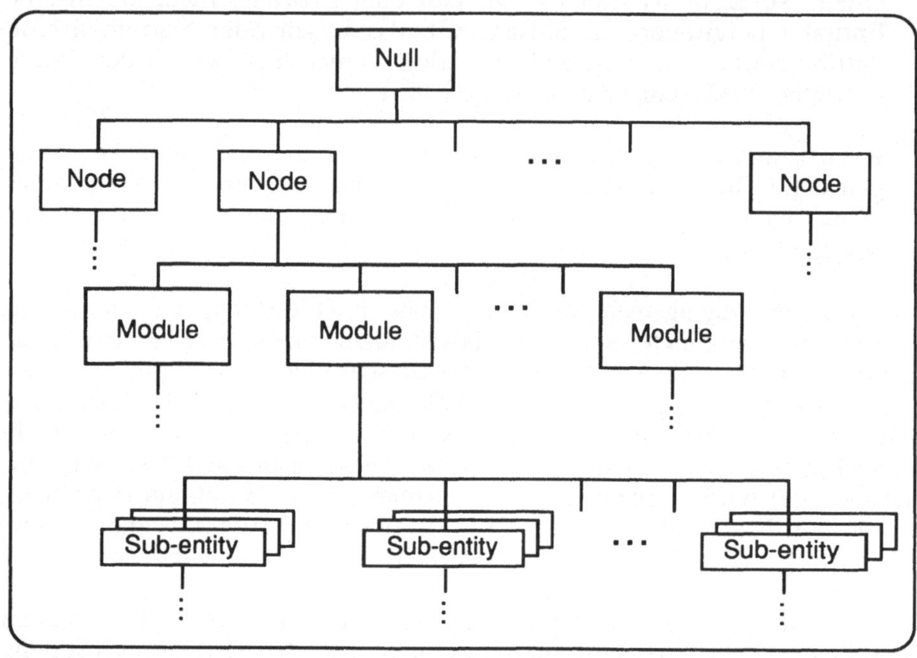

Bild 6.2-7 Hierarchie der DNA-Entities

Das DNA-CMIP wird intern noch in das Management Information Control and Exchange Protocol (MICE) und das Management Event Notification Protocol (MEN) gegliedert. Dem liegt offenbar das Bestreben zugrunde, Parallelen zu den entsprechenden Managementprotokollen in DNA Phase IV herzustellen. Neben DNA-CMIP als hauptsächlichem Managementprotokoll (in der OSI-Verarbeitungsschicht) wird in DNA Phase V weiterhin das aus Phase IV bekannte Maintenance Operations Protocol (MOP) als Schichtenverwaltungsprotokoll oberhalb der Sicherungsschicht unterstüzt. Die Schnittstelle zwischen Administrator und Director bildet Network Control Language NCL, eine zeilenorientierte Kommandosprache. Sie hat in der Funktionalität viel mit dem NCP aus DECnet Phase IV gemein, ist aber auf die Namenskonventionen der Entity-Hierarchie ausgerichtet. In gemischten DNA Phase IV/V-Netzen können parallel NCP- und NCL-Kommandos verwendet werden. Neben dem zeilenorientierten NCL-Interface gibt es noch ein graphik-/windoworientiertes DECmcc-Administratorinterface.

EMA-Produkt DECmcc

DECmcc (DEC Management Control Center, [6-18], [6-19]) wird die erste Produktrealisierung eines EMA-Directors genannt. Damit sollen neben der Umsetzung der soeben erläuterten architekturellen Konzepte auch die oben unter Z2 angeführten Ziele verwirklicht werden. Um eine Paßfähigkeit im Rahmen verschiedener (heterogener) Netze und Anwendungs- und Betriebssystemumgebungen zu gewährleisten, wurde ein konsequent modularer Entwurf zugrunde gelegt (vgl. Bild 6.2-8). Damit sind Erweiterungen vom Entwickler selbst, aber auch durch Drittfirmen und Betreiber/Anwender möglich. Zu diesem Zweck sind Dokumentationen und ein DECmcc Developer's Toolkit [6-18] verfügbar.

Kern des DECmcc ist die *Executive*, die in Zusammenarbeit mit dem Basisbetriebssystem (VMS oder ULTRIX) das Zusammenwirken aller anderen Bestandteile organisiert. Zur Exekutive gehört auch das *Management Information Repository* (MIR), eine gemeinsame Datenablage für Managementzwecke. Darin sind alle entitätsbeschreibenden Daten abgelegt, einschließlich solcher über den Director selbst. Ein Teil der logisch zum MIR gehörenden Daten wird vom Naming Service (vgl. Abschnitt 3.3.6) verwaltet, ist also physisch nicht im Director-System gespeichert.

Exakt dokumentierte Interfaces gewährleisten die Zusammenarbeit der Executive mit den *Verwaltungsmoduln.* Es werden drei Typen von Verwaltungsmoduln unterschieden:

- Zugriffsmoduln,
- Funktionsmodul,
- Präsentationsmoduln.

Zugriffsmoduln (Access Modules AM)

Wie aus Bild 6.2-8 anschaulich hervorgeht, ist es mit den Zugriffsmoduln möglich, heterogene Netzkomponenten bzw. Subnetze zu steuern. Es werden die jeweils zutreffenden Entitäten mit ihren Attributen, Events und zulässigen Directives zur Verfügung gestellt. Bis jetzt werden angeboten (wobei offenbar in rascher Folge Erweiterungen bzw. Ergänzungen hinzukommen sollen):

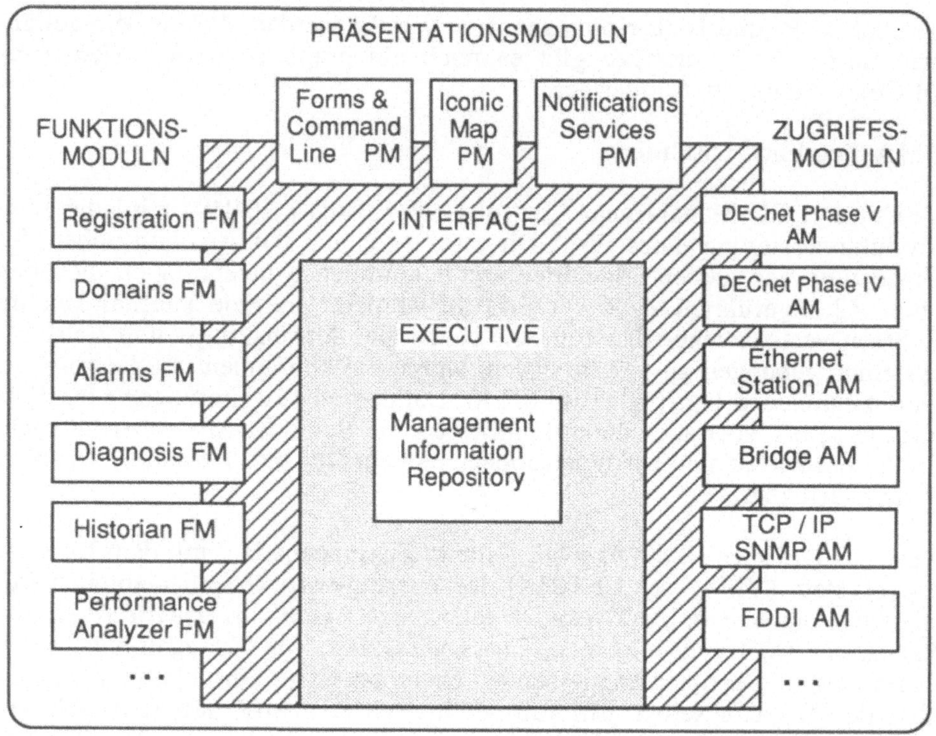

Bild 6.2-8 Struktur von DECmcc [6-18]

- DECnet Phase V mit Entitäten wie Node, Transport, Routing, CSMA/CD, DDCMP, HDLC, X.25, Nameserver;
- DECnet Phase IV mit Entitäten wie Node4, Adjacent Node, Circuit, Line;
- Ethernet-Station für Ethernet-Geräte beliebiger Hersteller;
- DECmcc LAN Bridge Management System aus DECnet Phase IV, wobei hier mit DECelms bereits ein FDDI-Komponenten einschließender Nachfolger vorhanden ist (vgl. Abschnitt 6.2.3);
- TCP/IP SNMP für angeschlossene TCP/IP-Subnetze, wobei die Objekte der TCP/IP-Management Information Base als Entitäten unterstützt werden (vgl. Abschnitt 6.3).

Es ist das Bestreben sichtbar, zunächst rasch DNA Phase IV-Managementwerkzeuge verfügbar zu machen (z.B. außer bereits genannten den Terminal Server Manager).

Funktionsmoduln (Function Modules, FM)

Die Funktionsmoduln unterstützen die funktionellen Gebiete wie Konfigurations- und Störungsmanagement. Es handelt sich sowohl um echte EMA-Neuentwicklungen als auch um Anpassungen von Werkzeugen aus DECnet Phase IV bzw. betriebssystemergänzende Komponenten (z.B. ETHERnim, DECnet Monitor, LAN Traffic Monitor, vgl. Abschnitt 6.2.3). Zu den neuen EMA-Funktionsmoduln gehören:

- *Registration FM*, mit dessen Hilfe alle Entitäten der Netzumgebung registriert und ihre Daten um weitere für das Management relevante Angaben ergänzt werden, z.B. Angaben zum jeweiligen Systemverantwortlichen. Registration FM arbeitet mit dem Name Service zusammen, so daß auf diese Weise Konfigurationsdaten netzweit verfügbar werden.

- *Domains FM*, der die Bildung von Managementdomänen erlaubt, z.B. nach Gerätetypen, geographischen oder verwaltungsorganisatorischen Gesichtspunkten. Domänen können hierarchisch gegliedert sein und sich überlappen. Für Domänen bestimmte Directives werden auf alle Entitäten einer Domäne angewendet.

- *Alarms FM*, der die Definition von Alarmbedingungen und Berichterstattungsregeln ermöglicht.

- *Diagnosis FM* unterstützt die Analyse definierter, häufig auftretender Störungen.

- *Historian FM* erlaubt es, Managementdaten für Langzeitanalysen zu erfassen, zu speichern (archivieren), zu löschen und Auswertungsprogrammen oder externen Datenbanken zur Verfügung zu stellen.

- *Performance Analyzer FM* arbeitet mit Alarms FM und Historian FM zusammen und führt Datenaufbereitungen im Sinne statistischer Verfahren durch.

Präsentationsmoduln (Presentation Modules PM)

Die Präsentationsmoduln bilden das Administratorinterface von DECmcc. Sie sichern eine konsistente Sicht des Administrators auf das Netz und vereinheitlichen die Ein- und Ausgabeoperationen der Funktionsmoduln. Bisher existieren 3 Präsentationsmoduln:

- *Forms & Command Line PM* stellt zwei einfache Zeilen- bzw. Bildschirmmaskeninterfaces zur Verfügung, wodurch Geräte unterstützt werden, die nicht graphikfähig sind. Unter DECwindows können diese Schnittstellen mittels Terminalemulation genutzt werden. Als Ausgabegeräte können auch Geräte wie Drucker oder Dateien definiert werden.

- *Iconic Map PM* bildet ein modernes Administratorinterface mit Pictogrammdarstellung des Netzes, was unter Beachtung des Domänenprinzips in mehreren Feinheitsstufen möglich ist. Auswahlaktivitäten werden über Pull-down-Menüs und Pictogramme, die der Administrator mit der Maus anklickt, veranlaßt.

- *Notification Services PM* ergänzt das durch Iconic Map PM gegebene Interface, indem Ereignismeldungen (Events), die von Zugriffsmoduln geliefert werden (z.B. Statuswechsel), Alarme des Alarms FM oder Ereignismeldungen von nicht zu DECmcc gehörenden Managementanwendungen oder Nutzerprogrammen zugänglich gemacht werden. Das geschieht entweder durch Farbänderungen in den Pictogrammen oder durch Textfenster.

Die Präsentationsmoduln greifen auf die im MIR gespeicherten Entitätsbeschreibungen zurück, um z.B. zulässige Directives, deren Syntax, Parameterbelegungen usw. festzustellen. Damit kann der Administrator weitgehend von formalem Wissen entlastet werden.

Die EMA-Produkte werden gegenwärtig in vier VMS-Versionen angeboten:

V1 DECmcc Director Package als in DECnet-VAX integriertes System, um auf Entitäten in DECnet (Phase IV und Phase V) zuzugreifen, die funktionell nicht über DECnet Phase IV hinausgehen;

V2 DECmcc Basic Management System als Realisierung der oben beschriebenen Architektur in der jeweiligen Ausbaustufe;

V3 DECmcc Site Management Station als für LAN zugeschnittene Lösung, die auch entsprechende Managementwerkzeuge aus dem Phase IV-Managementinstrumentarium enthält.

V4 DECmcc Enterprise Management Station als für ein komplexes WAN/LAN-Netz zugeschnittene Lösung, die ebenfalls die Prä-EMA-Management-Werkzeuge mit integriert.

Mit den beiden letztgenannten Versionen soll die Aufwärtsmigration von DNA Phase IV zu DNA Phase V erleichtert werden. Es ist jedoch bemerkenswert, welche Hardwareanforderungen für entsprechende Trägersysteme gefordert werden: VAXstation 3100 mit mindestens 24 MB Hauptspeicher und zwei 209 MB-Plattenlaufwerken für V3 und mindestens 32 MB Hauptspeicher sowie 665 MB-Plattenlaufwerk für V4! [6-18]. Ferner gibt es die DECmcc Management Station for ULTRIX [6-19], die bisher TCP/IP-Netze mit SNMP sowie DECnet Phase IV mit NICE als Managementprotokolle unterstützt. Dieses Produkt ist in seinem für DNA-Netze verfügbaren Leistungsumfang gegenüber den oben erwähnten VMS-Versionen noch eingeschränkt, bietet aber durch Integration von TCP/IP-Managementwerkzeugen (Network Management Operation Services NMOS), die unabhängig von DECmcc entstanden sind, für reine TCP/IP-Netze oder heterogene Netze mit TCP/IP-Subnetzen offenbar umfangreiche Funktionen an.

6.3 Beispiel 3: TCP/IP-Management

6.3.1 Allgemeine Charakteristik

Mit der weiten Verbreitung von TCP/IP (vgl. Abschnitt 3.4) als Protokollbasis für große Netze und Netzverbunde entwickelte sich auch das Bedürfnis nach einem Managementkonzept und -instrumentarium. 1987 entstand zunächst das *Simple Gateway Monitoring Protocol* (SGMP), dem aber bereits ein Jahr später als Weiterentwicklung und Verallgemeinerung das *Simple Network Management Protocol* (SNMP) folgte [6-26]. Mittlerweile existieren auch Produktlösungen auf dieser Basis [6-27]. Anbieter von Netzhardware und Netzsoftware bemühen sich darum, ihre Produkte für SNMP zugänglich zu machen [6-28].

Das TCP/IP-Management wird im Auftrag des Internet Activities Board (IAB) von der Internet Engineering Task Force (IETF) entwickelt, gewisse Registrierungsfunktionen sind der Internet Assigned Numbers Authority (IANA) zugeordnet. Das TCP/IP-Management läßt sich in vielem mit dem OSI-Management vergleichen. Überblicksmäßige Darstellungen dazu finden sich in [6-29], [6-30]. Die Migrationsfähigkeit zum OSI-Management ist eine der erklärten Absichten der IETF. Das Ziel der Entwicklung bestand darin, schon vor Abschluß des langwierigen OSI-Standardisierungsprozesses ein Managementsystem verfügbar zu haben, das sich leicht implementieren läßt.

Einfachheit ist also eine der wichtigsten Forderungen, die das TCP/IP-Management erfüllen soll. Dem Kenner des OSI-Managements scheint es, als sei das TCP/IP-Management eine stark abgerüstete und implementierungsorientierte Version des OSI-Managements. Dies zeigt sich bereits in seinem ganz allgemeinen Aufbau. Das TCP/IP-Management besteht:

T1 aus einem Managementprotokoll, dem Simple Network Management Protocol SNMP [6.3-1];

T2 aus einem Konzept für die Strukturierung von Managementinformationen [6-24];

T3 aus einem Katalog von Definitionen für Managementinformationen [6-25].

Die Managementinformationen werden mittels ASN.1/BER [7-11], [7-12] definiert, es liegt eine Art Objektorientierung vor. SNMP ist ein sehr einfaches Protokoll, das als unterliegenden Dienst einen verbindungslosen Transportdienst voraussetzt. Im Rahmen des TCP/IP-Protokollstacks wird UDP dazu genutzt (vgl. Abschnitt 3.4.4). In SNMP werden alle Managementfunktionen auf das Lesen und Schreiben von Variablen reduziert. Dies führt zu dem einfachen Modell, in dem von einer Managementstation nach einem Abfragemechanismus (Polling) auf entfernten Stationen Variable abgefragt oder gesetzt werden. Komplexere Operationen (die allerdings in SNMP nicht definiert sind) können ausgelöst werden, indem Schalter eingeschaltet werden oder Zähler einen voreingestellten Schwellwert erreichen. In begrenztem Umfang ist es auch möglich, einer Managementstation unaufgefordert Nachrichten zuzusenden (Traps genannt).

6.3.2 Architektur

Das SNMP-Modell geht davon aus, daß ein Netz aus Managementstationen (network management stations, NMS) und Netzelementen (network elements, NE) besteht (vgl. Bild 6.3-1). Auf den Managementstationen laufen Managementapplikationen, die die Netzelemente überwachen und steuern. Die Netzelemente sind Hostrechner, Gateways, Terminalserver und andere Geräte. Auf jedem Netzelement befindet sich ein Managementagent (MA), der im Auftrag einer Managementstation Managementfunktionen ausführt (Lesen und/oder Schreiben von Variablen). Zwischen Managementstation und Managementagent wird das SNMP abgewickelt.

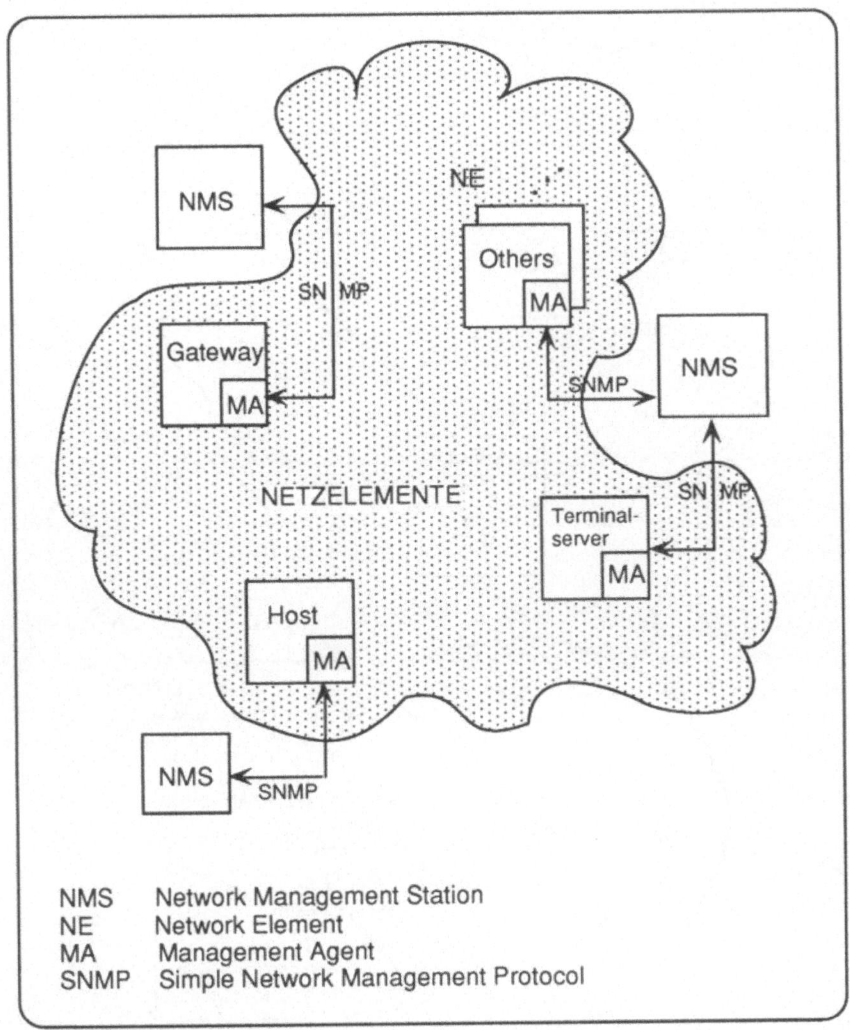

Bild 6.3-1 SNMP-Modell

Ausgedehnte Netze und Netzverbunde (Internets), die für den Einsatz von TCP/IP typisch sind, erfordern eine Unterstützung für eine administrative Strukturierung. Dies schließt die Möglichkeit ein, Zugriffsschutzmechanismen anzuwenden. Bild 6.3-2 gibt einen groben Überblick über die diesbezüglichen Modellvorstellungen im Rahmen des TCP/IP-Managements. Die Instanzen in Managementstationen und Agenten, die miteinander über SNMP kommunizieren, werden SNMP-Anwendungsinstanzen (SNMP application entities, SNMP-AE), die unmittelbar das SNMP ausführenden Instanzen Protokollinstanzen (protocol entities, PE) genannt. Eine Menge von untereinander in Verbindung

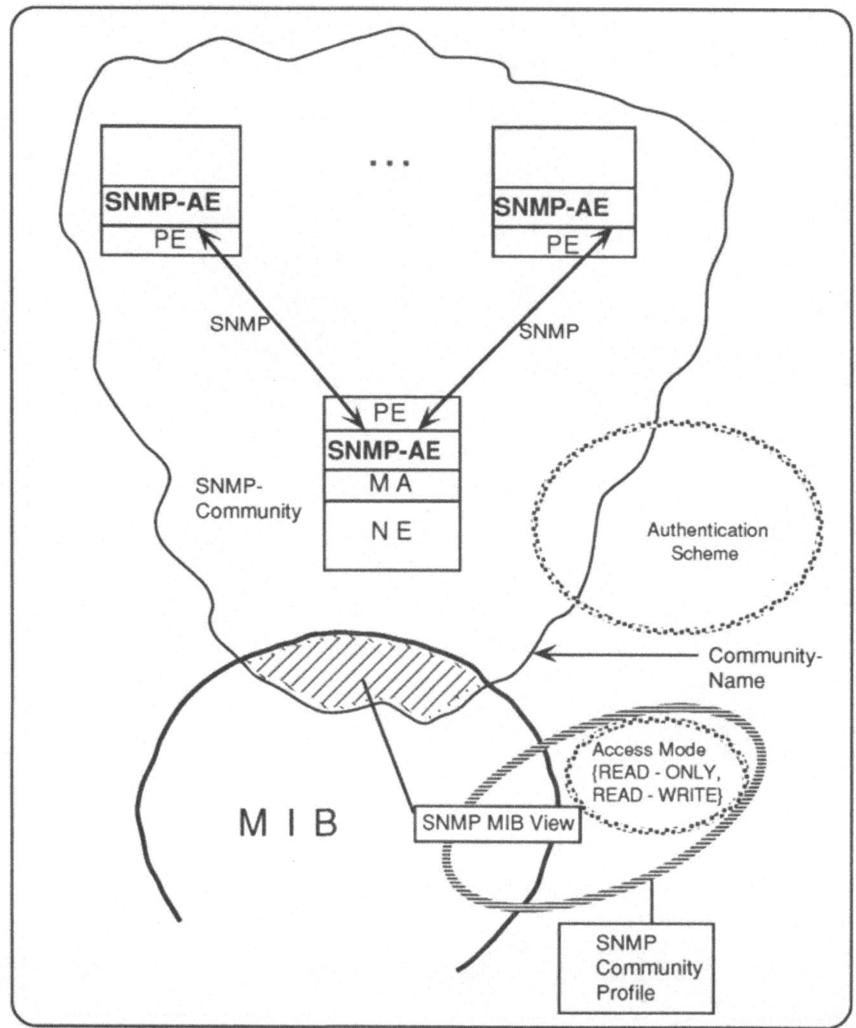

Bild 6.3-2 Administrative Beziehungen in SNMP

stehenden SNMP-Anwendungsinstanzen bilden eine SNMP-Gemeinschaft (SNMP Community). Eine SNMP-Gemeinschaft ist durch einen eindeutigen Community Name gekennzeichnet. Damit eine SNMP-Protokolldateneinheit als in einer SNMP-Gemeinschaft gültig erkannt werden kann, ist ein zugehöriges Authentisierungsschema (Authentication scheme) vorhanden. Ein Mechanismus, der dieses Authentisierungsschema zu Prüfzwecken benutzt, heißt Authentisierungsdienst (Authentication service).

Alle managementrelevante Information ist in Objekten strukturiert, die in ihrer Gesamtheit eine Management-Informationsbasis (management information base, *MIB*) bilden. Diejenigen Objekte, die zu einem bestimmten Netzelement gehören, bilden dessen *MIB-View*. Bezüglich der Objekte werden *Zugriffsmodi* (access modes) unterschieden, wobei im wesentlichen die beiden Modi (READ-ONLY, READ-WRITE) unterschieden werden. Kennzeichnet man eine MIB-View zusätzlich durch die entsprechenden Zugriffsmodi, so entsteht das *Profil* der SNMP-Gemeinschaft (SNMP Community Profile).

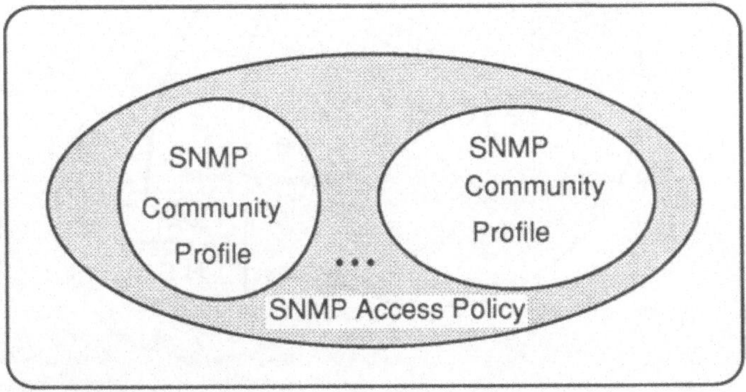

Bild 6.3-3 SNMP: Zugriffspolitik

Werden alle SNMP Community Profiles einer SNMP Community zusammengefaßt, so kennzeichnen diese die *SNMP-Zugriffspolitik* (SNMP Access Policy, vgl. Bild 6.3-3). Um das TCP/IP-Management auch in heterogenen Umgebungen anwendbar zu machen, wurde das Konzept der *Proxy Agents* eingeführt. Sind Netzelemente über TCP/IP und damit SNMP nicht direkt adressierbar, kann der Proxy Agent Protokollkonvertierungen durchführen. Dadurch wird einer Managementstation eine konsistente Sicht auf alle Netzelemente ermöglicht. Proxy Agents können auch benutzt werden, um differenzierte Zugriffsschutzmechanismen für verschiedene Variablen-Teilmengen einer MIB wirksam werden zu lassen (vgl. Bild 6.3-4).

6.3.3 Struktur der Managementinformation

Im TCP/IP-Managementkonzept sind Managementinformationen *Objekten* (objects, auch managed objects) zugeordnet, die in ihrer Gesamtheit die *Management Information Base* (MIB) bilden. Wie bei der OSI-MIB (vgl. Abschnitt 7.2.3) wird zwischen Objekttypen und -exemplaren (instances) unterschieden. Dies wird in Bild 6.3-5 verdeutlicht.

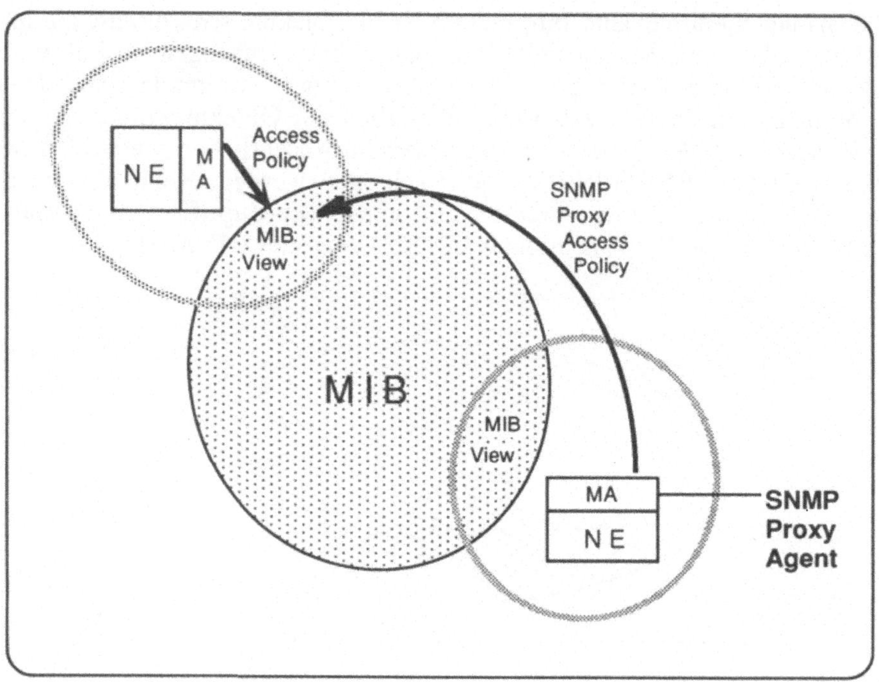

Bild 6.3-4 SNMP: Proxy-Agent

Jedes Objekt hat einen Namen, eine Syntax und eine Codierung (Encoding). Der Name, der die Form eines *Objektidentifikators* (object identifier) annimmt, wird administrativ nach einem globalen Schema zugeordnet. Auf dieses wird nachfolgend noch eingegangen. Die Syntax eines Objekts wird durch ein ASN.1-Konstrukt repräsentiert, wobei ein eingeschränkter ASN.1-Sprachumfang zur Verfügung steht, um dem SNMP-Grundsatz der Einfachheit zu entsprechen. Objektexemplare werden aus dem zugeordneten Objekttyp abgeleitet, indem eine konkrete Codierung mit den Basic Encoding Rules (BER) vorgenommen wird.

Objekidentifikatoren

Das Schema zur Bildung von Objektidentifikatoren ist so angelegt, daß es für die Benennung eines ganzen Universums von Objekten geeignet ist. Es ist ein Baumkonzept, bei dem beliebig viele Hierarchieebenen vorgesehen sind. Auf jeder Hierarchieebene können sich beliebig viele Elemente befinden, die jeweils durch eine Dezimalzahl bezeichnet werden. Die Wurzel dieses Baumes, die keine weitere Bedeutung hat, heißt *Root*. In den oberen Ebenen dieses Namensbaumes dominieren administrative Einheiten, die gleichzeitig Autoritäten zur Namensvergabe darstellen. In den unteren Ebenen kann sich dann die natürliche Struktur der Objekte, die eigentlicher Managementgegenstand sind,

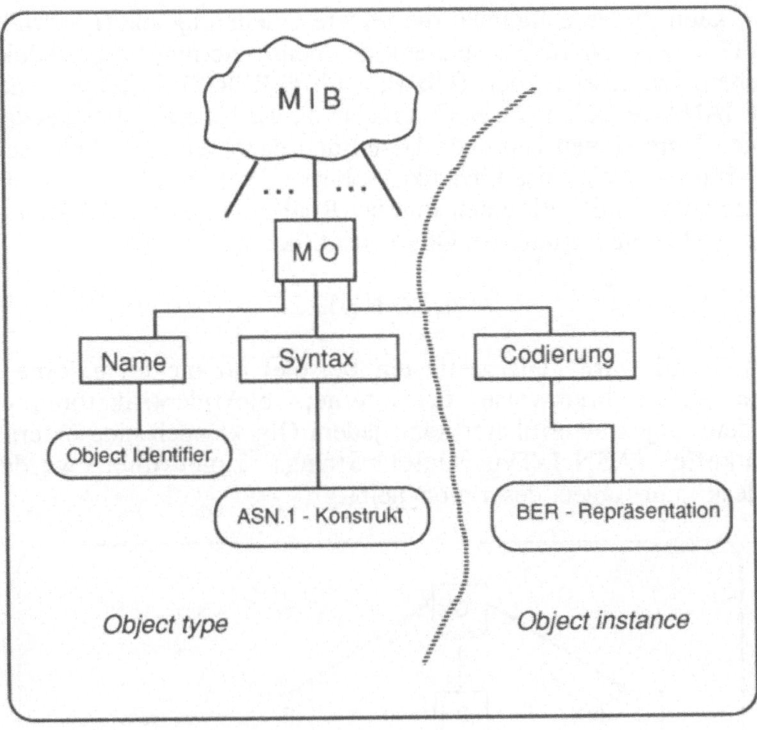

Bild 6.3-5 TCP/IP: Struktur der Managementinformation

widerspiegeln. Bild 6.3-6 zeigt einen für den vorliegenden Zusammenhang relevanten Ausschnitt aus dem Namensbaum. Innerhalb des der Internationalen Standardisierungsorganisation ISO zugeordneten Teilbaums (1) gibt es einen Knoten für "andere internationale Organisationen" (3), unterhalb dessen das DoD (6) einen eigenen Namensbereich hat. In diesem befindet sich an der Stelle 1 der Namensbaum für Internet-Objekte. Dieser verzweigt sich zunächst in die vier Äste:

- Directory (1),
- Management (2),
- Experimental (3),
- Private (4).

Der DIRECTORY-Zweig ist für die künftige Nutzung des OSI-Verzeichnisdienstes im Internet reserviert. Der MANAGEMENT-Zweig nimmt Objektidentifikatoren auf, die in vom IAB akzeptierten Dokumenten definiert sind. Vergabeautorität ist die IANA. Der EXPERIMENTAL-Zweig ist für Objekte vorgesehen, die in experimentellen Entwicklungsvorhaben definiert werden. Eine mit einem Experiment beauftragte Arbeitsgruppe erhält eine Unternummer und kann in deren Rahmen die feinere Gliederung selbst verwalten. Der PRIVATE-Zweig ist für die eindeutige Identifizierung von Produkten u.ä. vorgesehen. Zunächst ist der Teilzweig ENTERPRISES definiert, den ebenfalls die IANA verwaltet. Jedes Unternehmen, das Netzprodukte herstellt, kann sich einen Unterknoten zuordnen lassen und dann seine Produkte selbst einordnen. Hat beispielsweise eine fiktive Firma "Network Products" die Nummer 38 erhalten und stellt einen Internet-Router und eine X.25-Untervermittlung her, so könnte letztere den Objektidentifikator

1.3.6.1.4.38.2

erhalten. Damit wird gleichzeitig ein Beispiel für die für externe Zwecke günstige "Punktschreibweise" der Internet-Objektidentifikatoren gegeben. Neben dem Objektidentifikator kann jedem Objekt noch eine extern lesbare Zeichenkette (ASN.1-Typ Octet String) zugeordnet werden, die Objektdeskriptor (object descriptor) heißt.

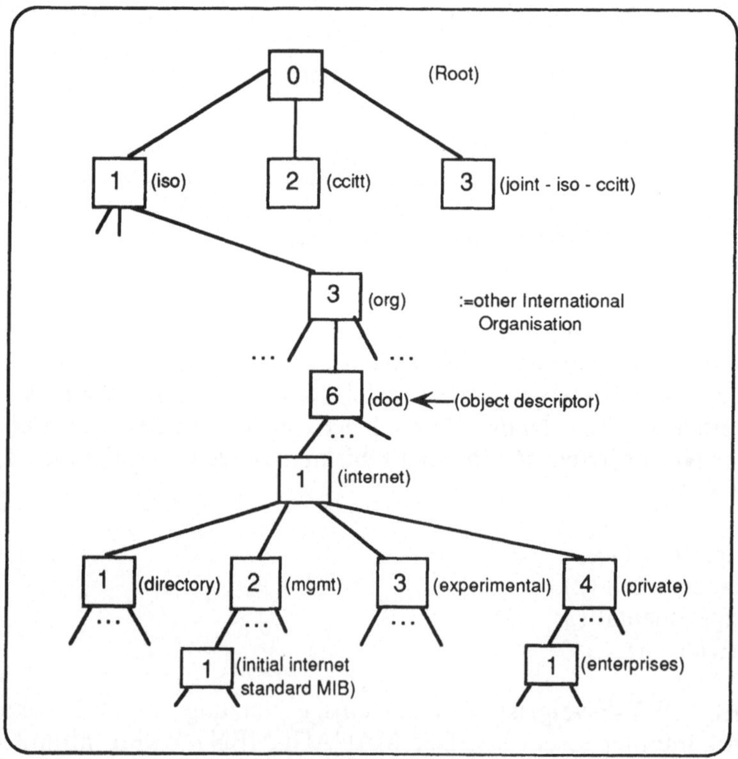

Bild 6.3-6 Namensbaum der SNMP-MIB

Objektdefinition
Jede Objektdefinition besteht aus 5 Bestandteilen:

- Objektdeskriptor und Objektidentifikator,
- Syntax des Objekts,
- Definition (eine textliche Beschreibung),
- Zugriffsrechte,
- Status.

Die Bildungsvorschrift für Deskriptoren und Identifikatoren wurde bereits behandelt. Die eigentliche formale Spezifikation erfolgt in Gestalt eines ASN.1-Konstrukts. Bild 6.3-7 gibt einen Überblick über die zulässigen Elemente. Die Primitivtypen bedürfen keiner weiteren Erläuterung. Die Konstruktortypen sind zur Definition von Listen (SEQUENCE) bzw. Tabellen (SEQUENCE OF) vorgesehen. Aus den Primitiv- und Konstruktortypen können anwendungsspezifische Typen abgeleitet werden. In [6-24] sind die in Bild 6.3-7 genannten erwähnt, deren Anzahl aber gewiß noch anwachsen wird.

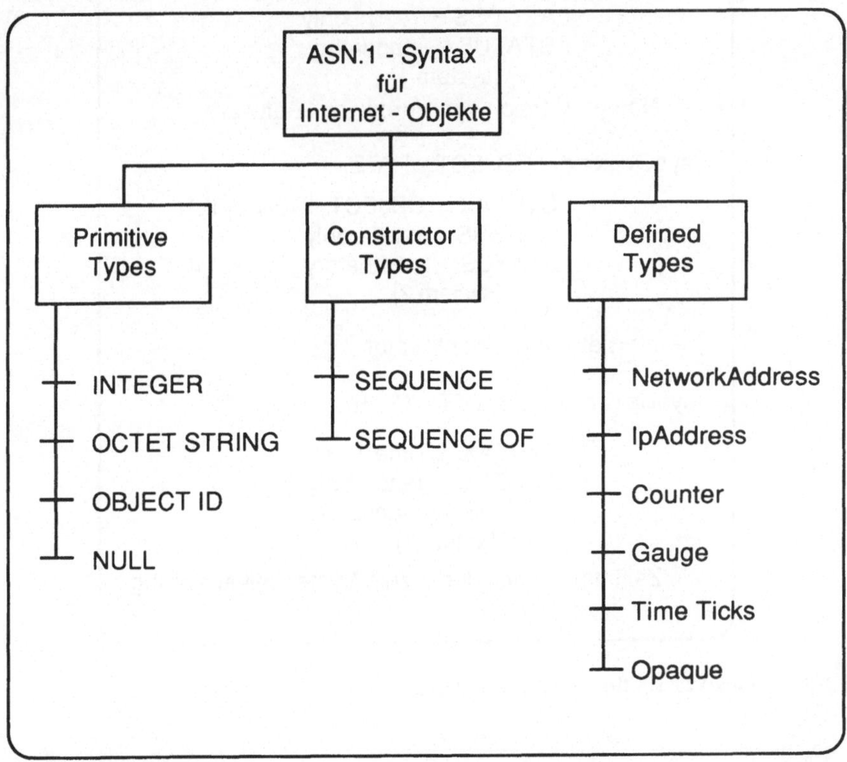

Bild 6.3-7 ASN.1-Syntax zur Definition von Internet-Objekten

Mit *NetworkAddress* kann eine Protokollfamilie ausgewählt werden (gegenwärtig nur die Internet-Protokollfamilie). *IpAddress* repräsentiert die 32-bit-Internet-Adresse, angegeben als OCTET STRING der Länge 4 (vgl. Abschnitt 3.4.3). *Counter* ist eine nichtnegative Integergröße, die monoton anwächst bis zum Grenzwert 2^{32}-1 und dann wieder auf Null gesetzt wird.
Gauge ist eine nichtnegative Integergröße, die wachsen oder abnehmen kann, für die jedoch ein Maximalwert von 2^{32}-1 gilt.
TimeTicks ist eine nichtnegative Integergröße, die ein Zeitintervall in hundertstel Sekunden mißt.
Opaque dient dazu, beliebige ASN.1-Syntax zu unterstützen.
Der Definitionsanteil ist eine lesbare Erläuterung des Objekts, die nicht für eine interne Verarbeitung vorgesehen ist, sondern nur das Verständnis erleichtern soll.

```
sys Descr      OBJECT - TYPE

               SYNTAX   OCTET STRING
               ACCESS   read - only
               STATUS   mandatory
               : : = {system 1}
- - Name / Version von Hardware / Software

sysObjectId    OBJECT - TYPE

               SYNTAX   OBJECT IDENTIFIER
               ACCESS   read - only
               STATUS   mandatory
               : : = {system 2}

- - Internet - objektidentifikator

sysUpTime      OBJECT - TYPE

               SYNTAX   Time Ticks
               ACCESS   read - only
               STATUS   mandatory
               : : = {system 3}
- -  Zeitintervall seit der letzten Systeminitialisierung
```

Bild 6.3-8 Objektdefinition der Systemklasse

Als Zugriffsrechte (*Access*) können die Werte READ-ONLY, READ-WRITE und NOT-ACCESSIBLE vergeben werden. Der *Status* kennzeichnet die Definition eines Objekttyps als für die Verwendung vorgeschrieben (*mandatory*), wahlweise verwendbar (*optional*) oder veraltet (*obsolete*).
Mit Hilfe dieser Datentypen können Objekte definiert werden, die in acht Gruppen eingeteilt werden. Jede Gruppe erhält im Namensbaum einen Objektidentifikator unterhalb 1.3.6.1.2.1:

1.3.6.1.2.1.1	system
1.3.6.1.2.1.2	interfaces
1.3.6.1.2.1.3	at (address translation)
1.3.6.1.2.1.4	ip (internet protocol)
1.3.6.1.2.1.5	icmp (internet control message protocol)
1.3.6.1.2.1.6	tcp (transmission control protocol)
1.3.6.1.2.1.7	udp (user datagram protocol)
1.3.6.1.2.1.8	egp (exterior gateway protocol).

Bild 6.3-8 zeigt die Objektdefinitionen aus der Systemklasse (nach [6-25]), wobei der Definitionsteil verkürzt als Kommentar und in deutscher Sprache angegeben ist. Bild 6.3-9 enthält einen Überblick über die Objekte der Interfaceklasse, wobei aus Platzgründen auf die Angabe der vollständigen Spezifikationen verzichtet wurde [6-24].

Beispiele für Objekte aus den anderen Klassen sind:

- at:
  - *atTable* (die ARP-Tabelle, vgl. Abschnitt 3.4.3)
  - *atEntry* (ein Eintrag dieser Tabelle)
  - *atIfIndex* (das Interface, für das die Tabelle wirksam ist)
  - *atPhysAddress* (die physische Adresse)
  - *atNetAddress* (die IP-Adresse)

- ip:
  - *ipInReceives* (Zähler für die Anzahl IP-Datagramme, die z.B. wegen des "Don't Fragment"-Flags nicht segmentiert wurden)
  - *ipRouteEntry* (ein Eintrag der Routingtabelle)

- icmp:
  - *icmpInErrors* (Zähler für die Anzahl fehlerhaft ankommender ICMP-Protokolldateneinheiten)
  - *icmpInDestUnreachs* (Zähler für die Anzahl ICMP-Protokolldateneinheiten mit der Codierung "Ziel nicht erreichbar")

- tcp:
  - *tcpRtoAlgorithm* (Angabe, welcher Algorithmus zur Bestimmung des Timeout-Wertes für die wiederholte Übertragung nicht quittierter Oktetts verwendet wird)

ifNumber { interfaces 1 }
Anzahl Einträge der IF - Tabelle
ifTable { interfaces 2 }
Interfacetabelle mit den Feldern :

ifIndex	*(Interfaceidentifikator)*
ifDescr	*(ASCII - Beschreibung)*
ifType	*(Protokoll unmittelbar unter IP, z.B. ethernet - csmacd (6) iso 88025 - tokenRing (9) fddi (15) lapb (16) primaryIsdn (21))*
ifMtu	*(max. IP - Datagramm - Größe)*
ifSpeed	*(aktive Bandbreite in bit / s)*
ifPhysAddress	*(physische Adresse unmittelbar unter IP)*
ifAdminStatus	*(gewünschter Status [up,down,testing])*
ifOperStatus	*(tatsächlicher Status)*
ifLastChange	*(Zeit seit Erreichen des tatsächlichen Status)*
ifInOctets	*(empfangene Oktetts)*
ifInUCastPkts	*(Unicast-Pakete,die an nächsthöhere Schicht übergeben wurden)*
ifInNUcastPkts	*(dto. Non-Unicast-Pakete)*
ifInDiscards	*(verworfene Eingangspakete, z.B. wegen Puffermangel)*
ifInErrors	*(fehlerhafte Eingangspakete)*
ifInUnKnownProtos	*(verworfene Eingangspakete wegen unbekannten Protokolls)*
ifOutOctets	*(gesendete Oktetts)*
ifOutUcastPkts	} vergl. entsprechende
ifOutNUcastPkts	} ifIn xxxx - Objekte,
ifOutDiscards	} hier bezüglich
ifOutErrors	} abgehender Pakete
ifOutQLen	*(Länge der Outputpaket - Schlange)*

Bild 6.3-9 Objekte der Interface-Klasse (Definitionen vereinfacht)

- *tcpMaxConn* (maximale Anzahl von TCP-Verbindungen, die eine TCP-Instanz unterstützen kann)
- *tcpCurrEstab* (Anzahl der eingerichteten oder auf Abbau wartenden TCP-Verbindungen)
- *tcpConnState* (Status einer TCP-Verbindung)
- *tcpInSep* (Zähler für die Anzahl empfangener Segmente)

• udp: - *udpInDatagrams* (Zähler für die Anzahl empfangener Datagramme)
- *udpNoPorts* (Zähler für die Anzahl empfangener Datagramme, für die keine Anwendung am Zielport vorhanden war)

• egp: - *egpOutMsgs* (Zähler für die Anzahl lokal erzeugter EGP-Nachrichten)
- *egpNeighborTable* (die Tabelle mit den Nachbarn eines EGP-Knotens).

6.3.4 Simple Network Management Protocol (SNMP)

Um von einer Managementstation zu einem Managementagenten eine Nachricht übermitteln zu können, die dort eine Operation auslöst, ist ein Protokoll erforderlich. Gleiches gilt für die Übertragung von Managementinformationen von einem Agenten zu einer Station. Das dazu im TCP/IP-Management bisher genutzte Protokoll ist das *Simple Network Management Protocol* (SNMP).

SNMP-Protokolldateneinheiten werden überwiegend auf UDP abgebildet (vgl. Abschnitt 3.4.4). In [6-23] wird jedoch eingeräumt, daß auch andere Transportmechanismen benutzt werden können. In [6-33] werden als Beispiele dafür Ethernet-LLC, XNS und Appletalk genannt.

Die Grobstruktur einer SNMP-Nachricht ist in Bild 6.3-10 gezeigt. Sie besteht aus einem Versionsidentifikator, der unterschiedliche SNMP-Versionen zu unterscheiden gestattet, dem Community-Namen und der eigentlichen Protokolldateneinheit. Es werden 5 Typen von Protokolldateneinheiten unterschieden, aus denen sich zugleich die mittels SNMP erreichbare Funktionalität erkennen läßt:

• GetRequest
• GetNextRequest
• GetResponse
• SetRequest
• Trap.

Mittels *GetRequest* können Werte von Variablen eines Agenten angefordert werden. Die Werte werden mittels *GetResponse* zurückgegeben. GetResponse dient gleichzeitig der Übermittlung von Fehlerinformationen bezüglich einer angeforderten Operation. *GetNextRequest* bezieht sich auf ein vorangegangenes GetRequest oder GetNextRequest und fordert, das in der MIB-Hierarchie "nächste" Objekt als Ziel einer Leseoperation auszuwählen. Als "nächstes" Objekt ist dabei dasjenige definiert, das in der lexikographischen

Ordnung aller Objektnamen der relevanten MIB-View folgt. Eine spezielle Anwendung der GetNextRequest-Operation ist, Tabellen fortlaufend (d.h. eintragsweise) zu lesen, z.B. eine Routingtabelle. Die eigentlichen Ergebnisse werden ebenfalls mit GetResponse zur Managementstation übertragen.

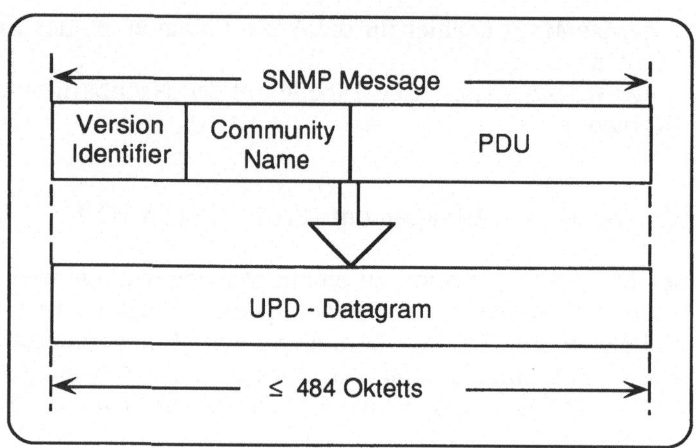

Bild 6.3-10 Grobstruktur einer SNMP-Nachricht

SetRequest erlaubt es, Werte von Variablen, die ein Agent verwaltet, zu verändern. Auf diese Weise können z.B. Schalter umgestellt werden, die zusammen mit lokalen Mechanismen komplexe Operationen steuern. *Trap*-PDUs dienen der unaufgeforderten Meldung von Ereignissen von einem Agenten an eine Managementstation. Nach der auslösenden Ursache unterscheidet man :

- 6 Typen generischer Traps
- objekttypspezifische (enterprise specific) Traps.

Die *generischen Traps* sind:

(0) coldStart — zeigt die Reininitialisierung einer Protokollinstanz an, was mit Konfigurations- und anderen Veränderungen im Agentensystem verbunden sein kann;

(1) warmStart — signalisiert den Wiederanlauf einer Protokollinstanz, ohne daß Konfigurations- oder andere Veränderungen auftreten;

(2) linkDown — wird erzeugt, wenn eine Kommunikationsverbindung gestört ist;

(3) linkUp zeigt an, daß eine (neue) Kommunikationsverbindung im Verantwortungsbereich eines Agenten wirksam geworden ist;

(4) authenticationFailure meldet, daß der sendende Agent eine nicht korrekt authentisierbare Protokolldateneinheit erhalten hat;

(5) egpNeighborLoss signalisiert, daß das Exterior Gateway Protocol (EGP) festgestellt hat, daß ein bisher benachbarter Knoten nicht mehr zugänglich ist.

Mit dem *objektspezifischen Trap* ((6) enterprise specific) wurde die Möglichkeit geschaffen, Ereignisse zu melden, die sich nicht in das definierte Spektrum generischer Traps einordnen lassen. Ein weiterer Code kann die Ursache näher beschreiben.

Bild 6.3-11 zeigt den inneren Aufbau der SNMP-PDUs. Die Protokolldateneinheiten der Typen GetRequest, GetResponse, GetNextRequest und SetRequest haben eine einheitliche Struktur. Der *PDU-Ident* dient der Kennzeichnung des PDU-Typs. Der *Request-Ident* erlaubt es, mehrere ausstehende Anforderungen des gleichen Typs und ihre Ergebnisse voneinander zu unterscheiden. *Error-Status* und *Error-Index* charakterisieren aufgetretene Fehler, beide Parameter können nur in GetResponse-PDUs einen Wert ungleich Null haben.

Unter *Variable-Bindings* wird eine Liste verstanden, die aus Paaren (Variable, Wert) besteht, wobei bei GetRequest und GetNextRequest der Wert den Inhalt Null hat.

Trap-PDUs haben folgenden Aufbau:

- einen PDU-Ident zur Benennung des PDU-Typs;
- einen "enterprise" genannten Objektidentifikator, der die Ereignisquelle charakterisiert;
- die Netzadresse des Agenten;
- die Codierung des generischen Traps (s.o.);
- die Codierung des spezifischen Traps, wenn der generische Trap den Wert "enterpriseSpecific" hat;
- einen Zeitstempel;
- weitere Angaben in Form einer Variable-Bindings-Liste.

Alle Angaben in SNMP-PDUs sind ASN.1- bzw. BER-codiert.

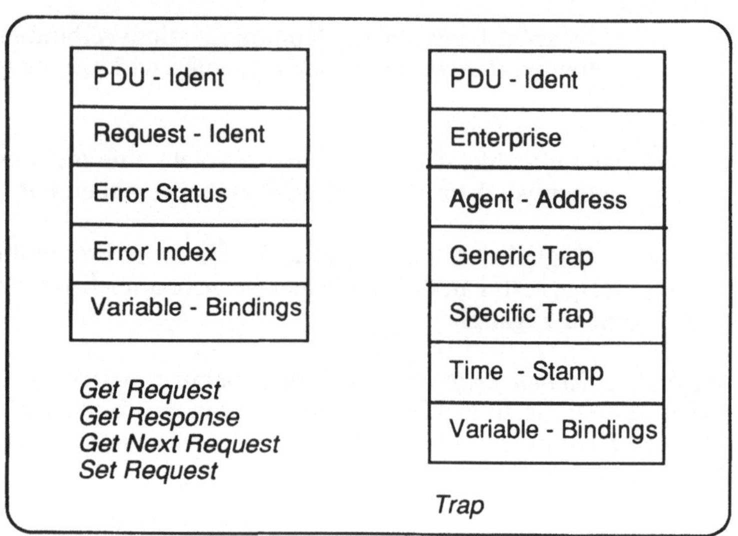

Bild 6.3-11 Aufbau der SNMP-PDUs

6.3.5 CMOT

Neben der Entwicklung von SNMP hat das Internet Activities Board (IAB) noch ein alternatives Konzept für das TCP/IP-Management initiiert, das den Versuch darstellt, OSI-Management und TCP/IP zusammenzuführen [6-32], [6-33]. Dieses Konzept heißt "Common Management Information Services and Protocol over TCP/IP" (CMOT). CMOT ist ein Weg, die gegenüber SNMP wesentlich reichere Funktionalität von CMIS/CMIP (vgl. Kapitel 7) für TCP/IP-Netze wirksam zu machen. Gleichzeitig wird damit ein Teilaspekt der planmäßigen Migration von TCP/IP zu OSI sichtbar. Bild 6.3-12 veranschaulicht die Architektur von CMOT nach [6-32]. Sie zeigt zunächst die schon aus Abschnitt 3.4.2 bekannte TCP/IP-Schichtenarchitektur bis zur Transportschicht, in der sich nebeneinander, d.h. alternativ nutzbar die beiden Protokolle TCP und UDP befinden. Nach oben schließt sich nun das *Lightweight Presentation Protocol* (LPP) an, das einen Mechanismus darstellt, weitere (anwendungsorientierte) Protokolle direkt auf TCP/IP aufzusetzen [6-34]. Es folgen dann die Association Control Service Elements (ACSE) und Remote Operations Service Elements (ROSE) als Dienste der OSI-Verarbeitungsschicht für die Verwaltung von OSI-Anwendungsverbindungen und die Ausführung von Operationen auf entfernten Endsystemen. Das eigentliche OSI-Management wird durch CMIS/CMIP repräsentiert. Es wird in Kapitel 7 ausführlich behandelt und soll deshalb hier nicht näher besprochen werden.

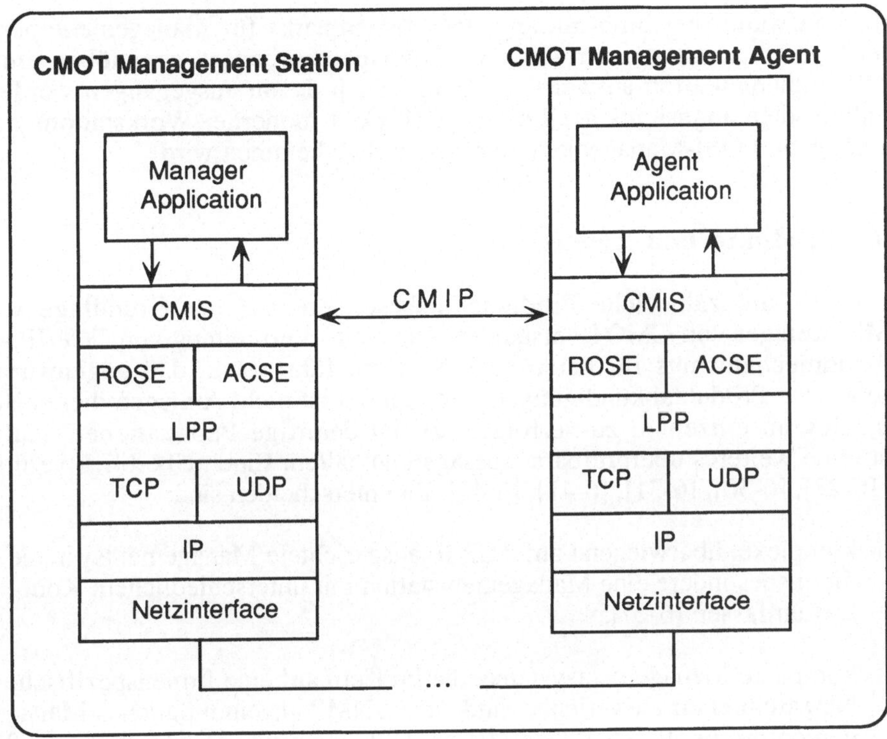

Bild 6.3-12 CMOT-Architektur

Obwohl SNMP mit dem Trap-Mechanismus eine Möglichkeit zur ereignisinitiierten Generierung von Managementinformationen hat, wird es doch häufig als pollingorientiert bezeichnet [6-30]. Wichtig ist wohl, daß in SNMP vom Konzept her keine Filterung von Ereignisinformationen vorgesehen ist und daher Trap-Mechanismen nur sparsam eingesetzt werden können, um eine Überflutung von Managementstationen mit Informationen zu verhindern. Da solche Filtermechanismen lokal sind, kann es jedoch zu keiner Verletzung der (TCP/IP-standardgerechten) Interoperabilität kommen, wenn sie implementiert werden. Dennoch liefert CMOT (falls die volle OSI-Management-Funktionalität bereitgestellt wird) wesentlich mehr Managementmöglichkeiten. In [6-32] wird der Versuch unternommen, eine quantitative Abschätzung für den Leistungsgewinn beim Übergang von einer polling- zu einer ereignisinitiierten Informationsgewinnung herzuleiten. Es wird gezeigt, daß eine CMOT-Managementstation gegenüber einer SNMP-Managementstation unter sonst gleichen Bedingungen im Falle eines Ethernet-LAN das Vierfache, im Falle eines WAN das 24fache an Geräten (Managed Systems) überwachen kann. Der dafür zu zahlende Preis ist eine komplexere Implementation. In der gleichen Quelle wird berichtet, daß eine CMOT-Implementation einen etwa 2,5fach höheren

Laufzeitaufwand (bestimmt mittels eines Benchmarks für Managementoperationen) sowie etwa den dreifachen Hauptspeicherbedarf gegenüber einer SNMP-Implementation aufweist. Es kann jedoch davon ausgegangen werden, daß allein dies angesichts der Leistungsfähigkeit moderner Workstations den Übergang zum OSI-Management nicht wesentlich hemmen wird.

6.3.6 Produkte und Tendenzen

Seit 1989 sind zahlreiche Produkte insbesondere auf der Grundlage von SNMP, weniger von CMOT entstanden. Die weite Verbreitung von TCP/IP als Verbundmechanismus für heterogene Systeme führt dazu, daß gegenwärtig ständig neue Produktankündigungen erfolgen. Es ist nicht Anliegen dieses Buches, dies im einzelnen zu verfolgen, zumal derartige Publikationen häufig nicht ohne weiteres überprüfbare Aussagen enthalten. Einen Überblick vermitteln [6-27], [6-30], [6-31], [6-41], [6-42]. Zu unterscheiden sind:

K1 komplexe, überwiegend auf TCP/IP ausgerichtete Managementsysteme, die insbesondere eine Managementstation mit unterschiedlichem Komfort umfassen [6-27];

K2 komplexe Managementsysteme, die im Kern auf eine firmenspezifische Netzarchitektur ausgerichtet sind, aber SNMP als ein mögliches Managementprotokoll unterstützen (IBM, DEC u.a., vgl. Abschnitte 6.1, 6.2);

K3 Managementagenten für spezielle Geräte oder Gerätefamilien, um deren Einbeziehung in das TCP/IP-Management zu ermöglichen.

In [6-31] wird eine Umfrage ausgewertet, die die Datapro Research Cooperation 1990 unter Nutzern von SNMP angestellt hat. Es wird sichtbar, daß Produkte der Kategorie K1 noch viele Wünsche offen lassen, wenn von Anforderungen an ein wirklich komplexes Netzmanagementsystem mit leistungsfähigen Managementanwendungen und komfortablem Administratorinterface ausgegangen wird. Das offensichtlich schwierigste, die Interoperabilität verschiedener SNMP-Managementprodukte einschränkende Problem ist die Gestaltung der MIB. Nach [6-32] hatten im April 1990 mehr als 90 Hersteller von der in Abschnitt 6.3.3 beschriebenen Möglichkeit Gebrauch gemacht, Enterprises-Teilbäume im MIB-Namensbaum bei der IANA zu beantragen. Damit zerfällt die MIB eines TCP/IP-Systems in die Standard-MIB nach [6-25] und in einen firmenspezifischen Teil. Erst nach detaillierter Publikation der Strukturierung des firmenspezifischen MIB-Teils können Hersteller von Produkten für Managementstationen diese darauf einstellen. Es ist aber zu befürchten, daß die firmenspezifischen Teilbäume für Geräte prinzipiell gleicher Funktionalität, aber verschiedener Hersteller unterschiedlich ausfallen. Soll ein einigermaßen bequemes Management heterogener Netze von einer Managementstation aus ermöglicht werden, sind hier nachträgliche Vereinheitlichungen unabdingbar. Bild 6.3-13 veranschaulicht das entstandene Problem, Bild 6.3-14 den wünschenswerten Zielzustand. Ähnliche Situationen können allerdings auch für reine OSI-Management-Implementationen entstehen, wenn sie in der Breite und von vielen Herstellern in Angriff genommen und die Möglichkeiten der OSI-MIB-Vererbungsmechanismen nicht voll ausgeschöpft werden.

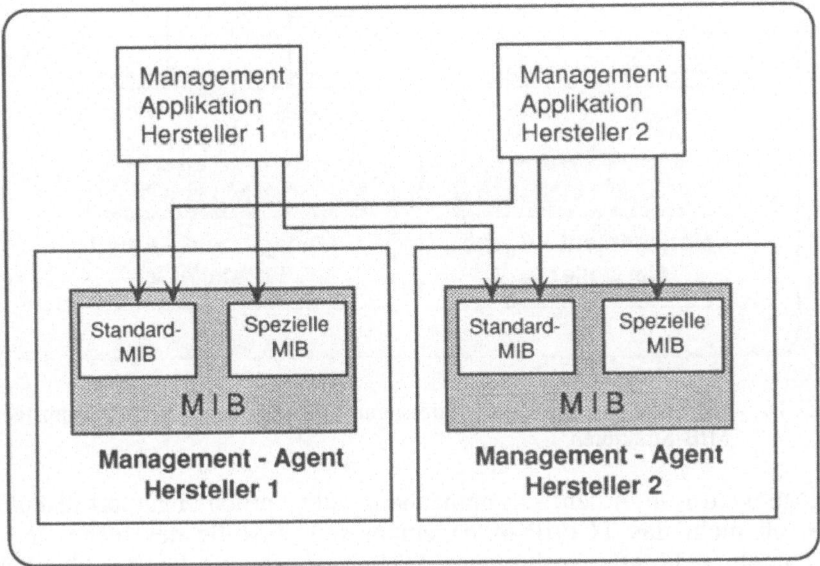

Bild 6.3-13 MIB-Zugangsprobleme in heterogenen Netzen

Neben den marktwirksamen Entwicklungen ist es zweckmäßig, die weiteren Bemühungen der IETF-Arbeitsgruppen zur Weiterentwicklung und Ergänzung von SNMP und CMOT sowie die Entwicklung des Standardisierungsprozesses im Rahmen des OSI-Managements zu beobachten. Wichtige Arbeitsgegenstände der IETF sind (zitiert in [6-32]):

- Erarbeitung einer erweiterten Version der Standard-MIB, was zu etwa 200 MIB-Objekten führen wird [6-35];
- Datensicherheitsfragen [6-36];
- Verarbeitung von Traps [6-37;
- SNMP auf der Basis von Ethernet-LLC [6-38] und des verbindungsfreien OSI-Transportdienstes [6-39].

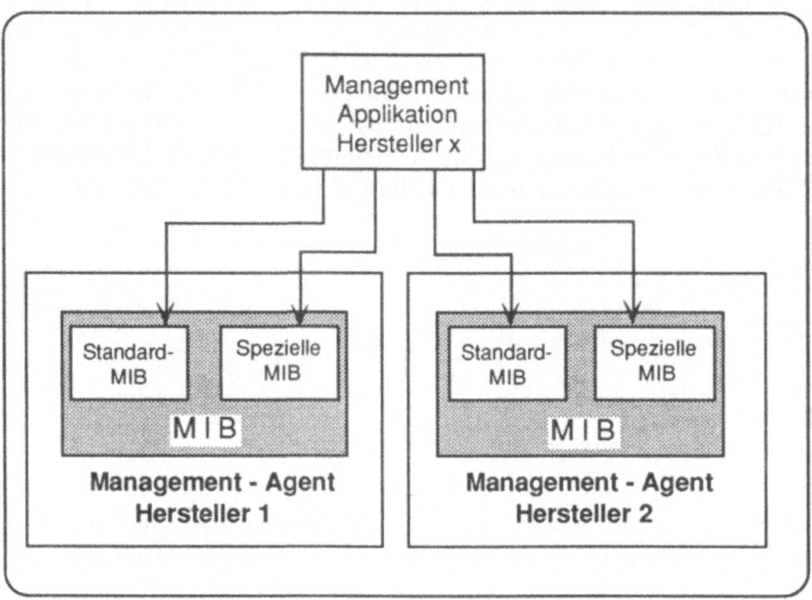

Bild 6.3-14 Zielzustand nach MIB-Standardisierung und Publikation herstellerspezifischer MIB-Strukturen

Der gegenwärtig in diesem Zusammenhang gelegentlich engagiert diskutierten Frage, ob nicht das TCP/IP-Management sich anstelle des bisher auf dem Markt noch nicht sehr verbreiteten OSI-Managements letzlich durchsetzen wird, soll hier keine weitere Polemik hinzugefügt werden. Bewirkt durch staatliche Regulierungen und infolge von vereinigten Herstelleranstrengungen (OSI/NM-Forum [6-40]) ist es durchaus wahrscheinlich, daß sich OSI in absehbarer Zeit in komplexen Netzverbunden durchsetzen kann. Es kann sich aber auch auf der Basis von SNMP ein Evolutionsprozeß zu einem künftigen Managementstandard vollziehen. Das Endergebnis wird dann wohl in seiner Funktionalität den jetzigen OSI-Managementkonzepten sehr ähnlich sein.

7 OSI-Management

7.1 Architektur

7.1.1 Überblick

Dem Systematisierungsanliegen des OSI-Basisreferenzmodells entspricht es, wenn seit Mitte der achtziger Jahre intensiv im Rahmen mehrerer Arbeitsgruppen an einem durchgängigen Managementkonzept gearbeitet wird. Da diese Arbeiten später als viele wichtige Schichtenstandards begonnen wurden und auch heute noch nicht vollständig abgeschlossen sind, konnten die Rahmenvorstellungen und konkreten Festlegungen zum OSI-Management bisher in den Schichtenstandards kaum berücksichtigt werden. Es ist zu erwarten, daß dies einen Überarbeitungs- bzw. Ergänzungsvorgang im Verlaufe der neunziger Jahre nach sich ziehen wird.

Die frühesten und gleichzeitig gröbsten Vorstellungen zum Konzept des OSI-Managements sind im Basisreferenzmodell selbst zu finden [2-2]. Wichtige Erweiterungen und Ergänzungen zur Managementarchitektur enthält der OSI-Management-Framework [7-2]. Schließlich sind im Systems Management Overview wesentliche architekturelle Aussagen enthalten [7-3]. Auf diese drei Quellen stützen sich die nachfolgenden Darstellungen.
Nach [7-2] gehören folgende Aufgaben in den Verantwortungsbereich des OSI-Managements:

A1 Planung, Organisation, Überwachung, Steuerung und Abrechnung der Kommunikationsdienste,

A2 Reaktion auf sich verändernde Anforderungen,

A3 Sicherung eines vorhersagbaren Kommunikationsverhaltens,

A4 Schutz der Informationen und Authentisierung von Quellen und Senken der übertragenen Daten.

Die dafür zu schaffenden Managementwerkzeuge können sowohl lokal, d.h. beschränkt auf ein einzelnes System, als auch durch Zusammenwirken mehrerer Systeme agieren. Dementsprechend läßt sich unterscheiden:

- das autonome Management eines einzelnen Systems, welches nicht Gegenstand der OSI-Standardisierung ist, aber natürlich Wechselwirkungen zum eigentlichen OSI-Management aufweist und unbedingt erforderlich ist, wenn ein komplexes und praktisch ausreichendes Management angestrebt wird;

- das eigentliche OSI-Management, das durch koordinierte Aktivitäten mehrerer offener Systeme zustande kommt. Die dabei anstehenden Aktivitäten können asymmetrisch verteilt sein. Ein System kann Quelle einer Managementaktivität sein (managing role, weiterhin Managementsystem genannt), ein anderes führt diese Managementaktivität aus bzw. reagiert darauf (managed role, weiterhin Agentensystem genannt).

Das allgemeine Architekturmodell des OSI-Managements zeigt Bild 7.1-1. Danach läßt sich OSI-Management in drei Kategorien einteilen:

K1: Systemmanagement (Systems management, SM)

K2: Schichtenmanagement (Layer management, LM)

K3: Managementaspekte der Schichtenoperationen (layer entity [LE] operations). Dies wird gelegentlich Protokollmanagement genannt.

7.1.2 Systemmanagement

Das *Systemmanagement* ist in der Schicht 7 des Basisreferenzmodells angesiedelt. Es stellt die wichtigste Managementkategorie dar und kann Managementaktivitäten im gesamten offenen System, d.h. unabhängig von der Strukturierung in Subsysteme, ausführen. Für die Kommunikation mit Systemmanagement-Instanzen in anderen offenen Systemen verfügt das Systemmanagement über ein eigenes Protokoll. Dieses Protokoll ist ein Protokoll der Verarbeitungsschicht. Für seine Arbeit erfordert es eine funktionierende unterliegende Protokollhierarchie. Dafür wird im Normalfall eine vollständige OSI-Hierarchie unterstellt. Es ist aber auch denkbar (ähnlich wie bei Mini-MAP [7-4]), daß Schichten ausgelassen werden, z.B. weil die Ressourcen kommunizierender Systeme eine vollständige OSI-Protokollhierarchie überhaupt nicht oder nicht zeitgerecht unterstützen können. Das Systemmanagement wird nachfolgend noch ausführlich behandelt.

7.1.3 Schichtenmanagement

Das *Schichtenmanagement* umfaßt Managementfunktionen, die in jeweils einer Schicht wirksam werden können und die Schicht (oder das Subsystem) als Ganzes betreffen.
Nach [7-2] sind Beispiele dafür:

- die Überwachung und Steuerung von Parametern einer Schicht
- die Testung der Funktionalität der unterliegenden Schicht.

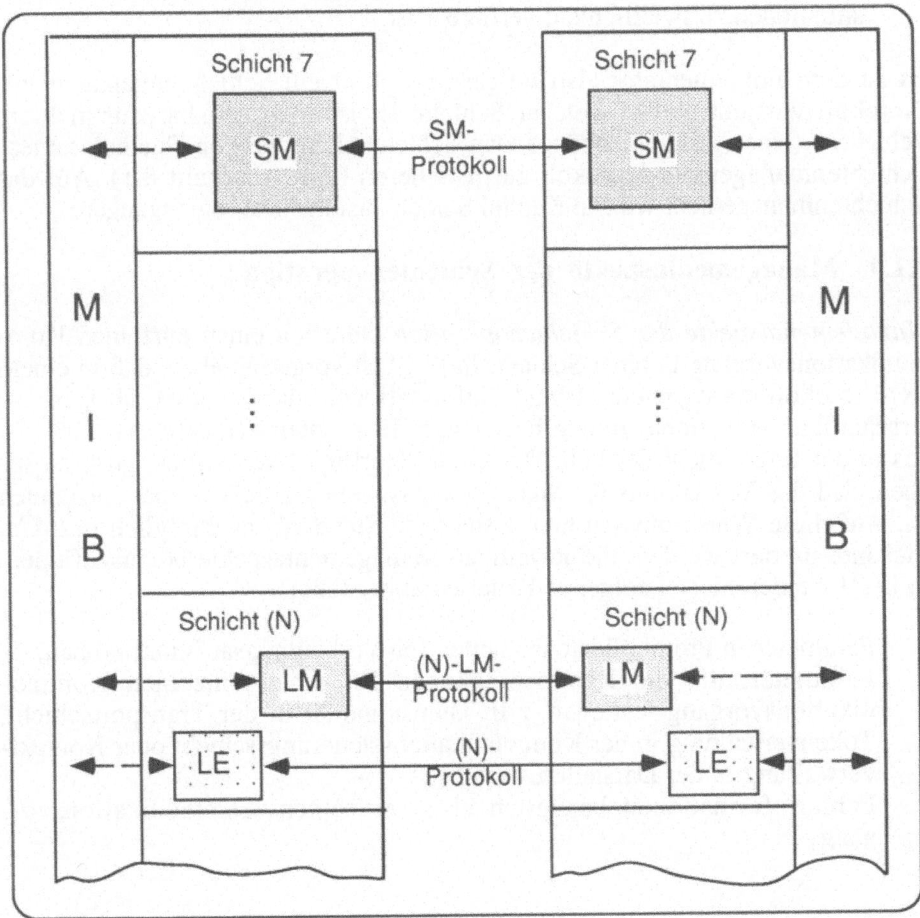

Bild 7.1-1 OSI-Management-Architektur

Für die schichtenspezifische, d.h. vom Systemmanagement-Protokoll unabhängige Übertragung von Managementinformationen zwischen Schichtenmanagement-Instanzen kann ein Schichtenmanagement-Protokoll existieren. Ein solches Protokoll beruht auf den Fähigkeiten unterliegender Protokolle und soll die Möglichkeiten von Protokollen der höheren Schichten nicht duplizieren. Dementsprechend soll ein Schichtenmanagement-Protokoll nur benutzt werden, wenn dies unabdingbar ist, also wenn :

- die Funktionalität des Systemmanagement-Protokolls für den gegebenen Zweck unangemessen ist (z.B. für Fernladeprozeduren),

- kein Systemmanagement-Protokoll existiert oder ein solches in Störungssituationen zeitweilig nicht verfügbar ist.

Es ist dem Implementator also freigestellt, ob er ein Schichtenmanagement-Protokoll vorsieht und in welcher Schicht. Es ist auch denkbar, für mehrere Schichten (einen zusammenhängenden Schichtenkomplex) ein "gemeinsames" Schichtenmanagement-Protokoll zu installieren (vgl. Abschnitt 8.1). Auf das Schichtenmanagement wird in Kapitel 8 noch ausführlicher eingegangen.

7.1.4 Managementaspekte der Schichtenoperation

Managementaspekte der Schichtenoperation betreffen einen einzelnen Kommunikationsvorgang in einer Schicht. In [7-2] ist vorgeschrieben, daß in einem (N)-Protokoll managementrelevante Informationen klar vor allen übrigen unterscheidbar sein sollen. In den bisher veröffentlichten Schichtenstandards ist das in der Regel nicht der Fall. Der Grund hierfür ist vermutlich darin zu suchen, daß das Verständnis für Managementaspekte erst relativ spät entstanden ist. Auf diese Weise müssen nun bestehende Standards nachträglich mit dem Ziel interpretiert werden, die jeweiligen Managementaspekte herauszufinden. In [7-2] werden hierfür folgende Kriterien angegeben:

- Parameter in Protokolldateneinheiten für Verbindungsauf- und -abbau;
- Parameter, die die Randbedingungen für einen einzelnen Kommunikationsvorgang festlegen, z.B. Dienstqualität in der Transportschicht, Tokenverwaltung in der Kommunikationssteuerungsschicht oder Kontextverwaltung in der Darstellungsschicht;
- Fehlerinformationen bezüglich eines einzelnen Kommunikationsvorgangs.

7.1.5 Management-Informationsbasis

Alle realen Objekte in einem Rechnernetz, die Gegenstand von Managementoperationen sind, z.B. Systeme und ihre Komponenten oder Verbindungen, werden als *Managementobjekte* (managed objects) widergespiegelt. Managementobjekte sind abstrakte Konstrukte, auf die genau die Eigenschaften realer Objekte abgebildet werden, die managementrelevant sind. Bei der Definition eines Managementobjekts werden festgelegt:

- seine Attribute,
- die Operationen über diesen Attributen,
- die Meldungen, die Aufschluß über das Verhalten eines Managementobjektes geben (Notifikationen),
- die Beziehungen zu anderen Managementobjekten.

Es ist offensichtlich, daß hier Konzepte der objektorientierten Programmierung berücksichtigt wurden. Einzelheiten zu den Managementobjekten werden in Abschnitt 7.2 behandelt.

Alle Managementobjekte eines Systems bilden seine *Management-Informationsbasis* (Management Information Base, MIB). Die MIB ist ebenfalls eine abstrakte Kategorie. Das MIB-Konzept der OSI-Managementarchitektur enthält keine Aussagen zur physischen oder logischen Speicherstruktur der zugeordneten Informationen. Ein MIB-Element kann demnach zum Beispiel sowohl real von einem Datenbanksystem verwaltet werden als auch im Maschinencode einer Netzsoftwareroutine enthalten sein. Wegen der hohen Abstraktheit seiner Aussagen wird das MIB-Konzept gelegentlich als unnötig abgelehnt. Seine Existenz ist jedoch ein Hinweis auf die fundamentale Bedeutung der Management-Datenstrukturen. Die MIB enthält sowohl Managementobjekte, die Gegenstand von Protokolloperationen sind und daher der Normung unterliegen (in diesem Fall werden abstrakte Syntax und Semantik der Informationen definiert), als auch nur lokal benutzte Managementinformationen. Ein Beispiel für den ersten Fall ist ein Zähler für die aktiven Verbindungen zwischen zwei Systemen, ein Beispiel für den zweiten Fall ein Zähler für die Häufigkeit des Systemladens.
Dem abstrakten Charakter der MIB entsprechend, sind auch die Zugriffspfade zu ihr nicht Gegenstand der Standardisierung. Die in Bild 7.1-1 enthaltenen Verbindungen zwischen der MIB und dem System- und Schichtenmanagement sowie den normalen Schichteninstanzen sind daher ebenfalls implementationsspezifisch.

7.1.6 Steuerflüsse in der Managementarchitektur

Wie die drei genannten Managementkategorien innerhalb eines offenen Systems zusammenwirken, wird im Standard nicht geregelt. Dies betrifft:

- die Schnittstelle zwischen System- und Schichtenmanagement,

- die Schnittstelle zwischen Schichtenmanagement und der normalen Schichteninstanz,
- die Schnittstelle zu Management-Anwendungsprozessen.

Die Gestaltung dieser Schnittstellen liegt daher im Ermessen des Implementators. Es sind dafür vor allem die Prozeßverwaltungs-, Interprozeßkommunikations- und Synchronisationsmechanismen des lokal verwendeten Basisbetriebssystems maßgebend. Bild 7.1-2 zeigt ein mögliches Schema.

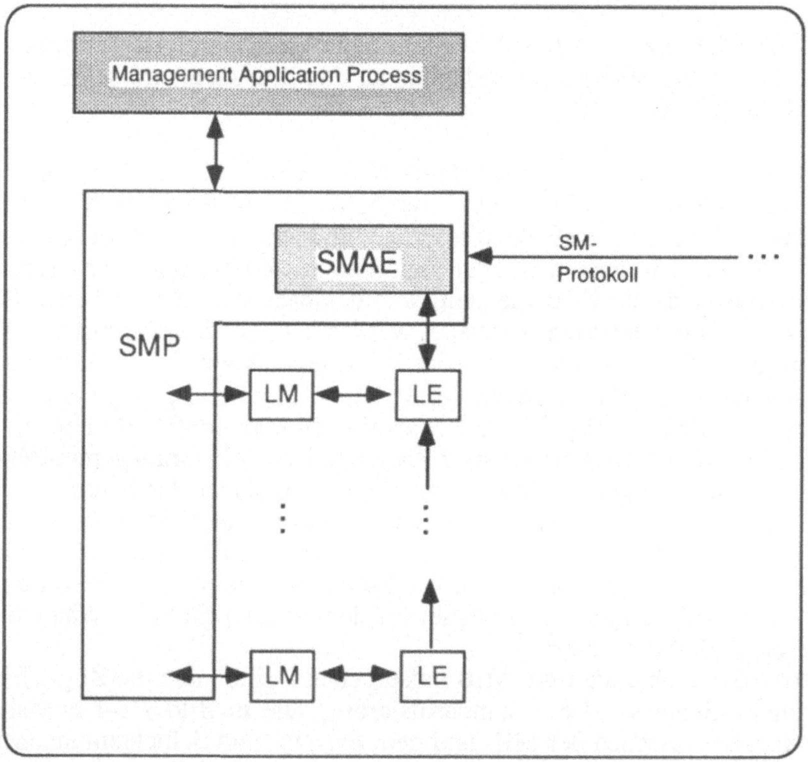

Bild 7.1-2 Mögliche Steuerflüsse in einer OSI-Managementarchitektur

Von einem Management-Anwendungsprozeß (Management Application Process) wird eine Management-Operation eingeleitet, z.B. durch die Eingabe eines Kommandos oder das Anklicken eines Symbols an einem Administratorinterface (vgl. Bild 4-17). Dies führt zur Aktivierung des lokalen Systemmanagement-Prozesses (SMP). In diesem wird zunächst festgestellt, ob sich das Ziel der Operation im lokalen oder in einem entfernten System befindet.

Betrifft die Operation das lokale System, wird die zutreffende Schichtenmanagement-Instanz (LM) angesprochen. Diese führt die Operation selbständig oder im Zusammenwirken mit der normalen Schichteninstanz (LE) aus. Eine mögliche Reaktion wird auf dem soeben beschriebenen Weg an den auslösenden Management-Anwendungsprozeß zurückgegeben.

Betrifft die Operation ein entferntes System, wird sie von der Systemmanagement-Verarbeitungsinstanz (System Management Application Entity, SMAE) auf das Systemmanagement-Protokoll (SM-Protokoll) abgebildet. Dieses benutzt die Dienste der darunter liegenden Schichteninstanzen (LE), um die Anforderung an die SMAE im entfernten System zu übertragen. Dort wird sie an den lokalen SMP übergeben, der nun wie oben beschrieben verfährt.

In [7-3] werden zwei strukturell noch feinere Konzepte in die Management-Architektur eingeführt:

- die Zugriffskontrolle, die in Agentensystemen eine Filterfunktion ausübt, bevor eine Managementoperation auf einem Managementobjekt ausgeführt wird (näheres vgl. Kapitel 9);
- eine Verteilungsfunktion für Notifikationen, die dazu dient, die aus dem Notifikationsmechanismus der Managementobjekte potentiell resultierende Informationsflut sinnvoll zu kanalisieren (näheres vgl. Abschnitt 7.3).

Bild 7.1-3 ordnet beide Konzepte schematisch ein.

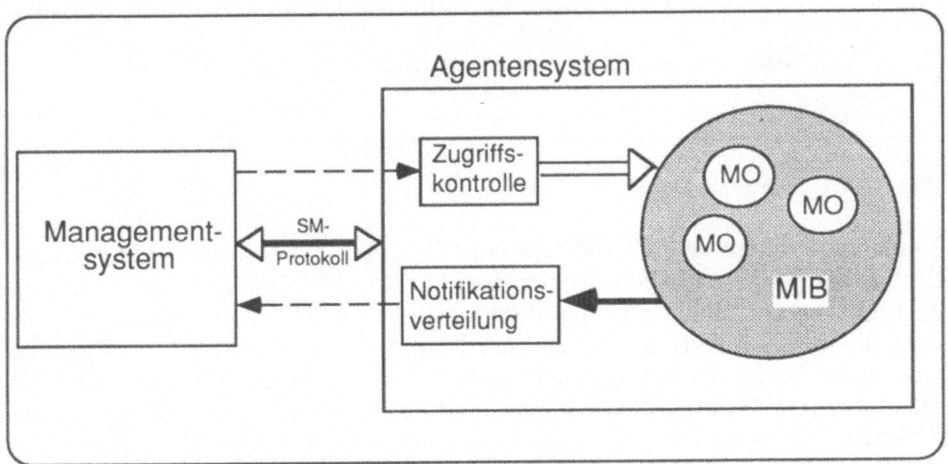

Bild 7.1-3 Zugriffskontrolle und Notifikationsverteilung als Elemente der OSI-Managementarchitektur

7.1.7 Management-Domänen

Eine Management-Domäne ist eine Menge von Managementobjekten, die mindestens eine gemeinsame Eigenschaft haben. Eine Management-Domäne soll einen eindeutigen Namen haben, ferner sollen die Beziehungen zu anderen

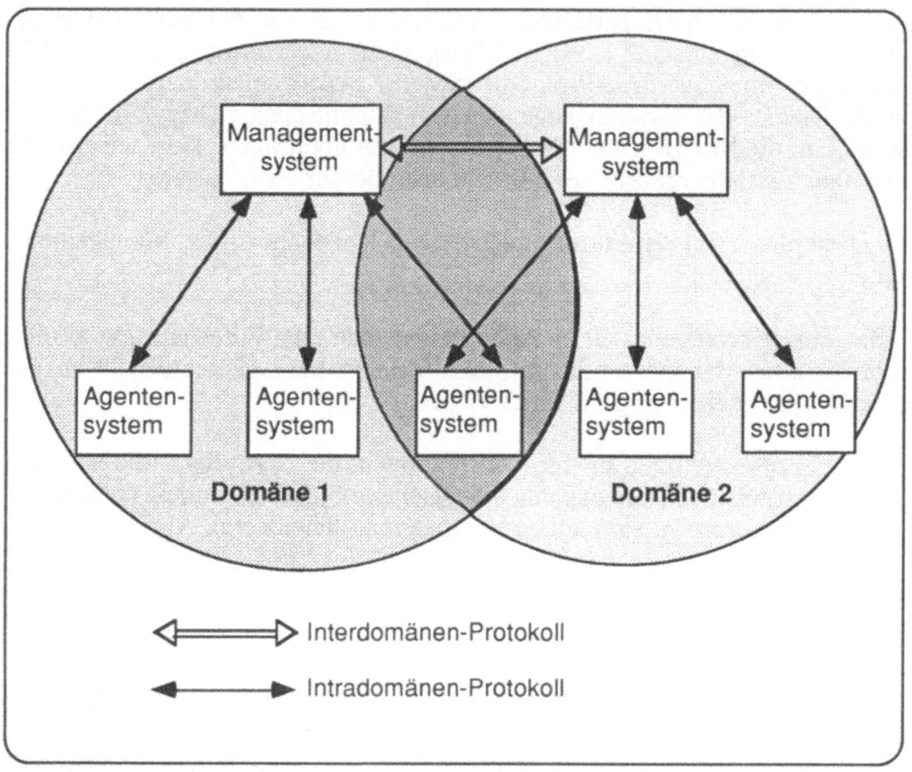

Bild 7.1-4 Einfaches Domänenschema

Domänen definiert sein. Die gemeinsame Eigenschaft verkörpert sich im identischen Wert eines Attributs oder auch auf andere Weise. Mittel, um Domänen zu organisieren, bilden z.B. das Relationsmanagement (vgl. Abschnitt 7.5.4) oder die CMIS-Funktionen Scope und Filter (vgl. Abschnitt 7.3.3). Welchen Granularitätsgrad die Managementobjekte haben, die eine Domäne bilden, ist in [7-3] nicht fixiert. Sicher bilden aber in der Praxis vollständige offene Systeme eine besonders relevante Klasse von Managementobjekten, die Elemente von Domänen sind.

Das Domänenkonzept ist ein für das Management praktisch außerordentlich wichtiges Strukturierungskonzept, das in [7-3] keineswegs schon erschöpfend ausgenutzt wird. Erwähnt werden:

- organisatorisch definierte Domänen, für die z.B. eine einheitliche Politik bezüglich gewisser funktioneller Bereiche durchgesetzt werden soll, z.B. für Sicherheits-, Abrechnungs- und Störungsmanagement;
- administrativ definierte Domänen, die Elemente umfassen, die einer gemeinsamen administrativen Autorität unterstehen.

In komplexen Rechnernetzen befinden sich zum Beispiel typischerweise Elemente, die der Hoheit der Post oder eines anderen Nachrichtenübertragungsdienstes unterstehen. Andere Elemente gehören zu Domänen eines oder mehrerer (privater) Anwender(s).

Bild 7.1-4 zeigt ein mögliches Domänenschema. In diesem Beispiel überlappen sich beide Domänen. Beispielsweise könnte das Agentensystem, das beiden Domänen angehört, ein Gateway sein. Domänen können aber auch hierarchisch gegliedert sein, wenn z.B. ein Agentensystem in einem anderen Zusammenhang Managementsystem einer eigenen Domäne ist (vgl. Bild 7.1-5). Dies könnte in einem in mehrere Zuständigkeitsbereiche gegliederten hierarchischen Netzsystem auftreten (z.B. Unternehmensebene, Abteilungsebene).

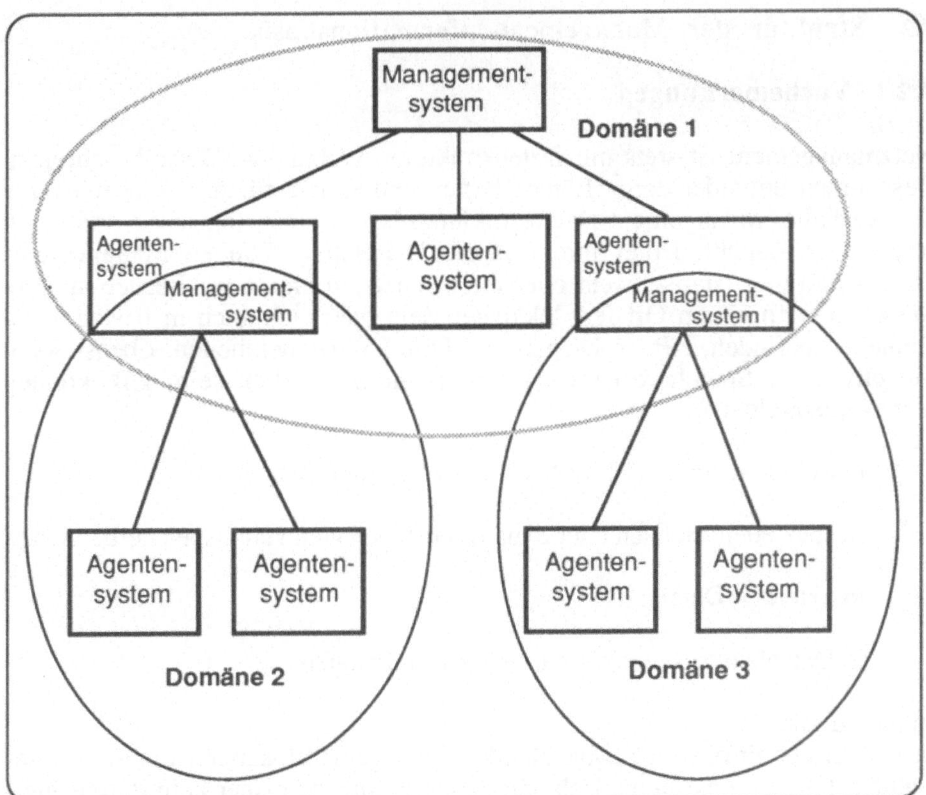

Bild 7.1-5 Hierarchisches Domänenschema

Domänen können statisch sein, aber auch temporär. Im letzten Falle wechselt ein System die Rolle vom Agenten- zum Managementsystem, z.B. bei der Störungsdiagnose.

Das Domänenkonzept ist potentiell sehr mächtig. In hinreichend komplexen Netzen lassen sich sehr viele Domänen definieren, die sich dann meist vielfältig überlappen.
Beispiele für Bildungskriterien für Domänen sind (Granularitätsstufe System vorausgesetzt):

- gleicher Hersteller,
- gleiches Betriebssystem,
- gleicher Systemtyp (z.B. alle Endsysteme, alle Transitsysteme),
- gleiche Anwendungsklasse,
- gleicher Servertyp.

7.2 Struktur der Management-Informationsbasis

7.2.1 Vorbemerkungen

Netzmanagement ist stets mit Datenstrukturen verbunden. Diese beschreiben Ressourcen und/oder deren Eigenschaften und andere für das Netz relevante Sachverhalte. Management-Datenstrukturen haben einen logischen und einen physischen Aspekt. Unter ihrem *physischen Aspekt* können Management-Datenstrukturen statisch sein oder ihren Inhalt im laufenden Betrieb ändern. Sie können an einem Ort fest lokalisiert sein oder sich auch in beweglichen Einheiten befinden, z.B. in Dienst- und Protokolldateneinheiten. Ebenso kann die physische Speicherorganisation sehr unterschiedlich sein, z.B. können managementrelevante Daten

- unmittelbar im ausführbaren Code von Programmen,
- in speziellen, statisch oder dynamisch angelegten Hauptspeicherbereichen
- in externen Dateien,
- in Datenbanksystemen mit Datenbeschreibungen

enthalten sein.
In den in der Praxis zu beobachtenden Managementlösungen treten alle genannten Formen unsystematisch und gemischt auf, da bisher kein durchgängiges Konzept existierte. Der jeweilige Entwerfer und Implementierer wählte in jedem Einzelfall individuell und vor allem unter auf das jeweilige Problem be-

zogenen Effizienzkriterien aus. Dieser Tatbestand erschwert ein einheitliches Netzmanagement in heterogenen Systemen extrem.

Zu den logischen Aspekten von Management-Datenstrukturen können ihre syntaktischen und semantischen Eigenschaften gezählt werden. Sie sind Gegenstand der Standardisierung im Rahmen des OSI-Managements.
Auch beim Entwurf der (überhaupt nicht implementationsorientierten) ISO-Standards für die Dienste und Protokolle der einzelnen Schichten wurde anfangs kein einheitliches Konzept für die Gestaltung von Datenstrukturen zugrunde gelegt. Es wurde eine präzise Spezifikation des jeweiligen Protokolls und der damit verbundenen Datenstrukturen angestrebt. Notwendigkeiten eines schichtenübergreifenden Netzmanagements wurden bisher weitgehend ignoriert. Gegenwärtig entsteht (belegt insbesondere durch die Dokumente [7-5], [7-6] und [7-7]) ein einheitliches Konzept für die (implementationsunabhängige) Strukturierung von Steuerinformationen in Rechnernetzen. Obwohl es noch nicht voll ausgearbeitet und verabschiedet ist, soll es nachfolgend seiner fundamentalen Bedeutung wegen ausführlicher behandelt werden. Dabei kann es lediglich darum gehen, die Konzepte sowie ihre Zielstellungen und potentiellen Wirkungen zu verdeutlichen. Details müssen den endgültigen Standarddokumenten vorbehalten bleiben. Es ist zu erwarten, daß auch bereits verabschiedete Kommunikationsstandards überarbeitet bzw. ergänzt werden müssen, um den diesbezüglichen Anforderungen des Netzmanagements gerecht zu werden. Aspekte der physischen Speicherorganisation werden von diesen Arbeiten allerdings nicht berührt.

7.2.2 Objektorientierte Konzepte

In der zweiten Hälfte der achtziger Jahre begannen sich objektorientierte Konzepte in der Programmierungs- und Softwaretechnologie, aber auch in anderen Informatikdisziplinen wie Datenbanken und Wissensverarbeitung stark zu verbreiten. Ohne daß es bisher schon zu einer breiten praktischen Nutzung gekommen ist, hat das damit verbundene methodische Gedankengut jedoch Anregungen für verschiedenste Anwendungsbereiche vermittelt. Dies trifft auch auf das OSI-Management zu, das gerade im erwähnten Zeitraum verstärkt konzeptionell bearbeitet wurde.
Kernbegriff ist der schon in Abschnitt 7.1.5 eingeführte Begriff des *Managementobjekts* (managed object, MO). Wichtige Merkmale und Zielstellungen von Managementobjekten sind:

M1 Sie sind die abstrakte Widerspiegelung derjenigen Eigenschaften realer Objekte eines Rechnernetzes, die managementrelevant sind. Die Gesamtheit der Managementobjekte eines Systems ermöglicht demnach eine Managementsicht auf dieses System.

M2 Es wird eine Systematisierung und Modularisierung und damit eine bessere Überschaubarkeit eines Managementsystems erreicht. Managementobjekte und ihre Eigenschaften sind wohldefiniert, dokumentiert und registriert.

M3 Das Konzept des Managementobjekts ist abgeleitet aus dem Konzept der abstrakten Datentypen und der Datenkapselung. Damit wird Integritätssicherung abgestrebt. Daten- und Programmstrukturen bilden eine Einheit, von der Einzelheiten von außen unbekannt und unzugänglich sind. Anforderungen an ein Datenobjekt werden durch "Botschaften" vermittelt, Ergebnisse durch "Meldungen".

M4 Ein mit dem Modularitätsaspekt verbundenes softwaretechnologisches Ziel ist es, Spezifikationen von Managementobjekten oder Teilen davon wiederzuverwenden. Das wird durch das Klassen- und Vererbungskonzept erreicht.

M5 Managementobjekte werden stets als Elemente komplexer Strukturen mit hierarchischer Ausrichtung aufgefaßt. Damit wird sowohl die Möglichkeit komplexer Managementfunktionen eingeräumt als auch ein wichtiger Rahmen für die Identifizierung (Benennung) von Managementobjekten geschaffen.

Die praktische Umsetzung dieser Konzepte ist gegenwärtig Gegenstand von Pilotimplementationen. Wichtige Arbeiten dazu werden im Umfeld des INCA-Projekts durchgeführt [7-8], [7-9]. Aussagen über besonders geeignete Programmierwerkzeuge sind noch nicht möglich.

7.2.3 MO-Klassen und -exemplare

Den Prinzipien der objektorientierten Programmierung entsprechend ist zwischen Managementobjekt-*Klassen* und den daraus abgeleiteten konkreten *Exemplaren* von Managementobjekten (instances, invocations) zu unterscheiden. (Da die Bezeichnung "Instanz" in der deutschsprachigen OSI-Terminologie bereits anders vergeben ist, wird hier die Bezeichnung "Exemplar" verwendet).
Für eine MO-Klasse gibt es in [7-7] eine allgemeine Musterdefinition (template). Danach ist eine solche Klassendefinition gekennzeichnet durch die:

M1 Attribute, die von außen sichtbar sind;

M2 Systemmanagement-Operationen, die auf das MO angewendet werden können;

M3 das Verhalten, das das MO in Reaktion auf eine Operation zeigt (behaviour);

M4 die Notifikationen (notifications), die ein MO senden kann;

M5 die bedingt vorhandenen Eigenschaften des MO (conditional packages);

M6 die Position der MO-Klasse in der Vererbungshierarchie;

M7 die MO-Klassen, die zu der definierten allomorph sind.

Einige dieser Bestandteile einer MO-Klassendefinition werden anschließend noch näher erläutert.

MO-Exemplare (wenn keine Verwechslung möglich ist nur MO genannt) werden aus ihrer zugehörigen Klassendefinition abgeleitet. Alle MO-Exemplare einer Klasse haben die gleichen Bestandteile M1 ... M7, sie unterscheiden sich lediglich in ihren Attributwerten. Während MO-Klassen vor allem eine softwaretechnologische Bedeutung haben, sind MO-Exemplare die eigentlichen Gegenstände von Managementoperationen zur Laufzeit.

Jedes MO hat mindestens ein Attribut. Attribute haben einen Identifikator (Namen) und mindestens einen Wert. Es gibt auch mehrwertige (set-valued) Attribute. Eines der Attribute dient der Benennung des MO. Auch die Attribute in MO-Klassendefinitionen können Werte haben. Diese werden dann bei der Erzeugung eines MO-Exemplars im Sinne von Standardwerten zur Anfangswertbelegung benutzt, wenn nicht höherpriorisierte Vorgaben existieren. Die Werte der Attribute von MO-Exemplaren reflektieren und bestimmen das Verhalten eines MO. Dieses wird in der MO-Klassendefinition verbal beschrieben. Attribute können Attributgruppen bilden. Die Existenz bestimmter Attributgruppen (und der mit diesen verbundenen Operationen) kann an bestimmte Bedingungen geknüpft sein (conditional packages). Eine bestimmte Menge von Attributen muß aber in jedem MO vorhanden sein (Pflichtattribute, mandatory). MO-Klassen werden nach einem hierarchisch gegliederten System registriert. Wichtige Registrierungsautoritäten sind die ISO und die Standardisierungsorganisationen der einzelnen ISO-Mitgliedsländer. Es können aber auch anwendungsspezifische MO-Klassendefinitionen existieren, auf die sich mindestens zwei Partner von Management-Informationsaustausch verständigen. Allgemeingültige MO-Klassen und ihre Attribute sind in [7-6] aufgeführt. Bild 7.2-1 zeigt die wichtigsten Merkmale eines MO schematisch.

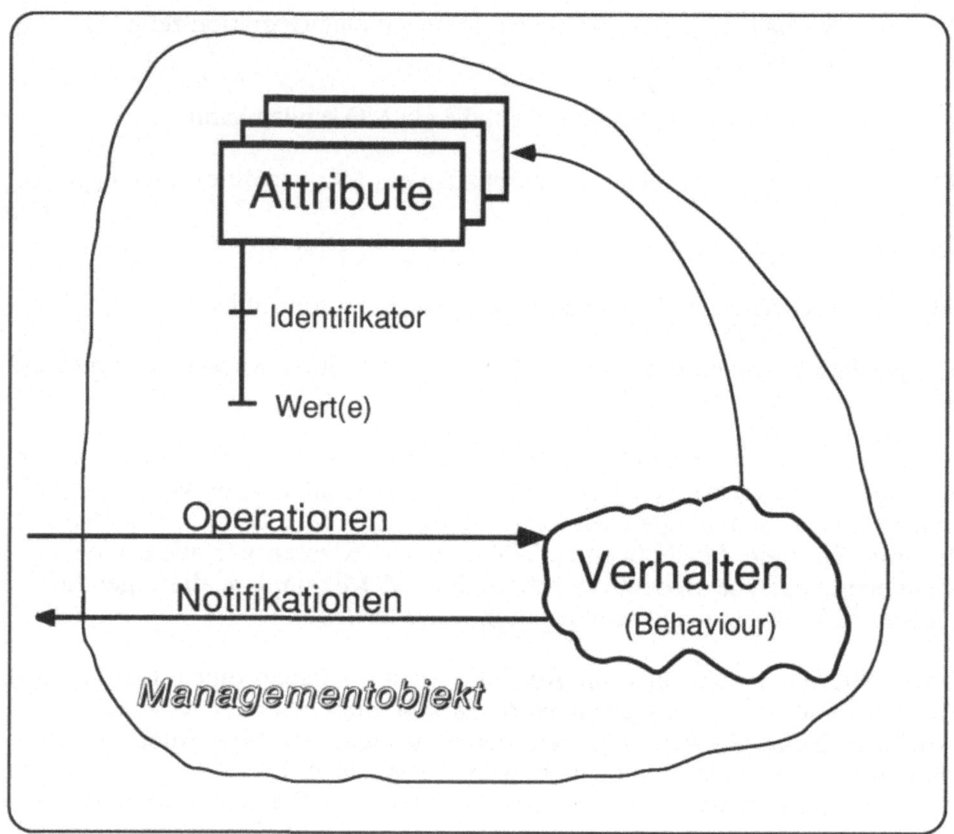

Bild 7.2-1 Schema eines Managementobjekts

7.2.4 Logische MIB-Strukturen

MO-Klassen und MO-Exemplare sind keine isolierten Elemente einer MIB. Es sind folgende Strukturtypen zu unterscheiden:

S1: Vererbungsrelationen zwischen MO-Klassen

S2: Sonstige Relationen zwischen MO (-Klassen)

S3: Enthaltenseinsrelationen zwischen MO-Exemplaren

Zu S2 soll an dieser Stelle nur das Allomorphiekonzept behandelt werden. Weitere Relationsmodelle vgl. Abschnitt 7.5.4.

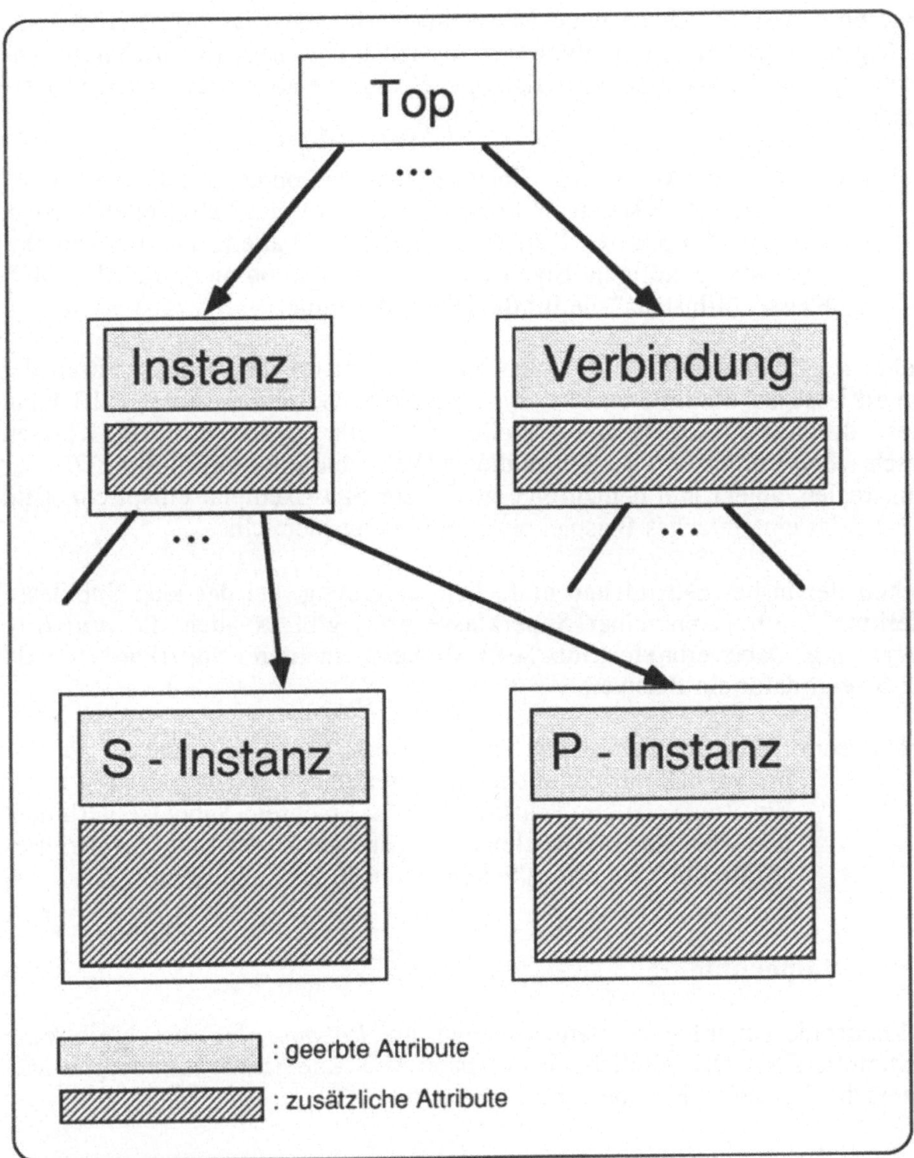

Bild 7.2-2 Beispiel einer Vererbungshierarchie von MO-Klassen

S1: Vererbungsrelationen zwischen MO-Klassen

Aus einer gegebenen MO-Klasse kann durch *Spezialisierung* d.h. durch Hinzunahme weiterer Merkmale (Attribute, Operationen) eine neue MO-Klasse abgeleitet werden. Diese neue MO-Klasse erbt alle Eigenschaften der ursprünglichen MO-Klasse, verfügt aber zusätzlich über neue Eigenschaften. Die ursprüngliche MO-Klasse wird als *Superklasse,* die abgeleitete als *Subklasse* bezeichnet.

Beispiel: Aus der MO-Klasse "Instanz" (entity) können durch Spezialisierung die MO-Klassen "P-Instanz" und "S-Instanz" abgeleitet werden. Für die MO-Klasse "P-Instanz" werden vor allem die zur Kontextverwaltung nötigen Eigenschaften hinzugenommen, für die MO-Klasse "S-Instanz" die für die Dialogsteuerung.

Bei *strenger Vererbung* (inheritance) ist es nicht erlaubt, Eigenschaften der Superklasse zu eliminieren. Bei systematischer Gestaltung einer MIB kann diese durch die Vererbungshierarchie der in ihr enthaltenen MO-Klassen beschrieben werden. An der Spitze dieser Hierarchie steht die Klasse *TOP,* der kein reales Objekt und demzufolge auch kein MO-Exemplar entspricht. Bild 7.2-2 zeigt ein einfaches Beispiel einer Vererbungshierarchie.

Neben der bisher behandelten einfachen Vererbung, bei der jede Subklasse Merkmale von genau einer Superklasse erbt, gibt es auch die *multiple Vererbung.* Dabei erbt eine Subklasse Merkmale mehrerer Superklassen. Bild 7.2-3 zeigt dafür ein Beispiel.

Erläuterung: Eine Brücke ist ein Transitsystem, das zwei Subnetze so verbindet, daß nur der subnetzübergreifende Verkehr passieren kann. Ein Router ist ein Transitsystem, das mehrere Subnetze verbindet und für die Leitweglenkung verantwortlich ist. Ein Brouter (Kunstwort) hat die Fähigkeiten von Brücke und Router.

S2: **Allomorphie**

Allomorphie (in früheren Standardentwürfen: *Polymorphie*) beschreibt eine bestimmte Form der Ähnlichkeit zwischen MO. Zueinander allomorphe MO unterscheiden sich z.B. voneinander:

- in den Attributen,
- in den Wertebereichen von Attributen,
- in den Aktionen und Notifikationen,
- in den Argumenten von Aktionen und Notifikationen.

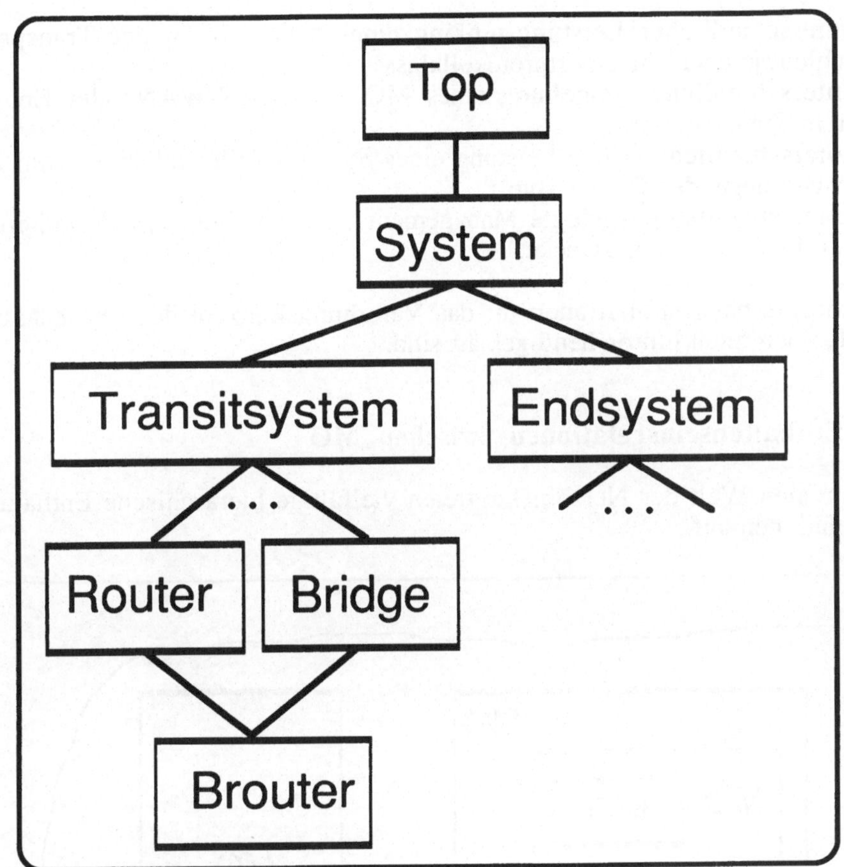

Bild 7.2-3 Multiple Vererbung

Das Ziel der Allomorphie besteht darin,

- die Migration von einer vorhandenen zu einer erweiterten Version eines Managementsystems zu erleichtern,
- die Interoperabilität zwischen Systemen mit unterschiedlichen Fähigkeiten zu unterstützen,
- effizienzbeeinflussende vereinfachte Sichten auf MO zu ermöglichen, wenn dies der konkrete Managementzweck erlaubt.

Das Allomorphiekonzept ist noch relativ stark in Fluß. Es hat Bezüge zum Konzept der *conditional packages*. Motive für die Definition allomorpher MO sind aus der Sicht von [7-10]:

- unterschiedlicher Leistungsumfang eines MO, z.B. in der Transportschicht je nach Transportprotokollklasse;
- unterschiedliche Umgebung eines MO, z.B. LAN/WAN oder Endsystem/Transitsystem;
- unterschiedliche Größe/Leistung eines Systems (z.B. abhängig vom zugrundeliegenden Rechnertyp);
- unterschiedlich ausgelegte Management-Funktionalität, z.B. Erweiterungen für Abrechungszwecke.

Allomorphie hat Implikationen für das Vererbungskonzept der MO-Klassen, die z.T. noch nicht hinreichend geklärt sind.

S3: Enthaltenseinsrelationen zwischen MO

In der realen Welt der Netzobjekte treten vielfältige hierarchische Enthaltenseinsrelationen auf.

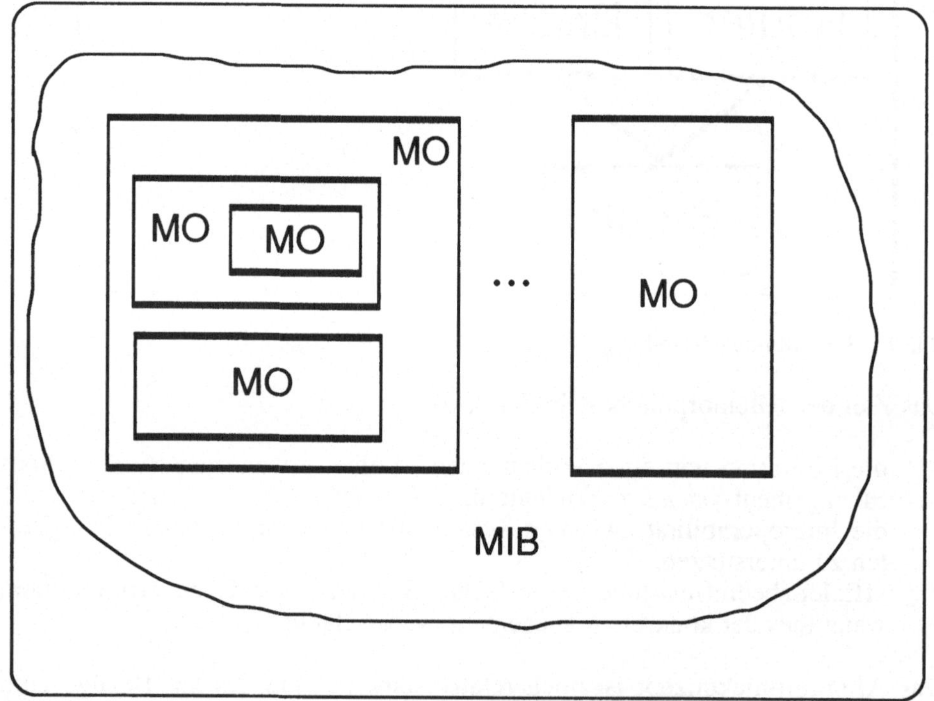

Bild 7.2-4 Enthaltenseinsrelationen in der MIB: Prinzipschema

Beispiele:

- Geräte sind aus Baugruppen, diese aus Teilen zusammengesetzt;
- Dateien sind aus Sätzen, diese aus Segmenten und/oder Feldern aufgebaut;
- die hierarchische Organisationsstruktur von Unternehmen dient häufig als Basis für die Zuordnung von Netzobjekten.

Diesen realen Enthaltenseinsbeziehungen entsprechen diejenigen in der abstrakten Welt der Managementobjekte. Bild 7.2-4 zeigt dies als Prinzipschema und Bild 7.2-5 an einem Beispiel.

MO können elementar oder zusammengesetzt sein. Elementare MO stehen auf der untersten Ebene der Enthaltenseinshierarchie. Zusammengesetzte MO enthalten weitere MO. Sie sind die übergeordneten (superior) MO zu diesen, die untergeordnete (subordinate) MO heißen. An der Spitze der Enthaltenseinshierarchie steht das fiktive MO "Root". Neben ihrem Zweck, zu einer übersichtlichen MIB-Struktur beizutragen, besteht die wichtigste Funktion der Enthaltenseinsrelationen in ihrem Beitrag zur Namensgebung von MO. Jedes Objektexemplar benötigt einen Namen, über den es identifiziert werden kann. Zur Namensbildung herangezogen werden kann ein Attribut, das folgende Eigenschaften aufweisen muß:

E1 es ist ein Pflichtattribut,
E2 es kann auf Gleichheit getestet werden,
E3 es hat während der Lebenszeit jedes Managementobjekts, das diesen Wert zur Identifizierung benutzen will, einen festen Wert,
E4 sein Wert ist eindeutig im Vergleich mit den Namen anderer MO, die das gleiche übergeordnete MO haben.

Ein solcher Name wird als *lokal eindeutiger Name* (relative distinguished name, RDN) bezeichnet. Er kann in Managementoperationen benutzt werden, wenn auf vorherige Positionierungen im Namensbaum Bezug genommen werden kann. Um die Identifizierung der untergeordneten MO eines MO durch ein anderes MO zu ermöglichen, auch wenn keine Kenntnis der speziellen Attributidentifikatoren vorliegt, gibt es ein Attribut "Name". Dieses wird, beginnend mit Top, in der Vererbungshierarchie der MO-Klassen systematisch weitergegeben.

In Fällen, wo kein voreingestellter Kontext vorhanden ist, ist ein *global eindeutiger Name* (distinguisted name) erforderlich. Er wird gebildet durch Kettung aller Namen auf dem Weg von Root zum zu benennenden MO. Der Bezug zu dem im Rahmen der TCP/IP-Protokollwelt verwendeten Modell der Namensbildung ist offensichtlich (vgl. Abschnitt 6.3).

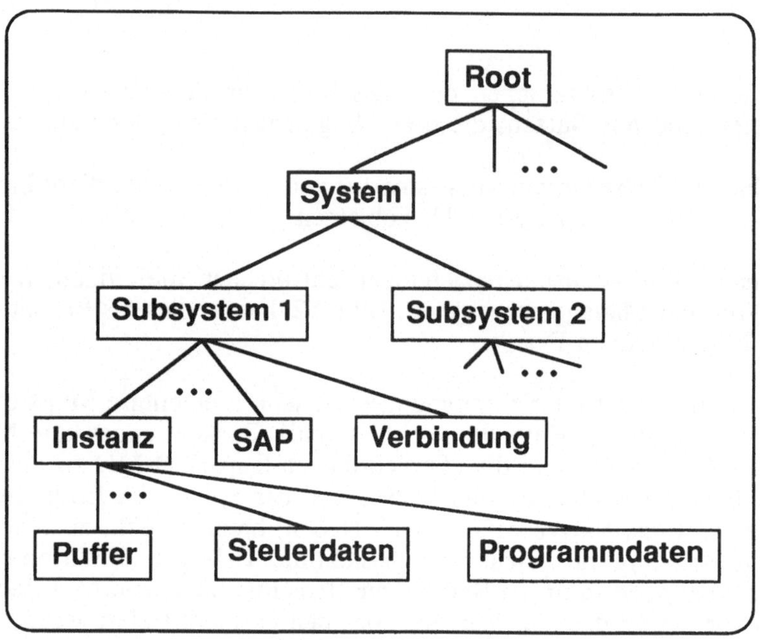

Bild 7.2-5 Enthaltenseinsrelationen in der MIB: Beispiel

7.2.5 Managementoperationen

In [7-5] wird ein Satz von elementaren Managementoperationen definiert, die über Managementobjekten ausgeführt werden können. Welche Operationen aus diesem Satz für ein MO ausgeführt werden dürfen und welche speziellen Einschränkungen gegebenenfalls existieren, wird in der MO-Klassendefinition festgelegt.

Es gibt zwei Kategorien von Managementoperationen:

K1 Operationen mit Wirkung auf ein MO als Ganzes,
K2 Operationen mit Wirkung auf die Attribute eines MO.

Diese Operationen finden sich in den allgemeinen Managementdiensten sowie im zugehörigen Protokoll wieder (CMIS/CMIP, vgl. Abschnitt 7.3), sie bilden die "Bausteine" für komplexere Managementfunktionen. Tabelle 7.2-1 gibt einen Überblick über die in [7-5] definierten Managementoperationen.

objektbezogen	attributbezogen
CREATE	GET ATTRIBUTE VALUE
	REPLACE ATTRIBUTE VALUE
DELETE	REPLACE WITH DEFAULT VALUE
	ADD MEMBER
ACTION	REMOVE MEMBER

Tabelle 7.2-1 Operationen auf Managementobjekten

Objektbezogene Operationen

Zu den objektbezogenen Operationen gehören die Operationen CREATE, DELETE und ACTION. Sie lösen Wirkungen aus, die sich nicht auf die Modifizierung von Attributen beschränken.

CREATE
Diese Operation erzeugt ein MO-Exemplar unter Bezugnahme auf eine MO-Klasse. Gleichzeitig wird das MO initialisiert, d.h. es wird eine Anfangswertbelegung der Attribute vorgenommen, was die Belegung des Namensattributs einschließt. Für die Anfangswertbelegung sind drei Wege vorgesehen (Aufzählung mit abnehmender Priorität der Wirkung):

W1 Die individuellen Attributwerte können mit der CREATE-Operation explizit vorgegeben werden,

W2 die Attributwerte werden aus einem mit der CREATE-Operation vorgegebenen Referenzobjekt kopiert,

W3 die in der MO-Klassendefinition enthaltenen Standard-Attributwertbelegungen werden übernommen.

Bei der Objekterzeugung ist die Enthaltenseinshierarchie zu beachten, d.h., ein untergeordnetes Objekt kann erst nach der Erzeugung des jeweils übergeordneten Objekts erzeugt werden.

Wie sich die Erzeugung eines MO auf das reale Objekt auswirkt, das durch das MO abgebildet wird, hängt von der Natur des realen Objekts und den im jeweiligen Fall implementierten Instantiierungsmechanismen ab. In [7-5] wird etwas unscharf formuliert "...and in addition to creating the managed object representation of the ressource it also has *some analogous effect* on the ressource" ([7-5], p.22, Hervorhebung durch den Autor). Eine solche ("automatische") Korrelation ist praktisch wohl nur bei Softwareobjekten denkbar. Natürlich muß ein Bezug zwischen realem Objekt und MO in geeigneter Weise auch in anderen Fällen hergestellt werden. So muß ein neu in die Netzkonfiguration eingeschlossenes physisches System, z.B. eine Brücke, seine Statuswerte im laufenden Betrieb in den entsprechenden Attributen des zugehörigen MO widerspiegeln. Interessante Überlegungen zu diesem Sachverhalt finden sich in [7-1].

DELETE
Diese Operation verlangt von einem MO, sich selbst zu vernichten. Für den Bezug zum realen Objekt gilt das soeben dazu bei CREATE Gesagte. DELETE betrifft alle MO, die von entfernten Managementsystemen aus gelöscht werden können. Das kann auch in Fällen zutreffen, in denen das MO mit lokalen Mitteln (d.h. nicht mittels CREATE) erzeugt worden ist.
Die spezielle Problematik der DELETE-Operation ergibt sich aus den Relationen, die das zu löschende MO aufweist. Dies liegt auf der Hand für die Enthaltenseinsrelation. In der MO-Klassendefinition ist einer von zwei möglichen Wegen festzulegen, wenn ein übergeordnetes MO, das untergeordnete MO enthält, zur Durchführung der DELETE-Operation aufgefordert wird:

W1 es werden erst alle untergeordneten MO gelöscht, bevor sich das übergeordnete MO selbst vernichtet;

W2 die Ausführung der Operation wird abgelehnt.

Noch komplizierter (weil vielfältiger) ist dieses Problem, wenn noch weitere Relationen existieren (vgl. Abschnitt 7.5.4). Eine unbedacht oder unkontrolliert ausgelöste DELETE-Operation kann hier die Integrität der MIB erheblich stören.

ACTION
Mit dieser Operation wird es ermöglicht, komplexe Aktionen eines MO auszulösen, die über die Modifikation einzelner Attributwerte hinausgehen. Welche Aktionen das im einzelnen sind, ist nicht allgemein festgelegt, sondern in den MO-Klassendefinitionen beschrieben. Eine Aktion ist durch einen Identifikator und möglicherweise durch Parameter gekennzeichnet. Ferner können Bedingungen für die Durchführung der Aktion formuliert werden. Diese haben die Form von Attributidentifikationen, Vergleichswerten und Vergleichsoperatoren.

Attributbezogene Operationen

Vorbemerkungen

Attributbezogene Operationen können auf ein oder mehrere MO und auf ein oder mehrere Attribute bezogen sein. Damit tritt im allgemeinen Fall das aus der Transaktionsverarbeitung bekannte Konsistenzproblem auf. Soweit eine Synchronisation zwischen MO erforderlich wird, ist dies mit der Operation vorzugeben (vgl. dazu Abschnitt 7.3.1). Für die Synchronisation innerhalb eines MO gelten die in der MO-Klassendefinition enthaltenen Vorschriften. Es gibt die beiden Möglichkeiten

- keine Synchronisation, d.h. jedes Attribut wird unabhängig von anderen in der gleichen Operation betroffenen behandelt ("best effort");
- volle Synchronisation ("atomic"), d.h. die Operation wird entweder auf alle in der Operation geforderten Attribute erfolgreich oder (im Falle eines auftretenden Fehlers) auf keines angewendet. Zwischenzustände bleiben nach außen unsichtbar.

Neben *direkten Effekten,* die den Wert des jeweiligen Attributs betreffen, gibt es auch *indirekte Effekte*. Diese können z.B. darin bestehen:

I1 daß ein anderes Attribut des gleichen MO modifiziert werden muß,
I2 daß sich das Verhalten des MO ändert,
I3 daß Attribute in einem anderen ("related") MO modifiziert werden müssen,
I4 daß sich das Verhalten eines anderen MO ändert.

In diesen Punkten werden Verbindungen zum Relationsmanagement sichtbar (vgl. Abschnitt 7.5.4).

GET ATTRIBUTE VALUE
Diese Operation stellt Attributwerte (alle oder ausgewählte) eines MO zur Verfügung, soweit sie in der Klassendefinition als *lesbar* gekennzeichnet sind.

REPLACE ATTRIBUTE VALUE
Diese Operation ersetzt Attributwerte nach Maßgabe von mit der Operation vorgegebenen neuen Attributwerten, soweit die betroffenen Attributwerte in der Klassendefinition als *schreibbar* gekennzeichnet sind.

REPLACE WITH DEFAULT VALUE
Diese Operation ersetzt die Werte schreibbarer Attribute durch die in der MO-Klassendefinition vorgegebenen Standardwerte (Rücksetzen, Normalisieren). Es werden *nicht* die bei der Initialisierung des MO (während CREATE) eingestellten Werte reproduziert!

ADD MEMBER
Diese Operation betrifft schreibbare, mehrwertige ("set valued") Attribute. Die vorher vorhandenen Attributwerte werden durch die Vereinigungsmenge aus diesen und den mit der Operation übergebenen Attributwerten ersetzt.

REMOVE MEMBER
Diese Operation betrifft schreibbare, mehrwertige ("set valued") Attribute. Die vorher vorhandenen Attributwerte werden durch die Differenzmenge aus diesen und den mit der Operation übergebenen Attributwerten ersetzt.

7.2.6 Allgemeine Struktur einer MO-Klassendefinition

Um Implementatoren zu unterstützen und gewisse Voraussetzungen für die Interoperabilität von Implementationen zu schaffen, aber auch um bei der einheitlichen Umsetzung des objektorientierten MIB-Konzepts in allen schichtenbezogenen Standardisierungsgruppen Hilfe zu geben, werden in [7-7] entsprechende Richtlinien vorgegeben. Ein besonders wichtiges Instrument in diesem Zusmmenhang sind *Musterdefinitionen* ("templates").

Da sich die Darstellung in [7-7] weitgehend auf die Beschreibungssprache ASN.1 [7-11], [7-12], [7-13] abstützt, deren Kenntnis hier aber nicht vorausgesetzt werden soll, werden an dieser Stelle verbale Notationsformen bevorzugt. Einige Bezüge zur ASN.1-Notation sind dennoch zweckmäßig, sie werden hinreichend (in kursiver Schrift) kommentiert, soweit sie nicht als aus sich heraus verständlich angesehen werden können (*: Wiederholung des Elements).

Grobstruktur einer MO-Klassendefinition:

```
<class-label>        MANAGED OBJECT CLASS

[DERIVED FROM        <class-label>                      Superklasse(n)
                     [,<class-label>]*;
]

[ALLOMORPHIC SET     <class-label>                      allomorphe
                     [,<class-label>]*;                 Superklasse(n)
]

[CHARACTERIZED BY    <package label>                    Pflichtmerkmale
                     [,<package label>]*;
]

[CONDITIONAL PACKAGES
                     <package label> PRESENT IF         bedingte Merkmale
                     <condition definition>             einschließlich
                     [,<package label > PRESENT IF      Bedingungen
                     <condition definition>]*;

[PARAMETERS          <parameter label>                  Protokollparameter
                     [,<parameter label>]*;
]

REGISTERED AS        <object identifier>                MO-Klassenidentifikator
```

Wie ersichtlich, erfolgt die Definition in rekursiver Form, wobei Bezeichner (labels) als Referenzen dienen. Folgende Hauptbestandteile sind erkennbar:

H1 die eröffnende Bezeichnung der Definition (<class label> MANAGED OBJECT CLASS), wobei auf <class label> in anderen Definitionen Bezug genommen werden kann (Vererbung u.a.);

H2 die Einordnung in die Vererbungshierarchie ([DERIVED FROM ...], wobei einfache oder multiple Vererbung möglich sind;

H3 die Bennung allomorpher Klassen ([ALLOMORPHIC SET ...]).

H4 die Pflichtmerkmale ([CHARACTERIZED BY ...]);
das sind Angaben zu
- Attributen

- Operationen
- Verhalten
- Notifikationen,

die für jedes zur Klasse gehörende MO-Exemplar zutreffen und über die Merkmale hinausgehen, die von der (den) Superklasse(n) geerbt werden;

H5 die bedingten Merkmale ([CONDITIONAL PACKAGES ...]), das sind Angaben zu Attributen, Operationen, Verhalten und Notifikationen, die nicht allen zur Klasse gehörenden MO-Exemplaren eigen sind. Die Bedingungen ihres Auftretens (<condition definition>) werden angegeben;

H6 Parameter, die mit Protokollen transportiert werden sollen, aber auch in der Objektklassendefinition enthalten sein sollen ([PARAMETERS]). Dies betrifft insbesondere Parameter, die Ausnahmesituationen und mögliche Behebungsmaßnahmen betreffen;

H7 der Name, unter dem die MO-Klassendefinition offiziell registriert wird. Es wird der global eindeutige Name (dinstinguished name) angegeben.

Auf eine weitere Verfeinerung soll hier verzichtet werden, zumal dem Status von [7-7] entsprechend noch Veränderungen bis zur endgültigen Verabschiedung als Internationaler Standard zu erwarten sind. Es ist aber sichtbar, daß hier ein Konzept entsteht, das künftig über den Einsatz programmiersprachlicher und compilertechnischer Mittel einen effizienten Entwurf und die effiziente Implementierung von OSI-gerechten MIB-Strukturen erleichtern wird.

7.2.7 Allgemeine MO-Klassen und ihre Attribute

Es lag nahe, das MO-Konzept nicht nur zu definieren und potentiellen Implementatoren zur Anwendung zu empfehlen, sondern es in der eigenen Arbeit der ISO-Standardisierungsgremien zum OSI-Management anzuwenden. Aus diesen Bemühungen entstand ein noch sehr dem Änderungsdienst unterliegender Katalog von MO-Klassendefinitionen sowie Definitionen von allgemein anwendbaren Attributen und Notifikationen [7-6]. Dieser Katalog kann hier nicht vollständig besprochen werden. Einige Beispiele sollen jedoch der Veranschaulichung seines Anliegens dienen. Diese Beispiele sollen auf einige wichtige Attributtypen beschränkt werden, auf die nachfolgend noch oft Bezug genommen wird. Beispiele für MO-Klassendefinitionen werden später in passendem Zusammenhang erläutert.

Attributtyp **Zähler** (Counter)
Ein Zähler ist ein mit einem internen Ereignis verbundenes Attribut eines MO. Es gibt zwei Zählertypen:

T1 setzbare Zähler,
T2 nichtsetzbare Zähler.

Zähler haben folgende gemeinsamen Eigenschaften:

E1 sie sind ein einwertiges Attribut,
E2 ihr Wert ist eine nicht negative Integerzahl,
E3 sie haben einen Maximalwert,
E4 die Zählrichtung ist aufwärts mit dem Inkrement 1,
E5 nach Erreichen des Maximums schlägt ihr Wert automatisch auf den Anfangswert Null um (wrap around),
E6 es gibt eine geschätzte "Umschlagszeit", die benutzt werden kann, um die notwendige Lesehäufigkeit zu bestimmen,
E7 optional: beim Umschlag kann ein Ereignis erzeugt werden,
E8 optional: es kann eine Relation zu einem Schwellwert bestehen.

Setzbare und nichtsetzbare Zähler unterscheiden sich durch die zulässigen Operationen:

E9s setzbare Zähler erlauben die Operationen
- Lesen
- Setzen auf einen willkürlichen Wert innerhalb des zulässigen Bereichs
- Rücksetzen, d.h. Setzen auf einen in der Objektdefinition vorgegebenen Anfangswert;

E9n nichtsetzbare Zähler können nur gelesen werden.

Attributtyp **Pegel** (gauge)
Ein Pegel ist ein mit einer internen Variablen verbundenes Attribut. Der Wert dieser Variablen kann in beiden Richtungen innerhalb eines vorgegebenen Bereichs schwanken. Pegel haben folgende gemeinsame Eigenschaften:

E1 sie sind ein einwertiges Attribut,
E2 ihr Wert ist eine nichtnegative Zahl vom Typ integer oder real,
E3 sie haben einen Maximal- und einen Minimalwert,
E4 sie können ihren Wert in willkürlichen Beträgen ändern,
E5 ihr Wert kann oberhalb des Maximalwerts nicht umschlagen,
E6 sie sind nur lesbar,
E7 sie können mit je einem evtl. mehrstufigen Schwellwert verbunden sein (optional),
E8 sie können mit je einem aktuellen Extremwert (tide mark) verbunden sein (optional).

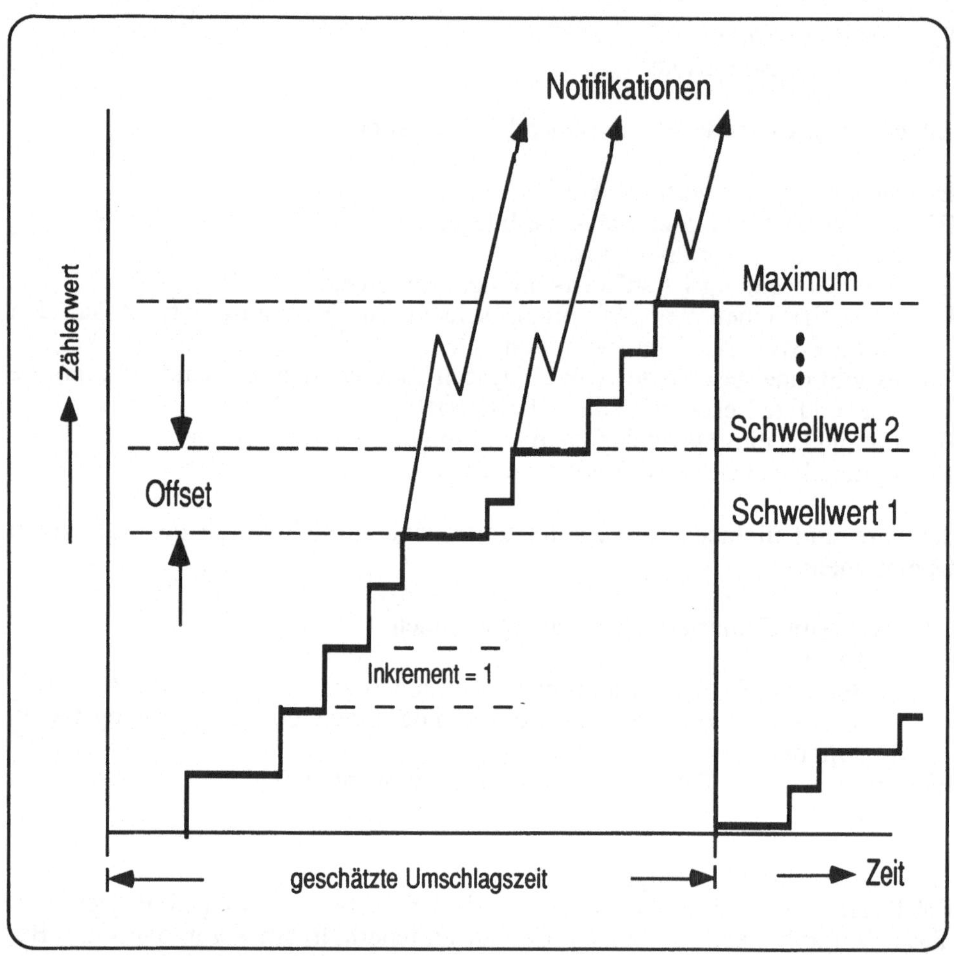

Bild 7.2-6 Attributtypen Zähler und Zählerschwellwert

Attributtyp **Zähler-Schwellwert** (counter threshold)

Generell ist ein Schwellwert ein Attribut, das mit einem Mechanismus zur Erzeugung von Notifikationen bei Veränderungen in den Attributwerten zugeordneter Zähler oder Pegel verbunden ist.
Bei Zähler-Schwellwerten können drei verschiedene Mechanismen existieren:

M1 der Schwellwert ist einwertig, erreicht der Zähler seinen Wert, wird eine Notifikation erzeugt;

M2 der Schwellwert ist mehrwertig, jeder Wert hat eine bestimmte Semantik, z.B. verschiedene Schweregrade von Störungen; bei Erreichen jedes dieser Werte wird eine Notifikation erzeugt;

M3 der Schwellwert ist mit einem Verschiebungsmechanismus (offset) verbunden, so daß der Vergleichswert immer dann, wenn er vom Zähler erreicht wird, um die Verschiebung erhöht wird, bis er mit dem Zähler umschlägt. Bei jedem Erreichen des Vergleichswerts wird eine Notifikation erzeugt.

Zähler-Schwellwerte haben demnach folgende Eigenschaften:

E1 sie sind mehrwertige Attribute mit den möglichen Bestandteilen
- Vergleichswert (integer, nichtnegativ)
- Verschiebungswert (integer, nichtnegativ)
- Notifikationsschalter (boolean),

E2 sie ermöglichen Mechanismen gemäß M1 ... M3,

E3 der Notifikationsschalter hat die Werte ein/aus,

E4 es sind die Operationen GET, REPLACE, ADD, REMOVE zulässig,

E5 es gibt eine Relation zu einem Zähler,

E6 es gibt eine Relation zu einer Notifikation.

Attributtyp **Pegel-Schwellwert** (gauge threshold)
Pegel-Schwellwerte dienen dazu, Notifikationen zu erzeugen, wenn der zugeordnete Pegel einen bestimmten Wert erreicht. Da Pegelwerte in beiden Richtungen schwanken können, ist zur Vermeidung von Notifikationsfluten bei kurzfrequenten Oszillationen ein Hysteresemechanismus erforderlich. Dies wird erreicht, indem stets ein Schwellwert*paar* definiert wird (oberer, unterer Schwellwert). Bei Schwankungen des Pegelwerts innerhalb des so definierten Hysteresebereichs oder wenn der obere oder untere Schwellwert mehrmals in einer Richtung überschritten wird, ohne daß jeweils der zugeordnete untere oder obere Schwellwert berührt wurde, werden keine Notifikationen erzeugt. Zu diesem Zweck gibt es zwei (dem oberen und unteren Schwellwert zugeordnete) Notifikationsschalter.

Pegel-Schwellwerte haben demnach folgende Eigenschaften:

E1 sie sind mehrwertige Attribute, je Schwellwertniveau sind vier Werte erforderlich
- oberer Schwellwert (integer, nichtnegativ)
- unterer Schwellwert (integer, nichtnegativ)
- oberer Notifikationsschalter (boolean)
- unterer Notifikationsschalter (boolean),

E2 sie ermöglichen den oben beschriebenen Hysteresemechanismus,
E3 die Notifikationsschalter haben die Werte (ein/aus),
E4 es sind die Operationen GET, REPLACE, ADD, REMOVE zulässig,
E5 es gibt eine Relation zu einem Pegel,
E6 es gibt eine Relation zu einer Notifikation.

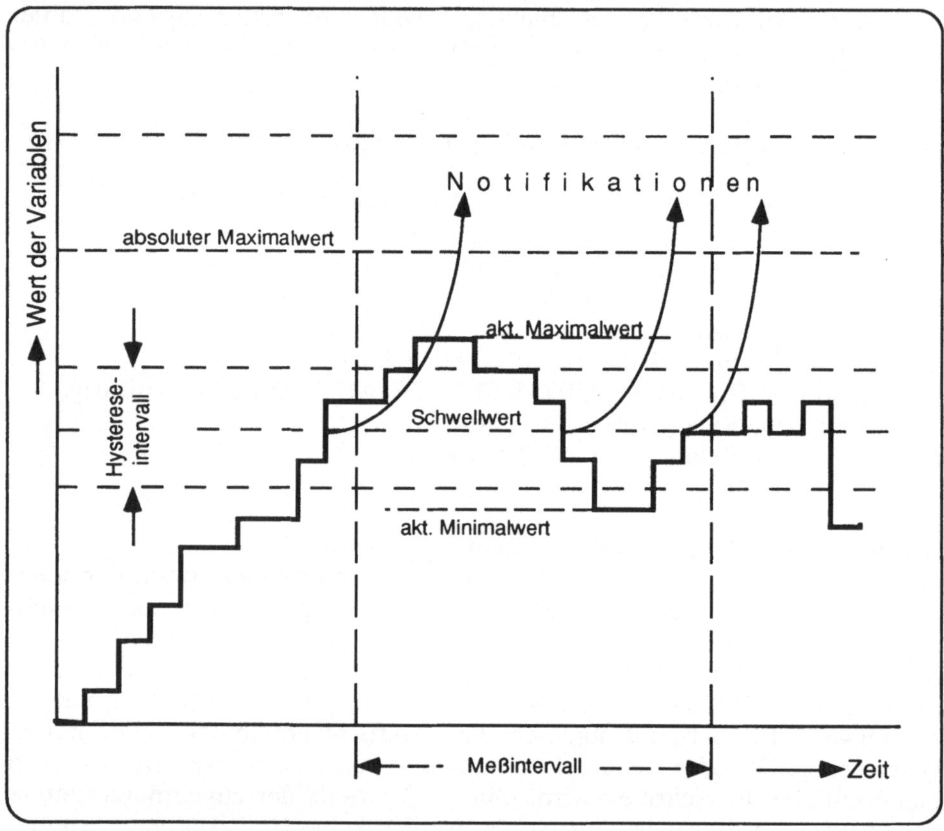

Bild 7.2-7 Attributtypen Pegel, Pegelschwellwert und aktueller Extremwert

Attributtyp **aktueller Extremwert** (tide mark)
Dieser Attributtyp dient dazu, den aktuellen Extremwert (Minimum oder Maximum) eines Pegels während einer Beobachtungsperiode festzuhalten. Jeder Extremwert kann sich nur in einer Richtung bewegen, es sei denn, er wird zurückgesetzt. Aktuelle Extremwerte haben als Attributtyp folgende Eigenschaften:

E1 sie sind mehrwertige Attribute, die jeweils aus drei Komponenten bestehen:
- aktueller Wert
- Wert vor dem letzten Rücksetzen
- Zeit des letzten Rücksetzens,

E2 sie sind mit einem Pegel verbunden,

E3 sie sind entweder Maximum- oder Minimumextremwert,

E4 die möglichen Werte sind vom Typ integer oder real je nach dem zugeordneten Pegel,

E5 zulässige Operationen sind
- GET, es werden alle Extremwert-Komponenten gelesen;
- REPLACE, dies bewirkt:
• der Wert vor dem letzten Rücksetzen wird durch den aktuellen Wert ersetzt;
• der aktuelle Wert wird durch den Wert des Pegels ersetzt;
• die Zeit des letzten Rücksetzens wird durch die aktuelle Zeit ersetzt;

E6 sie können mit einem Ereignis (Notifikation) verbunden sein, das bei Veränderung des aktuellen Wertes eintritt.

Die behandelten Attribute und ihre Mechanismen sind in den Bildern 7.2-6 und 7.2-7 veranschaulicht.

7.3 Allgemeine Managementdienste und -protokolle

7.3.1 Vorbemerkungen

Vergleicht man reale Netzmanagement-Implementationen, so kann man feststellen, daß ein beträchtlicher Teil der angebotenen Funktionalität auf einige wenige Basisfunktionen zurückgeführt werden kann. Dieser Sachverhalt spiegelt sich auch in den in Abschnitt 7.2 besprochenen Typen von Operationen wider, die über Managementobjekten ausgeführt werden können. Soll nun ein Protokoll entworfen werden, das die im Rahmen des Netzmanagements auftretenden Bedürfnisse in möglichst allgemeiner Weise befriedigt, so ist dem sinnvollerweise ein ähnliches Konzept zugrunde zu legen. In Übereinstimung mit dem OSI-Basisreferenzmodell, wo für standardisierte Kommunikation generell zwischen Dienst und Protokoll unterschieden wird (vgl. Abschnitt 2.1.2), wird zwischen dem allgemeinen Management-Dienst (Common Management Information Service, CMIS [7-14]) und dem allgemeinen Management-Protokoll (Common Management Information Protocol, CMIP [7-15]) unterschieden. Bild 7.3-1 zeigt dies schematisch.

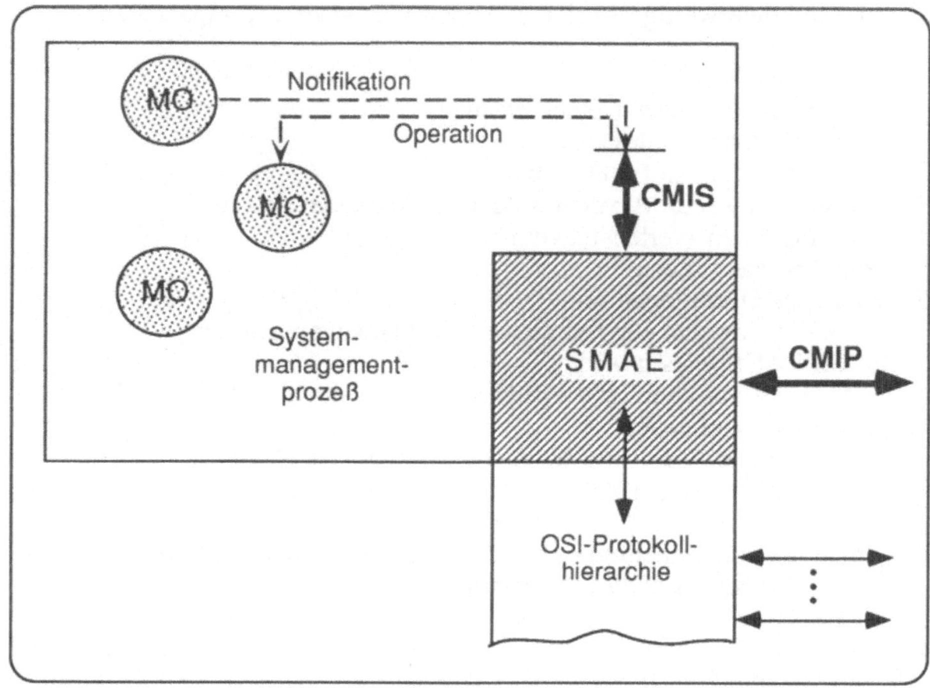

Bild 7.3-1 Einordnung von CMIS und CMIP

7.3.2 Überblick über CMIS

Generell ist CMIS ein Dienst, der in der Verarbeitungsschicht des OSI-Basisreferenzmodells verfügbar sein soll. Obwohl dies aus seiner Bezeichnung nicht erkennbar ist, dient dieser Dienst dem Austausch von Managementinformationen zwischen Systemmanagement-Instanzen. Die Benutzung dieses Dienstes von anderen Prozessen der Verarbeitungsschicht wird in [7-14] nicht in Erwägung gezogen, ist aber gewiß denkbar. CMIS ist ein verbindungsorientierter Dienst, ohne selbst Funktionen der Verbindungsverwaltung anzubieten. Es wird vorausgesetzt, daß die diesbezüglichen Dienste von ACSE zur Verfügung stehen [7-16], d.h. daß vor Aktivierung der ersten CMIS-Operation eine Assoziation mittels ACSE erfolgreich aufgebaut wurde. Die Verwendung anderer Mechanismen mit ähnlicher Funktionalität wird in [7-14] ebenfalls nicht vorgesehen, könnte aber in konkreten Implementationen interessant sein.
Einen Überblick über CMIS gibt Tabelle 7.3-1. Die darin enthaltenen Dienste lassen sich in zwei Kategorien einteilen:

K1: Notifikationsdienste (M-EVENT-REPORT),
K2: Operationsdienste (alle übrigen).

Dienst	Bestätigung
M-EVENT-REPORT	mit / ohne
M-GET	mit
M-SET	mit / ohne
M-ACTION	mit / ohne
M-CREATE	mit
M-DELETE	mit
M-CANCEL-GET	mit

Tabelle 7.3-1 Überblick über CMIS

M-EVENT-REPORT wird von einem CMIS-Nutzer verwendet, um (unaufgefordert) einem CMIS-Nutzer in einem anderen System ein ein Managementobjekt betreffendes Ereignis zu melden. Der diesen Dienst initiierende Prozeß kann verlangen, daß ihm eine Bestätigung der Dienstausführung übermittelt wird.

M-GET erlaubt es einem CMIS-Nutzer, Managementinformation von einer Partnerinstanz in einem anderen System anzufordern. Dies kann bestätigt oder unbestätigt erfolgen.

M-SET ist das Gegenstück zu M-GET. Ein CMIS-Nutzer kann Managementinformation in einem entfernten System modifizieren. Dieser Dienst steht ebenfalls in zwei Varianten zur Verfügung: bestätigt oder unbestätigt.

M-ACTION erlaubt es, eine über M-GET oder M-SET hinausgehende Managementoperation in einem entfernten System auszulösen. Über die Ausführung der Operation kann eine Bestätigung verlangt werden.Obwohl M-ACTION zum CMIS-Grundbestand gehört, ist es vorstellbar, in Implementationen darauf zu verzichten. Eine komplexere Operation könnte in einem solchen Fall initiiert werden, indem ein Schalter mittels M-SET umgestellt wird. Welche Variante bevorzugt wird, hängt von den im Zielsystem verfügbaren Prozeßverwaltungsmechanismen ab.

M-CREATE dient dazu, in einem entfernten System ein Managementobjekt zu erzeugen. Die Ausführung dieser Aktion wird dem anfordernden Dienstnutzer bestätigt.

M-DELETE ist das Gegenstück zu M-CREATE. Ein Dienstnutzer verlangt damit, daß in einem entfernten System ein Managementobjekt vernichtet wird. Die Ausführung wird bestätigt.

M-CANCEL-GET ermöglicht es, eine eingeleitete aber noch nicht abgeschlossene M-GET-Operation abzubrechen. Die Annahme und Ausführung dieser Anforderung wird vom Partner bestätigt [7-16].

7.3.3 Auswahl von Managementobjekten

Die CMIS-Operationsdienste sind von ihrem Konzept her nicht auf ein einzelnes Managementobjekt gerichtet, sondern operieren über dem gesamten Informationsbaum der MIB. Damit ist es potentiell möglich, mit einem einzigen Aufruf äußerst mächtige Operationen auszulösen. Andererseits sind dafür Mechanismen erforderlich, den Ziel-Objektraum einzuschränken. Dies geschieht in zwei Stufen:

- Lokalisierung in der Objekthierarchie *(Scoping)*,
- Attributbezogene Selektion *(Filtering)*.

S1 Lokalisierung in der Objekthierarchie

Zunächst wird das Operationziel im Enthaltenseins-Baum der MIB positioniert. Zu diesem Zweck wird auf ein sogenanntes *Basisobjekt* Bezug genommen, indem die Identifikatoren der Managementobjektklasse und des konkreten Managementobjekts angegeben werden. Ausgehend von diesem Basisobjekt gibt es vier Möglichkeiten, das Zielgebiet einer Managementoperation zu definieren (vgl. Bild 7.3-2):

M1: nur das Basisobjekt;
M2: die diesem Basisobjekt auf der n. Ebene untergeordneten Managementobjekte (das Basisobjekt selbst hat die Ebene Null);

M3: das Basisobjekt und alle Managementobjekte untergeordneter Ebenen bis einschließlich zur Ebene n;
M4: das Basisobjekt und alle untergeordneten Managementobjekte.

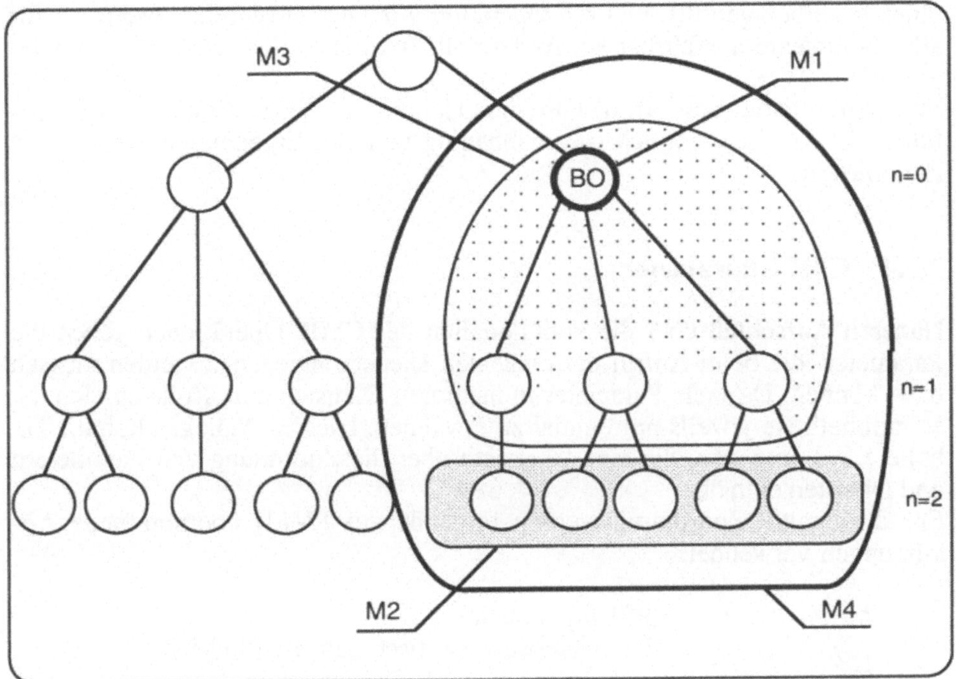

Bild 7.3-2 Lokalisierung in der Objekthierarchie

S2 Attributbezogene Selektion

In einer zweiten Stufe wird der Zielobjektraum weiter eingeschränkt, indem ein *Filter* vorgegeben wird. Ein Filter besteht aus einer oder mehreren Aussagen über die Anwesenheit von Attributen oder über deren Werte. Besteht ein Filter aus mehreren Aussagen, sind diese durch logische Operatoren verknüpft. Nur diejenigen Managementobjekte aus der zuvor durch Scoping definierten Menge werden Gegenstand der CMIS-Operation, für die diese Aussagen wahr sind.

In dem Falle, daß letztlich mehrere Managementobjekte Ziel einer CMIS-Operation sind, entsteht das Problem, daß diese Operation nicht für alle Zielobjekte erfolgreich ausführbar sein könnte. Um in einem solchen Falle unerwünschte Inkonsistenzen zu vermeiden, ist es erforderlich, geeignete *Synchronisationsverfahren* anzuwenden. Für CMIS-Operationen können zwei Varianten spezifiziert werden:

V1 atomic
V2 best effort.

Im ersten Falle (atomic) wird die Ausführbarkeit der Operation für alle Zielobjekte vorher geprüft, und die Operation wird nur ausgeführt, wenn sie für alle Zielobjekte ausführbar ist. Andernfalls wird sie vollständig zurückgewiesen.
Im zweiten Falle (best effort) wird die Operation für jedes Zielobjekt durchgeführt, für das dies möglich ist, unabhängig von den Ergebnissen bei anderen Zielobjekten.

7.3.4 CMIS-Parameter

Näheren Aufschluß über die Funktionalität der CMIS-Operationen geben die Parameter, die beim Aufruf der einzelnen Dienste angegeben werden müssen bzw. können. Da viele Parameter in mehreren Diensten eine Rolle spielen, ist es rationell, sie jeweils nur einmal zu erwähnen. Diesem Anliegen kommt Tabelle 7.3-2 entgegen, die eine Übersicht über die Zuordnung von Parametern und Diensten enthält.
Für die exakte Zuordnung werden folgende aus [7-14] übernommene Abkürzungen verwendet:

M	:	Pflichtparameter
(=)	:	Parameterwert identisch zum Req/Ind-Fall
U	:	wahlfrei, Option des Dienstnutzers
-	:	Parameter unzulässig
C	:	unter bestimmten Bedingungen möglich
Req/Ind	:	Parameterzuordnung beim Request- und Indication-Primitiv
Rsp/Conf	:	Parameterzuordnung beim Response- und Confirmation-Primitiv.

Die einzelnen Parameter sollen nachfolgend kurz kommentiert werden. Auf den Versuch einer Übersetzung der Parameterbezeichnungen ins Deutsche wird verzichtet.

Invoke identifier
Identifikator zur eindeutigen Kennzeichnung eines Dienstaufrufs (einer CMIS-Operation). Er ist unbedingt erforderlich, um Ergebnisse einer Operation exakt zuordnen zu können, wenn sich mehrere Operationen gleichzeitig in Bearbeitung befinden.

Dienste / *Parameter*	EVENT-REPORT		GET		SET		ACTION		CREATE		DELETE		CANCEL-GET	
	Req Ind	Rsp Conf	Req Ind	Rsp Conf	Req Ind	Rsp Conf	Req Ind	Rsp Conf	Req Ind	Rsp Conf	Req Ind	Rsp Conf	Req Ind	Rsp Conf
Invoke identifier	M	M(=)	M	M	M	M	M	M	M	M(=)	M	M	M	M(=)
Linked identifier	-	-	-	C	-	C	-	C	-	-	-	C	-	-
Mode	M	-	-	-	M	-	M	-	-	-	-	-	-	-
Base object class	-	-	M	-	M	-	M	-	-	-	M	-	-	-
Base object instance	-	-	M	-	M	-	M	-	-	-	M	-	-	-
Scope	-	-	U	-	U	-	U	-	-	-	U	-	-	-
Filter	-	-	U	-	U	-	U	-	-	-	U	-	-	-
Managed object class	M	U	-	C	-	C	-	C	M	C	-	C	-	-
Managed object instance	M	U	-	C	-	C	-	C	U	C	-	C	-	-
Access control	-	-	U	-	U	-	U	-	U	-	U	-	-	-
Synchronization	-	-	U	-	U	-	U	-	-	-	U	-	-	-
Attribute identifier list	-	-	U	-	-	-	-	-	-	-	-	-	-	-
Modification list	-	-	-	-	M	-	-	-	-	-	-	-	-	-
Get invoke identifier	-	-	-	-	-	-	-	-	-	-	-	-	M	-
Action type	-	-	-	-	-	-	M	C(=)	-	-	-	-	-	-
Action information	-	-	-	-	-	-	U	-	-	-	-	-	-	-
Reference object instance	-	-	-	-	-	-	-	-	U	-	-	-	-	-
Superior object instance	-	-	-	-	-	-	-	-	U	-	-	-	-	-
Attribute list	-	-	-	C	-	U	-	-	U	C	-	-	-	-
Current time	-	U	-	U	-	U	-	U	-	U	-	U	-	-
Action reply	-	-	-	-	-	-	-	C	-	-	-	-	-	-
Event type	M	C(=)	-	-	-	-	-	-	-	-	-	-	-	-
Event time	U	-	-	-	-	-	-	-	-	-	-	-	-	-
Event information	U	-	-	-	-	-	-	-	-	-	-	-	-	-
Event reply	-	C	-	-	-	-	-	-	-	-	-	-	-	-
Errors	-	C	-	C	-	C	-	C	-	C	-	C	-	C

Tabelle 7.3-2 CMIS-Primitive und ihre Parameter

Linked identifier

In Fällen, wo eine Dienstanforderung mehrere Antworten auslöst, z.B. weil gleichzeitig mehrere Managementobjekte angesprochen werden, dient dieser Identifikator der Zuordnung zur Anforderung.

Mode

Der Modus-Parameter gibt an, ob eine Bestätigung der Operationsausführung erfolgen soll oder nicht.

Base object class

Dieser Parameter benennt die Klasse des Basisobjekts als Ausgangspunkt für die Scoping-Selektion.

Base object instance

Dieser Parameter benennt das Managamentobjekt, das als Basisobjekt benutzt werden soll.

Scope
Mit dem Scope-Parameter wird die Lokalisierung in der Objekthierarchie spezifiziert. Mögliche Belegungen sind (vgl. Bild 7.3-2):

- nur Basisobjekt
- n. Ebene unterhalb des Basisobjekts
- Basisobjekt und alle untergeordneten Objekte bis zur n. Ebene
- Basisobjekt und vollständiger nachgeordneter Teilbaum.

Filter
Der Filter-Parameter enthält (mittels der logischen Operatoren AND, OR oder NOT verknüpfte) Aussagen über die Existenz oder Wertebelegung von Attributen zum Zwecke der attributbezogenen Objektselektion.

Managed object class
Klasse des Managementobjekts, zu dem Informationen bereitgestellt werden (M-EVENT-REPORT, M-GET, M-SET, M-ACTION) bzw. das erzeugt werden soll (M-CREATE) oder gelöscht wurde (M-DELETE). Im Falle von M-CREATE wird dieser Parameter herangezogen, um Anfangsbelegungen von Attributen für das erzeugte Managementobjekt herzustellen (vgl. auch Reference object instance).

Managed object instance
Name des Managementobjekts, das von der Operation betroffen ist. Es gelten ähnliche Unterscheidungen wie beim vorher erwähnten Parameter. Bei M-CREATE kann dieser Name vorgegeben werden. Unterbleibt dies, kann der Name unter Verwendung des Parameters Superior object instance gebildet werden, andernfalls wird der Name vom ausführenden Agenten vergeben.

Access control
Dieser Parameter dient Zugriffskontrollzwecken und ist in [7-14] nicht näher spezifiziert.

Synchronization
Dieser Parameter kann angegeben werden, wenn mehrere Objekte von einer Operation betroffen sind (M-GET, M-SET, M-DELETE). Er kann die bereits erwähnten Werte "atomic" oder "best effort" annehmen.

Attribute identifier list
Bei M-GET werden hiermit die Attribute spezifiziert, deren Werte gelesen werden sollen.

Modification list
Bei M-SET wird mit diesem Parameter eine Liste bereitgestellt, die für jedes von der Operation betroffene Attribut eines Managementsobjektes einen Eintrag besitzt. Dieser besteht jeweils aus

- dem Attribut-Identifikator
- dem Modifizierungsoperator mit dem Wertevorrat (replace, add value, remove value, set to default)
- dem Attributwert, der
  - anstatt eines vorhandenen (replace) oder
  - zusätzlich zu vorhandenen (add value) verwendet oder
  - entfernt werden soll (remove value).

Set-to-default verwendet die Attributwertbelegungen in der Klassendefinition als Bezugsbasis.

Get invoke identifier
Dieser Parameter stellt bei CANCEL-GET den Bezug zur abzubrechenden GET-Operation her.

Action type
Bei M-ACTION dient dieser Parameter zur genaueren Bezeichnung der auszuführenden bzw. ausgeführten Aktion.

Action information
Ergänzend zum Parameter Action type besteht die Möglichkeit, aktionsspezifische Angaben zu übermitteln, z.B. Operanden einer komplexen Operation.

Reference object instance
Dieser Parameter kann bei M-CREATE benutzt werden, um das neu zu erzeugende Objekt in die Objekthierarchie einzuordnen und so seine Benennung zu sichern. In diesem Fall soll der Parameter "Managed object instance" nicht angegeben werden.

Attribute list
Dieser Parameter liefert

- die gelesenen Attributwerte (M-GET)
- die resultierenden Attributwerte (M-SET)
- die dominierende Anfangswertbelegung für Attribute eines neu zu erzeugenden Managementobjekts (M-CREATE request)
- die insgesamt resultierende Anfangswertbelegung der Attribute eines erzeugten Managementobjekts (M-CREATE response).

Current time
Dieser Parameter enthält Angaben über den Zeitpunkt, zu dem die Antwort auf eine Anforderung erzeugt wurde.

Action reply
Mittels Action reply werden die Ergebnisse einer Aktion an den Anforderer übermittelt. Struktur und Wertebelegung dieses Parameters sind aktionsspezifisch.

Event type
Bei M-EVENT-Report ein Identifikator für das Ereignis, über das berichtet wird.

Event time
Zeitpunkt eines Ereignisses bei M-EVENT-REPORT.

Event information
Nähere Information zum Ereignis. Struktur und Wertebelegung sind ereignisspezifisch.

Event reply
Falls bei M-EVENT-REPORT eine Bestätigung des Empfängers gefordert ist, enthält dieser Parameter diese Bestätigung.

Errors
Dieser Parameter informiert über Anomalitäten bei der Diensterbringung. Es sind folgende Fehlertypen standardisiert:

- doppelter Invoke-Identifikator
- ungültiger Argumentwert
- fehlerhafter Argumenttyp
- unbekanntes Argument
- unbekannter Ereignistyp
- unbekannte Objektklasse
- unbekanntes Objekt
- Verarbeitungsfehler
- Ressourcenmangel
- unbekannte Operation.

7.3.5 Funktionale Einheiten

Bei komplexen Kommunikationsdiensten ist es zweckmäßig, wenn die Möglichkeit besteht, funktionelle Teilmengen zu bilden und zwischen Kommunikationspartnern zu vereinbaren. Diese Teilmengen heißen im OSI-Umfeld funktionale Einheiten. Funktionale Einheiten ermöglichen es:

M1 daß Partner mit unterschiedlichen Fähigkeiten miteinander kommunizieren, indem beim Etablieren einer Kommunikationsbeziehung diejenige funktionale Einheit vereinbart wird, die der "schwächere" Partner noch bewältigen kann;

M2 daß die Partner für ein konkretes Kommunikationsvorhaben diejenige funktionale Einheit vereinbaren, die das gemeinsame Ziel gerade noch ermöglicht, um so auf beiden Seiten einen möglichst niedrigen Ressourcenbedarf zu haben, auch wenn prinzipiell die Fähigkeiten zum vollen Funktionsumfang vorhanden wären.

Für CMIS wurden zum Zwecke einer sinnvollen Funktionsabstufung folgende funktionale Einheiten definiert [7-14]:

FE1 *Kernel*; dieser umfaßt die Funktionen von CMIS ohne die in den nachfolgenden sogenannten zusätzlichen funktionalen Einheiten enthaltenen Fähigkeiten.

FE2 *Multiple object selection*, es werden die Scope- und Synchronisationsparameter unterstützt.

FE3 *Filter*, es wird zusätzlich der Filter-Parameter unterstützt.

FE4 *Multiple reply*, es wird zusätzlich der Parameter "Linked Identifier" unterstützt. Es ist fraglich, ob FE2 ohne FE4 sinnvoll ist.

FE5 *Extended service*. In dieser funktionalen Einheit ist es ,möglich, neben P-DATA weitere Dienste der Darstellungsschicht zu nutzen.

Für praktische Implementationen ist selbst FE1 ein sehr anspruchsvolles Ziel. Vermutlich werden mehrere Abstufungen innerhalb FE1 zweckmäßig sein, die dann allerdings zwischen Management-Kommunikationspartnern speziell vereinbart werden müßten. Beispielsweise könnten folgende Teilmengen von FE1 für eingeschränkte Zwecke praktikabel sein:

FE11 nur M-EVENT-REPORT,
FE12 zusätzlich M-GET,
FE13 zusätzlich M-SET,
FE14 zusätzlich M-ACTION.

In allen diesen Teilmengen würde von einer strukturell statischen MIB ausgegangen, da die dynamische Erzeugung von Managementobjekten eine relativ anspruchsvolle Aufgabe darstellt.

7.3.6 CMIP

Die CMIS-Dienstprimitive werden von der CMIP-Maschine entgegengenommen. Falls sie fehlerfrei sind, wird die dem Dienstprimitiv entsprechende A-Protokolldateneinheit aufgebaut und auf ROSE [7-17], [7-18] abgebildet.
Es werden die ROSE-Funktionen

RO-INVOCATION
RO-RETURN-RESULT
RO-RETURN-ERROR
RO-USER-REJECT
RO-PROVIDER-REJECT

benötigt, die ihrerseits auf P-DATA abgebildet werden .

Der umgekehrte Weg verläuft analog. [7-15] geht demnach von einer vollen OSI-Protokollhierarchie einschließlich ACSE und ROSE aus. Falls in der Praxis davon abgewichen wird (z.B. Abbildung von CMIS direkt auf eine untere Schicht), muß dies zwischen den Management-Kommunikationspartnern abgestimmt sein. Der Grad der Offenheit im Sinne von OSI ist dann eingeschränkt, dafür wird aber frühere Praktikabilität erreicht.

7.4 Systemmanagement - Überblick über Gebiete und Funktionen

Das Systemmanagement wurde in Abschnitt 7.1 eingeführt und in die OSI-Architektur eingeordnet. In den Abschnitten 7.2 und 7.3 wurden mit der MIB-Struktur die informationelle Umgebung sowie mit CMIS/CMIP die elementaren Managementfunktionen erläutert, auf die das Systemmanagement zurückgreifen kann. Nunmehr soll das Systemmanagement in dieser Umgebung und oberhalb von CMIS/CMIP eingehender behandelt werden. Bild 7.4-1 zeigt die Struktur des Systemmanagements in funktioneller Hinsicht. Es lassen sich drei Ebenen unterscheiden:

E1 die Ebene der funktionellen Gebiete (functional areas, SMFA), in Bild 7.4-1 mit FG1 ... FGn bezeichnet;
E2 die Ebene der Systemmanagement-Funktionen SMF1 ... SMFm;
E3 die Ebene von CMIS/CMIP.

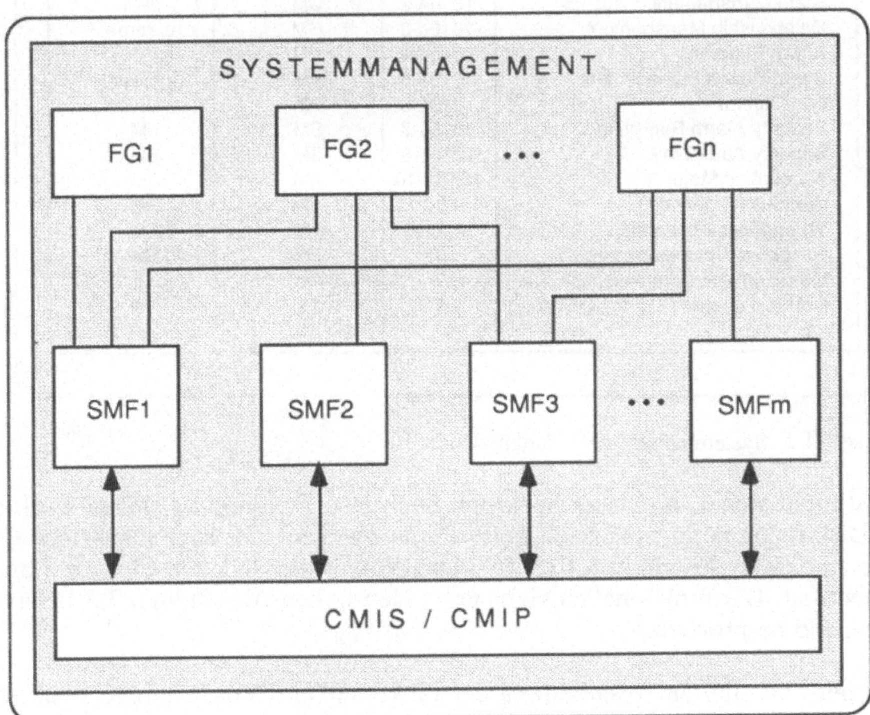

Bild 7.4-1 Allgemeine funktionelle Struktur des Systemmanagements

Bisher werden fünf funktionelle Gebiete unterschieden:

SMFA1 *Konfigurationsmanagement* (configuration management, CM)

SMFA2 *Störungsmanagement* (fault management, FM)

SMFA3 *Leistungsmanagement* (performance management, PM)

SMFA4 *Abrechnungsmanagement* (accounting management, AM)

SMFA5 *Sicherheitsmanagement* (security management, SM).

Funktion	ISO-Nr.	Herkunft	Verwendung
Object Management	10164-1	CM	} in
State Management	10164-2	CM	} allen
Relationship Management.	10164-3	CM	} anderen
Alarm Reporting	10164-4	FM	?
Event Report Management	10164-5	FM	} in allen
Log Control	10164-6	FM	} anderen
Security Alarm Reporting	10164-7	SM	SM
Security Audit Trail	10164-8	SM	SM
Accounting Meter	10164-10	AM	AM
Workload Monitoring	10164-11	PM	} PM
Throughput Monitoring	?	PM	} AM
Response Time Monitoring	?	PM	} FM
Measurement Summarization	?	PM	allen ?
Confidence and Diagnostic Testing	?	FM	FM
• • • ?			

Tabelle 7.4-1 Systemmanagement-Funktionen

Es ist nicht sicher, ob dieses Spektrum noch eine Erweiterung finden wird. In der Diskussion befindet sich ein Softwaremanagement, das enge inhaltliche Bezüge zu dem in Abschnitt 6.1 (SNA-Management) behandelten Change-Management hat. Die funktionellen Gebiete werden in den Abschnitten 7.5 ff. noch eingehend besprochen.

Bei der detaillierten Ausarbeitung der funktionellen Gebiete in den zuständigen ISO-Arbeitsgruppen hat es sich herausgestellt, daß es nicht zweckmäßig ist, CMIS direkt zu verwenden. Vielmehr ergab sich im Sinne einer funktionellen Dekomposition, daß noch eine strukturelle Zwischenebene sinnvoll ist, die Systemmanagement-Funktionen. Alle bisher definierten

Systemmanagement-Funktionen sind primär in einem speziellen funktionellen Gebiet entstanden. Bei einigen von ihnen hat es sich jedoch gezeigt, daß sie in mehreren funktionellen Gebieten einsetzbar sind. Deshalb werden die Systemmanagement-Funktionen auch unabhängig von ihren Herkunftsgebieten weiterentwickelt. Das Spektrum der Systemmanagement-Funktionen ist noch nicht abgeschlossen. Den gegenwärtigen Stand zeigt Tabelle 7.4-1, in der auch das Herkunftsgebiet der jeweiligen Funktion und ihre möglichen weiteren Verwendungen eingetragen sind. Im einzelnen werden die Systemmanagement-Funktionen in den folgenden Abschnitten im Zusammenhang mit den funktionellen Gebieten behandelt, aus denen sie hervorgegangen sind.

7.5 Konfigurationsmanagement

7.5.1 Überblick

Das Konfigurationsmanagement umfaßt die wichtigsten Mittel zur Steuerung und Überwachung eines Netzes im normalen, störungsfreien Betrieb. Darüber hinaus sind seine Funktionen auch im Rahmen der anderen funktionellen Gebiete erforderlich. Mit Hilfe des Konfigurationsmanagements soll es möglich sein:

M1 Physische und logische Ressourcen in das Netz einzuschließen und daraus zu entfernen. Damit ist die Erzeugung und Löschung von Managementobjekten verbunden. Ressourcen können OSI-Ressourcen sein, wie z.B. Instanzen, Dienstzugangspunkte, Verbindungen aber auch Hardwarekomponenten wie Kanäle, Adapter, Steuereinheiten, Modems usw. Unklar ist, ob die Softwareverwaltung (Change Management?) zum Konfigurationsmanagement gehört (vgl. Abschnitt 7.10).

M2 Anpassung der Konfiguration an die Nutzungs- und Betriebserfordernisse. Dazu gehören die Pflege aller durch Eingriff von außen veränderbaren Attribute von Managementobjekten, insbesondere solche, die Relationen zwischen MO oder den Status von MO betreffen. Dazu gehören auch Routinginformationen.

M3 Informationen über die Netzkonfiguration, ihre Komponenten, deren Eigenschaften sowie über die Wirkung der unter M1 und M2 genannten Aktionen zu erhalten. Diese Informationen können explizit angefordert werden oder aber Ergebnis einer Ereignisberichterstattung sein.

Das OSI-Konfigurationsmanagement umfaßt von seinem Anliegen her auch komplexe Betriebsprozeduren, wie sie im praktischen Betrieb von Rechnernetzen auftreten, wie System- und Netzinbetriebnahme und -außerbetriebnahme,

Fernladen, Rekonfigurierung (Neubelegung von Attributen) von Systemen oder des gesamten Netzes. Allerdings werden solche komplexen Betriebsprozeduren in den bisher erschienenen Standardentwürfen [7-19], [7-20], [7-21], [7-22] nicht behandelt, sondern elementarere und abstraktere Modelle und Mechanismen definiert. Diese sind zu drei Systemmanagement-Funktionen gruppiert:

SMF1 Objektmanagement (Object Management)
SMF2 Statusmanagement (State Management)
SMF3 Relationsmanagement (Relationship Management).

7.5.2 Objektmanagement

Das Objektmanagement bezieht sich in seinen Funktionen vollständig auf das in Abschnitt 7.2 dargestellte Konzept der Managementobjekte. In [7-20] wird jedoch darauf hingewiesen, daß prinzipiell drei verschiedene Wege zur Verfügung stehen, die Ziele des Konfigurationsmanagements zu erfüllen:

W1 durch Konfigurierungsprozesse in der lokalen Systemumgebung, die sich außerhalb des Gesichtsfeldes der OSI-Standardisierung befinden. Dies ist eine Möglichkeit, vielfältigen praktischen Erfordernissen nahezukommen, solange keine ausreichende OSI-Managementfunktionalität zur Verfügung steht. Bei der Reihe von Aufgaben des Konfigurationsmanagements sind lokale Ressourcen in einem Maße betroffen, daß ihre Abwicklung ausschließlich aus Mitteln des OSI-Konfigurationsmanagements auch künftig nicht erwartet werden kann;

W2 durch das Schichtenmanagement oder Managementfunktionen in Schichtenprotokollen;

W3 durch Systemmanagement-Funktionen.

Nur der Weg W3 wird an dieser Stelle weiter verfolgt. Die allgemeinen Aufgaben des Objektmanagements, so wie sie sich aus den Aufgaben M1 ... M3 des Konfigurationsmanagements (vgl. Abschnitt 7.5.1) ergeben, sind:

- Erzeugen von MO,
- Löschen von MO,
- Ändern von MO-Attributen,
- Lesen von MO-Attributen.

Diese Aufgaben können vollständig von den entsprechenden CMIS-Funktionen erfüllt werden, so daß das Objektmanagement hierzu keine zusätzlichen

Dienste erbringen muß. In [7-20] wird deshalb von sogenannten *Pass-Through-Services* (PTS im Bild 7.5-1) gesprochen. Dies bedeutet, daß die Anforderungen einer Konfigurationsmanagement-Anwendung (CM-Anwendung in Bild 7.5-1) unergänzt auf CMIS-Funktionen abgebildet werden, daß sie einfach "durchgereicht" (passed through) werden.

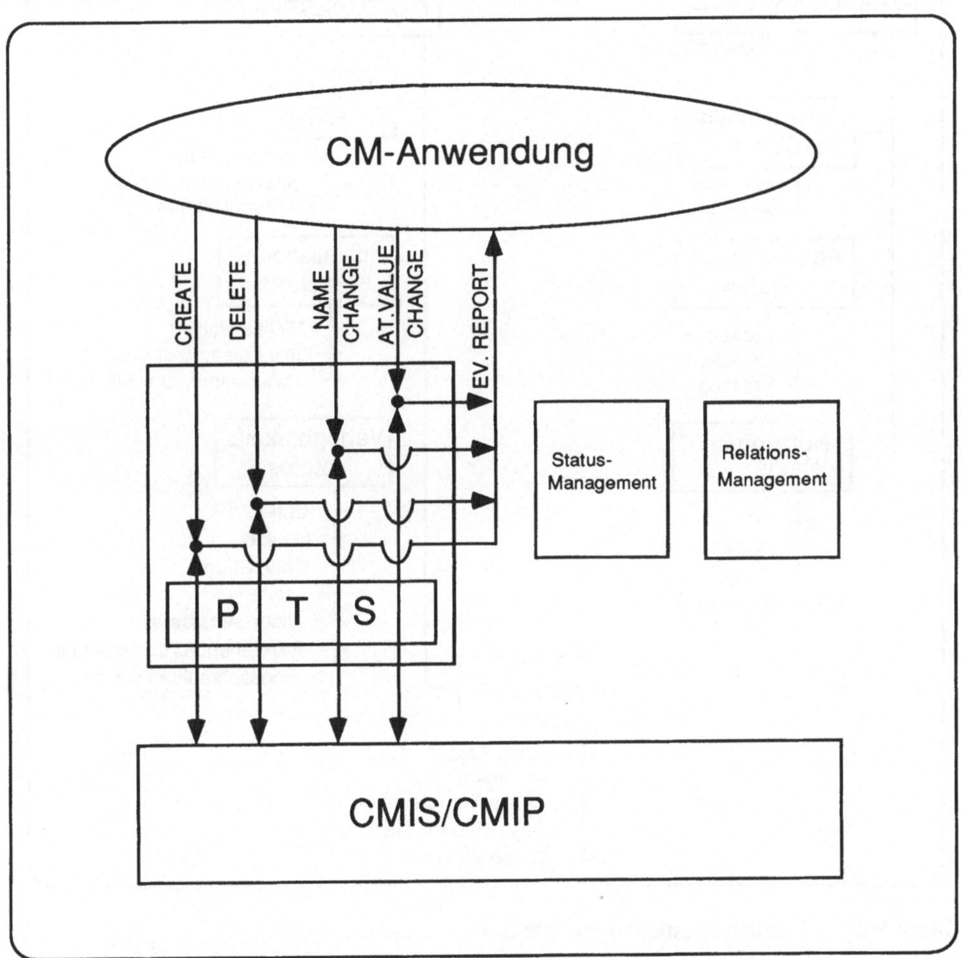

Bild 7.5-1 Prinzipschema des Objektmanagements

Lediglich die *Ergebnisse* dieser Operationen sollen in einer spezifisch vereinheitlichten Form der Konfigurationsmanagement-Anwendung zur Verfügung gestellt werden. Dies geschieht in Form von Notifikations-Definitionen. Es wird empfohlen, daß die MO, unabhängig davon wie sie zu der jeweiligen

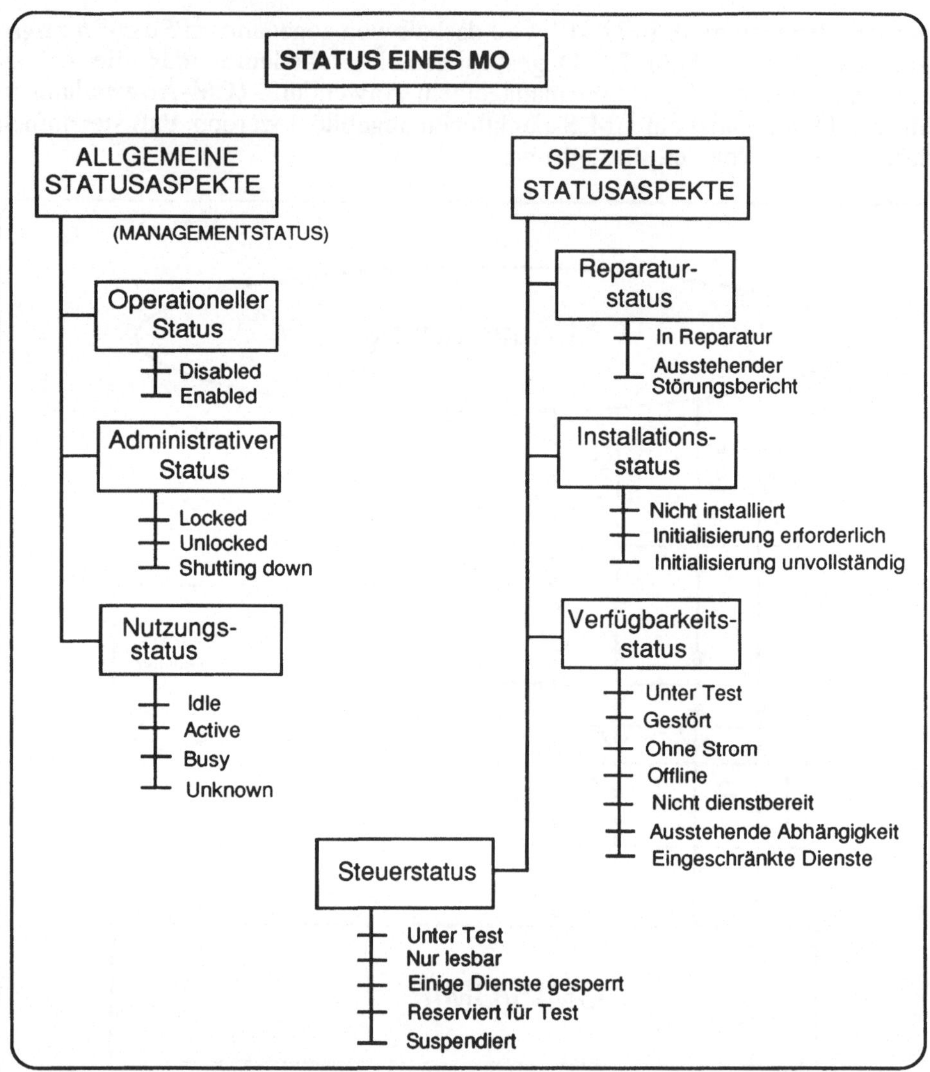

Bild 7.5-2 Mögliche Zustände eines Managementobjekts

Operation aufgefordert wurden, als Reaktion diese standardisierten Notifikationen aussenden. Es werden vier solcher Notifikationen unterschieden:

N1 Object Creation
N2 Object Deletion
N3 Object Name Change
N4 Attribute Value Change.

Diese Notifikationen werden vom Management-Agenten im jeweiligen Zielsystem in CMIS-Event-Reports umgewandelt, wozu in [7-20] entsprechende Abbildungsvorschriften enthalten sind.

7.5.3 Statusmanagement

Im Statusmanagement wird der hohe Abstraktionsgrad des Objektmanagements verlassen und eine spezifische Klasse von Attributen genauer betrachtet, die den Zustand eines MO kennzeichnen. Dabei sind, abhängig von der Art des MO, nicht in jedem Fall alle Statusaspekte oder Statuswerte zutreffend.
Einen Überblick über die möglichen Zustände eines MO gibt Bild 7.5-2. Danach werden zunächst unterschieden:

- allgemeine Statusaspekte (Managementstatus nach [7-21]),
- spezielle Statusaspekte.

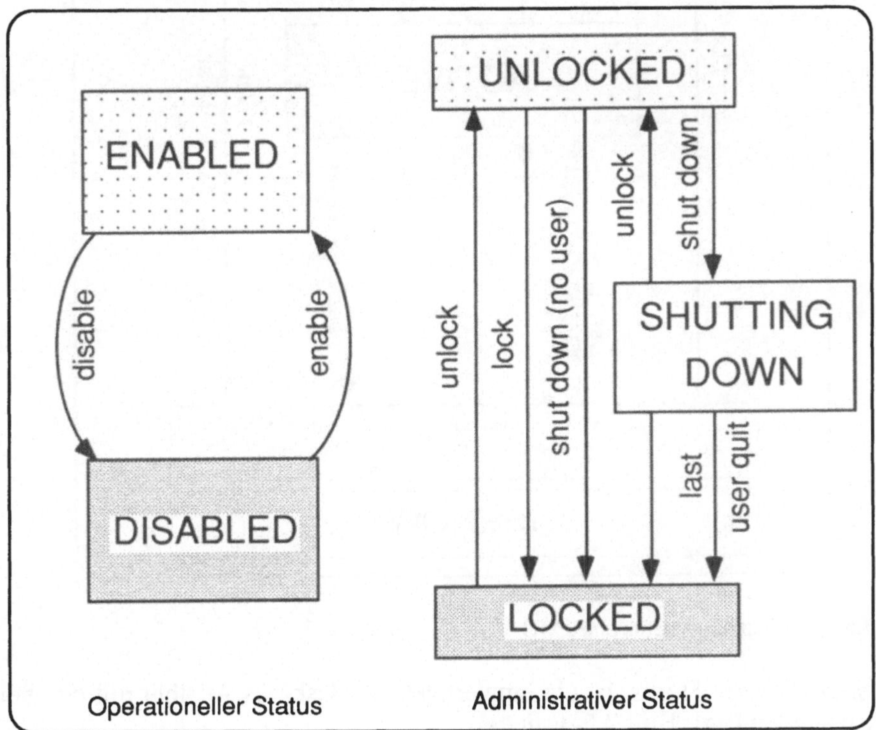

Bild 7.5-3 Operationeller und administrativer Status eines MO

Die **allgemeinen Statusaspekte** sind für sehr viele MO-Klassen zutreffend. Sie werden weiter untergliedert in:

AS1 Operationeller Status,
AS2 Administrativer Status,
AS3 Nutzungsstatus.

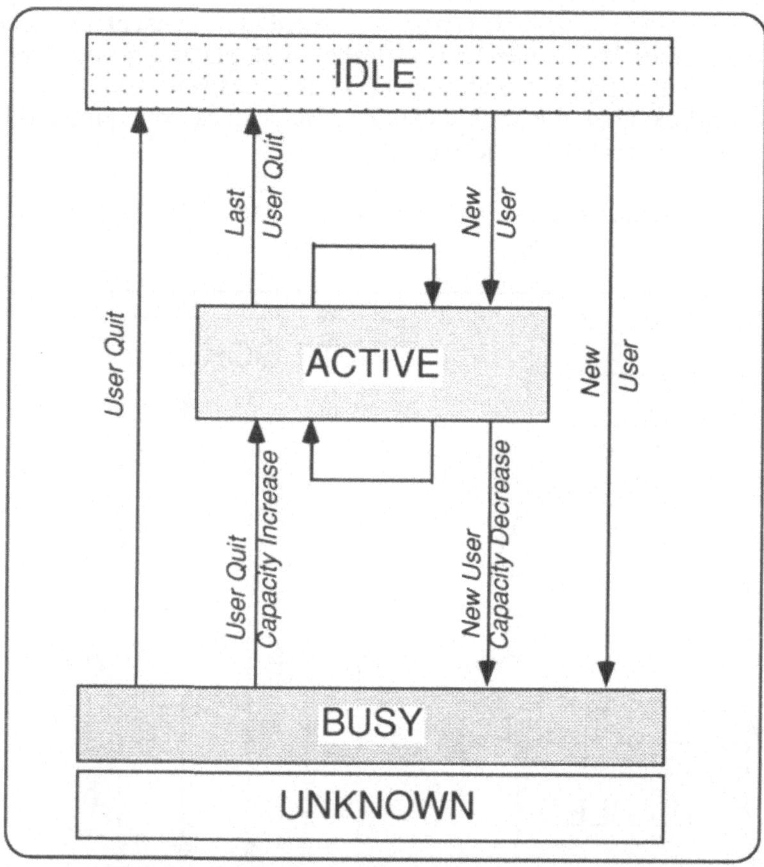

Bild 7.5-4 Nutzungsstatus eines MO

Der *operationelle Status* ist ein einwertiges, nur lesbares Attribut mit den beiden Zuständen (vgl. Bild 7.5-3, links):

- DISABLED (außer Betrieb)
- ENABLED (in Betrieb).

Der *administrative Status* erlaubt Eingriffe von außen. Er ist ein einwertiges Attribut, das gelesen und von außen verändert werden kann. Unter dem Aspekt des administrativen Status sind die Zustände (vgl. Bild 7.5-3, rechts):

- LOCKED (gesperrt)
- UNLOCKED (entsperrt)
- SHUTTING DOWN (Abschluß der Arbeit)

möglich, wobei der Statusübergang durch Nutzeraktivitäten (new user, NI bzw. user quit, UQ) oder durch Veränderung des Leistungsvermögens des MO (capacity increase bzw. capacity decrease) zustande kommen kann.

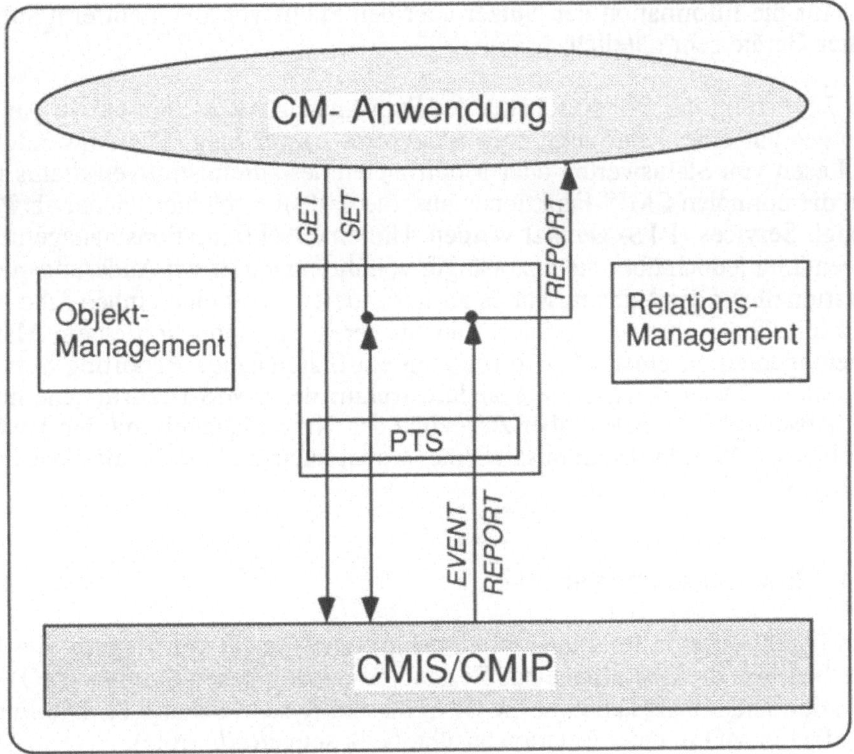

Bild 7.5-5 Prinzipschema des Statusmanagements

Der *Nutzungsstatus* liefert Aussagen darüber, ob sich ein MO in Gebrauch befindet und wie seine Kapazität ausgelastet ist. Es werden folgende Werte unterschieden (vgl. Bild 7.5-4):

- IDLE (ungenutzt),
- ACTIVE (genutzt, Kapazität für weitere Nutzungsfälle vorhanden),
- BUSY (in Benutzung, Kapazität vollständig ausgelastet),
- UNKNOWN (unbekannt).

Die **speziellen Statusaspekte** (vgl. Bild 7.5-2) treffen vor allem für physische Ressourcen zu, um im wesentlichen den operationellen Zustand DISABLED näher zu beschreiben. Die Gliederung und mögliche Wertebelegung können aus Bild 7.5-2 entnommen werden, sie bedürfen wohl keiner weiteren Kommentierung. Es wird deutlich, daß die vollständige und korrekte Wertebelegung dieser Statusattribute in vielen Fällen kaum automatisiert möglich ist, sondern Eingriffe bzw. explizite Angaben des Bedien- oder Reparaturpersonals erfordert. Die Systematisierung solcher physischer Zustandsaspekte ist jedoch für die Information der Nutzer über den Status vor allem entfernt aufgestellter Geräte sehr nützlich.

Bild 7.5-6 zeigt das Prinzipschema des Statusmanagements. Für aktive Anforderungen aus einer Konfigurationsmanagement-Anwendung (CM-Anwendung) wie Lesen von Statuswerten oder Modifizieren des administrativen Status reichen die normalen CMIS-Funktionen aus, die deshalb auch hier wieder als Pass through Services (PTS) genutzt werden. Um eine Konfigurationsmanagement-Anwendung jedoch über die unabhängig von ihr eingetretenen Änderungen des operationellen oder Nutzungsstatus zu informieren, wird eine einheitliche Notifikation "State change" definiert und für deren Transport von einem Managementagenten zu einer CM-Anwendung ein State change Reporting Service angeboten. Dieser benutzt die Standardstruktur der CMIS-Dienstdateneinheit (vgl. Abschnitt 7.3), belegt aber zusätzlich den Nutzerdatenteil mit den jeweils zutreffenden Werten der Statusattribute, wobei auch der jeweils alte Wert mit bereitgestellt werden kann.

7.5.4 Relationsmanagement

Nach [7-22] ist eine Relation (relationship) eine Menge von Regeln, die beschreiben, wie die Operation eines Bestandteils eines offenen Systems (MO) die Operation anderer Bestandteile (MO) in diesem System beeinflußt. Die Funktion, die ein MO in einer Relation ausübt, heißt seine *Rolle* (role).

Semantisch beliebige Bezüge zwischen MO, die z.B. zu Systematisierungszwecken eingeführt werden können, fallen demnach nicht in den Gegenstandsbereich des Relationsmanagements. Allerdings wurde mit [7-23] ein neueres Diskussionspapier bekannt, das sich gegenüber dem in [7-22] verfolgten ein allgemeineres Relationskonzept zum Ziel setzt. Hier sollen jedoch lediglich die relativ stabilen Auffassungen aus [7-22] verwertet werden. Nach diesem

Dokument werden zunächst einige allgemeine Relationstypen definiert. Dies sind (vgl. Bild 7.5-6):

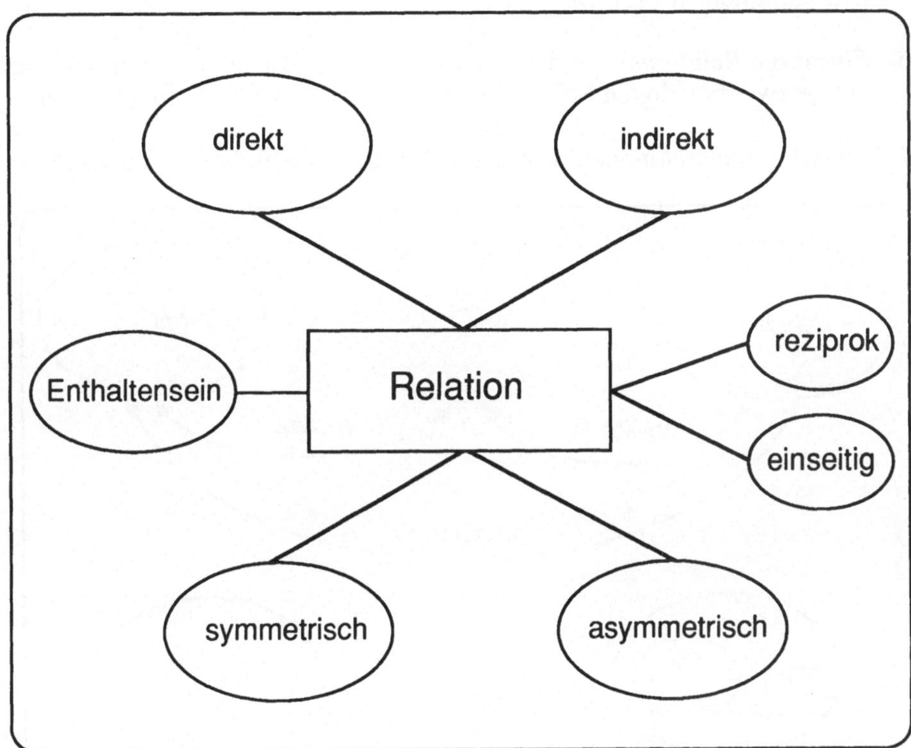

Bild 7.5-6 Relationstypen

T1 *Direkte Relationen.* Diese sind dadurch gekennzeichnet, daß die beteiligten MO einen direkten Bezug aufeinander enthalten (Name, Adresse).

T2 *Indirekte Relationen.* Diese bestehen zwischen MO, wenn sie aus einer Verkettung von direkten Relationen abgeleitet werden können (vgl. Bild 7.5-7). Unter Umständen können Relationen zu selbständigen MO werden. Zum Beispiel könnte MO2 in Bild 7.5-7 (oben) nur den Daseinszweck haben, die indirekte Relation zwischen M1 und M3 zu verkörpern.

T3 *Symmetrische Relationen.* Das sind solche, in denen die beteiligten MO identische Rollen einnehmen können.

T4 *Asymmetrische Relationen.* Diese vereinen MO, die unterschiedliche Rollen einnehmen (z.B. Diensterbringer/Dienstnutzer).

T5 *Reziproke Relationen* sind solche, wo in jedem der beteiligten MO ein Verweisattribut mit dem Namen der anderen an der Relation beteiligten MO enthalten ist (vgl. Bild 7.5-7).

T6 *Einseitige Relationen* sind asymmetrische Relationen, in denen nur eines von je zwei beteiligten MO ein entsprechendes Relationsattribut besitzt.

T7 *Enthaltenseinsrelationen* wurden ausführlich in Abschnitt 7.2 behandelt.

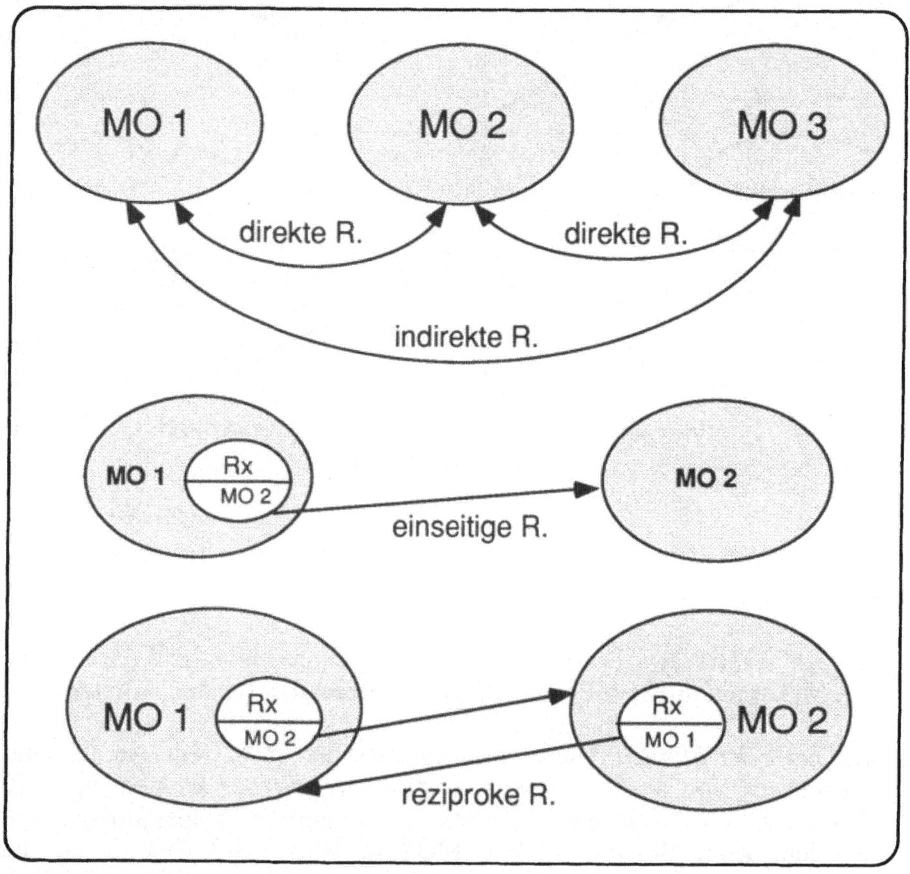

Bild 7.5-7 Schemata wichtiger Relationstypen

Beispiele für wichtige reziproke Relationen, die in [7-22] aufgeführt werden, sind:

R1 die asymmetrische *Dienstrelation* (Service relationship) mit den Rollen Dienstnutzer und Diensterbringer;

R2 die symmetrische *Partnerrelation* (Peer relationship) von miteinander kommunizierenden Instanzen;

R3 die asymmetrische *Reserverelation* (Fallback relationship) mit den Rollen *primäres* (primary) und *sekundäres* (secondary) Objekt, in der das sekundäre den Dienst des primären erbringen kann;

R4 die asymmetrische *Sicherungsrelation* (Backup relationship) mit den Rollen *Sicherungsobjekt* und *gesichertes Objekt;*

R5 die *Gruppenrelation* ist eine asymmetrische Relation, in der *Mitgliedsobjekte* (member objects) einem *Gruppenobjekt* (owner object) zugeordnet werden. Gruppenrelationen haben Bezüge zum Domänenkonzept (vgl. Abschnitt 7.1).

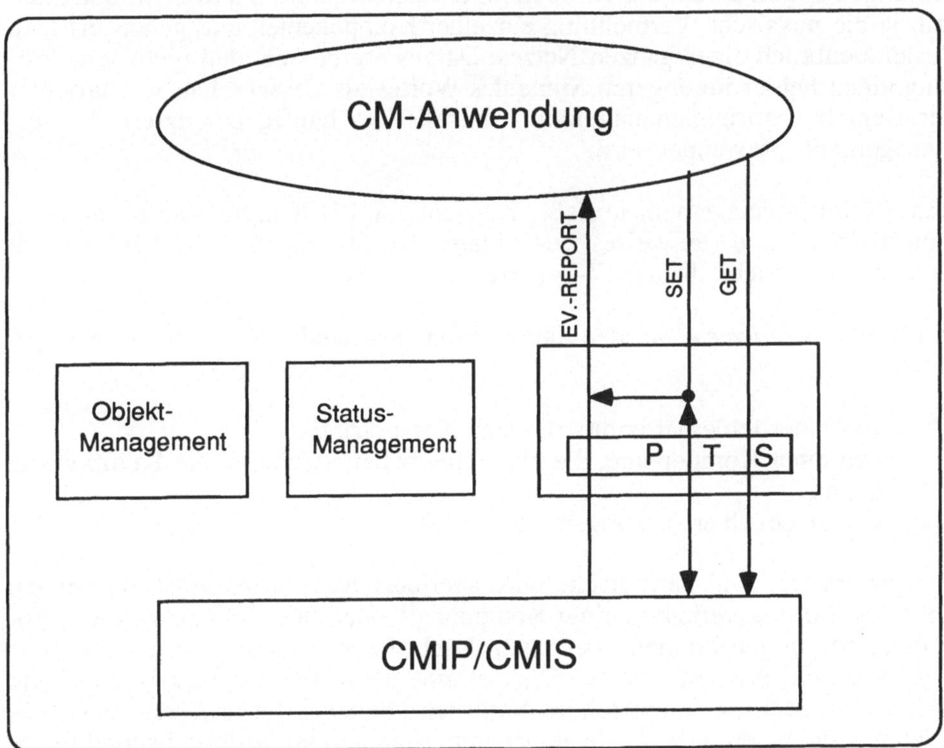

Bild 7.5-8 Prinzipschema des Relationsmanagements

Ebenso wie bei den beiden anderen Funktionen des Konfigurationsmanagements werden auch im Falle des Relationsmanagements die Anforderungen zum Lesen und Schreiben von Relationsattributen direkt auf CMIS abgebildet

(Pass Through Services PTS in Bild 7.5-8). Es ist lediglich eine Standard-Notifikation und ein entsprechender EVENT-REPORT-Dienst zur Meldung von Änderungen an Relationen vorgesehen (Relationship Change). Die normale Datenstruktur eines CMIS-Primitivs M-EVENT-REPORT wird in diesem Fall um Angaben zum alten Träger der jeweiligen Rolle (optional) und zum neuen Träger ergänzt.

7.6 Störungsmanagement

7.6.1 Überblick

Unter einer Störung soll hier jede Art Abweichung vom normalen, den Entwurfs- und Nutzerzielen entsprechenden Betriebsregime verstanden werden. Störungen beginnen bei der Minderung der Dienstqualität, umfassen den Ausfall, ja die physische Vernichtung einzelner Komponenten und gehen bis zum Zusammenbruch eines ganzen Netzes. Daraus ergibt sich, daß nicht jede Störung einen Fehler im engeren Sinne des Wortes als Ursache hat, weshalb hier der Begriff "Störungsmanagement" anstelle des häufig benutzten "Fehlermanagement" verwendet wird.

Das Störungsmanagement umfaßt Konzepte und Hilfsmittel zur Erkennung, Untersuchung und (teilweise) Beseitigung von Störungen. Bild 7.6-1 enthält dazu eine Übersicht, die aus [7-24] abgeleitet wurde.

In Form von *Alarmen* werden akute Störungszustände gemeldet. Alarme gehen aus:

- von einer fehlerhaften/überlasteten Komponente,
- von einer Komponente, die eine fehlerbehaftete/überlastete Komponente benutzt,
- von einem Überwachungsmechanismus.

Fehlerberichte sind periodische oder aperiodische Informationssammlungen über das Störungsverhalten einer Komponente oder einer Menge von Komponenten. Störungen können aber auch durch die Auswertung von *Log- oder Statistikdaten* erkannt werden. Dies ist eine deutliche retrospektiv angelegte Form, eine Störung festzustellen. Natürlich können *externe Ereignisse* Störungen signalisieren, z.B. ausgelöst von Brand- oder Einbruchsdetektoren. Schließlich können Störungen von vorbeugenden (Konfidenz-) Tests festgestellt werden.

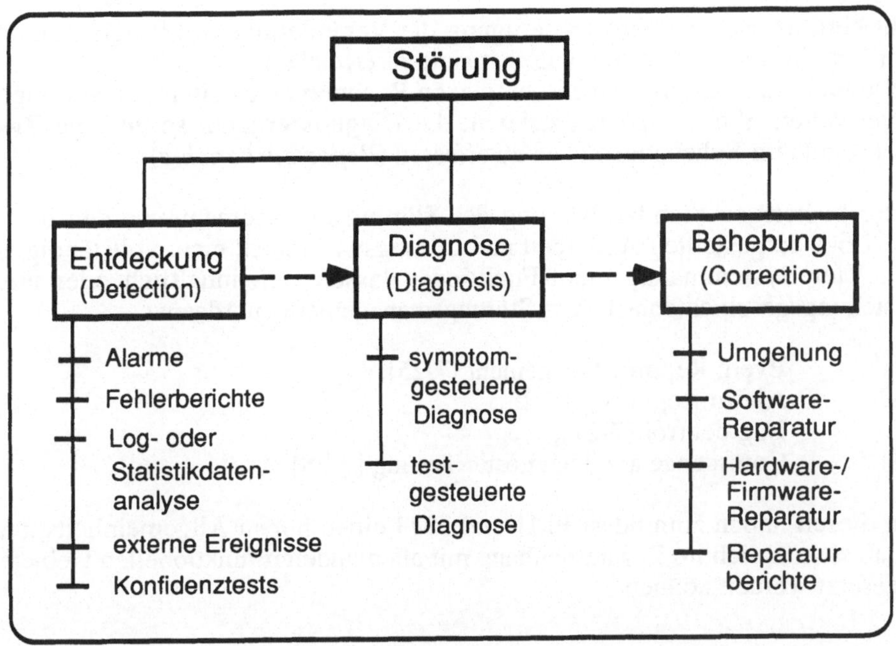

Bild 7.6-1 Aufgaben und Lösungswege des Störungsmanagements

Bei der Diagnose, die darauf gerichtet ist, die Ursachen einer Störung zu erkennen, werden zwei Formen unterschieden:

D1 Symptomgesteuerte Diagnose,
D2 Testgesteuerte Diagnose.

Die *symptomgesteuerte Diagnose* knüpft an die aus der Fehlerentdeckungsphase vorliegenden Erkenntnisse an, um mehr oder weniger klar umrissene Störungssymptome weiter zu analysieren.
Die *testgesteuerte Diagnose* umfaßt die schon erwähnten Konfidenztests, die darauf abzielen, systematisch (alle) Systemkomponenten darauf zu untersuchen, ob sie ihre normalen Funktionen ausführen und Leistungen erbringen. In der Phase der Störungsbehebung stehen im wesentlichen drei Wege zur Verfügung, deren Auswahl natürlich von der Art der vorliegenden Störung und deren Ursachen bestimmt wird. Unter *Umgehung* ist zu verstehen, daß Reserve- oder Alternativkomponenten aktiviert werden, z.B. ungestörte Pfade in einem vermaschten Netz oder Reservegeräte. Damit kann die Störung für den Nutzer sehr rasch behoben werden, für den Systemverantwortlichen bleibt Zeit, sich systematisch mit der eigentlichen Störungsursache zu befassen. Ein ähnliches Konzept wird bei der *Softwarereparatur* verfolgt, wenn Software neu initialisiert oder neu geladen wird. Häufig wird hier die eigentliche Störungsursache

nicht berührt. Soweit Fehlerbeseitigung die Veränderung von Programmcode erfordert, ist dies schwerlich automatisiert zu erreichen.
Schließlich ist es zumindest in komplexen Rechnernetzen sinnvoll, Störungen zu verwalten, d.h. sie zu registrieren, die Diagnoseergebnisse und die Zwischenstände im Behebungsprozeß zu erfassen (*Reparaturberichte*).

In der bisherigen Standardisierung des Störungsmanagements werden die in Bild 7.6-1 dargestellten Aufgaben und Lösungswege noch nicht vollständig erfaßt. Vier Systemmanagement-Funktionen lassen sich inhaltlich oder ihrer Entstehungsgeschichte nach dem Störungsmanagement zuordnen:

FM1 Event Report Management [7-25],
FM2 Alarm Reporting [7-26],
FM3 Log control [7-27],
FM4 Confidence and Diagnostic Testing [7-28].

Von diesen haben zumindest FM1 und FM3 einen hohen Allgemeinheitsgrad, so daß sie nützlich im Zusammenhang mit allen anderen funktionellen Gebieten eingesetzt werden können.

7.6.2 Event Report Management

Die Grundeigenschaft eines Managementobjekts, sein Verhalten gegenüber der Außenwelt mittels Notifikationen widerzuspiegeln, d.h. Zustandsänderungen dem zuständigen Management-Agenten mitzuteilen, der daraus dann EVENT-REPORT-Protokolldateneinheiten aufbaut und diese an kontrollierende Managerinstanzen absendet, kann bei ungesteuerter Anwendung zu einem riesigen Informationsaufkommen führen. Um dieses Informationsaufkommen in sinnvollen Grenzen zu halten, die durch konkrete Managementbedürfnisse, durch die Ressourcen der beteiligten Systeme und durch die Auswertungsfähigkeiten letztlich auch menschlicher Aufgabenträger bestimmt sind, wurde die allgemeine Systemmanagemenfunktion *Event-Report-Management* (früher: Management Service Control) eingeführt.

Bild 7.6-2 zeigt das allgemeine Konzept dieser Funktion. Die von einem Managementobjekt (MO) erzeugte Notifikation wird zunächst von einem nicht der Standardisierung unterworfenen lokalen Erkennungs- und Verarbeitungsmechanismus entgegengenommen. Dieser kann weitere Informationen hinzufügen, sollte jedoch im Interesse der Standardkonformität keine obligatorisch in einer Notifikation enthaltene Information unterdrücken. Der so entstandene potentielle Ereignisbericht wird nun nicht sofort über den CMIS-Dienst M-EVENT-REPORT zu einem anderen System transportiert, sondern zunächst einer Filterung mit Hilfe eines Diskriminators unterworfen. Allgemein ist ein

Diskriminator ein Managementobjekt, das der Steuerung von Managementoperationen und Ereignismeldungen anderer Managementobjekte dient. Diskriminatoren bilden eine eigene MO-Klasse, aus denen Subklassen für spezielle Zwecke abgeleitet werden können [7-6]. Eine solche Subklasse bilden die *Ereignisweiterleitungs-Diskriminatoren* (Event Forwarding Discriminators).

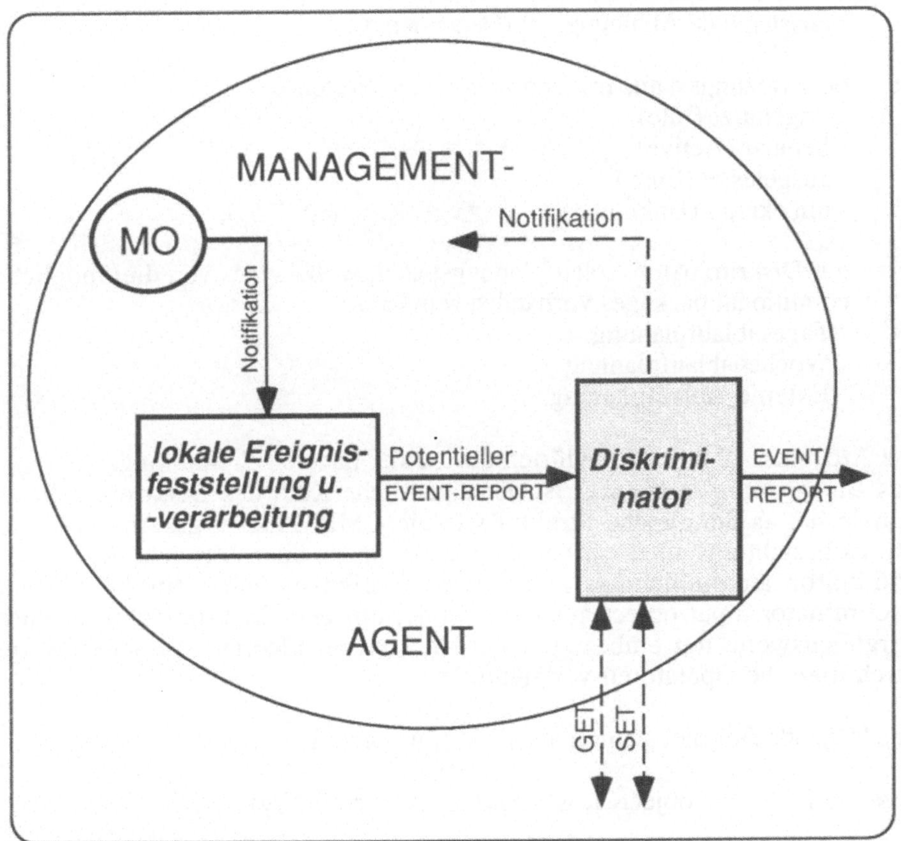

Bild 7.6-2 Konzept der Funktion "Event Report Management"

Allgemeine Attribute eines Diskriminators sind:

A1 ein Diskriminator-Ident,
A2 das Diskriminatorkonstrukt,
A3 der administrative Status mit den möglichen Werten
- Entsperrt (unlocked)
- Gesperrt (locked) - vgl. Abschnitt 7.5.3,

A4 der operationelle Status mit den möglichen Werten
- in Betrieb (Enabled)
- außer Betrieb (Disabled) - vgl. Abschnitt 7.5.3,

A5 der Verfügbarkeitsstatus mit den möglichen Werten
- nicht dienstbereit (aus Ablaufplanungsgründen - Off duty)
- eingeschränkte Dienste (Degraded)
- ausstehende Abhängigkeit (Dependency),

A6 der Nutzungsstatus mit den möglichen Werten
- ungenutzt (Idle)
- benutzt (Active)
- ausgelastet (Busy)
- unbekannt (Unknown) - vgl. Abschnitt 7.5.3,

A7 ein Diskriminator-Ablaufplanungspaket, wobei eines von drei möglichen conditional packages vorhanden sein kann:
- Tagesablaufplanung
- Wochenablaufplanung
- Externe Ablaufplanung.

Die Attribute A2 und A7 bedürfen noch einer näheren Erläuterung.
Das *Diskriminatorkonstrukt* ist der eigentliche Kern des Diskriminators. Im Prinzip hat es die gleiche Struktur wie ein CMIS-Filter (vgl. Abschnitt 7.3), d.h. es besteht aus einer oder mehreren Aussagen über Attribute des am Diskriminator ankommenden potentiellen Ereignisberichts (in [7-25] auch discriminator input object genannt), wobei mit dem Diskriminator definierte Vergleichswerte mit einbezogen werden können. Mehrere Aussagen werden durch logische Operatoren verknüpft.

Das folgende Beispiel stammt aus [7-25], Anhang A:

Aussage 1 (objectClass *equal to* protocolEntity)

Aussage 2 *and* (entityId starts with "123")

Aussage 3 *and* ((severity *not equal to* minor)

Aussage 4 *or* (badPduCount *greater than or equal to* 20)).

Dieser Diskriminator leitet potentielle Ereignisberichte weiter, die folgende Eigenschaften haben: Es wird gefordert, daß die Notifikation von einem MO stammt, das der Klasse "Protokollinstanz" angehört, ferner soll der Name der Instanz mit der Zeichenkette '123' beginnen. Außerdem soll entweder der

Schwereanzeiger ungleich dem Wert 'geringfügig' sein oder der Zähler der fehlerhaften Protokolldateneinheiten soll größer oder gleich 20 sein.
An diesem Beispiel wird sichtbar, daß sehr komplexe Filter definiert werden können. Über die interne Repräsentation des Diskriminatorkonstrukts wird im Standard nichts ausgeführt.

Das *Ablaufplanungspaket* umfaßt optionale Attribute, die die Wirkung des Diskriminators automatisiert zeitabhängig zu steuern gestatten.
Bei Tagesablaufplanung kann eine Liste mit Aktivitätsintervallen vorgegeben werden, die täglich erneut der Steuerung zugrunde gelegt wird. Bei Wochenablaufplanung stehen folgende Steuerparameter zur Verfügung:

- Startzeit (Standardwert: Zeit der Erzeugung)
- Stoppzeit (Standard: unendlich)
- Wochenmaske (Standardwert: ständig) mit den zwei Bestandteilen
    - Wochentage (an denen die nachfolgenden Intervalle gültig sein sollen)
    - Zeitintervalle (in denen der Diskriminator aktiv sein soll).

Externe Ablaufplanung bedeutet, daß ein gesondertes Managementobjekt existiert, das die Diskriminatoraktivität steuert. Dieses steuernde Objekt wird im Diskriminator mit seinem Namen verankert.

Die MO-Subklasse **"Ereignisweiterleitungs-Diskriminator"** erbt zunächst alle Attribute der MO-Klasse Diskriminator. Zusätzlich werden folgende Attribute definiert:

A8 *Zieladresse*, wobei eine einzelne Verarbeitungsinstanz oder eine Gruppe benannt werden kann. Insbesondere kann hier auch die lokale Systemmanagement-Instanz angegeben werden.

A9 *Sicherungs-Adreßliste*, eine Liste mit weiteren Verarbeitungsinstanzen, die im Falle der Störung der Kommunikation mit der primären Zielinstanz Ziel des generierten Ereignisberichts sein können.

A10 *Aktive Adresse*, die Adresse der Verarbeitungsinstanz, die gerade als Zielinstanz aktiv ist.

Um in einem realen Rechnernetz mit einer Vielzahl von Ereignisquellen den damit entstehenden Informationsstrom zu beherrschen, könnte das Bedürfnis entstehen, sehr viele Diskriminatoren zu definieren. Strukturelle Unübersichtlichkeit und hoher Overhead wären die Folge. Deshalb stehen verschiedene Implementationskonzepte zur Diskussion, die allerdings in [7-25] nicht behandelt werden. Insbesondere hierarchische Diskriminatorensysteme bieten einen Ansatz für überschaubare und effiziente Lösungen (vgl. Bild 7.6-3).

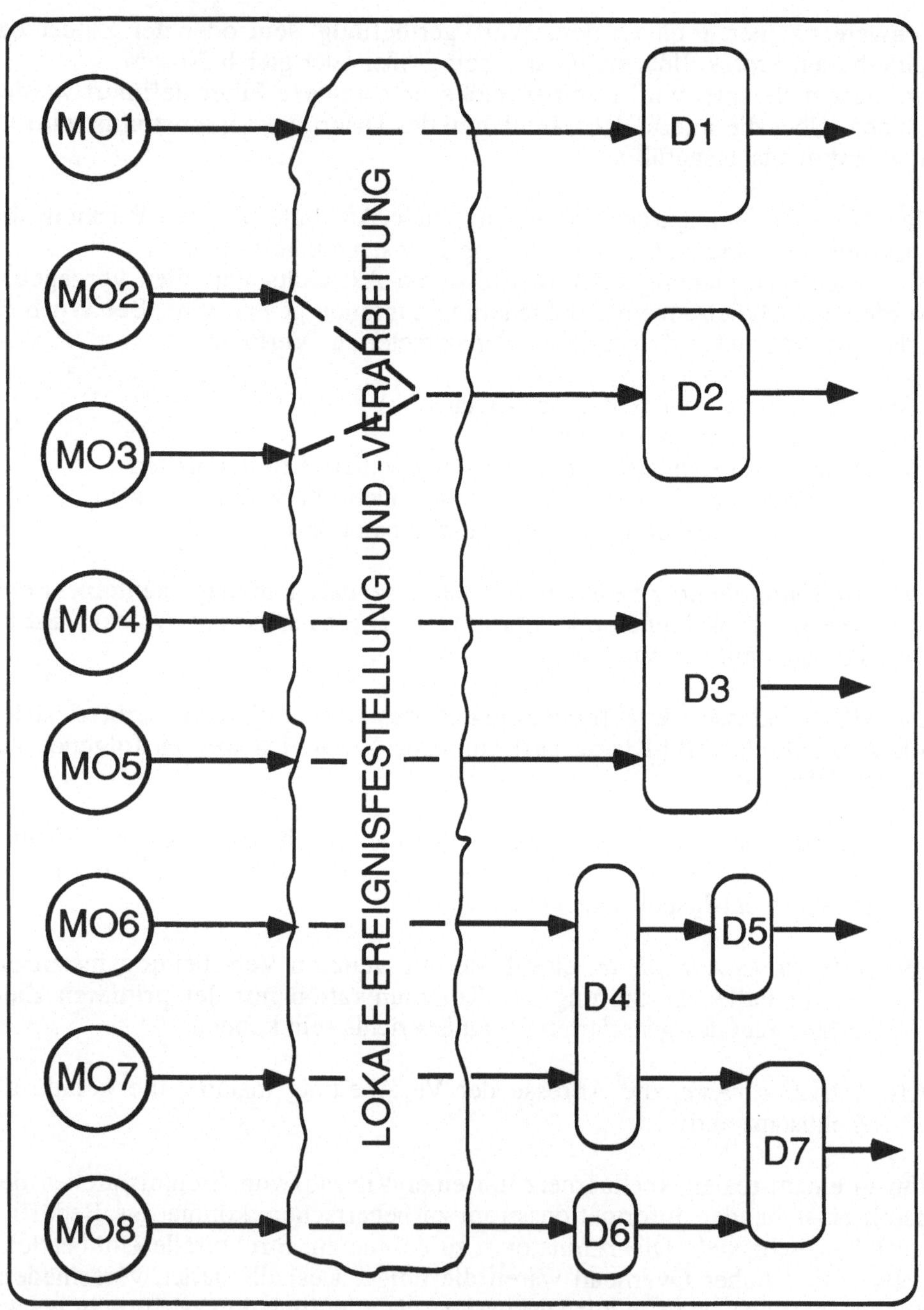

Bild 7.6-3 Varianten des Einsatzes von Diskriminatoren

Die **Dienste** der Systemmanagement-Funktion Event Report Management sind in den bisherigen Erläuterungen bereits deutlich sichtbar geworden. Sie sollen nunmehr zusammenhängend dargestellt und kurz kommentiert werden:

D1 Erzeugung eines Diskriminators,
D2 Löschung eines Diskriminators,
D3 Modifizierung von Diskriminatorattributen,
D4 Suspendierung eines Diskriminators,
D5 Freigabe eines Diskriminators zur Fortsetzung der Aktivität.

D1 ist auf M-CREATE, D2 auf M-DELETE abbildbar. Die Dienste D3, D4 und D5 sind mittels M-SET zu realisieren, wobei D4 und D5 nur Sonderfälle von D3 sind (Ändern des Attributs "Administrativer Status" zwischen den beiden Werten "Gesperrt" und "Entsperrt"). In [7-25] nicht erwähnt, aber sicher notwendig ist ein Dienst, der Diskriminatorattribute liest, was mit M-GET einfach möglich ist. Ebenso nicht (mehr) erwähnt, aber erforderlich ist ein Dienst, der die Notifikationen des MO "Diskriminator" in M-EVENT-REPORT umsetzt, da eine Registrierung und Verfolgung der den Diskriminator in seiner Aktivität steuernden Eingriffe in der Praxis unumgänglich sein wird. Alle Dienste der Funktion Event Report Management sind daher "Pass Through Services".

Andere in einer Implementation nützliche Erweiterungen des einfachen Diskriminatorkonzepts lassen sich angeben. So können mehrere gleichzeitig und/oder alternativ für unterschiedliche Bedingungen wirksame Zieladressen nützlich sein, z.B. um eine akute Störung als Alarm an einen Administrator zur sofortigen Kenntnisnahme zu leiten, das Ereignis aber unabhängig davon in einem Log zu speichern.

7.6.3 Alarm reporting

Alarm reporting ist eine typische Funktion des Störungsmanagements. Sein Ziel besteht darin

- typische Störungsursachen zu definieren,
- für die Meldung von Störungen (= Alarme) allgemein sinnvolle Attribute festzulegen,
- für einzelne Störungsursachen spezifische zusätzliche Attribute zu bestimmen.

Im Ergebnis soll für diesen in der Praxis überaus wichtigen Bereich des Netzmanagements eine einheitliche Verständigungsbasis auch für unabhängig voneinander entworfene und betriebene Rechnernetze erreicht werden, wenn sich

diese nur den in [7-26] enthaltenen Konventionen unterwerfen. Das geschieht in diesem Falle zumindest dadurch, daß die semantische und syntaktische Struktur einer Alarm-Notifikation und einer Alarm-M-EVENT-REPORT-Dienstdateneinheit festgelegt wird.
Tabelle 7.6-1 gibt einen Überblick. Die Parameter sollen nachfolgend kurz erläutert werden.

Am Beginn der Tabelle befinden sich die Standardparameter einer M-EVENT-REPORT-Dienstdateneinheit (vgl. Abschnitt 7.3):

P1 ein Transaktionsidentifikator (Invoke identifier), der diesen Management-Informationsaustauschakt eindeutig für Bezugnahmen identifizierbar macht;
P2 der Modus-Parameter (mode), der festlegt, ob eine Bestätigung des Empfangs dieser Meldung erwartet wird oder nicht;

P3/4 die Angabe der Namen der MO-Klasse und des MO-Exemplars, von dem die Meldung ausgeht;

P5 die Entstehungszeit der Meldung (event time).

Anschließend folgen die für eine Alarmmeldung spezifischen Parameter. Es sind dies

P6 der Alarmtyp, der auf den M-EVENT-REPORT-Parameter Ereignistyp (event type) abgebildet wird. In [7-26] werden fünf Alarmtypen unterschieden:

- Komunikationsalarm (Communications alarm), d.h. Störungen in den Kommunikationsprozeduren und/oder Prozessen,
- Dienstqualitätsalarm (Quality of service alarm), d.h. es wurde eine gegenüber der geforderten oder versprochenen geminderte Dienstqualität festgestellt,
- Verarbeitungsalarm (Processing alarm), der allgemein einen Software- oder Verarbeitungsfehler anzeigt,
- Ausrüstungsalarm (Equipment alarm), der über eine Störung der Gerätetechnik informiert,
- Umgebungsalarm (Environmental alarm), d.h. in der Umgebung des technischen Systems sind Störungen aufgetreten, z.B. in der Klimatisierung.

Die Alarmtypen werden nun durch Pflicht- und Wahlparameter näher beschrieben. Die zwei weiteren Pflichtparameter sind:

P7 die wahrscheinliche Ursache (probable cause) wozu eine Liste von 44 möglichen Störungsursachen zur Verfügung steht;

Beispiele:
- Framefehler (für Kommunikationsalarm)
- Reduzierte Bandbreite (für Dienstqualitätsalarm)
- Verfälschte Daten (für Verarbeitungsalarm)
- Fehlende Stromversorgung (für Ausrüstungsalarm)
- Feuer (für Umgebungsalarm).

Parameter name	Req/Ind	Rsp/Conf
Invoke identifier	M	M(=)
Mode	M	-
Managed object class	M	U
Managed object instance	M	U
Alarm type	M	C(=)
Event time	U	-
Alarm information		
Probable cause	M	-
Specific problems	U	-
Perceived severity	M	-
Backed up status	U	-
Back up object instance	C	-
Trend indication	U	-
Threshold information	C	-
Notification identifier	U	-
Correlated notification	U	-
Generic state change	C	-
Monitored attributes	U	-
Proposed repair actions	U	-
Problem text	U	-
Problem data	U	-
Current time	-	U
Event reply	-	C
Errors	-	C

Tabelle 7.6-1 Parameter von Alarm-reporting-Dienstdateneinheiten

P8 Schweregrad (perceived severity) mit den sechs möglichen Werten
- Störung beseitigt (Cleared)
- unbestimmt (Indeterminate)
- kritisch (Critical)
- schwerwiegend (Major)

- geringfügig (Minor)
- Warnung (Warning).

Weitere Parameter sind optional (Kennzeichen 'U' in Tabelle 7.6-1) bzw. von bestimmten Bedingungen abhängig (Kennzeichen 'C' in Tabelle 7.6-1).
Es sind dies:

P9 der Parameter "Spezifische Probleme", der es erlaubt, zur näheren Bestimmung von P7 MO-spezifische Erläuterungen zu geben;

P10 Sicherungsstatus (Backed up status) gibt Auskunft darüber, ob dem gestörten MO ein Sicherungsobjekt zugeordnet ist (vgl. Abschnitt 7.5.4) und daher seine Dienste trotz der Störung ungemindert weiter verfügbar sind;

P11 Sicherungsobjekt (Back up object instance) benennt das MO, das anstelle des gestörten dessen Dienste weiter erbringen kann (Zusammenhang zu P10);

P12 Trendanzeige (Trend indication) bezieht sich auf zeitlich vorangegangene Notifikationen zum gleichen Sachverhalt, so lange nicht der Schweregrad "Cleared" anzeigt, daß das Problem als erledigt angesehen werden kann. Es werden die drei Stufen
- zunehmend (More severe)
- gleichbleibend (No change)
- abnehmend (Less severe)

unterschieden (Zusammenhang mit P8);

P13 Schwellwertinformation (Threshold information). Dieser Parameter kann belegt werden, wenn die Notifikation von einem Schwellwertmechanismus ausgelöst wurde (vgl. Abschnitt 7.2). In diesem Fall werden vier Einzelwerte unterschieden:
- Schwellwertidentifikator (Triggered threshold)
- Schwellwertstufe (Threshold level), z.B. oberer oder unterer Schwellwert im Zusammenhang mit dem Hystereseintervall bei Pegelschwellwerten
- beobachteter Wert (Observed value)
- letzter Justierungszeitpunkt abhängig vom Typ des Schwellwertes (Arm time);

P14 Notifikationsidentifikator (Notification identifier) dient zur eindeutigen Kennzeichnung einer von einem MO ausgesandten Notifikation, für die später eine Korrelation zu anderen Notifikationen hergestellt werden soll (vgl. P12, P15);

P15 korrelierte Notifikationen (Correlated notifications) sind solche, die früher zur gleichen Störung ausgesandt wurden (vgl. P12). Dieser Parameter umfaßt eine Liste von Notifikationsidentifikatoren (vgl. P14) und erforderlichenfalls der MO-Identifikatoren;

P16 Statuswechsel (Generic state change). Dieser Parameter ermöglicht es, mit dem Ereignis verbundene Statuswechsel zu beschreiben. Es werden alter und neuer Status angegeben (vgl. Abschnitt 7.5.3);

P17 beobachtete Attribute (Monitored attributes). Mit Hilfe dieses Parameters können die Identifikatoren und Werte weiterer für das Ereignis relevanter Attribute bereitgestellt werden;

P18 vorgeschlagene Reparaturaktionen (Proposed repair actions). Diese Aktionen müssen in der MO-Definition enthalten sein;

P19 Problembeschreibung (Problem text). Dieser Parameter gibt die Möglichkeit, freien Text zur Erläuterung der Störungen bereitzustellen. Aus der Sicht der Standardisierung sollte von dieser Möglichkeit nur sparsam Gebrauch gemacht werden. Zu bevorzugen sind die Parameter P7 und P9, deren potentieller Wertevorrat gegebenenfalls zu erweitern ist, wozu die ISO-Registrierungsprozeduren einzuhalten sind;

P20 Problemdaten (Problem data). Dieser Parameter räumt eine weitere Möglichkeit ein, detailliertere Informationen zur Störung zu liefern. Es ist vorgesehen, die Problemdaten in drei Komponenten zu strukturieren:
- Identifikator in Form eines MO-Identifikators, aus dem sich der Datentyp der Problemdaten ableiten läßt,
- Bedeutsamkeitsanzeiger (Significance indicator), der angibt, ob das empfangende System die Problemdaten unbedingt auswerten muß oder nicht,
- die eigentlichen Problemdaten.

Weitere Parameter sind die in M-EVENT-REPORT-Dienstdateneinheiten der Typen Response und Confirm standardmäßig enthaltenen Parameter "Aktuelle Zeit", "Ereignisantwort" und "Fehler" (vgl. Abschnitt 7.3, Tabelle 7.2-1).

7.6.4 Log Control

Ein Log ist eine (dauerhafte, externe) Ablage von managementrelevanten Informationen, die in Logsätzen (log records) organisiert sind. Logsätze entstehen aus von einem Logmechanismus empfangenen M-EVENT-REPORT-Dienstdateneinheiten, diese letzten Endes aus Notifikationen, von denen Inhalt,

Struktur und Entstehungsereignis in der Definition einer Managementobjekt-Klasse enthalten sind. Logsätze können auch aus Anlaß des Empfangs einer Protokolldateneinheit oder bei einem anderen internen Ereignis entstehen, es werden dann interne Notifikationen erzeugt und vom Logmechanismus empfangen.
Die Systemmanagement-Funktion Event Report Management sollte unbedingt im Zusammenhang mit Logmechanismen gesehen werden (vgl. Abschnitt 7.6.2). Der Logmechanismus kann die empfangene Information ergänzen, z.B. um Zeitstempel, ehe sie in Form eines Logsatzes abgelegt wird. Natürlich müssen Logsätze wiederauffindbar sein. Bild 7.6-4 zeigt die bis hierher beschriebene mehr physische Sicht auf ein Logsystem schematisch.

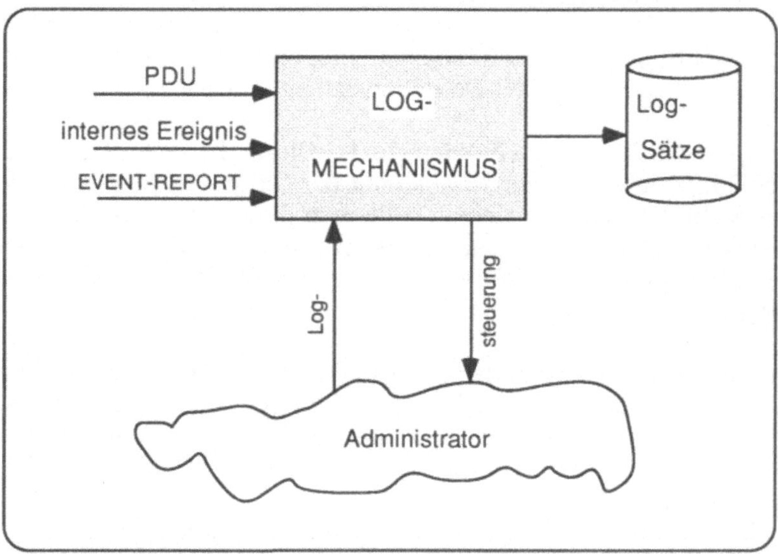

Bild 7.6-4 Physische Sicht auf einen Logmechanismus

Im OSI-Management sind sowohl Logs als auch Log-Sätze Managementobjekt-Klassen, wobei *Log* Superklasse zur Subklasse *Logsatz* ist. Jeder konkrete Log ist ein MO-Exemplar, das mittels M-CREATE erzeugt und mittels M-DELETE gelöscht wird, dessen Attribute mittels M-GET gelesen oder mittels M-SET modifiziert werden können (vgl. Bild 7.6-5). Wenn es in der jeweiligen Klassendefinition so festgelegt wurde, senden Logs als MO bei gewissen Ereignissen (z.B. Erzeugung, Löschung, Attributmodifikation) eigene Notifikationen aus (die ihrerseits in einen weiteren, einen Logverwaltungs-Log eingespeichert werden können). Die weiteren für das Management interessanten Eigenschaften eines Logs lassen sich am zweckmäßigsten anhand seiner *Attribute* diskutieren. Es sind dies:

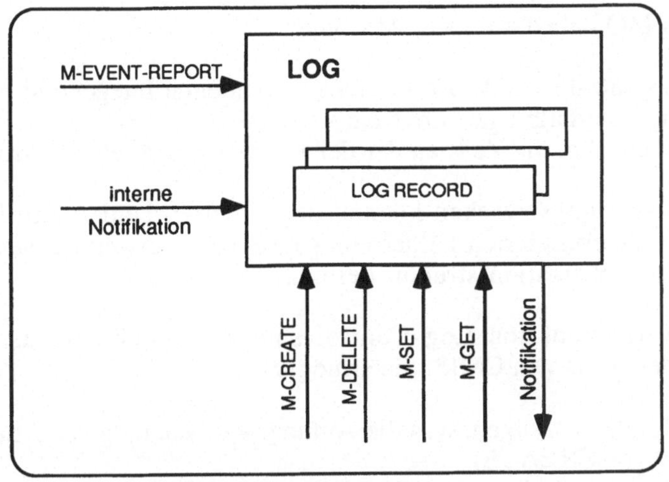

Bild 7.6-5 Log als Managementobjekt

A1 Logidentifikator, kennzeichnet eindeutig ein Exemplar eines Logs;

A2 Diskriminatorkonstrukt, erlaubt die Selektion der eingehenden Informationen, bevor sie als Logsätze geschrieben werden (vgl. Diskriminatorkonzept in Abschnitt 7.6.2);

A3 Administrativer Status, mit seinen Werten "Locked/Unlocked" ein wichtiges Steuerattribut für den Log, das von außen gestellt werden kann;

A4 Operationeller Status, beschreibt die Aktionsfähigkeit eines Logs mit den Werten "Enabled/Disabled";

A5 Nutzungsstatus, kann die Werte "Idle", "Active", "Busy" oder "Unknown" annehmen;

A6 Maximale Loggröße, Angabe in Oktetts ohne Verwaltungsaufwand;

A7 Aktuelle Loggröße, Füllstand eines Logs in Oktetts;

A8 Anzahl Logsätze, Füllstand eines Logs in Sätzen;

A9 Schwellwert für Kapazitätsalarm, ein mehrwertiges Attribut, das in Prozent von der maximalen Loggröße angegeben wird;

A10 Aktion bei vollem Log, es sind zwei Varianten vorgesehen:
- die Logaktivität wird eingestellt, aufgezeichnete Sätze bleiben erhalten;
- die Logaktivität wird fortgesetzt, indem die jeweils ältesten Sätze überschrieben werden;

A11 Log-Ablaufplanungs-Paket (im Sinne eines conditional package, vgl. Abschnitt 7.2). Es werden analog wie bei einem Diskriminator tägliche, wöchentliche und externe Planungsmodelle für die zeitabhängige, automatisierte Aktivitätssteuerung angeboten (vgl. Abschnitt 7.6.2).

Logsätze als MO haben nur zwei Attribute:

- einen Logsatz-Identifikator, der eine fortlaufende Integerzahl ist, die eindeutig innerhalb eines Logs ist;
- die Logzeit, d.h. die Zeit, zu der der Logsatz geschrieben wurde.

Zu Wiederauffindungszwecken können neben diesen beiden Attributen auch alle inhaltlich determinierten Felder eines Logsatzes verwendet werden. Diese sind durch die Notifikationsstruktur definiert.

Die **Dienste** der Funktion Log Control sind ausschließlich Pass-Through-Dienste auf der Basis von CMIS. Sie ermöglichen es:

- einen Log zu erzeugen, was die Anfangswertbelegung der Attribute einschließt (M-CREATE),
- einen Log zu löschen (M-DELETE),
- Logattribute zu lesen (M-GET),
- Logattribute zu modifizieren, z.B. das Diskriminator-Konstrukt, die Ablaufplanungs-Schablone oder die Aktion bei vollem Log (M-SET),
- die Logaktivität zu suspendieren (M-SET auf das Attribut "Administrativer Status", Wert "Locked"),
- die Logaktivität nach Suspendierung wieder fortzusetzen (M-SET auf das Attribut "Administrativer Status", Wert "Unlocked"),
- Logsätze wieder aufzufinden (M-GET),
- Logsätze zu löschen (M-DELETE).

7.6.5 Konfidenz- und Diagnosetests

Im Rahmen des Netzmanagements dienen Tests der vorbeugenden Prüfung der Leistungsbereitschaft (Konfidenztests) oder der näheren Bestimmung von Störungen und ihren Ursachen (Diagnosetests). Außer im Störungsmanagement sind insbesondere Konfidenztests auch im Leistungsmanagement sinnvoll, wobei dort die Auslotung des quantitativen Leistungsspektrums im Vordergrund steht. In [7-28] werden die beiden genannten Zielrichtungen Konfidenzprüfung und Diagnose jedoch nicht vertieft dargestellt, statt dessen wird der allgemeine Begriff Test verwendet und zunächst in vier Kategorien gegliedert:

K1 Interne Ressourcentests; auf ein einzelnes offenes System oder eine seiner Komponenten gerichtet, wobei im Rahmen der Standardisierung nur die Art und Weise der Initialisierung eines solchen Tests und der Rückübertragung der Testergebnisse von Interesse sind, nicht die systeminternen Testprozeduren.

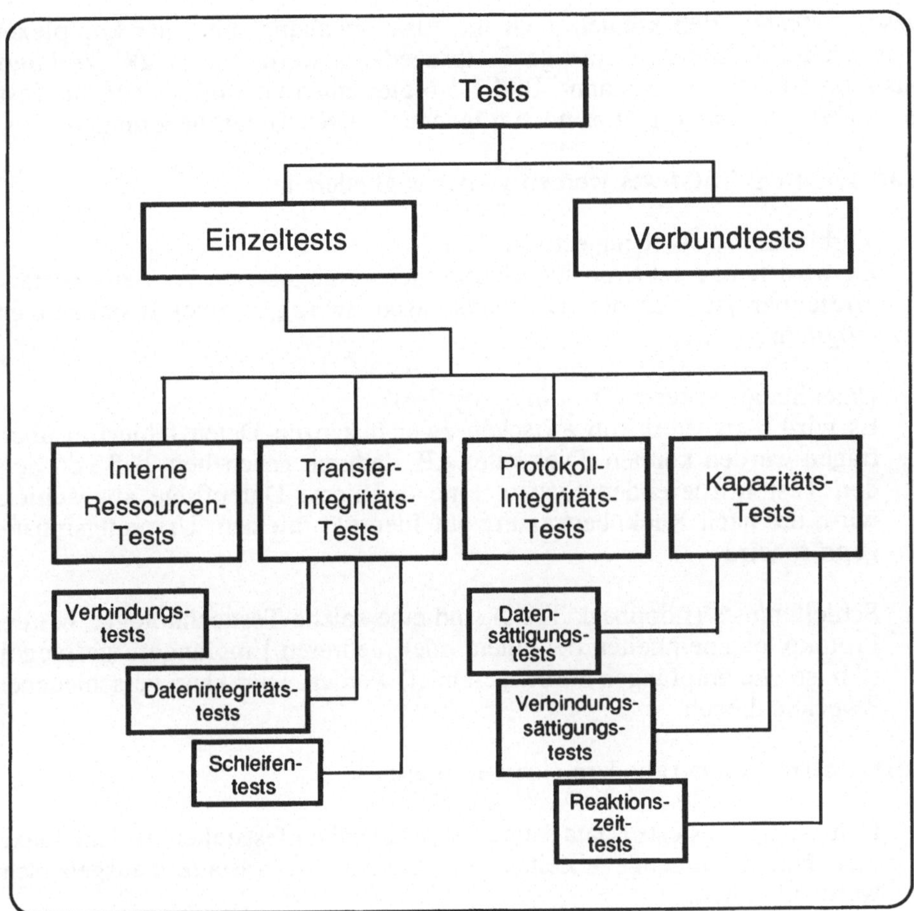

Bild 7.6-6 Testkategorien

K2 Transferintegritätstests; dazu gehören Tests, die die generelle Konnektivität zwischen Systemen betreffen, aber auch solche, die die Transferfunktionalität mit unterschiedlichen Anforderungen prüfen.

K3 Protokollintegritätstests; hiermit werden die in der Protokollpezifikation enthaltenen Prozeduren auf ihren ordnungsgemäßen Ablauf geprüft. Diese Kategorie hat die meisten Bezüge zur Testung in der Entwicklungsphase der Netzsoftware.

K4 Kapazitätstests; diese dienen der Prüfung des Verhaltens von Systemen oder deren Komponenten in Hochlast- oder Grenzlastbereichen, sind also mit der Erzeugung künstlicher Arbeitslasten verbunden.

Diese Testkategorien können auch im Zusammenhang mit einer komplexen Testprozedur auftreten. Derartige Testprozeduren werden in [7-28] Verbundtests (compound tests) genannt. Bild 7.6-6 gibt einen Überblick über die Testkategorien. Für einige gibt es noch folgende feineren Untergliederungen.

Transferintegritätstests werden weiter gegliedert in:

- Verbindungstests (Connectivity Test)
  Es wird festgestellt, ob innerhalb einer vorgegebenen Zeit ein Zustand erreichbar ist, der den Datenaustausch zwischen zwei Instanzen ermöglicht.

- Datenintegritätstests (Data Integrity Test)
  Es wird festgestellt, ob zwischen zwei Instanzen Daten fehlerfrei übertragen werden können. Dies kann z.B. dadurch geschehen, daß von dem den Test initiierenden System eine definierte Datenfolge abgeschickt wird, die nach Rückübertragung auf Identität mit dem Ursprungsmuster geprüft wird.

- Schleifentests (Loopback Tests) sind eine solche Testtechnologie, bei der Protokolldateneinheiten bei einem oder mehreren Empfängern gespiegelt (d.h. so wie empfangen zurückgesendet) werden. Dies kann verschiedenen Zwecken dienen.

Kapazitätstests untergliedern sich wie folgt:

- Datensättigungstests (Data saturation tests) sollen feststellen, welche maximale Nutzdatenmenge je Zeiteinheit zwischen zwei Instanzen ausgetauscht werden können.

- Verbindungssättigungstests (Connection saturation tests) können bei solchen Instanzen, die mehrere Verbindungen gleichzeitig verwalten können, deren maximale Anzahl feststellen (ein definiertes Durchsatzverhalten vorausgesetzt).

- Reaktionszeittests (Response time tests) sollen die Zeit feststellen, in der ein Partner auf eine Anforderung reagiert.

Wie bereits unter K1 erwähnt, geht das allgemeine Konzept für Konfidenz- und Diagnosetests als Bestandteil des OSI-Managements stets davon aus, daß von einem offenen System aus Testfunktionen ausgelöst und/oder gesteuert werden, die in einem (oder mehreren) anderen offenen System(en) wirksam werden. Dieses allgemeine Konzept wird in Bild 7.6-7 veranschaulicht [7-28].

Die Instanz, die einen Test initiiert, wird Test-Conductor genannt, diejenige, die den Test ausführt, Test-Performer. Test-Conductor und Test-Performer können auf einem System lokalisiert sein, befinden sich aber im allgemeinen Fall auf getrennten Systemen. Zwischen ihnen werden Primitive ausgetauscht, wozu entweder lokale Mechanismen dienen (wenn beide sich auf einem System befinden) oder ein Protokoll verwendet wird (wenn sich beide auf unterschiedlichen Systemen befinden) . Tests können *synchron* oder *asynchron* ablaufen.

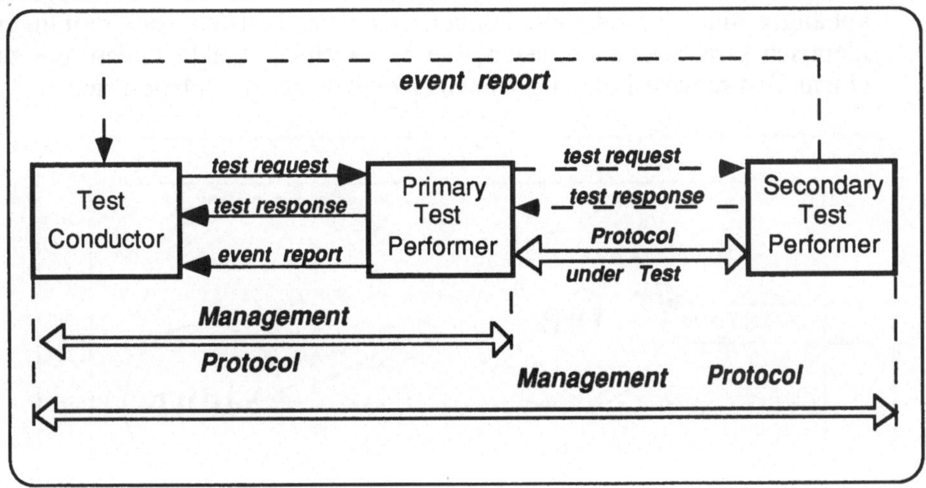

Bild 7.6-7 Modell für entfernte Tests

Bei *synchronen Tests* wird der Test mit einem Test-request-Primitiv angefordert, das Ergebnis wird mit dem Test-response-Primitiv übermittelt; damit ist der Test abgeschlossen. Zwischen beiden Primitiven gibt es keinen weiteren Informationsaustausch.

Bei *asynchronen Tests* wird mit dem Primitiv Test-request im Test-Performer ein asynchroner Prozeß angestoßen, dessen Initialisierung zunächst mit Test-response zurückgemeldet wird. Die eigentlichen Testergebnisse werden dann mit (eventuell vielen) Event-reports übertragen.

Bei bestimmten Tests gibt es nicht nur einen Test-Performer. Es wird dann zwischen dem primären (primary) und einem oder mehreren sekundären (secondary) Test-Performern unterschieden. Neben dem (Management-) Protokoll, das die Primitive zum Initiieren des Tests und zur Rückübertragung des Testergebnisses transportiert, kann es in diesem Fall noch ein Schichtenprotokoll geben, das Testgegenstand ist (z.B. bei Protokollintegritätstests). Die Instanzen, die Test-request-Primitive entgegen nehmen, heißen Test-request-Empfänger (test request responder, TRR). Es ist naheliegend, Tests auch unter dem Blickwinkel der Objektorientierung zu betrachten, um den einheitlichen methodischen Ansatz des OSI-Managements auch in dieser Systemmanagement-Funktion durchzusetzen. Aus dieser Sicht sind zu unterscheiden:

- Managementobjekte, die getestet werden (managed objects under test, MOUT);
- Testobjekte (TO), die die Informationen zu einem konkreten Test beinhalten, z.B. einen Identifikator, einen Statusanzeiger, einen Anzeiger für das Testergebnis und weitere Attribute, die von der Testkategorie abhängig sind. Testobjekte können mit dem Test-request-Empfänger identisch sein, aber auch gesonderte Managementobjekte bilden, die zu einem Test-request-Empfänger in einer Enthaltenseins-Relation stehen.

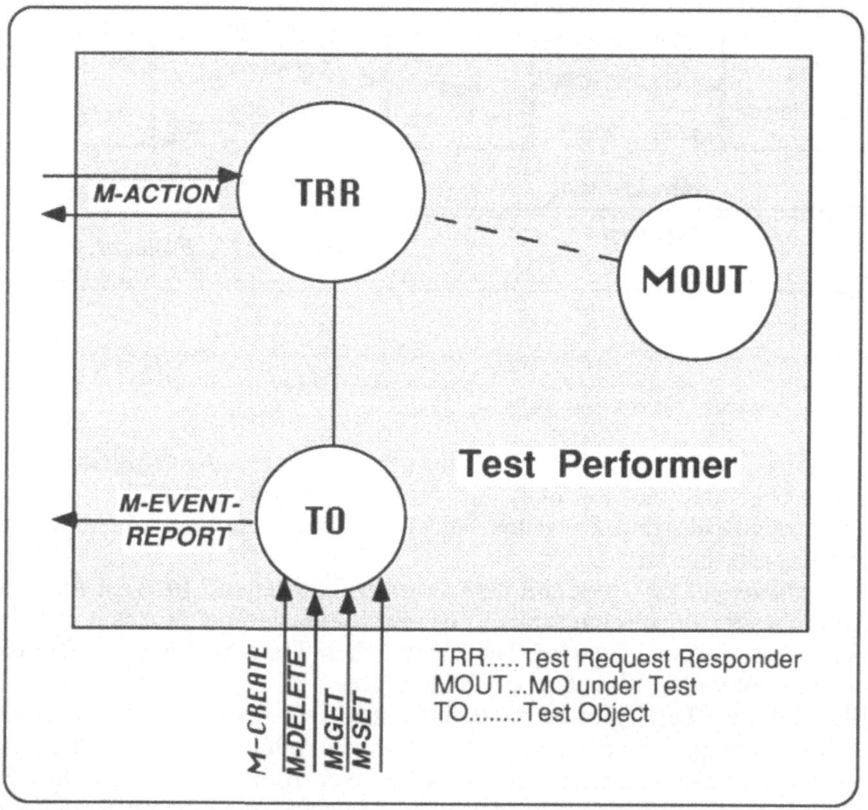

Bild 7.6-8 Managementobjekte in Tests und ihre CMIS-Aktivitäten

Damit werden auch die Mechanismen zur Generierung und Steuerung von Tests sichtbar (vgl. Bild 7.6-8).
Soll ein Test in Gang gesetzt werden, müssen zunächst mittels M-CREATE ein Testobjekt erzeugt und dessen Anfangswerte belegt werden, u.a. ein eindeuti-

ger Identifikator. Dann kann mit einem M-ACTION das Test-request-Primitiv an den Test-request-Empfänger geschickt und damit der Test gestartet werden. Damit wird der Teststatus von "Idle" in "Testing" verändert. Der erfolgte Start wird mittels M-ACTION.response/confirm zum Test-Conductor zurückgemeldet. Die Einzelergebnisse des Tests werden vom Testobjekt mittels M-EVENT-REPORT an den Test-Conductor geschickt. Während des Tests kann das Testobjekt Gegenstand von M-GET und M-SET-Operationen sein, z.B. um Informationen über seine Attributwerte anzufordern oder um den Test zu suspendieren bzw. nach einer Suspendierung fortzusetzen.

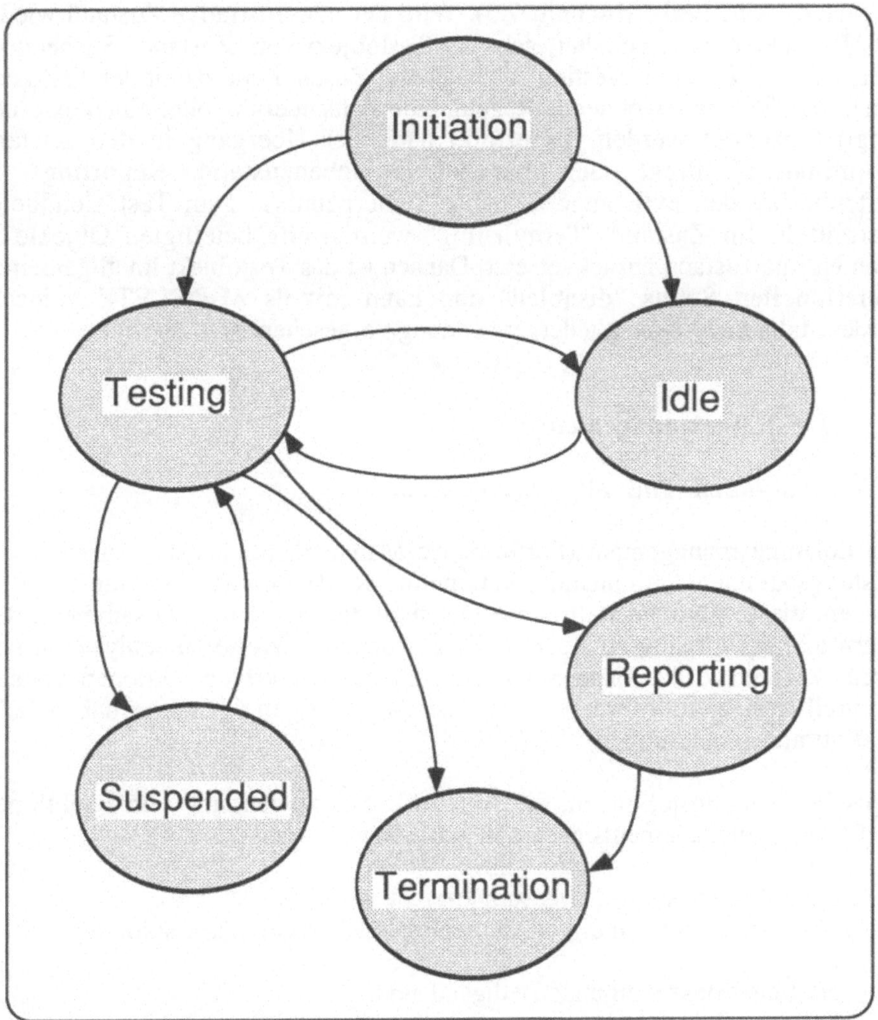

Bild 7.6-9 Zustände eines Testobjekts

Damit kann ein Testobjekt die in Bild 7.6-9 dargestellten Zustände einnehmen. Das Primitiv Test request leitet zunächst eine Initialisierungsphase ein. In dieser werden alle für den Test erforderlichen Objekte (auch auf entfernten Systemen, wenn erforderlich) in einen für den Test benötigten Zustand versetzt. Anschließend beginnt der Test entweder sofort (Zustand "Testing") oder es wird der Zustand "Idle" eingenommen, bis dieser durch einen Zeitsteuermechanismus in "Testing" überführt wird. Zwischen beiden Zuständen kann durch Zeitsteuerung gewechselt werden (verzögerte oder Intervalltests). Der Zustand "Testing" kann in "Suspended" gewandelt werden, wenn mittels M-SET der administrative Status des Testobjekts auf "Locked" umgestellt wird (vgl. Abschnitt 7.5). Wird der administrative Zustand wieder auf "Unlocked" umgeschaltet, geht das Testobjekt vom Zustand "Suspended" wieder in den Zustand "Testing" über. Dieser Zustand und damit der Test kann durch dem Test innewohnende Regeln, eine Zeitsteuerung oder einen externen Eingriff beendet werden. Es erfolgt dann der Übergang in den Zustand "Terminating" direkt oder über den Zwischenzustand "Reporting". In letzterem werden evtl. angesammelte Testergebnisse zum Test Conductor übermittelt. Im Zustand "Terminating" werden alle beteiligten Objekte in ihren Normalzustand zurückversetzt. Danach ist das Testobjekt im allgemeinen operationellen Status "disabled" und kann mittels M-DELETE gelöscht werden, falls nicht eine Wiederverwendung vorgesehen ist.

7.7 Leistungsmanagement

7.7.1 Aufgaben und allgemeine Modelle

Das Leistungsmanagement (Performance Management) hat die Aufgabe, die Leistungsparameter miteinander kommunizierender offener Systeme zu überwachen, diesbezügliche statistische Daten zu definieren und zu sammeln, den Überwachungsvorgang zu steuern, die gewonnenen Werte zu analysieren und daraus korrektive Aktionen abzuleiten. Diese korrektiven Aktionen können unmittelbar ausgeführt werden oder aber langfristigen Charakter haben (z.B. Konfigurationsänderungen).

Typische Problemstellungen, die Anlaß für die Anwendung von Funktionen des Leistungsmanagements geben, liegen z.B. vor, wenn

- nicht der erwartete Durchsatz erreicht wird,
- eine akute oder ständig wiederkehrende Überlastungssituation erreicht wird,
- die Reaktionszeiten unbefriedigend sind,
- Kommunikationsressourcen ungenügend ausgelastet sind.

Das OSI-Leistungsmanagement befaßt sich dabei wie auch andere funktionelle Gebiete des OSI-Managements nicht mit lokalen, d.h. systemspezifischen Vorgängen. Sein hauptsächliches Zielgebiet sind Beziehungen zwischen Systemen und die Möglichkeiten, solche Beziehungen von entfernten Systemen aus zu überwachen und zu steuern. Typische Merkmale von Kommunikationssystemen, die das OSI-Leistungsmanagement überwacht, sind:

- die Arbeitslast (workload),
- der Durchsatz durch eine Ressource (throughput),
- die Wartezeit auf die Nutzung einer Ressource (waiting time),
- die Fortpflanzungszeit eines Datenelements (propagation time),
- die Reaktionszeit einer Transaktion (response time),
- die Dienstqualität (quality of service) zwischen Verbindungsendpunkten.

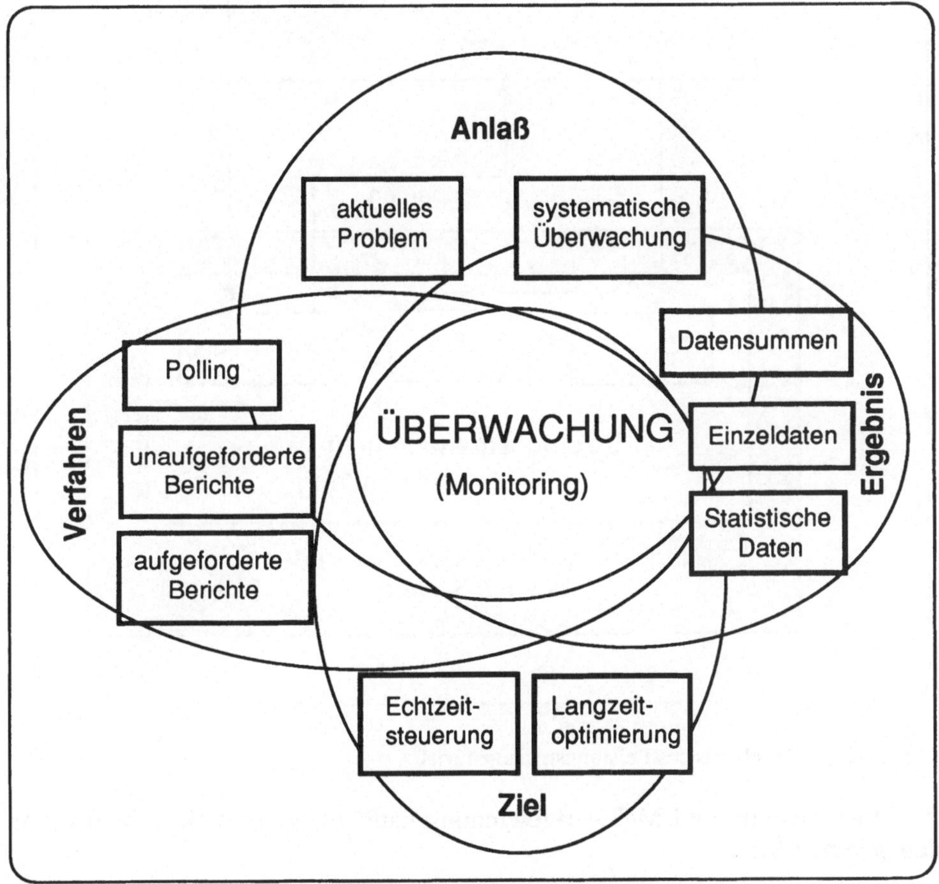

Bild 7.7-1 Methodisches Konzept des Leistungsmanagements

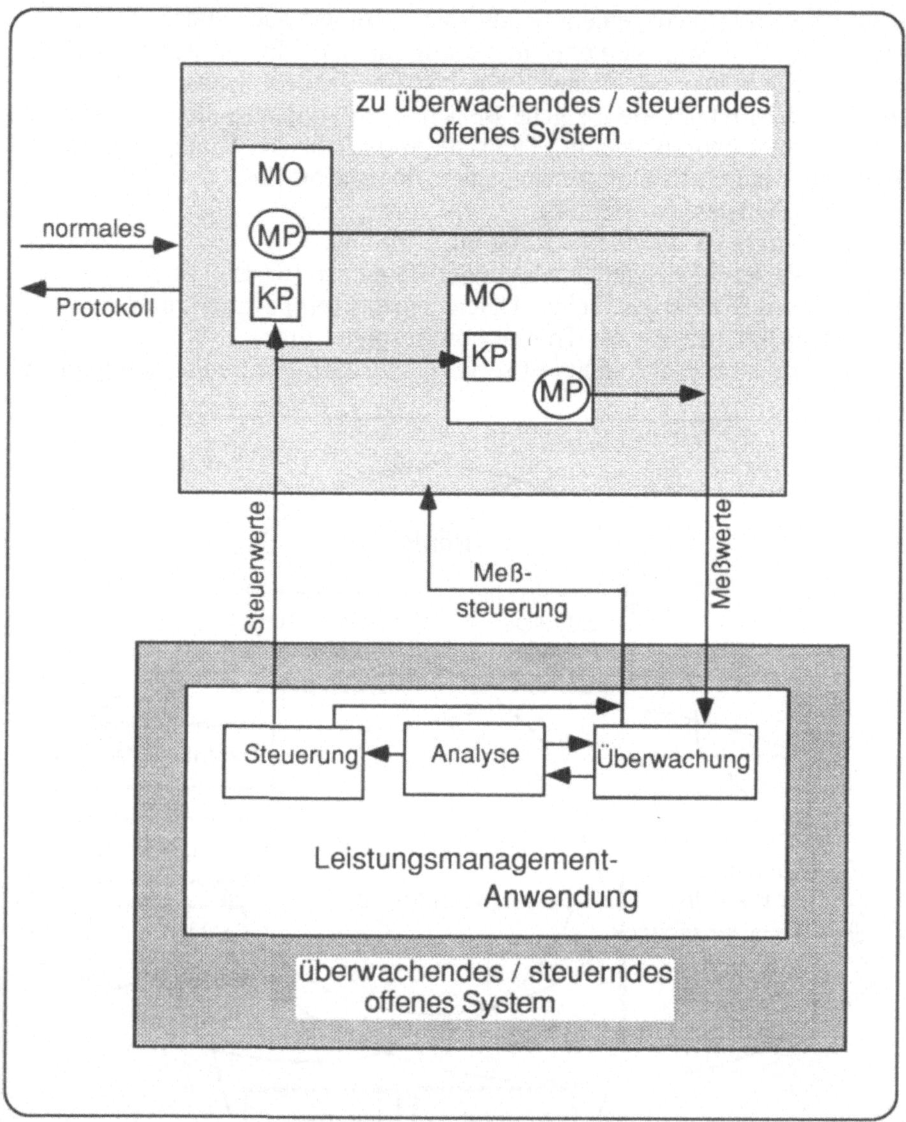

Bild 7.7-2 Regelkreis des Leistungsmanagements

Die Überwachung und Meßwertgewinnung kann auf verschiedene Weise vor sich gehen, z.B.:

- durch das Abfragen von Einzelinformationen (Attributwerten von Managementobjekten),

- durch den Empfang unaufgeforderter Ereignismeldungen (event reports),
- durch den Empfang ereignis- oder zeitpunktgebundener aufgeforderter Berichte.

Die in den Ergebnisdateien des Leistungsmanagements abgelegten Daten können Einzelinformationen, Datensummen oder statistisch aufbereitete Daten sein. Die Datensammlung erfolgt aus dem Anlaß eines akuten Problems oder im Zuge einer systematischen Überwachung. Das Ergebnis kann ein Steuerimpuls im Sinne einer Echtzeitsteuerung sein oder in eine Langzeitoptimierung einmünden. Diese soeben erläuterten Zusammenhänge sind in Bild 7.7-1 anschaulich dargestellt.

Der vollständige Regelkreis des Leistungsmanagements ist aus Bild 7.7-2 sichtbar. In einem offenen System, das in normale Kommunikationsvorgänge mit anderen offenen Systemen einbezogen ist, existieren Meßpunkte (das sind z.B. Attribute eines MO wie Zähler oder Filtermechanismen in Diskriminatoren). In einem anderen offenen System arbeitet eine Anwendung, die Leistungsmanagementfunktionen ausführt. Zu dieser Anwendung gehört ein Prozeß, der Überwachungsaufgaben ausführt. Er empfängt die Meßwerte von dem zu überwachenden System. Es gibt eine Möglichkeit, den Prozeß der Meßwertgewinnung zu steuern (z.B. die Meßfrequenz zu erhöhen, die Messung zeitweilig auszusetzen usw.). Eine weiterer Komponente der Leistungsmanagement-Anwendung ist ein Analyseprozeß, der Zugang zu den Meßwerten des Überwachungsprozesses hat. Er leitet seine Ergebnisse an eine dritte Komponente der Leistungsmanagement-Anwendung weiter, den Leistungssteuerungsprozeß. Dieser kommuniziert über ein Protokoll mit dem zu steuernden System oder informiert einen Administrator, der die nötigen Eingriffe vornimmt. Gegenstand des Eingriffs sind konfigurierbare, d.h. veränderbare Parameter im zu steuernden System.

7.7.2 Überblick über die Funktionen

Die Funktionen des OSI-Leistungsmanagements befinden sich gegenwärtig in einem sehr unterschiedlichen Definitionsstatus, selbst ihr Spektrum ist noch nicht vollständig klar. Deshalb werden in diesem Abschnitt alle in Diskussion befindlichen Funktionen zunächst nur knapp dargestellt (vgl. Bild 7.7-3).

PM1 **Arbeitslastüberwachung** (Workload Monitoring Function) [7-31]

Es werden Konzepte zur Verfügung gestellt, die die gesamte Arbeitslast, die aus Kapazitätsmangel zurückgewiesene Arbeitslast und die Ressourcennutzung zu beschreiben und folglich zu messen gestatten. Die Arbeitslastüberwachungsfunktion wird in Abschnitt 7.7.3 noch näher behandelt.

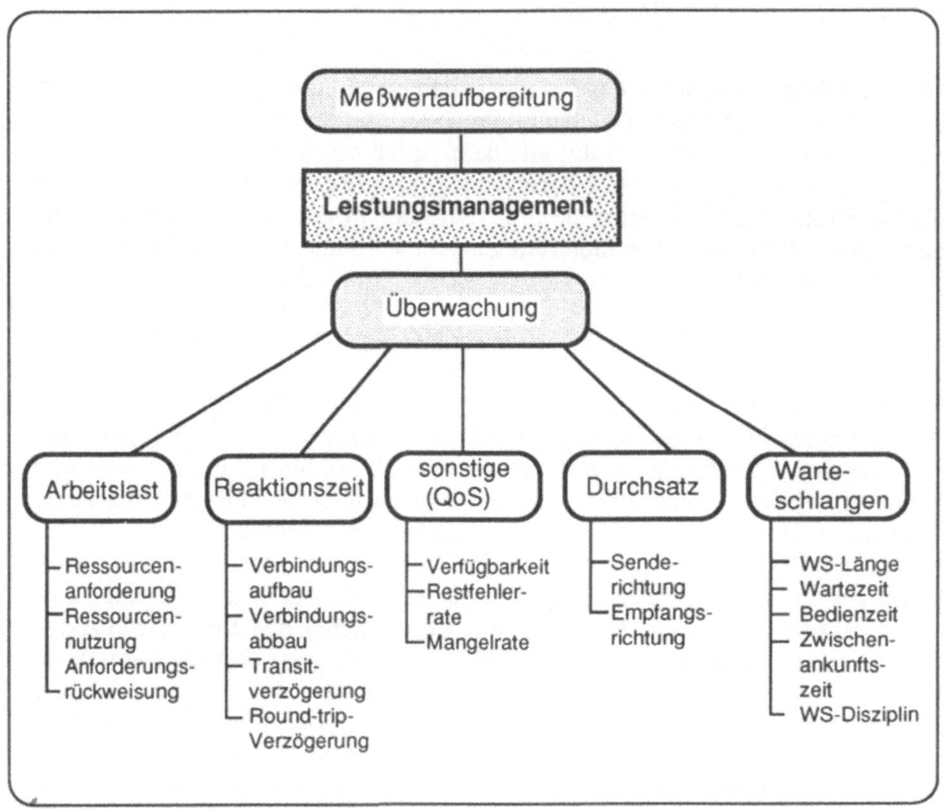

Bild 7.7-3 Funktionen des Leistungsmanagements

PM2 **Reaktionszeitüberwachung** (Response Time Monitoring Function)

Es werden die Zeitabläufe in Kommunikationsvorgängen näher untersucht. Daraus wird die Kategorie Reaktionszeit abgeleitet. Die Möglichkeiten ihrer Ermittlung sowie zur Generierung von Alarmen sind ebenfalls Gegenstand des Standards [7-30].
Es wird unterschieden zwischen

- Verbindungsaufbauverzögerung
- Verbindungsabbauverzögerung
- Transitverzögerung
- Round-trip-Verzögerung.

Während die Zeitmessung für die beiden erstgenannten Kennzahlen in ein und demselben System erfolgen können und daher unproblematisch sind, ist dies bei der Transitverzögerung anders. Hier soll die Zeit gemessen werden, in der eine Protokolldateneinheit ihr Ziel erreicht, so daß zwei Systeme einbezogen sind. Wegen der dabei auftretenden Probleme der Uhrensynchronisation wurde noch die Kennzahl "Round-trip-Verzögerung" definiert. Diese gibt an, in welcher Zeit eine Protokolldateneinheit, nach Absendung im Zielsystem gespiegelt, wieder beim Sendesystem eintrifft. Dadurch ist wiederum nur ein System an der Zeitmessung beteiligt.

PM3 **Durchsatzüberwachung** (Throughput Monitoring Function) [7-30]

Durchsatz ist die Menge von Anforderungen, die Kommunikationskanäle oder Systeme je Zeiteinheit bearbeiten können. Durchsatzüberwachung dient der Feststellung von Überlasten oder Engpässen und damit der Harmonisierung zwischen Arbeitslast und Kapazität. In Kommunikationssystemen kann der Durchsatz richtungsabhängig sein, weshalb unterschieden wird zwischen
- Durchsatz in Senderichtung (Sending Throughput)
- Durchsatz in Empfangsrichtung (Receiving Throughput).

Durchsatz ist definiert zu

$$D = \frac{A}{t_1 - t_0}$$

wobei: D ... Durchsatz

A ... Menge erfolgreich übertragener Nutzerdateneinheiten in einer Folge von Dienstdateneinheiten

t_0 ... Zeit des ersten DATA-request (sending) bzw. DATA-indication (receiving)

t_1 ... Zeit des letzten DATA-request (sending) bzw. DATA-indication (receiving).

PM4 **Warteschlangenüberwachung** (Queue Monitoring Function) [7-30]

Diese in Diskussion befindliche Leistungsmanagement-Funktion hat die Beschreibungsgrößen von Systemen unter dem Aspekt der Bedienungstheorie zum Gegenstand. Zu erfassen und für die Bewertung des Systemverhaltens heranzuziehen sind:

- Warteschlangenlänge (Anzahl von Dateneinheiten, die auf Bedienung warten). Es kann der maximale, minimale, durchschnittliche Wert ermittelt und der theoretischen Kapazität gegenübergestellt werden.

- Häufigkeit des Warteschlangenüberlaufs (der Zurückweisung oder des Verlusts von Dateneinheiten).
- Wartezeit von Dateneinheiten in der Schlange (minimale, maximale, durchschnittliche).
- Bedienungszeit (Zeit, in der eine Dateneinheit nach Verlassen der Warteschlange in einem System verarbeitet wird).
- Zwischenankunftszeit (Zeit, die zwischen zwei Auskünften von Dateneinheiten an einem System minimal, maximal oder durchschnittlich vergeht).
- Warteschlangendisziplin (z.B. FIFO, LIFO, mit Prioritäten).

PM5 **Meßwertaufbereitung** (Measurement Summarization Function)

Diese Funktion [7-32] definiert die Voraussetzungen für Vergleichbarkeit und statistische Aufbereitung von Meßwerten aus verschiedenen Managementobjekten. Es wird ein allgemeines Modell der Meßwertgewinnung und -aufbereitung definiert, das für alle anderen Leistungsmanagement-Funktionen anwendbar ist. Die Meßwertaufbereitungsfunktion befindet sich in der frühen Konzeptionsphase und soll deshalb hier nicht näher behandelt werden.

PM6 **Weitere Funktionen** des Leistungsmanagements

Weitere Leistungsmaße, die in enger Beziehung zur Kategorie Dienstqualität (Quality of Service) stehen, befinden sich in der Diskussion [7-30]. Es sind dies:

- Verfügbarkeit; darunter wird der Zeitanteil einer Beobachtungsperiode verstanden, in der auf eine Ressource (einen Dienst) von Nutzern tatsächlich zugegriffen werden kann. In Zeiten, in denen eine Ressource (ein Dienst, ein System) nicht verfügbar ist, ist sie gestört, wartet auf Reparatur, befindet sich in Reparatur usw. Zusammenhänge zum Störungsmanagement sind offensichtlich (vgl. Abschnitt 7.6).

- Restfehlerrate (Residual Error Rate); darunter wird die in einer Beobachngszeit festgestellte Anzahl verfälschter, verlorener und duplizierter Dienstdateneinheiten verstanden. Auch hier ist eine Beziehung zum Störungsmanagement vorhanden.

- Mangelrate (Failure Rate); unter einem Mangel (Failure) wird ein Zustand verstanden, in dem die Leistung unter einem spezifizierten Niveau liegt. In [7-30] wird die Mangelrate auf Verbindungsaufbau, Verbindungsabbau und Datentransfer bezogen. Die Mangelrate wird ermittelt, in dem die in einer Beobachtungsperiode aufgetretenen "Normzeitüberschreitungen" (Mängel, failures) auf die insgesamt in dieser Periode gezählten Ereignisse des genannten Typs bezogen werden.

7.7.3 Meßobjekte

Meßobjekte (Metric objects [7-31]) sind die Verkörperung des objektorientierten Ansatzes bei der Definition von Elementen einer Managementinformationsbasis (MIB) für das Leistungsmanagement. Ein *Meßobjekt* ist ein Managementobjekt, das mindestens ein Attribut enthält, dessen Wert aus Werten von Attributen eines beobachteten Managementobjekts berechnet wurde. Ein solches Attribut in einem Meßobjekt heißt *Meßattribut* (Metric attribute), die Bildungsvorschrift *Meßalgorithmus* (Metric algorithm). Jedes Meßobjekt hat ferner ein Relationsattribut, das den Zusammenhang zum beobachteten Managementobjekt herstellt. Neben diesen direkten Relationen sind Meßobjekte natürlich auch in die Enthaltenseinshierarchie der MIB eingebettet. Hierfür gibt es die in Bild 7.7-4 angegebenen Varianten:

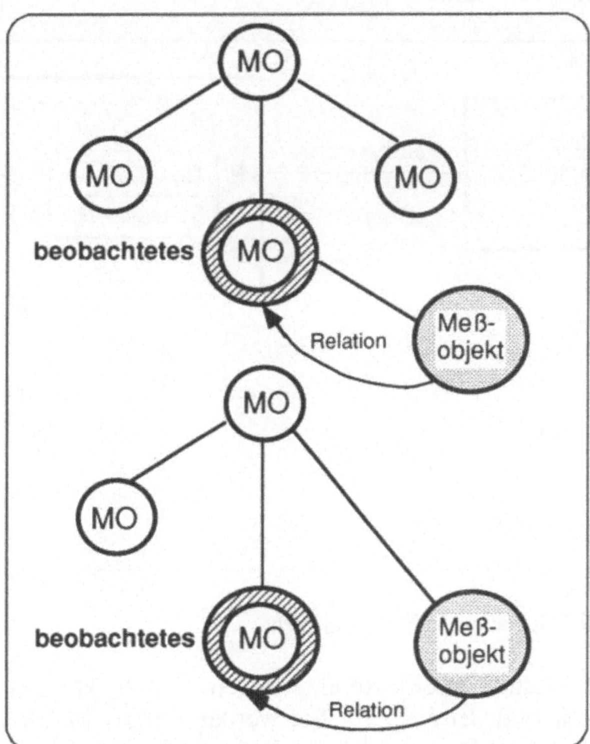

Bild 7.7-4 Einordnung von Meßobjekten in die Enthaltenseinshierarchie

- das Meßobjekt ist im beobachteten Management enthalten,
- das Meßobjekt ist gemeinsam mit dem beobachteten Objekt in einem übergeordneten Managementobjekt enthalten.

Einschließlich der bereits erwähnten kann ein Meßobjekt folgende Attribute haben:

A1 einen Identifikator des Meßobjekts selbst,
A2 einen Identifikator des beobachteten MO und seines (seiner) beobachteten Attribute(s),
A3 einen Identifikator des Meßalgorithmus,
A4 Angaben zum Meßvorgang, z.B. Anzahl Stichproben, Meßfrequenz, Zeit der letzten Messung,
A5 Angaben zur Zeitsteuerung der Messung (Beginn, Ende, Zyklus; vgl. Ablaufplanungspaket in Diskriminatoren, Abschnitt 7.6.2),
A6 Resultatwert der Messungen,
A7 Schwellwerte,
A8 Administrativer Status.

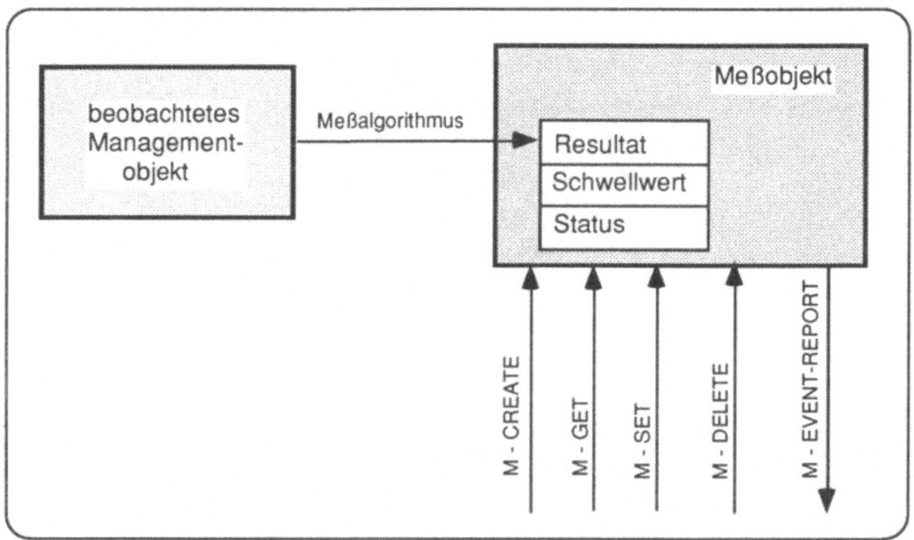

Bild 7.7-5 CMIS-Operationen aif Meßobjekten

Als "normale" Managementobjekte unterliegen Meßobjekte den üblichen Einflußmöglichkeiten (vgl. Bild 7.7-5). Sie werden mittels M-CREATE erzeugt, sobald sie benötigt werden und dabei mit den erforderlichen Anfangswerten belegt. Während ihrer Lebenszeit kann auf ihre Attribute mittels M-GET zugegriffen werden. Einige Attribute (insbesondere A4, A5, A7, A8, nicht aber A1, A2, A3, A6) können mittels M-SET modifiziert werden. Wird die Messung endgültig beendet, wird das zugehörige Meßobjekt mittels M-DELETE gelöscht. Signifikante Ereignisse im Leben eines Meßobjekts werden über Notifikationen zu M-EVENT-REPORT-Meldungen. Die Überführung der Meßwerte vom beobachteten Managementobjekt in das Resultatattribut des Meßobjekts unter Maßgabe des Meßalgorithmus erfolgt mit lokalen Mitteln des jeweiligen Managementsystems.

```
gaugeMonitor MANAGED OBJECT CLASS
 DERIVED FROM top;
 CHARACTERIZED BY
 gaugeMon PACKAGE
  BEHAVIOUR DEFINITIONS gaugeMonitorBehaviour;
  ATTRIBUTES
   gaugeMonitorId GET,
   administrativeState GET-REPLACE,
   observedObjectClass GET,
   observedObjectInstance GET,
   observedAttributeId GET,
   derivedGauge GET,
   granularityPeriod GET-REPLACE,
   derivedGaugeThreshold GET-REPLACE;
  NOTIFICATIONS
   objectCreation,
   objectDeletion,
   stateChange,
   attributeChange,
   qualityOfServiceAlarm;
  CONDITIONAL PACKAGES
   resetCounterMax PRESENT IF derivedGauge
              derived from resettable counter type,
   wrapCounterDifference PRESENT IF derivedGauge
             derived from wrap couter type,
   weeklySchedule PRESENT IF both the daily
              scheduling package and external schedular
              package are not present in an instance,
   dailySchedule PRESENT IF both the weekly
              scheduling package and external schedular
              package are not present in an instance,
   externalSchedular PRESENT IF both the daily
              scheduling and weekly scheduling packages
             are not present in an instance;;
 REGISTERED AS {mObjectClass #};
```

Bild 7.7-6 ASN.1-Definition eines Meßobjektes vom Typ Pegel

Ein Beispiel für ein Meßobjekt ist das *Pegelüberwachungs-Meßobjekt* (Gauge Monitor Metric Object). Seine ASN.1-Definition nach [7-31] ist nach den vorangegangenen Erläuterungen auch ohne genauere Kenntnis von ASN.1 interpretierbar (vgl. Bild 7.7-6). Die Granularitätsperiode (granularityPeriod) beschreibt die Meßfrequenz (in Zeiteinheiten wie s, min, ...). Der Schwellwert derivedGaugeThreshold löst die Notifikation qualityOfServiceAlarm aus. Je nachdem, von welchem Zählertyp der Pegel abgeleitet wurde, wird eines der bedingten Merkmalspakete resetCounterMax oder wrapCounterDifference wirksam. Diese definieren den Zeitpunkt, zu dem die Meßwertübertragung vom beobachtenden Attribut zum Attribut *derivedGauge* im Meßobjekt vorgenommen wird. Zur Erläuterung der der Ablaufplanung dienenden bedingten Merkmalspakete vgl. Abschnitt 7.6.2.

7.7.4 Arbeitslastüberwachung

Die Arbeitslastüberwachung (Workload Monitoring Function) [7-31] ist die bisher am detailliertesten ausgearbeitete Funktion des OSI-Leistungsmanagements. Sie kann als ein Beispiel für die Vorgehensweise im Leistungsmanagement gelten. In die Arbeitslastüberwachung werden drei Kennzahlen einbezogen und durch Zähler, Pegel und Schwellwerte kontrolliert:

- Ressourcenanforderungsrate (Resource Request Rate),
- Ressourcennutzungrate (Resource Utilization Rate),
- Dienstrückweisungsrate (Service Rejection Rate).

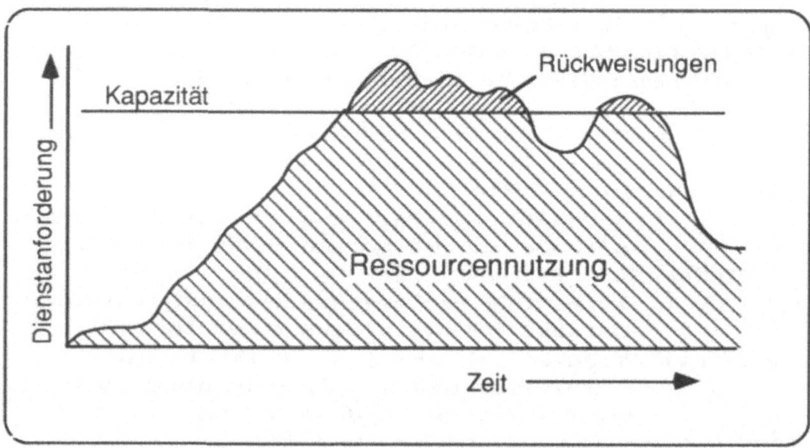

Bild 7.7-7 Ressourcennutzungsdiagramm

Dem liegt folgendes Modell zugrunde (vgl. Bild 7.7-7): Dienstnutzer stellen Dienstanforderungen an ein System oder eine Systemkomponente (Diensterbringer). Diese lassen sich als Ressourcenanforderungen beschreiben. Unterschiedliche Anforderungen des gleichen Dienstes können unterschiedliche Ressourcenanforderungen nach sich ziehen. Jedes System (Subsystem, Instanz,

Komponente) hat eine bestimmte *Kapazität*. Diese bringt die insgesamt für Dienstanforderungen zur Verfügung stehende Ressourcenmenge zum Ausdruck. Zunächst zieht jede Ressourcenanforderung eine gleichhohe Ressourcennutzung nach sich. Sobald die Kapazität als obere Grenze erreicht ist (oder kurz zuvor, je nach dem Ressourcenquantum einer Dienstanforderung), kommt es zu Rückweisungen. Von den in diesem Fall möglichen drei Reaktionsweisen

- eine Anforderung wird vollständig zurückgewiesen,
- eine Anforderung wird teilweise befriedigt,
- eine Anforderung wird vorgemerkt und später befriedigt,

wird in [7-30] bisher nur der erste Weg in Betracht gezogen.

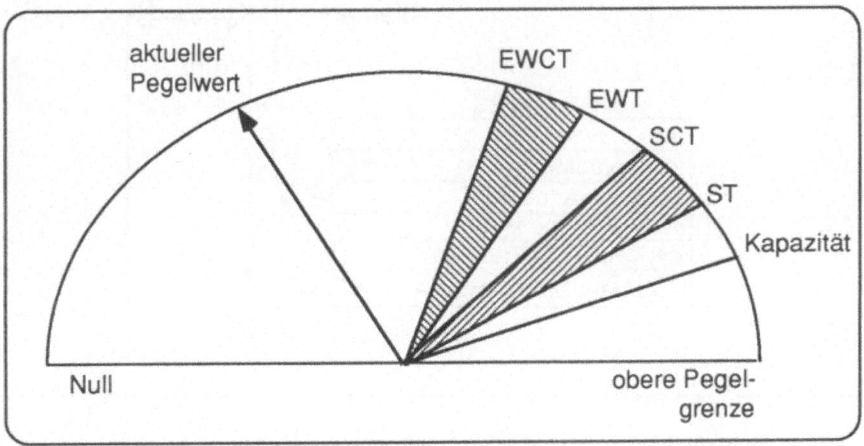

Bild 7.7-8 Pegel für Arbeitslastüberwachung

Obwohl die drei Kennzahlen Ressourcenanforderungsrate, Ressourcennutzungsrate und Dienstrückweisungsrate eng zusammenhängen, ist dieser Zusammenhang jedoch nicht einfach modellierbar bzw. analytisch formulierbar. Dies hängt damit zusammen, daß Ressourcenbedarf und zeitliche Ressourcenbindung der Dienstanforderungen stochastische Größen sind.

Aus diesem Grunde werden für die drei Kennzahlen selbständige Pegelmechanismen vorgesehen (vgl. Abschnitt 7.2.7). Diese entsprechen nachfolgendem allgemeinem Schema (vgl. Bild 7.7-8):

- jeder Pegel hat einen unteren und oberen Grenzwert,
- jeder Pegel hat einen aktuellen Wert,
- jeder Pegel kann mehrere Schwellwerte mit Hystereseverhalten haben,

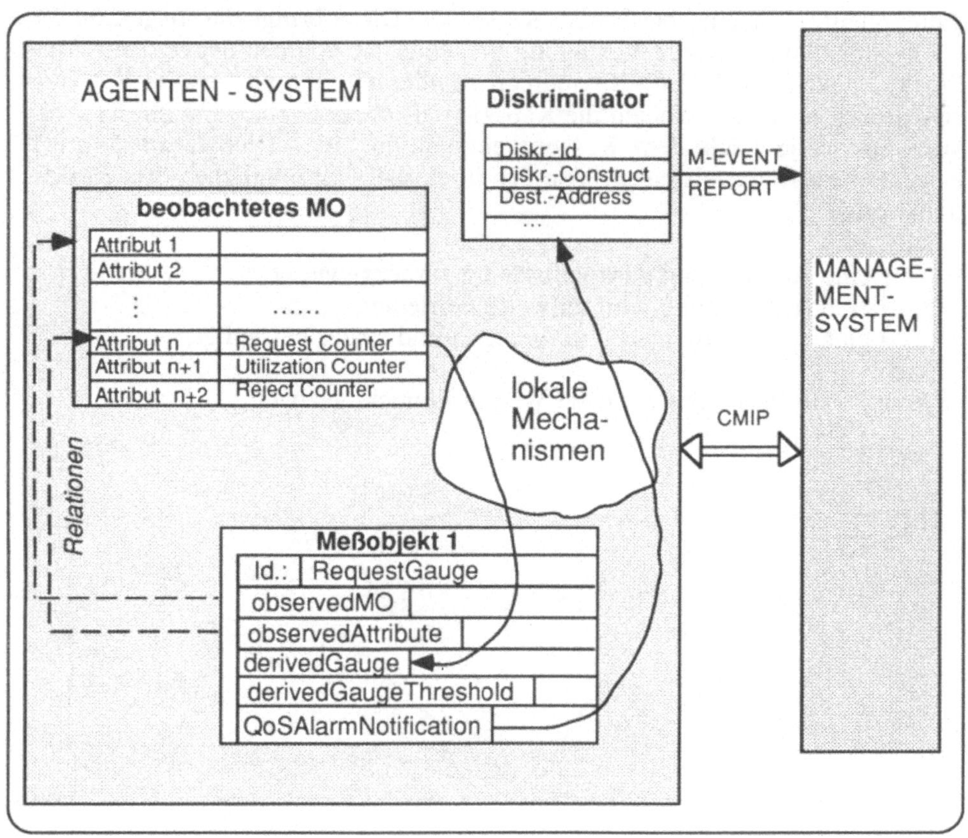

Bild 7.7-9 Beispiel für eine Arbeitslastüberwachung (vereinfacht)

- vorgeschrieben ist der Schwellwert, der einen "ernsthaften Grad" der jeweiligen Kennzahl anzeigt und eine dementsprechende Notifikation generiert (Severe Theshold, ST). Zugehörig ist die untere Grenze des Hystereseintervalls (Severe clear Threshold, SCT);
- wahlweise kann ein zweiter Schwellwertmechanismus installiert werden, der früher als der vorher erwähnte anspricht. Er hat das Nahen einer kritischen Situation anzukündigen, indem bei seinem Überschreiten eine Notifikation generiert wird (Early warning Threshold, EWT). Die Untergrenze des zugehörigen Hystereseintervalls ist EWCT (Early warning clear Threshold).
- weitere Schwellwertmechanismen sind zulässig.

Um die Arbeitslastüberwachungsfunktion für eine Dienstschnittstelle vorzusehen, ist es erforderlich, drei Meßobjekte vom Typ Pegel nach dem Muster von Bild 7.7-6 zu definieren. Diese können nach dem in Bild 7.7-5 gegebenen Schema erzeugt, manipuliert und gelöscht werden. Die von den Ereignissen dieser Meßobjekte, u.a. auch bei Überschreiten der Pegelschwellwerte, ausgehenden Notifikationen sind in Event-Report-Management-Funktionen gemäß Abschnitt 7.6.2 einzuspeisen. Die Verbindung zwischen den drei Meßobjekten und dem Managementobjekt, welches die zu überwachende Dienstschnittstelle abbildet, wird über Relationen hergestellt, die von den Attributen *observedObjectClass* und *observedAttributeIdent* ausgehen (vgl. Bild 7.7-6). Bild 7.7-9 zeigt ein vereinfachtes Schema für eine Arbeitslast-Überwachungsfunktion. Von den drei Pegel-Meßobjekten ist nur der Pegel für die Ressourcenanforderungsrate angedeutet.

7.8 Abrechnungsmanagement

7.8.1 Aufgaben und allgemeine Modelle

Die Nutzung der Dienste und Ressourcen eines Kommunikationssystems aus wirtschaftlichen Gründen zu limitieren, die Einhaltung dieser Limits zu kontrollieren, die in Anspruch genommenen Leistungen zu erfassen, um daraus gegebenenfalls eine kostenmäßige oder preisliche Belastung der Nutzer abzuleiten sowie um für planerische Zwecke Angaben über das Nutzungsprofil zu erhalten, ist eine Aufgabe bei der Verwaltung vieler Rechnernetze. Diesem Ziel dient das Abrechnungsmanagement (Accounting Management).

Welche Dienste und Ressourcen einer OSI-Architektur mit ausgeprägter Schichtenarchitektur im einzelnen Gegenstand des Abrechnungsmanagements sind und welche Limitierungs- und Belastungsalgorithmen angewendet werden, ist Sache der *Abrechungspolitik* (Accounting policy). Da diese sehr stark vom Charakter des Kommunikationssystems, von den Interessen des Betreibers und der Struktur der Nutzer abhängt und in bedeutendem Umfang mit rechtlichen Aspekten verknüpft ist, kann sie nicht Gegenstand der Standardisierung sein. Deshalb enthalten die Dokumente zum OSI-Abrechnungsmanagement auch keine schichtenbezogenen Festlegungen, sondern lediglich allgemeine Modelle und Mechanismen. Diese sollen ermöglichen, daß ein abrechnungsbezogener Informationsfluß zwischen unterschiedlichen Abrechnungsdomänen (vgl. Abschnitt 7.2) in konsistenter Weise erfolgen kann, z.B. wenn selbständige Trägernetze für die unteren OSI-Schichten existieren oder in einer Internetzumgebung. Zugriffskontrolle im Sinne von Sicherheitskriterien gehört nicht zum Gegenstand des Netzmanagements (vgl. Kapitel 9), allerdings wird es sinnvollerweise gemeinsame Mechanismen geben, z.B. zur Nutzer- und Ressourcenidentifizierung.

Das allgemeine Modell des OSI-Abrechnungsmanagements [7-33] ist in Bild 7.8-1 zu sehen.

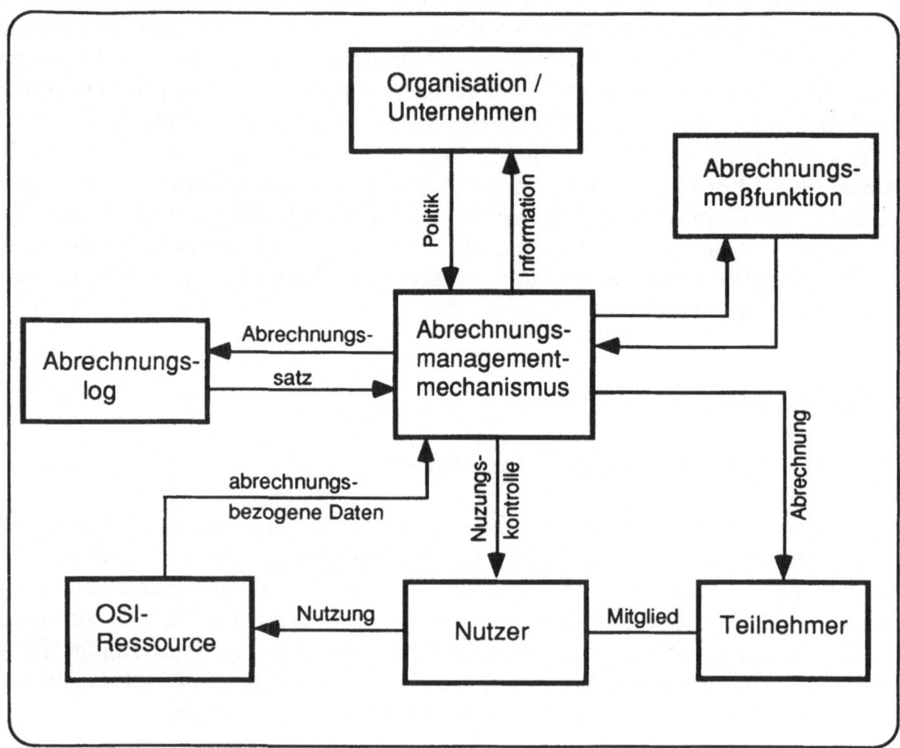

Bild 7.8-1 Allgemeines Modell des OSI-Abrechnungsmanagements

Eine Organisation oder ein Unternehmen (Organisation or Enterprise) gibt als Betreiber eines Kommunikationsdienstes die Abrechnungspolitik vor und erhält letztenendes Informationen über Ergebnisse des Abrechnungsmanagements. Ein Abrechnungsmechanismus (Accounting Management Activity) koordiniert alle Einzelaktivitäten, insbesondere die Entgegennahme von abrechnungsbezogenen Daten (Accounting data) von den durch einen Nutzer (User) beanspruchten OSI-Ressourcen, die Bearbeitung dieser Daten in einer Abrechnungs-Meßfunktion (Accounting Meter) und die Ablage der bearbeiteten abrechnungsbezogenen Daten in einem Abrechnungslog (Accounting log). Die Nutzung der OSI-Ressourcen (usage) wird im Sinne einer Limitierung und der prinzipiellen Nutzungsberechtigung kontrolliert, wozu spezielle Limitierungssätze (quota records) dienen. Es wird zwischen Nutzer und Teilnehmer (Subscriber) unterschieden. Letzterer ist als die Organisation aufzufassen, die auf der Basis eines Vertrages mit dem Betreiber Netzdienste in Anspruch nehmen will und dafür vom Betreiber belastet wird (Accounts). Nutzer sind

Personen oder Personengruppen im Rahmen der Organisation des Teilnehmers, die die Dienste unmittelbar anfordern.

Die im Zusammenhang mit dem Abrechnungsmanagement wesentlichen Datenstrukturen sind in Bild 7.8-2 dargestellt. Abrechnungsbezogene Daten in Form von Notifikationen oder Event Reports werden in Abrechnungsmeßdaten gesammelt, bis bei einem entsprechenden Ereignis, z.B. dem Abbau einer Verbindung, ein Abrechnungssatz (Accounting log) generiert wird. Dieser wird in einem Abrechnungslog (Accounting log) für spätere Auswertung abgelegt. Die Abrechnungssätze dienen gleichzeitig zur Aktualisierung des Limitsatzes (quota record), der seinerseits benutzt wird, um die Berechtigung zur (weiteren) Leistungsinanspruchnahme zu prüfen. Abrechnungsmeßdaten und Abrechnungssatz sind einem einzelnen Nutzungsvorgang eines einzelnen Nutzers zugeordnet, während der Abrechnungslog in einer geeigneten Struktur Abrechnungssätze mehrerer Nutzer aufnehmen kann. Ein Limitsatz ist wiederum auf einen einzelnen Nutzer bezogen, wird aber bei mehreren Nutzungsvorgängen während eines bestimmten Zeitabschnitts zur Prüfung herangezogen.

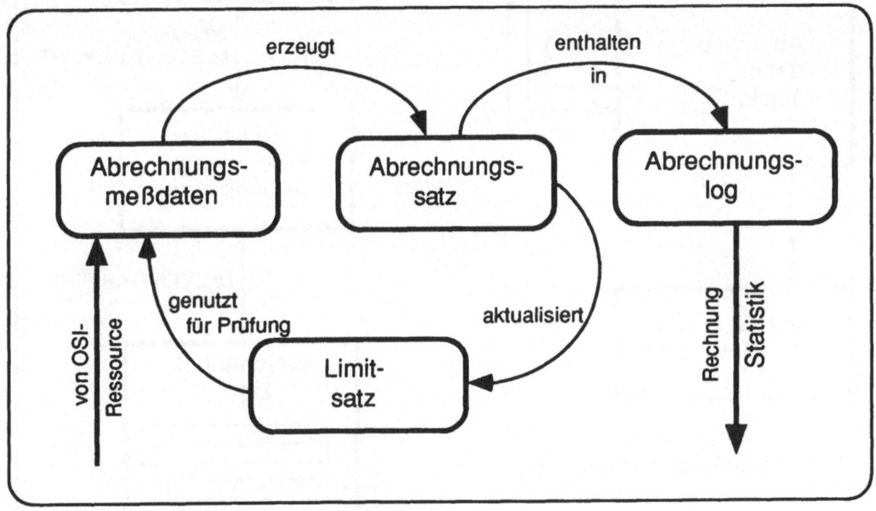

Bild 7.8-2 Datenstrukturen im OSI-Abrechnungsmanagement

7.8.2 Abrechnungsmeßfunktion

Als bisher einzigste aus dem Abrechnungsmanagement abgeleitete Systemmanagement-Funktion ist in [7-34] die Abrechnungsmeßfunktion (Accounting Meter Function) beschrieben. Diese umfaßt den Datenfluß von der abrechnungsrelevanten OSI-Ressource bis zum Abrechnungslog. Bild 7.8-3 zeigt eine Beispielkonstellation schematisch.

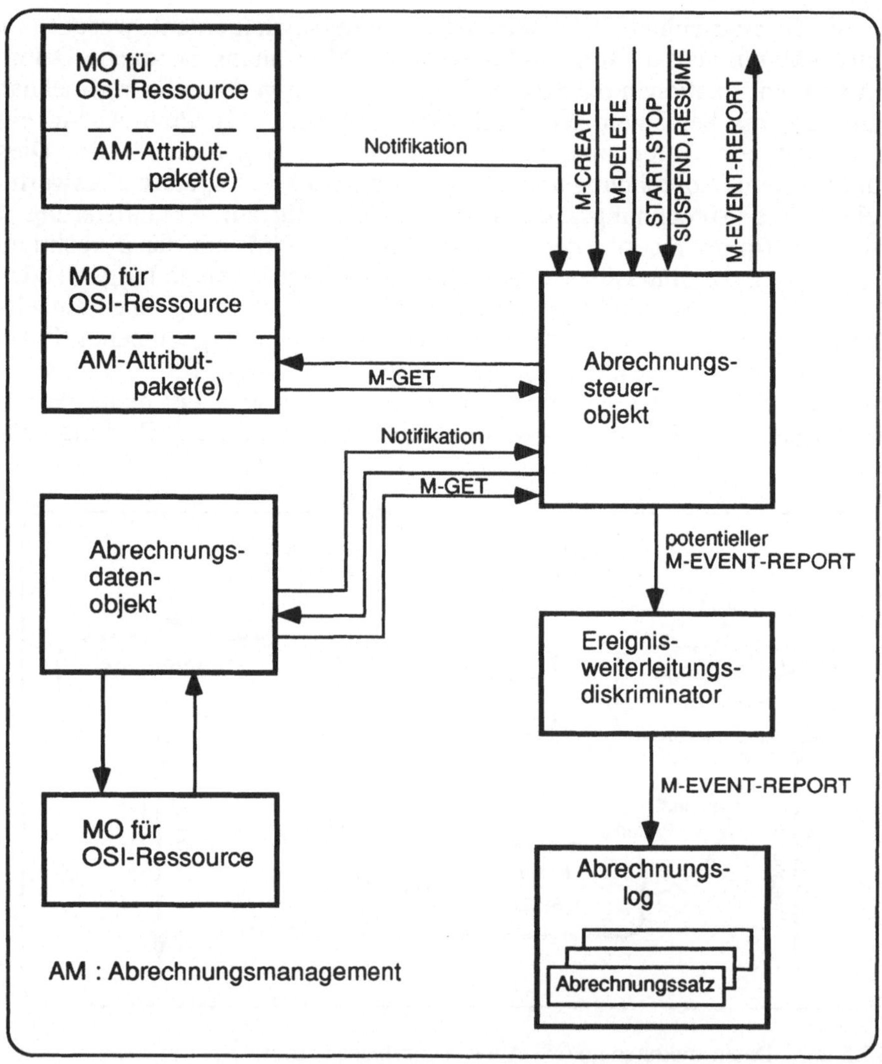

Bild 7.8-3 Beispielschema für die Abrechnungs-Meßfunktion

Jede OSI-Ressource ist bekanntlich aus Management-Sicht ein Managementobjekt (MO). Um Daten zu sammeln, die über die Nutzung dieser Ressource Auskunft geben, sieht der Standard zwei Möglichkeiten vor:

M1 Im entsprechenden MO selbst werden Attribute definiert, die die Nutzung widerspiegeln. Diese Attribute werden in speziellen (optionalen) Merkmalspaketen zusammengefaßt, für die der Standard Muster zur Ableitung enthält.

M2 Es wird ein selbständiges MO erzeugt, das zum abzurechnenden MO in einer Enthaltenseinsrelation steht. Dieses selbständige MO enthält die Attribute, die die Nutzung des abzurechnenden MO widerspiegeln, und wird *Abrechnungs-Datenobjekt* (Accounting Meter Data Object) genannt.

Als ein Attribut enthält es einen Verweis auf die abzurechnenden Ressource (Relation). Bild 7.8-4 gibt einen Überblick über die Attribute eines Abrechnungs-Datenobjekts. Diese Attribute sind zu Pflicht- und Wahlpaketen gruppiert. Das *Pflichtpaket* für jedes Abrechnungs-Datenobjekt enthält die Attribute:

- Identifikator der den Dienst anfordernden Instanz (requester-id),
- Identifikator der den Dienst erbringenden Instanz (responder-id),
- Identifikator des Teilnehmers (subscriber-id),
- Meßinformation.

Die Meßinformation besteht aus drei Komponenten:

- der Meßeinheit (Pflicht), z.B. Nutzdaten-Oktetts;
- die Nutzmenge (Pflicht), d.h. die Anzahl in Anspruch genommener Meßeinheiten;
- Tarifinformationen (optional).

Wahlfreie Attributpakete für Abrechnungs-Datenobjekte erlauben es, differenzierte Angaben zum Nutzungsvorgang festzuhalten. Dazu gehören Angaben zu

- dem geforderten bzw. bereitgestellten Dienst,
- Zeitangaben (Nutzungsbeginn, Zeit der letzten Messung, Zeit der Suspendierung des Messens),
- dem Arbeitszustand des Datenobjekts (laufend, suspendiert),
- dem Namen der abzurechnenden Ressource,
- dem zuständigen Abrechnungs-Steuerobjekt.

Zwei Notifikationstypen können von einem Abrechnungs-Datenobjekt generiert werden:

- Abrechnungssatz (Accounting record)
- Verlust von Abrechnungsinformation (Accounting info lost).

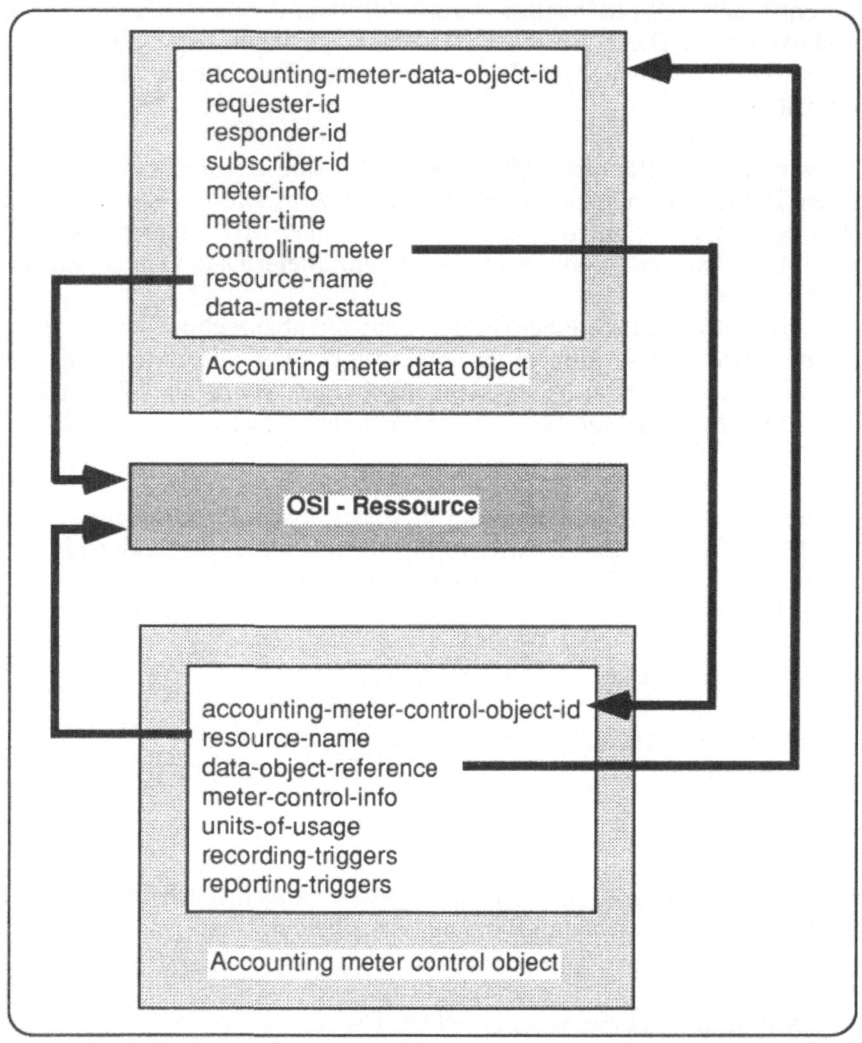

Bild 7.8-4 Abrechnungs-Datenobjekt und Abrechnungs-Steuerobjekt und ihre Bezüge

Abrechnungs-Steuerobjekte sind eine weitere Objektkategorie des OSI-Abrechnungsmanagements. Ein Abrechnungs-Steuerobjekt (Accounting meter control object) steuert ein oder mehrere Abrechnungs-Datenobjekte. Auch Abrechnungs-Steuerobjekte können in zwei Varianten auftreten:

V1 als selbständige Managementobjekte wie in Bild 7.8-3 dargestellt,
V2 als Attributpaket eines anderen Managementobjekts.

Abrechnungs-Steuerobjekte haben folgende Aufgaben:

- Abrechnungsrelevante Daten von den Abrechnungs-Datenobjekten entweder abzufragen (mittels M-GET) oder auf dem Wege von unaufgeforderten Notifikationen zu empfangen;
- Steuerung der Datensammlung und Datenaufzeichnung;
- Halten von Informationen über den Abrechnungsmechanismus.

Zu diesem Zweck besteht ein Abrechnungs-Steuerobjekt aus einem Pflichtpaket von Attributen und gegebenenfalls weiteren (wahlfreien) Paketen.
Das *Pflichtpaket* umfaßt die Attribute

- Meßeinheit (units of usage), z.B. SDUs, PDUs, Sekunden, Minuten, Bits, Oktetts, Zeichen, Blöcke;
- Aufzeichnungsschalter (recording triggers), die das Aktualisierungsregime der Attribute im Abrechnungs-Datenobjekt bestimmen.
  Es sind folgende Formen möglich:
  - periodisch nach einem geplanten Zeitintervall,
  - ausgelöst durch Aktionen des Abrechnungsmechanismus,
  - ausgelöst durch ein internes (dienstbezogenes) Ereignis (wie der Abschluß einer Dienstanforderung).

- Berichtsschalter (reporting triggers), die den Mechanismus der Weiterleitung der Abrechnungsinformationen mit analogen Formen wie soeben für das Aufzeichnungsregime beschrieben steuern.

Wahlfreie Pakete enthalten Verweise zu den verwalteten Abrechnungs-Datenobjeken und zu den abgerechneten Ressourcen sowie die zugelassenen Aktionen. Dazu zählen Start, Suspendieren und Fortsetzen der Messung. Diese Aktionen lösen im Abrechnungs-Steuerobjekt entsprechende Notifikationen aus. Abrechnungs-Steuerobjekte können den Mechanismus des Event-Report-Managements nutzen, um die Weiterleitung der von den Abrechnungsdatenobjekten empfangenen Abrechnungsdaten zu steuern (vgl. Abschnitt 7.6). Dies bedeutet, daß Diskriminatoren Filterfunktionen für die Selektion und differenzierte Weiterleitung von Abrechnungssätzen bereitstellen können.

Abrechnungssätze sind im Sinne von [7-34] ebenfalls Managementobjekte und der MO-Klasse "Logsatz" zugehörig (vgl. Abschnitt 7.6). Zusätzlich zu den von dort geerbten Attributen haben sie die Attribute des MO "Abrechnungs-Datenobjekt" sowie, soweit sie aus Notifikationen eines solchen MO hervorgegangen sind und nicht mittels M-GET-Polling entstanden sind, ein Attribut, das den Grund für diese Notifikation angibt. Außerdem wird die Zeit, zu der diese Notifikation generiert wurde, mit in den Abrechnungssatz aufgenommen. Diese Zeit ist unterschiedlich von der Aufzeichnungszeit des Logsatzes. Bild

7.8-3 zeigt überblicksweise mögliche Steuer- und Datenflüsse zwischen den von der Abrechnungs-Meßfunktion berührten Managementobjekten.

7.9 Sicherheitsmanagement

Es gibt außerordentlich viele Sicherheitsaspekte in Rechnernetzen. Ihnen ist daher in diesem Buch auch ein gesondertes Kapitel 9 gewidmet. Das Sicherheitsmanagement (Security Management, SM) im OSI-Sinne hat nur eine Teilmenge aller Sicherheitsaspekte zum Gegenstand. Um der Systematik der Systemmanagement-Funktionen zu folgen, wird an dieser Stelle ein kurzer Abriß gegeben, ausführlicher wird auf das Sicherheitsmanagement im Rahmen von Kapitel 9 eingegangen.

Nach [7-35] befaßt sich das Sicherheitsmanagement mit der Überwachung und Steuerung der OSI-Sicherheitsdienste und -mechanismen in Übereinstimmung mit einer Sicherheitspolitik. Es führt also diese Dienste und Mechanismen nicht selbst aus. Beispiele für Sicherheitsdienste sind Authentisierung oder Zugriffskontrolle. Ein Beispiel für Sicherheitsmechanismen sind die verschiedenartigen kryptographischen Verfahren, die ihrerseits eine Grundlage für das Funktionieren der Sicherheitsdienste bilden.

Im Rahmen des Sicherheitsmanagements werden sowohl eigenständige Systemmanagement-Funktionen definiert als auch Vorschriften über die Möglichkeiten formuliert, andere, bereits im Zusammenhang mit anderen funktionellen Gebieten des Systemmanagements entstandenen Funktionen auf sicherheitsrelevante Überwachungs- und Steuerungsvorgänge anzuwenden.
Bisher wurden zwei spezifische Funktionen des Sicherheitsmanagements definiert:

SM1 Sicherheitsprüflog (Security Audit Trail [7-36]);
SM2 Sicherheitsalarmbericht (Security Alarm Reporting [7-37]).

Sie können als Spezialisierungen der Systemmanagement-Funktionen Alarm Reporting und Log Control (vgl. Abschnitt 7.6) angesehen werden.
SM1 regelt die Sammlung und Durchsuchung von Informationen über sicherheitsrelevante Ereignisse. SM2 befaßt sich mit der Entdeckung (akuter) sicherheitsrelevanter Angriffe und Fehlfunktionen. Außerdem wird die Nutzung folgender anderer Systemmanagementfunktionen im Rahmen des Sicherheitsmanagements in Betracht gezogen:

- Objektmanagement,
- Statusmanagement,
- Relationsmanagement,

- Event Report Management,
- Log Control.

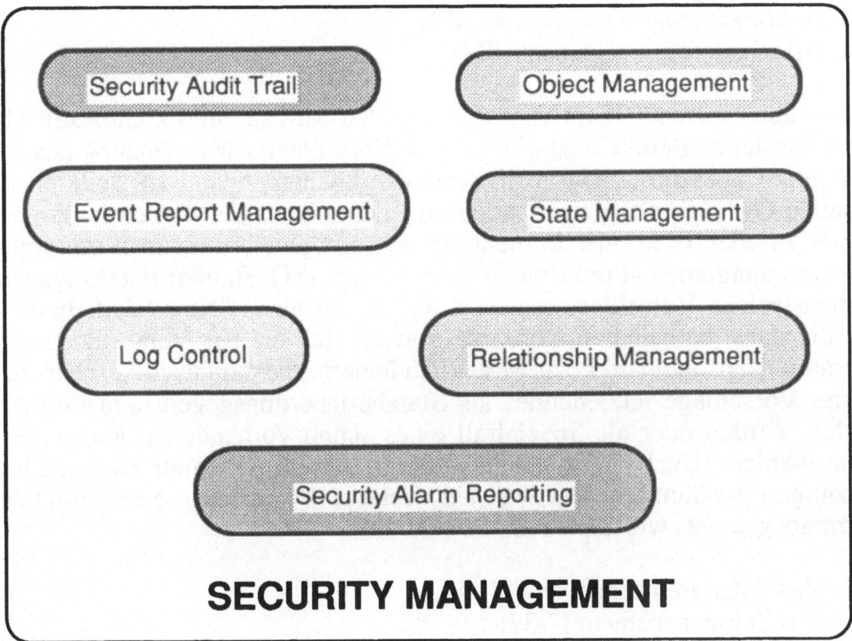

Bild 8.9-1 Systemmanagement-Funktionen im Rahmen des Sicherheitsmanagements

Daraus ist ersichtlich, daß sich auch das Sicherheitsmanagement der objektorientierten Betrachtung offener Systeme anschließt. Es werden sicherheitsbezogene Managementobjekte sowie sicherheitsbezogene Attribute, Operationen und Notifikationen in normalen Managementobjekten definiert, die mit den angeführten allgemeinen Systemmanagementfunktionen überwacht bzw. manipuliert werden können. Für weitere Einzelheiten vgl. Kapitel 9. Bild 8.9-1 vermittelt zunächst einen Überblick über die im Sicherheitsmanagement verwendeten Systemmanagement-Funktionen.

7.10 Weitere funktionelle Gebiete

7.10.1 Vorbemerkungen

Die bisher definierten und in den vorangegangenen Abschnitten behandelten Systemmanagementfunktionen aus den funktionellen Gebieten

- Konfigurationsmanagement (CM)
- Störungsmanagement (FM)
- Leistungsmanagement (PM)
- Abrechnungsmanagement (AM)
- Sicherheitsmanagement (SM)

bilden einen wesentlichen Grundstock für den Aufbau eines komplexen Managementsystems. Bereits jetzt gibt es aber Vorschläge zur Ergänzung des bisher definierten Spektrums. Diese Ergänzungen können sowohl zu weiteren funktionellen Gebieten als auch zu weiteren einem bereits definierten funktionellen Gebiet zuordenbaren oder in mehreren dieser Gebiete universell einsetzbaren Systemmanagement-Funktionen führen. Im ISO-Standardisierungsprozeß nehmen solche Vorschläge zunächst den Status eines "New Work Item" ein, und die darin enthaltenen Konzepte können sich bis zur Verabschiedung als Internationaler Standard noch wesentlich ändern. Es kann auch geschehen, daß solche Vorschläge letztenendes als Standardisierungsgegenstand völlig verworfen werden oder als Spezialfall eines schon vorhandenen Konzeptes erkannt werden. Unabhängig davon sollen in diesem Abschnitt zwei solche Ergänzungen erwähnt werden, weil sie wichtige Bedürfnisse eines praktischen Netzmanagements widerspiegeln. Es sind dies:

E1 das Softwaremanagement [7-38],
E2 das Zeitmanagement [7-39].

7.10.2 Softwaremanagement

Neben den abstrakten Gebilden, die als Managementobjekte den Hauptgegenstand des Netzmanagements darstellen und die natürlich in den meisten Fällen Softwareobjekte sind, ist es die Netzsoftware in ihrer mehr äußeren Form, die ebenfalls Objekt von Managementprozessen ist. Damit sind Programmpakete und ihre Untergliederungen in Modulgruppen, Moduln, Unterprogramme gemeint, die von verschiedenen Herstellern stammen können, in Versionen auftreten, zueinander paßfähig sein müssen usw. Der in anderen Managementumgebungen explizit als Change Management (vgl. Abschnitt 6.1) bezeichnete Bereich korreliert sehr eng mit dem Anliegen des OSI-Softwaremanagements.

Nachdem zunächst die Idee verfolgt wurde, Software als ein Attribut z.B. eines solchen Managementobjekts wie Instanz (entity) zu modellieren, hat sich nunmehr [7-38] die Auffassung durchgesetzt, daß eine Softwarekomponente als eigenständiges Managementobjekt behandelt werden sollte. Damit kann den vielfältigen, für das Management relevanten Eigenschaften von komplexen Softwaresystemen wesentlich differenzierter Rechnung getragen werden. Im

Rahmen des Softwaremanagements werden die in Bild 7.10-1 schematisch dargestellten Teilfunktionen betrachtet.

TF1 **Beschaffen** (Delivery), d.h. die Bereitstellung eines Softwareobjekts durch den Hersteller oder Lieferanten. Das Softwaremanagement stellt keine Mechanismen für den physischen Vorgang der Beschaffung bereit. Soweit dies mit Mitteln eines Kommunikationsnetzes erfolgt, werden dazu Mechanismen außerhalb des Softwaremanagements genutzt, z.B. Filetransfer. Zuständig ist das Softwaremanagement für die Auswahl der zu beschaffenden Softwareobjekte. Inwieweit kommerzielle Aspekte die Bezahlung von Lizenz- und Übermittlungsgebühren mit zum Softwaremanagement gehören, ist noch unklar.

TF2 **Vorbereiten** (Prepare); dazu könnten Aufgaben wie Entpacken, Dechiffrieren, Übertragen auf für das Installieren geeignete Speichermedien gehören.

TF3 **Installieren** (Installation); es werden Anpassungen an ein konkretes System vorgenommen, Änderungsfiles eingearbeitet (Patches) oder eine vorhergehende durch eine neue Kopie ersetzt. Dabei sind Abhängigkeiten zu anderen Softwareobjekten zu beachten.

TF4 **Rücksetzen** (Revertion); falls eine neue Version eines Softwareobjekts nicht in einen arbeitsfähigen Zustand versetzt werden kann, eine vorhandene Version einen nicht ohne weiteres reparierbaren Mangel aufweist oder eine nur in einer früheren Version unterstützt. Funktionalität gefordert wird, kann es notwendig werden, eine früher verwendete Version eines Softwareobjekts zu reaktivieren. Auch dabei sind Abhängigkeiten zu anderen Softwareobjekten zu beachten.

TF5 **Anfragen** (Enquiry); um sich über die verfügbare oder in Nutzung befindliche Netzsoftware zu informieren, muß es möglich sein, Attribute von Softwareobjekten abzufragen.

TF6 **Validieren** (Validation), diese Teilfunktion dient dazu festzustellen, ob sich Softwareobjekte in benutzbarem (fehlerfreien) Zustand befinden.

TF7 **Löschen** (Removal), damit wird ein Installierungsvorgang rückgängig gemacht.

Natürlich ist es in einem komplexen Rechnernetz erforderlich, über diese Aktivitäten Buch zu führen, dazu sind geeignete Logmechanismen erforderlich. Wegen der weittragenden Wirkungen der meisten Teilfunktionen darf ihre

Aktivierung nur speziell autorisierten Nutzern (Netzadministratoren) erlaubt werden.

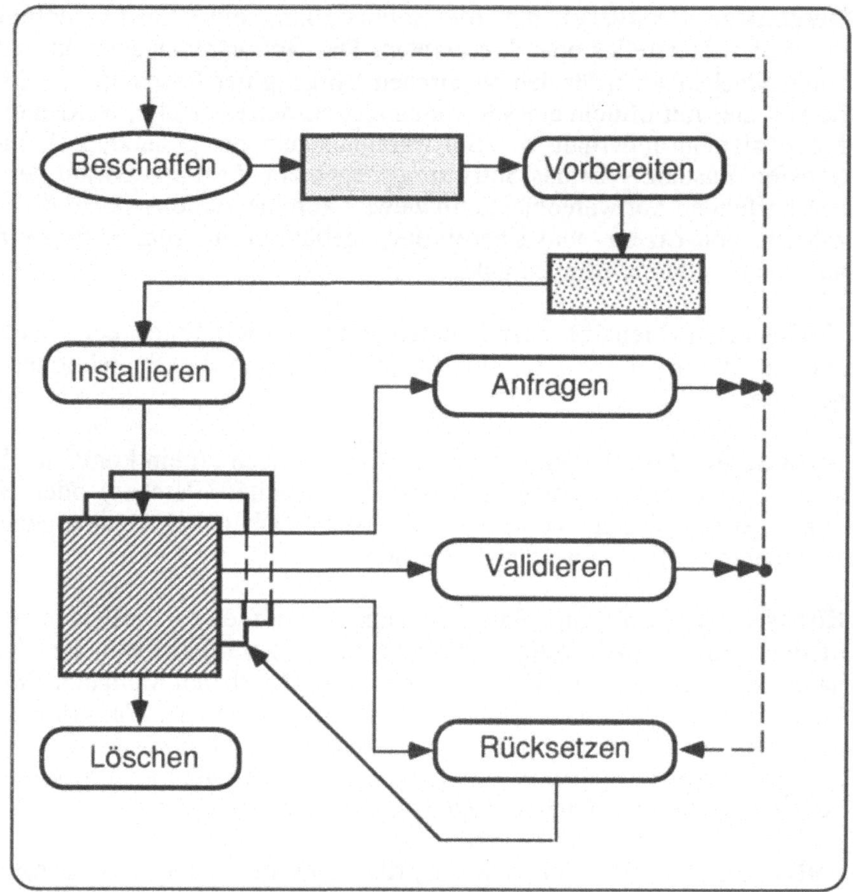

Bild 7.10-1 Teilfunktionen des OSI-Softwaremanagements

Eigentliche Verteilmechanismen für Netzsoftware sind in diesen Teilfunktionen nicht enthalten, soweit man nicht TF1 so auslegt. Auch hierfür gilt, daß für die Verteilung im engeren Sinne (aufgefaßt als Transport größerer Datenmengen) das Softwaremanagement mangels geeigneter Verfahren zum Massendatentransport nicht zuständig ist, wohl aber für die Organisation und Überwachung der Verteilung.

Softwareobjekte weisen nach [7-38] zwei Kategorien von Attributen auf: beschreibende (descriptive) und steuernde (controlling).

Beschreibende Attribute kennzeichnen ein Softwareobjekt für Informationszwecke. Dazu gehören:

- Name,
- Version,
- Änderungsstand,
- Bereitstellungs- und Installationsdatum,
- Installationsvorschriften,
- Abhängigkeiten,
- Identifikator der vorhergehenden Version,
- Speicheradresse,
- Prüfsumme

u.a.

Steuernde Attribute sind Parameter, die bei der Installierung, bei der Aktivierung oder auch im laufenden Betrieb modifiziert werden können, um bestimmte Laufeigenschaften eines Softwareobjektes zu erreichen bzw. beeinflussen. Beispiele dafür sind Puffergrößen, Paketlängen, Fenstergrößen u.ä. Nach Abschluß der Installierung sind die steuernden Attribute weniger Gegenstand des Softwaremanagements als anderer Managementfunktionen.

Neben den beschreibenden Attributen, die vor allem der Identifizierung eines Softwareobjekts dienen, bilden die Attribute, die Abhängigkeiten ausdrücken, einen wichtigen Gegenstand des Softwaremanagements. In diesem Zusammenhang kann das Konzept des Relationsmanagements (vgl. Abschnitt 7.5) sinnvoll angewendet werden. Folgende Relationen können von Bedeutung sein (vgl. Bild 7.10-2):

RT1 Relationen zwischen den aktiven Softwareobjekten einer Instanz (Widerspiegelung der Modulstruktur);

RT2 Relationen zwischen aktiven Softwareobjekten und Reserve- oder Sicherungsobjekten;

RT3 Relationen zwischen aktiven Softwareobjekten und jeweils älteren Versionen dieser Objekte;

RT4 Relationen zwischen Softwareobjekten über Systemgrenzen hinweg (z.B. Dienstnutzer/Diensterbringer).

Aus [7-38] ist ersichtlich, daß die Funktionen des Konfigurationsmanagements (vgl. Abschnitt 7.5) sehr weitgehend auf das Softwaremanagement übertragen werden können. Für das Relationsmanagement wurde das bereits gezeigt. Daß es günstig ist, den Status eines Softwareobjekts über die Möglichkeiten des

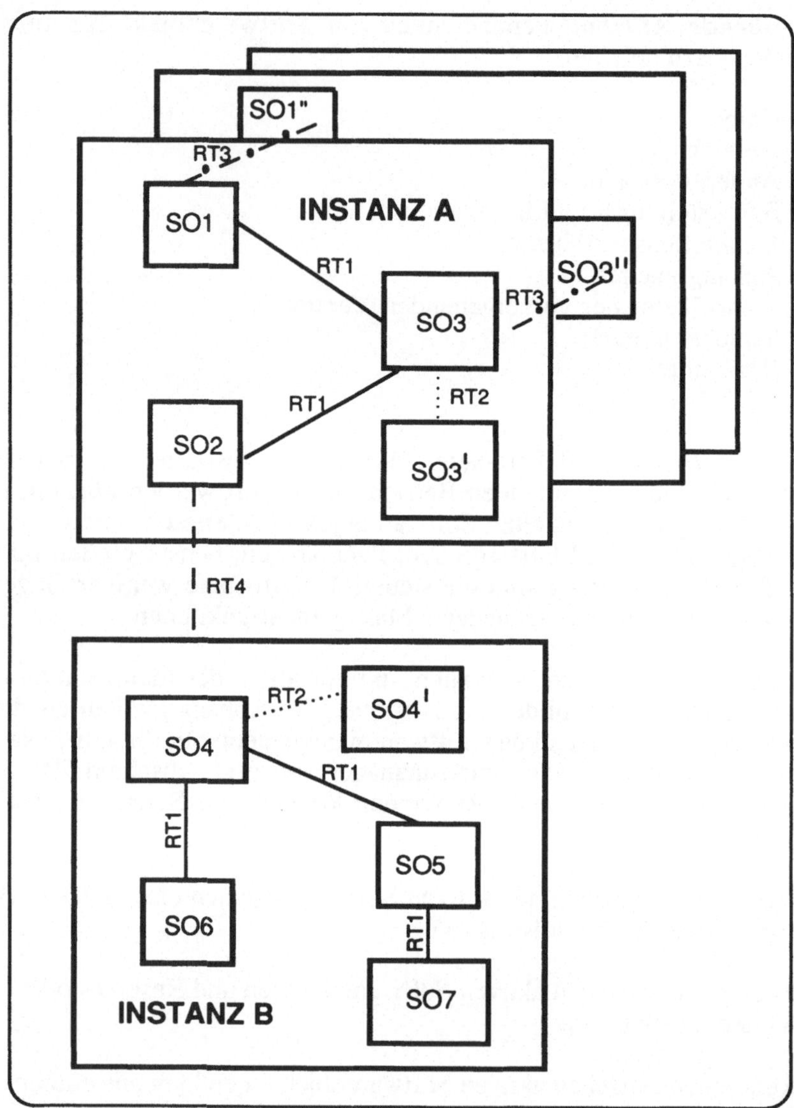

Bild 7.10-2 Beispiele für Relationstypen im Softwaremanagement

Statusmanagements zu beschreiben und zu steuern, ist ebenfalls leicht einzusehen. Gleiches gilt für das Objektmanagement. Die weitere Arbeit am Standard kann sich daher möglicherweise darauf konzentrieren, für das Softwaremanagement spezifische Attribute und Notifikationen vorzugeben. Zur Diskussion steht ferner eine Funktion "Systemladen" ähnlich der im LAN/WAN-Standardisierungsprojekt IEEE 802.1 (vgl. Abschnitt 9.1).

7.10.3 Zeitmanagement

Ein spezielles Problem in Rechnernetzen ist es, die lokalen Uhren der einzelnen Systeme untereinander zu synchronisieren bzw. die von verschiedenen Systemen stammenden Zeitangaben miteinander vergleichbar zu machen. Immer wenn ein Beobachter das Netz als Ganzes betrachtet, wünscht er sich eine einheitliche Zeitskala. Dies betrifft vor allem ereignisbezogene Managementinformationen. In den meisten Fällen wird eine Notifikation oder ein M-EVENT-REPORT mit einem lokalen Zeitstempel des sendenden Systems versehen, eventuell auch mit mehreren, die den Durchlauf einer Notifikation durch das sendende System markieren. Im empfangenden System könnte ein weiterer Zeitstempel aufgebracht werden, um die Übertragungszeit berechenbar zu machen. Besonders bei der Verfolgung von Ausnahmesituationen, an denen mehrere Systeme beteiligt sind, z.B. irreguläre Protokollabläufe, ist es erforderlich, die Reihenfolge von Ereignissen in ein einheitliches Zeitraster zu erbringen. Dies scheitert nun zunächst daran, daß die lokalen Uhren der einzelnen Systeme unabhängig voneinander sind und damit keine exakt vergleichbaren Zeitwerte liefern.

Das Ziel muß also darin bestehen, die lokalen Uhren eines Rechnernetzes zu synchronisieren. Wie groß man diese "Synchronisationsdomäne" wählt, hängt von den konkreten Anforderungen und Bedingungen ab. In komplexen Netzinfrastrukturen könnten dann analoge Synchronisationsprobleme auf Domänenebene auftreten. Wenn allerdings die Streubreite der Genauigkeit der lokalen Uhren gering gegenüber den Übertragungszeiten wird, verliert eine strenge Uhrensynchronisation an Bedeutung.

Die einfachste Lösung besteht in einer physischen Uhrensynchronisation. Zu diesem Zweck ist es erforderlich, die einzelnen Systeme mit einem einheitlichen externen Zeittakt zu versorgen. Dies kann mittels eines gesonderten Übertragungskanals geschehen, etwa durch eine besondere Taktleitung oder durch einen Funkkanal (Prinzip der Funkuhr). In den meisten Fällen steht dieser Weg allerdings nicht zur Verfügung.

Damit werden Softwaremechanismen zur Uhrensynchronisation interessant. Im Bereich des OSI-Managements werden sie seit 1990 mit einem New Work Item [7-39] verfolgt. Darin wird vorgeschlagen, für Managementzwecke nicht die lokale Systemzeit, sondern eine spezielle "Managementzeit" ("Current time") zu verwenden, die nicht durch isolierte lokale Operationen (z.B. das Neueinstellen der lokalen Uhr durch einen Bediener) unmittelbar beeinflußbar ist. Current time wird als Managementobjekt definiert, das auf eine Leseanforderung mittels M-GET einen Zeitwert in einem Standardformat sowie eine Genauigkeit (Accuracy) bereitstellt. Der Current-time-Wert eines Systems wird zunächst periodisch von dem lokalen Takt abgeleitet, wobei jeweils ein Genau igkeitswert ermittelt wird. Unter Verwendung des nach einem lokalen Algorithmus berechneten Genauigkeitswertes wird entschieden, wann ein Uhrenabgleich mit dem Current-Time-Wert eines entfernten Systems erfolgen muß. Es wird dann ein solcher mit einer besseren als der lokalen Genauigkeit gesucht und dessen Wert in das eigene Current-time-Objekt übernommen. Indem alle Systeme so verfahren, halten sich die Abweichungen aller Current-time-Werte eines Netzes in gewissen Grenzen. Präzise Algorithmen sind in [7-39] allerdings nicht enthalten. Auf die Möglichkeit, daß zumindest ein beteiligtes System einen (öffentlichen) Zeitdienst benutzt und damit als Zeitbezugsbasis für eine "Zeitdomäne" dient, wird hingewiesen. Das gesamte Problem wird dadurch erschwert, daß Übertragungszeiten zu berücksichtigen sind.

8 Schichtenmanagement

8.1 Vorbemerkungen

In Abschnitt 7.1 wurden die grundsätzlichen architekturellen Konzepte des schichtenbezogenen Managements eingeführt. Danach gibt es drei Wege, schichtenbezogenes Management zu realisieren:

W1 Nutzung von Funktionen des Systemmanagements.
Dies bedeutet, daß Managementobjekte eines Subsystems (der unteren Schichten in einem System) für den lokalen Systemanagement-Prozeß zugänglich sind (für CREATE, DELETE, GET, SET) sowie daß dieser EVENT REPORTs von jenen entgegennimmt. Dazu dienen ein oder mehrere einheitliche lokale Interfaces.

W2 Es existiert ein (N)-Schichtenmanagement mit einer Instanz in jedem Subsystem.
Diese Instanzen können eine gemeinsames Protokoll abwickeln, das (N)-Schichtenmanagement-Protokoll. Dies ist insbesondere dann erforderlich, wenn das betrachtete System prinzipiell oder zeitweise keine (funktionierende) vollständige Schichtenarchitektur aufweist, d.h. das Systemmanagement-Protokoll nicht verwendbar ist. Eine (N)-Schichtenmanagement-Instanz ist verschieden von der (den) zugehörigen exekutiven (N)-Protokollinstanz (-instanzen) im gleichen Subsystem. Sie ist durch die in W1 erwähnten Mechanismen mit dem Systemmanagement verbunden, zusätzlich wird der ACTION-Mechanismus unterstützt. Damit sind für das Systemmanagement auch Managementobjekte der (N)-Schicht zugänglich, die wegen ihrer subsystemspezifischen Implementation nicht über einfache GET/SET-Schnittstellen erreichbar sind. Als Abweichung vom "reinen" OSI-Konzept könnten auch nur ausgewählte Schichten über ein Schichtenmanagement verfügen oder es wird ein Schichtenmanagement jeweils für Gruppen von Schichten implementiert. Letzteres

wäre z.B. implementatorisch naheliegend, wenn gewisse Gruppen von Schichten auf physisch getrennten Systemkomponenten residieren ("verteiltes Endsystem").

W3 In allen exekutiven (N)-Protokollen existieren Managementparameter. Diese sind über die normalen Dienstnutzer mehr oder weniger beeinflußbar. Sie beziehen sich stets auf einen einzelnen Kommunikationsvorgang (z.B. eine spezielle Verbindung) und werden hier nicht weiter betrachtet, da sie als Bestandteile der normalen Dienste und Protokolle auch in diesem Rahmen dokumentiert sind. Allerdings sind Situationen denkbar, wo solche Parameter "von außen" über die Wege W1 und W2 zugänglich sein sollten.

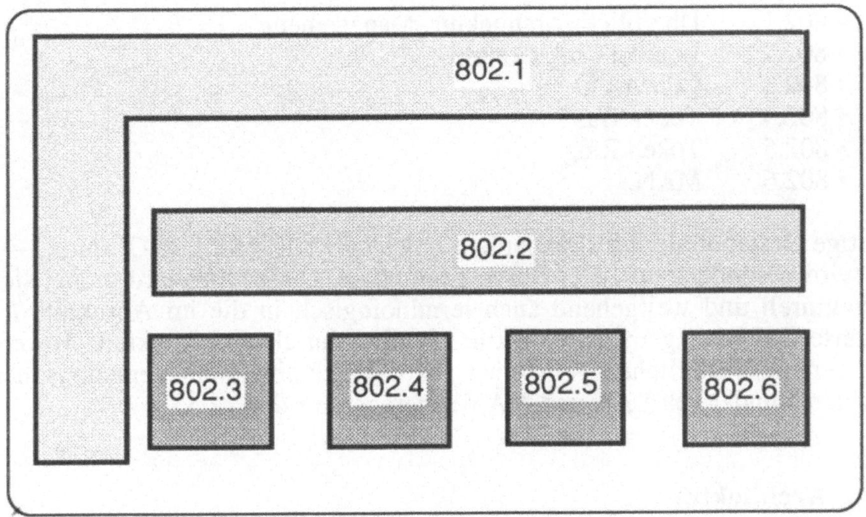

Bild 8-1 Struktur der Standardfamilie IEEE 802

Nachfolgend soll insbesondere W2 detailliert werden. Als Bezugsbasis dient der Standardentwurf IEEE 802.1B [8-2]. Dies ist das bisher am weitesten ausgearbeitete Konzept für ein Schichtenmanagement mit Anspruch auf Allgemeingültigkeit. Dieser Anspruch bezieht sich aus der Sicht der Verfasser auf die Schichten 1 und 2 in LAN und MAN. Es lassen sich daraus jedoch viele Analogien für die Konzipierung von Schichtenmanagement-Lösungen für andere Schichten und Netzumgebungen ableiten. Das gilt natürlich nicht für solche Funktionen spezifischer Schichten wie Routing (Schicht 3) oder Kontextverwaltung (Schicht 6). Für die höheren Schichten, insbesondere die Verarbeitungsschicht, sind noch keine spezifischen Managementkonzepte vorhanden.

8.2 Schichtenmanagement nach IEEE 802.1B

8.2.1 Einordnung

Das für LAN und WAN wesentliche Standardisierungsprojekt ANSI/IEEE 802 umfaßt eine ganze Familie von Standarddokumenten, deren Bearbeitung in einigen Teilen auch noch nicht abgeschlossen ist. Ihr Wirkungsbereich umfaßt die Schichten 1 und 2, in denen sich LAN und WAN bekanntlich am weitesten voneinander unterscheiden. Bild 8-1 zeigt ein häufig verwendetes Schema für die Struktur dieser Standardfamilie. Danach gehören zum gesamten Standardisierungsprojekt:

- 802.1 Überblick, Architektur, Management
- 802.2 Logical Link Control
- 802.3 CSMA/CD
- 802.4 Token Bus
- 802.5 Token Ring
- 802.6 MAN.

Wichtige Bestandteile des Standards 802.1 sind [8-1], [8-2], [8-3] und [8-4]. Hier wird besonders auf [8-2] Bezug genommen. Dieser Standard ordnet sich architekturell und weitgehend auch terminologisch in die im Abschnitt 7.1 erläuterte OSI-Managementarchitektur ein. Er kann als eine konkrete Anwendung der diesbezüglichen Prinzipien auf das Schichtenmanagement in den Schichten 1 und 2 von LAN und MAN angesehen werden.

8.2.2 Architektur

Bild 8.2 zeigt die architekturellen Bestandteile des Schichtenmanagements nach [8-2]. Da die Darstellung losgelöst von der übrigen Schichtenarchitektur (oberhalb von Schicht 2) und insbesondere auch vom Systemmanagement erfolgt, wird in [8-2] der allgemeine Terminus Netzmanagement verwendet, obwohl es sich insgesamt um Schichtenmanagement handelt. Bild 8-2 wurde aus Gründen der Authentizität unverändert übernommen. Um andererseits die unmißverständliche Einordnung in eine vollständige Management-Architektur zu gewährleisten, wurden die Langform-Entsprechungen der in Bild 8-2 vorkommenden Abkürzungen so modifiziert, daß der unspezifische Begriff "Netzmanagement" vermeidbar wurde.

Nach Bild 8-2 haben Nutzer des Schichtenmanagements (NM-user) Zugang zu dessen Funktionen über ein Schichtenmanagement-Nutzerinterface (NMI). Als Nutzer des Schichtenmanagements kommen dabei je nach Umgebungsbedingungen und Zweckbestimmung in Frage:

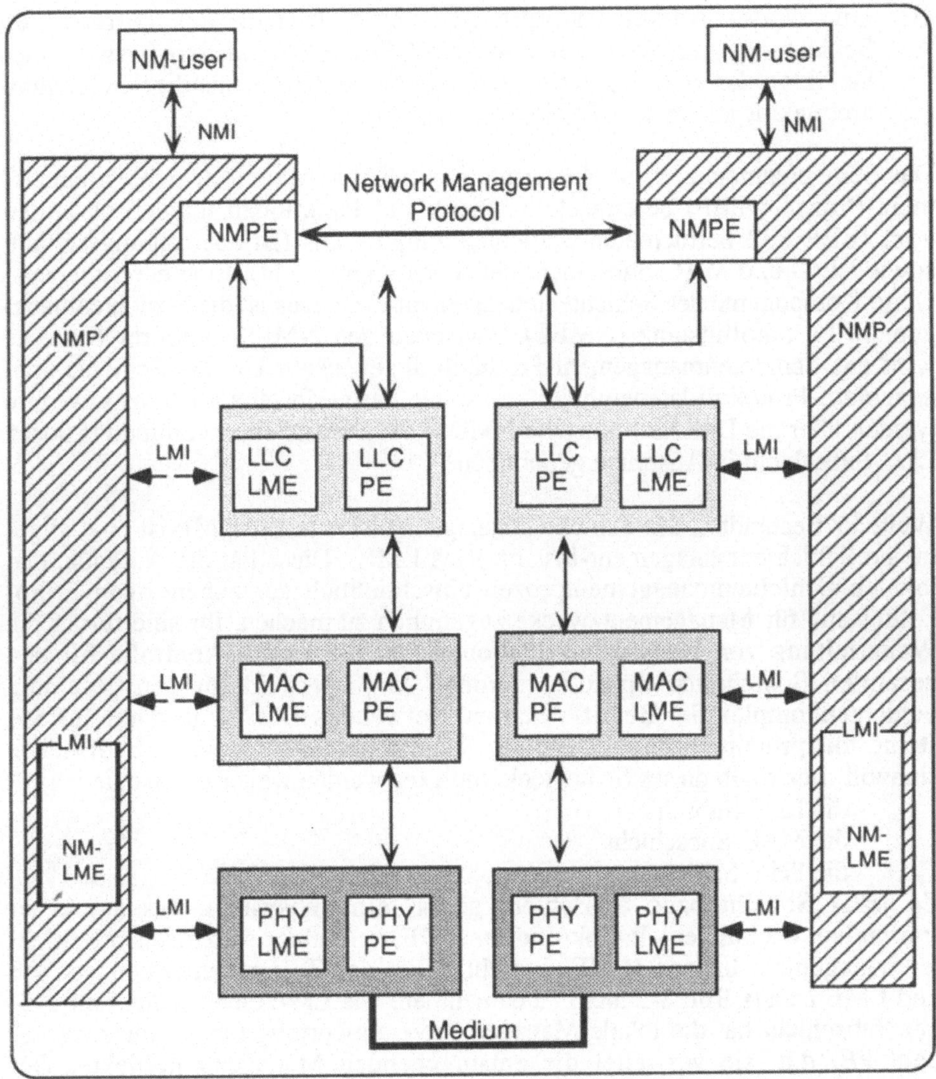

Bild 8-2 IEEE 802.1-Schichtenmanagement (nach [8-2])

U1 ein lokaler Systemmanagement-Prozeß;

U2 eine Schichtenmanagement-Instanz des unmittelbar übergeordneten Subsystems (im Falle von IEEE 802 des Subsystems aus der Vermittlungsschicht);

U3 ein lokaler Administratorprozeß, wenn oberhalb des betrachteten Schichtenmanagements keine weitere OSI-Schicht existiert (wegen eines Defekts oder weil das betrachtete System keine vollständige Schichtenarchitektur aufweist, z.B. bei einer Brücke).

Das Schichtenmanagement-Nutzerinterface NMI wird vom Schichtenmanagement-Prozeß (NMP) bereitgestellt. Dieser übt Funktionen für den gesamten vom IEEE 802 betrachteten Schichtenkomplex aus (Bitübertragungsschicht sowie LLC- und MAC-Subschicht der Sicherungsschicht). Eine hervorhebenswerte Komponente des Schichtenmanagement-Prozesses ist die Schichtenmanagement-Protokollinstanz (NMPE). Zwischen den NMPE mehrerer Systeme wird das Schichtenmanagement-Protokoll abgewickelt. Um die Schichtenmanagement-Protokolldateneinheiten zu einer Partnerinstanz zu transportieren, werden über die Dienstschnittstelle NMDSI die Dienste einer verbindungslosen LLC-Subschicht in Anspruch genommen.

Weiterer Bestandteil des Schichtenmanagement-Prozesses NMP ist eine allgemeine Schichtenmanagement-Instanz (NM-LME). Diese hat die Aufgabe, den lokalen Schichtenmanagementprozeß einschließlich der zugehörigen Protokollinstanz für Managementzwecke zugänglich zu machen. Ihr sind ferner die Weiterleitung von Ereignisinformationen und die Zugriffskontrolle für den gesamten Schichtenkomplex zugeordnet. In [8-2] wird für den gesamten Schichtenkomplex der Begriff "Station" verwendet. Das ist aber nur für Systeme mit prinzipiell unvollständiger Schichtenarchitektur wie z.B. Brücken sinnvoll. Innerhalb dieses Schichtenkomplexes werden weiter unterschieden:

- die LLC-Subschicht
- die MAC-Subschicht
- die PHY-Schicht.

Zu jeder Schicht bzw. Subschicht gehört ein Subsystem, das aus einer (normalen, exekutiven) Protokollinstanz (PE) und einer spezifischen Schichtenmanagement-Instanz (LME) besteht. Über das Zusammenwirken von PE und LME ist aus Bild 8-2 nicht zu entnehmen. Die LME einer Schicht oder einer Subschicht hat die lokale Managementverantwortung für die ihr zugeordnete PE, d.h. sie verwaltet die entsprechenden Managementobjekte. Der Schichtenmanagement-Prozeß NMP hat über ein internes Interface (LMI) Zugang zu den schichten- bzw. subschichtenspezifischen Schichtenmanagement-Instanzen. Diese können für spezifische Zwecke auch ein eigenes Protokoll abwickeln (in Bild 8-2 nicht eingezeichnet).

Das Architekturmodell des IEEE 802-Schichtenmanagements kennt auch das Manager-Agent-Konzept. Ein Manager ist ein NMP, der im Auftrag eines Schichtenmanagement-Nutzers Managementoperationen auf entfernten NMP initiiert. Dieser entfernte NMP spielt in dieser Relation die Rolle eines Agenten. Agenten haben jedoch das Recht, die Ausführung der angeforderten

Operation zu versagen, insbesondere unter dem Zugriffsschutzaspekt (vgl. Kapitel 9). In Netzumgebungen, in denen mehrere Manager existieren, können Domänen gebildet werden.

8.2.3 Dienste und Interfaces

Am *Schichtenmanagement-Nutzerinterface* NMI können Management-Operationen ausgelöst und deren Ergebnisse entgegengenommen werden. Ausserdem ist es möglich, daß der Schichtenmanagement-Prozeß an diesem Interface Informationen über aufgetretene Ereignisse bereitstellt. Die nachfolgende Aufzählung ermöglicht einen Überblick über die zur Verfügung stehenden Primitive:

NM_SET_VALUE.invoke
NM_SET_VALUE.reply
NM_COMPARE_AND_SET_VALUE.invoke
NM_COMPARE_AND_SET_VALUE.reply
NM_GET_VALUE.invoke
NM_GET_VALUE.reply
NM_ACTION.invoke
NM_ACTION.reply
NM_EVENT.notify
NM_TRACE.invoke
NM_TRACE.reply.

Bei den meisten dieser Primitive ist die Analogie zu den CMIS-Diensten offensichtlich.

Mit dem SET-Primitiv wird eine Operation ausgelöst, die den Wert des Attributs eines Managementobjekts ändert. In [8-2] wird der Begriff des Managementobjekts nicht verwendet. Statt dessen wird von Parametern, ihren Identifikatoren und Werten gesprochen. Beim COMPARE_AND_SET-Primitiv wird der Attributwert nur geändert, wenn ein vorheriger im Primitiv spezifizierter Wertvergleich mit dem gleichen oder einem anderen Attribut positiv ausfällt. Das GET-Primitiv soll den Wert eines Attributs eines Management-Objekts zur Verfügung stellen. Mittels des ACTION-Primitivs kann eine Statusänderung oder die Ausführung einer Ereignissequenz ausgelöst werden. Das EVENT-Primitiv wird nicht von einem Schichtenmanagement-Nutzer, sondern lokal von einer Schichtenmanagement-Instanz LME aktiviert. Die bereitgestellte Information umfaßt eine Ereignisklasse, einen Ereignisidentifikator und einen Ereigniswert. Mittels TRACE soll die Existenz und die Operabilität eines entfernten NMP festgestellt werden.

Gemeinsam für alle Primitive am NM-Interface sind:

- Zieladresse (destination-address), bestehend aus einer MAC-Adresse und einem Identifikator der Zielinstanz;
- Dienstqualität (quality-of-service), wodurch der priority-Parameter im DL_UNITDATA.request-Primitiv bei Übergabe der entstandenen Layer-management-PDU über die NMDSI-Schnittstelle beeinflußt wird;
- Anforderungs-Identifikator (exchange-identifier), bestehend aus einem Quellidentifikator zur Kennzeichnung des die Anforderung auslösenden Schichtenmanagement-Nutzers und einem Transaktionsidentifikator für die individuelle Management-Transaktion. Der Anforderungsidentifikator dient der eindeutigen Zuordenbarkeit von Reaktionen von Managementoperationen zu Anforderungen;
- Zugriffskontrollinformation (vgl. Kapitel 9).

Für GET- und SET-Primitive sind vor allem von Bedeutung:

- Ressourcen-Identifikator (resource-identifier), der das Managementobjekt beschreibt, das Ziel einer Managementoperation oder Quelle von Managementinformation ist;
- eine Parameterliste, die die Attribute des Managementobjekts beschreibt, die Ziel der Managementoperation oder Quelle von Managementinformation sind.

Beim ACTION-Primitiv tritt an die Stelle der Parameterliste eine Aktionsliste, die sich aus Wertepaaren (Aktionsidentifikator, Aktionswert) zusammensetzt. Bild 8-3 zeigt als ein Beispiel die Parameterstruktur des Primitivs NM_GET_VALUE.invoke.

```
NM-GET-VALUE . invoke
    destination-address
    quality-of-service
    exchange-identifier
    resource-identifier
    access-control-information
    parameter-list
        defined-parameter ID #1
        .........
        defined-parameter ID #n
```

Bild 8-3 Parameterstruktur des Primitivs NM-GET-VALUE.invoke

Da die TRACE-Operation relativ komplexe Wirkungen auslösen kann und im Operationsvorrat des OSI-Systemmanagements nicht enthalten ist, soll sie hier noch etwas näher beschrieben werden. Bild 8-4 zeigt die Parameterstruktur des TRACE.invoke-Primitivs.

```
NM-TRACE . invoke
    destination-address
    quality-of-service
    exchange-identifier                        optional
    access-control-information                 optional
    report-address                             optional
    trace-operator-list
        operation-type #1
        destination #1                         optional
        ...
        operation-type #n
        destination #N                         optional
        trace-data                             optional
```

Bild 8-4 Parameterstruktur eines NM.TRACE.invoke-Primitivs

Spezielle Parameter des TRACE.invoke-Primitivs sind:

- Berichtadresse (report-address), die Adresse eines Systems (bestehend aus MAC-Adresse und Identifikator einer Instanz), an die die Ergebnisse der TRACE-Operation zu senden sind. Diese Adresse muß also nicht identisch sein mit der Adresse des auslösenden NMP.
- Liste mit TRACE-Operatoren, die den Weg im Netz beschreibt, auf dem die TRACE-Operation ausgeführt werden soll, sowie die konkrete Spezifikation der TRACE-Operation. Die Liste besteht aus Wertepaaren, jeweils mit den Bestandteilen
  - Operationstyp (operation type) mit dem Wertevorrat
    noOperation
    forwardOnly
    reportAndForward
  - Zieladresse (destination) im nächsten zu testenden System.

- TRACE-Daten (trace-data), die den Zielinstanzen in den zu testenden Systemen zur Verfügung gestellt werden, um implementationsspezifische Tests durchzuführen.

Das *interne Schichtenmanagement-Interface* LMI bietet die Möglichkeit, Managementoperationen in den Schichtenmanagemen-Instanzen der einzelnen Schichten bzw. der Subschichten auszulösen und deren Ergebnisse zu übernehmen. Es stehen folgende Primitive zur Verfügung:

LM_SET_VALUE.invoke
LM_SET_VALUE.reply
LM_COMPARE_AND_SET_VALUE.invoke
LM_COMPARE_AND_SET_VALUE.reply
LM_GET_VALUE.invoke
LM_GET_VALUE.reply
LM_ACTION.invoke
LM_ACTION.reply
LM_EVENT.notify.

Auch hier kann auf die ausführliche Erläuterung der Funktionalität wegen der offensichtlichen Analogie zu den CMIS-Primitiven verzichtet werden. Einige Bemerkungen, die oben zu den äquivalenten NM-Primitiven gemacht wurden, treffen auch hier zu. Ein wesentlicher Unterschied besteht in der Granularität der Wirkung. Während NM-Primitive in der Regel auf Ressourcen (die näherungsweise mit Managementobjekten vergleichbar sind) gerichtet sind und Parameter- bzw. Aktions*listen* beinhalten, sind LM-Primitive stets auf einen einzelnen Parameter (dies entspricht näherungsweise einem Attribut eines Managementobjekts) gerichtet. Die Auswertung des Ressourcenidentifikators im NMP führt also zur Auswahl des zutreffenden LMI (ein Ressourcenidentifikator entspricht demnach genau einem LMI und damit einer LME). Der NMP nimmt auch die Auflösung der Parameter- oder Aktionslisten vor. Das heißt natürlich auch, daß vom NMP auf einzelne Parameter oder Aktionen bezogene Ergebnisdaten, die ihm von einer LME in einem LM.reply-Primitiv übergeben wird, sammelt, bis die Werte für ein vollständiges NM.reply-Primitiv vorhanden sind.

An der *NMDST-Schnittstelle* werden Schichtenmanagement-PDU (vgl. Abschnitt 8.2.6) an die exekutive LLC-Instanz übergeben. Es wurde bereits oben ausgeführt, daß für diesen Zweck der verbindungslose DL-Dienst genutzt wird. Dies bedeutet, daß lediglich zwei Primitive auftreten, nämlich

NMDS_DATA.request
  source-address
  destination-address
  priority
  NM_PDU,

welches auf den Dienst DL_UNITDATA.request abgebildet wird, und

NMDS_DATA.indication
  source-address
  destination-address
  actual-priority
  NM_PDU,

welches aus DL_UNITDATA.indication entsteht.

Die Benutzung anderer DL-Diensttypen wird in [8-2] nicht ausgeschlossen, jedoch nicht weiter ausgeführt. Die Möglichkeit, Gruppenadressen zu verwenden, wird im Standardisierungsprojekt IEEE 802 weiter untersucht.

8.2.4 Schichtenmanagement-Protokoll

Wenn im Schichtenmanagement-Prozeß NMP festgestellt wird, daß eine über das Interface zum Nutzer empfangene Anforderung an ein entferntes System gerichtet ist oder wenn eine über das lokale LM-Interface erhaltene Mitteilung (NM_EVENT.notify) an ein entferntes System weiterzugeben ist, und diese Transporte nicht über ein Systemmanagement-Protokoll erfolgen können, wird ein Schichtenmanagement-Protokoll benötigt.
Ein solches Protokoll wird in [8-2] ausführlich beschrieben, und zwar in zwei Formen:

- als informale Beschreibung der Protokolldateneinheiten (PDU) sowie der Prozeduren, die Manager- oder Agenten-NMP bei ihrem Erhalt auszuführen haben;
- als formale (ASN.1-) Beschreibung der Protokolldateneinheiten.

Wegen der detaillierten Darstellung aller Fehlersituationen ist diese Beschreibung sehr umfangreich und kann daher hier nicht nachvollzogen werden. Ein grober Überblick über die PDU-Typen des Schichtenmanagement-Protokolls soll daher genügen. Folgende acht PDU-Typen sind definiert:

RequestPDU
ResponsePDU
EventPDU
EventAckPDU
TraceRqPDU
TraceRspPDU
LoadPDU
PrivatPDU.

Es ist offensichtlich, daß z.B. die Primitive NM_SET_VALUE.invoke, NM_COMPARE_AND_SET_VALUE.invoke, NM_GET_VALUE.invoke und NM_ACTION.invoke auf eine RequestPDU abgebildet werden. Die analogen Primitive vom reply-Typ werden auf eine ResponsePDU abgebildet. Aus NM_EVENT.notify wird eine EventPDU. Neu ist hier, daß mit einer Ereignismeldung auch eine Empfangsbestätigung angefordert werden kann. Diese wird mittels einer EventAckPDU übertragen. Die Verwendung der Trace-Protokolldateneinheiten liegt nach den oben zu den TRACE-Primitiven gegebenen Erläuterungen auf der Hand. Die LoadPDU wird im Rahmen eines speziellen Protokolls zum Systemladen verwendet [8-3]. Interessant ist die Zulässigkeit einer PDU vom Typ Privat. Mit ihr kann das Protokoll implementationsspezifisch erweitert werden. Eine solche Möglichkeit birgt natürlich auch Gefahren insbesondere in heterogenen Netzen in sich. Es besteht sowohl die Gefahr, daß verschiedene Hersteller funktionell gleichartige Erweiterungen verschieden codieren als auch umgekehrt, daß funktionell verschiedene Erweiterungen gleiche Identifikationscodes zugeordnet bekommen.

[8-2] behandelt, wie bereits erwähnt, Fehlersituationen bei der Protokollabwicklung sehr ausführlich. Es werden drei Fehlerebenen unterschieden:

- Fehler auf der Ebene der PDU, z.B. eine zu lange PDU;
- Fehler auf der Operationsebene, z.B. ungültige Identifikatoren;
- Fehler auf der Parameterebene, z.B. Parameterwerte außerhalb eines gegebenen Wertebereichs.

8.2.5 Management-Datenstrukturen

Im Vergleich zum OSI-Systemmanagement sind die Management-Datenstrukturen im IEEE 802-Schichtenmanagement vergleichsweise einfach. Dies hängt gewiß mit der Vorstellung zusammen, daß ressourcenschwache Systeme, die nur die unteren OSI-Schichten realisieren, auch eine sparsame Managementausstattung erzwingen. Nach [8-2] werden die Management-Datenstrukturen in sechs Klassen eingeteilt (Management Parameter Types):

D1 dem System (der Station) als Ganzes zugeordnete Parameter. Dazu gehören vor allem Angaben zum Hauptspeicher des Systems wie Startadresse und Speichergröße, sowie zwei Ereignisklassen: Station initialisiert und Stationsfehler.

D2 Charakteristiken der NM_LME Dazu gehört vor allem ein komplexer Identifikator, bestehend aus Ressourcentyp, Version des befolgten IEEE 802.1-Standards, evtl. im Rahmen dieses Standards wählbare Optionen, Herstelleridentifikator, Produktidentifikator, Produktversionsidentifikator. Aus diesem Identifikator können Rückschlüsse auf die unterstützten Managementfunktionen gezogen werden. Ferner sind zwei Schwellwerte (für einen Zähler für fehlerhafte PDU sowie für Verletzungen bei der Zugriffskontrolle) und die zugehörigen Ereignisklassen vorgesehen. Ein Zeiger zur Zugriffskontrolltabelle existiert ebenfalls (vgl.Abschnitt 9.6).

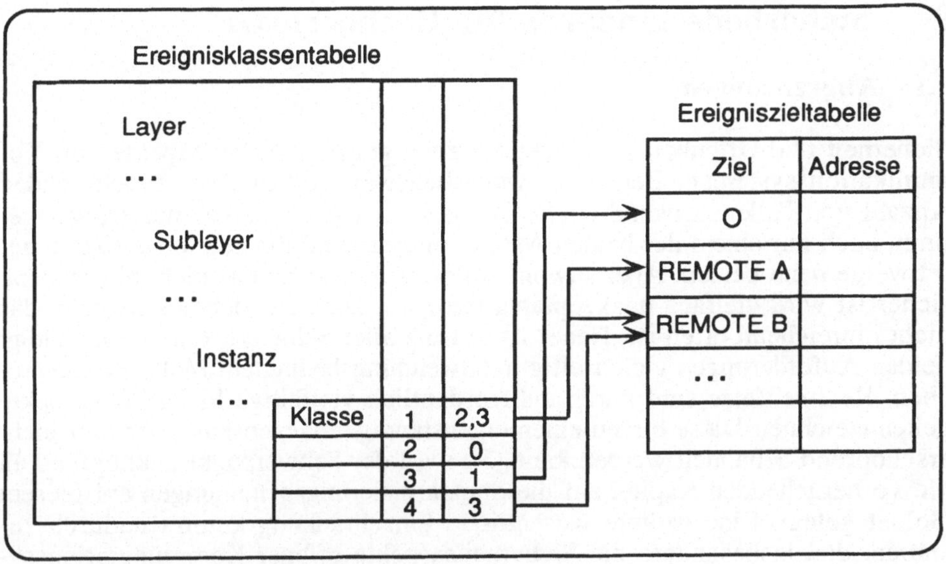

Bild 8-5 Schema der Ereignisweiterleitung nach [8-2]

D3 Informationen für die Weiterleitung von Ereignisdaten. Hierzu wird ein zweistufiges Tabellensystem verwendet (vgl.Bild 8-5). Es besteht aus einer Ereignisklassentabelle, deren Einträge einen Index für eine Ereigniszieltabelle beinhalten, sowie dieser letztgenannten Tabelle, aus der das Zielsystem bestimmt werden kann. Der Wert Null bedeutet
• in der Ereignisklassentabelle: keine Ereignisweiterleitung
• in der Ereigniszieltabelle: Ziel ist das lokale System.
Damit wird ein in der Zielstellung dem Diskriminatorkonzept des OSI-Systemmanagements vergleichbarer, aber wesentlich einfacherer Mechanismus definiert.

D4 Zugriffsklassentabelle des Systems (der Station), zum Inhalt vgl. Abschnitt 9.6.

D5 Parameter für das Systemladen [8-3].

D6 Private, d.h. implementationsspezifische Parameter.

9 Sicherheitsstandards für Rechnernetze

9.1 Abgrenzungen

Sicherheit und Offenheit sind zunächst zwei gegensätzliche Aspekte von Kommunikationssystemen. Beides ist wünschenswert und in einer zunehmenden Anzahl von Fällen notwendig. Die Praxis zeigt jedoch, daß es nur schwer gelingt, auch nur einem der beiden Aspekte hinreichend Rechnung zu tragen, geschweige denn beiden. Aber sowohl ein offenes System, das nicht hinreichend sicher ist wird vielfach unakzeptabel sein, wie auch ein sicheres System, das nicht hinreichend offen ist. Daher ist es trotz aller Schwierigkeiten notwendig, beiden Anforderungen gleichzeitig in anwendungsbedingtem Maße zu entsprechen. Rechnernetze sind durch außerordentlich vielfältige Sicherheitsaspekte gekennzeichnet. Diese bilden einen eigenständigen Gegenstand, der hier nicht erschöpfend behandelt werden kann. So wird der Schwerpunkt anknüpfend an die vorhergehenden Kapitel auf die Standardisierungsbemühungen auf diesem Gebiet gelegt. Eine weitere wesentliche Einschränkung kommt dadurch zustande, daß insbesondere die Sicherheitsaspekte offener Kommunikationssysteme dargestellt werden. Einige Hinweise auf darüber hinaus gehende Probleme können in diesem Rahmen nur ergänzenden Charakter haben.

Viele einschlägige Standardisierungsvorhaben der Internationalen Standardisierungsorganisation (ISO) auf dem Gebiet der Sicherheit in Kommunikationssystemen sind noch sehr im Fluß. Dennoch ist es wichtig, über den Umfang der Arbeiten und ihre Richtung informiert zu sein. Damit ist zugleich ein Referenzsystem für praktische Realisierungen sicherheitsrelevanter Kommunikationssysteme gegeben, die nicht oder nicht vollständig den ISO-Vorstellungen folgen.

Wenn man nach der Sicherheit von Kommunikationssystemen fragt und dabei die Kommunikation offener Systeme im Sinne der ISO/OSI-Definition im Auge hat, muß man sich bestimmter Einschränkungen bewußt sein, die man damit vornimmt. Explizit ausgeschlossen sind damit nämlich Systemkomponenten, Prozesse, Gefahren für die Sicherheit und Maßnahmen gegen solche Gefahren, die im lokalen Bereich liegen. Diese Trennung wird insbesondere von Praktikern häufig als unzweckmäßig empfunden. Sie ist aber zur sauberen Berücksichtigung dessen, was das Wesen der Kommunikation offener Systeme ausmacht, unabdingbar. Unabhängig davon läßt sich viel Gleichartiges über die Sicherheit im Bereich der *lokalen* wie der *OSI-Ressourcen* sagen. Bei der Konzipierung eines realen Systems ist es auch notwendig, die ganze Komplexität der Sicherheitsproblematik zu beachten. Dabei können die "IT-Sicherheitskriterien" ([9-1], ausführlicher in [9-2]) sehr nützliche Anhaltspunkte geben. Es werden dort u.a. acht Grundfunktionen unterschieden, nämlich:

- Identifikation und Authentisierung
- Rechteverwaltung
- Rechteprüfung
- Beweissicherung
- Wiederaufbereitung
- Fehlerüberbrückung
- Gewährleistung der Funktionalität
- Übertragungssicherheit.

Zu den OSI-Ressourcen gehören alle Hard- und Softwareressourcen, die bei der Inanspruchnahme oder Gewährung eines Dienstes (im Sinne der OSI-Terminologie) an einer beliebigen Schnittstelle der OSI-Schichtenhierarchie benutzt werden. Diese Ressourcen liegen in (mindestens) zwei Endsystemen (den eigentlichen Kommunikationspartnern aus der Sicht eines verteilten Anwendungsprozesses) und gegebenenfalls beliebig vielen Transitsystemen einschließlich der zwischen diesen Systemen liegenden Übertragungsmedien.

Physisch lassen sich einige OSI-Ressourcen relativ gut isolieren (z.B. Kommunikationsprozessoren, Modems, Leitungen), und man kann sich gut vorstellen, dafür spezielle Sicherheitsvorkehrungen zu treffen. Andere wiederum (z.B. Hauptspeicher- oder Plattenspeicherbereiche, die ihre Lokalisierung zum Teil auch noch dynamisch ändern) lassen sich von lokalen Ressourcen nicht ohne weiteres trennen, weshalb auch nur gemeinsame oder zumindest koordinierte Sicherheitsmaßnahmen sinnvoll erscheinen.

9.2 Gefahren

Bevor es sinnvoll ist, Maßnahmen gegen Sicherheitsverletzungen zu konzipieren, müssen die einschlägigen Gefahren genau bekannt sein. Im Basisdokument für die OSI-Sicherheitsstandards [9-3] wird diese Problematik in einem Anhang behandelt. Zunächst lassen sich *allgemeine Gefahren* benennen. Diese wirken auf beliebige Informationsverarbeitungssysteme, unabhängig davon, ob diese verteilte Systeme sind (vgl. Bild 9-1).

AG1: Aufdeckung von Informationen

AG2: Modifikation von Informationen

AG3: Zerstörung von Informationen und/oder anderen Ressourcen

AG4: Störung bzw. Unterbrechung von Diensten

AG5: Diebstahl, Demontage, Verlust von Informationen und/oder anderen Ressourcen.

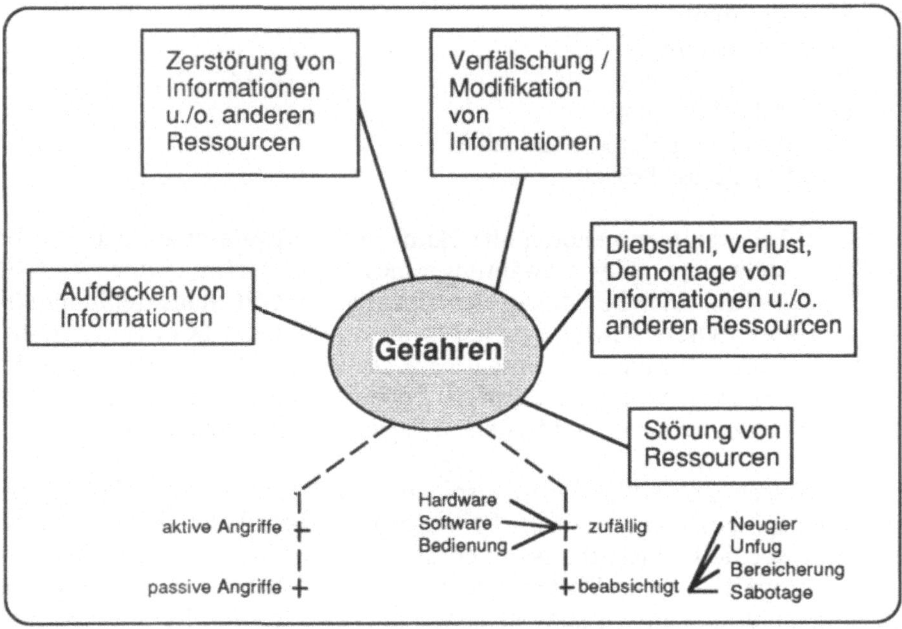

Bild 9-1 Allgemeine Sicherheitsgefahren für Informationssysteme

Diese allgemeinen Gefahren lassen sich in die zwei Gruppen der aktiven und passiven Angriffe einteilen. Aktive Angriffe beinhalten Veränderungen am oder im System (AG2 bis AG5). Passive Angriffe beschränken sich auf Beobachtung und/oder Aufzeichnung von Informationen. Wichtiger als diese der bloßen Systematisierung dienende Gruppierung ist diejenige in zufällige und beabsichtigte Angriffe. Damit werden, soweit Menschen als unmittelbare Verursacher in Frage kommen, für die entgegenzuhaltenden Sicherheitsmaßnahmen wesentliche Aspekte der Motivation berührt. Zufällige Angriffe oder Gefahren können von der Hardware, der Software oder von Menschen (Bedienern) ausgehen. Beabsichtigte Angriffe oder Gefahren werden direkt oder indirekt von Menschen ausgelöst. Motive sind Neugier, Unfug, Bereicherung oder Sabotage.

Für Datenkommunikationssysteme lassen sich diese allgemeinen Gefahren weiter spezialisieren. Zu diesen *speziellen Gefahren* gehören:

SG1: Vortäuschung einer Identität (Masquerade). Dies wird auch als Impersonation bezeichnet. Das Ziel besteht darin, sich Rechte anderer anzueignen.

SG2: Mißbräuchliche Verwendung einer kopierten Nachricht (Replay). Das Ziel ist ein unautorisierter Effekt, so daß SG2 auch als ein Spezialfall von SG1 angesehen werden kann.

SG3: Abhören (und ggf. Aufzeichnen) von Nachrichten (Data Interception) durch Anzapfen von Leitungen, Auswerten von Abstrahlungen, Umgehen von Kontrollen sowie SG1, SG2.

SG4: Modifizieren von Nachrichten (Modification, Forgery).

SG5: Leugnung des Sendens/Empfangens einer Nachricht (Repudiation).

SG6: Dienstverweigerung (Denial of service). Dies wird durch Störung der normalen Funktion einer Kommunikationsinstanz erreicht.

Um Effekte wie SG3, SG4, SG6 zu erreichen, werden in [9-3] zwei Techniken erwähnt, auf die hier noch hingewiesen werden soll. Es handelt sich um:

- "Falltür"- (Trapdoor-) Mechanismen;
  Hierbei erzeugt eine Kommunikationsinstanz eine unautorisierte Wirkung, wenn ein spezielles Kommando, ein gewisses Ereignis oder eine bestimmte Sequenz von Ereignissen eintrifft.

- "Trojanisches Pferd" (Trojan Horse).
  So wird eine Kommunikationsinstanz bezeichnet, die neben ihrer normalen Funktion nichtautorisierte Nebeneffekte erbringt.

Es zeigt sich, daß sich diese Gefahren häufig überlappen oder als Elemente einer Aktionskette auftreten können. Um hinreichende Sicherheit zu erzielen, müssen daher komplexe Verhütungs-, Erkennungs- und Wiederherstellungsmaßnahmen vorgesehen werden. Diese können einen erheblichen einmaligen und laufenden Aufwand verursachen. Dieser Aufwand ist den realen Gefahren (Risikoanalyse) sowie den möglichen Auswirkungen potentieller Angriffe gegenüberzustellen (Risikobewertung).

Vollständige technische Sicherheit ist nicht erreichbar. Das Ziel muß unter strenger Beachtung wirtschaftlicher und anderer Aspekte darin bestehen, das Risiko von Sicherheitsverletzungen sinnvoll zu reduzieren.

9.3 Dienste und Mechanismen

In der allgemeinen OSI-Architektur werden komunikationsrelevante Funktionen als "Dienste" an den Schichtenschnittstellen (Interfaces) in Anspruch ge nommen bzw. bereitgestellt (vgl. Abschnitt 2.1.2). Dieses Modell wird in [9-3] auch für die OSI-Sicherheitsarchitektur übernommen, ohne daß damit gesagt ist, daß Sicherheitsdienste von den normalen Kommunikationsdiensten unabhängig sein müssen. Es werden 5 Sicherheitsdienste unterschieden:

SD1: Authentisierung (Authentication)

SD2: Zugriffskontrolle (Access control)

SD3: Vertraulichkeit (Confidentiality)

SD4: Integrität (Integrity)

SD5: Unwiderrufbarkeit (Non-Repudiation).

Authentisierung ist die Echtheitsprüfung (Validierung) der (behaupteten) Identität eines Kommunikationspartners oder einer Datenquelle. Dementsprechend wird zwischen Partnerinstanz- und Datenquellenauthentisierung unterschieden.

Zugriffskontrolle soll gegen die unautorisierte Nutzung von OSI- oder lokalen Ressourcen schützen, wenn diese Nutzung über OSI-Protokolle vermittelt wird. Dabei werden die üblichen Nutzungsmodi unterschieden (Lesen, Schreiben, Löschen, Ausführen).

Vertraulichkeit gewährleistet den Schutz von Daten vor unautorisierter Aufdeckung. Dies wird auch als Konzelierung bezeichnet [9-4]. Es wird weiter unterschieden in

- Vertraulichkeit bei verbindungsorientierter Kommunikation
- Vertraulichkeit bei verbindungsloser Kommunikation
- Vertraulichkeit ausgewählter Felder der Nutzerdaten
- Vertraulichkeit des Verkehrsflusses, d.h. Sicherung gegen Erkenntnisgewinn aus Versuchen, das Protokollspiel abzuhören.

Integrität oder Unverletzlichkeit ist ein Dienst, der gegen unautorisierte Modifizierung oder Löschung von Nutzerdaten schützen soll. Weiter kann unterschieden werden,

- ob verbindungsorientiert oder verbindungslos kommuniziert wird,

- ob bei Feststellung von Integritätsverletzungen Wiederherstellungsversuche (Recovery) unternommen werden oder nicht,

- ob die Integrität ausgewählter Felder geschützt werden soll (Selective Field Integrity).

Unwiderrufbarkeit hat zu gewährleisten, daß keiner der Kommunikationspartner seine Teilnahme an dieser Kommunikation bestreiten kann. Dementsprechend werden zwei Formen unterschieden:

- Validierung des Senders (durch den Empfänger)
- Validierung des Empfängers (durch den Sender).

Diese Sicherheitsdienste werden erbracht, indem in einer oder mehreren OSI-Schichten spezielle Sicherheitsmechanismen wirksam werden. Es werden unterschieden:

- spezifische Sicherheitsmechanismen, die sich klar OSI-Schichten und Sicherheitsdiensten zuordnen lassen;
- allgemeine (pervasive) Sicherheitsmechanismen, die für alle Sicherheitsdienste eine Rolle spielen können.

Zu den *spezifischen Sicherheitsmechanismen* gehören:

SM1: Chiffrierung (Encipherment)

SM2: Digitale Signaturen (Digital Signatures)

SM3: Zugriffskontrollmechanismen (Access Control)

SM4: Integritätsmechanismen (Integrity)

SM5: Mechanismen zum Authentisierungsaustausch (Authentication)

SM6: Datenstromerweiterung (Traffic padding)

SM7: Leitweglenkungskontrolle (Routing control)

SM8: Notarisierung.

Diese Mechanismen sollen nachfolgend kurz charakterisiert werden. Auf Einzelheiten kann in diesem Rahmen nicht eingegangen werden.

Chiffrierung ist ein grundlegender Sicherheitsmechanismus, der in vielen Zusammenhängen angewendet wird. Es werden kryptographische Verfahren eingesetzt, die die Transformation von Daten zum Ziel haben, um deren Inhalt zu verbergen, deren unbemerkte Modifizierung und/oder deren unautorisierte

Benutzung zu verhindern. Natürlich gehören auch die Mechanismen der Dechiffrierung hierher, soweit zutreffend. In der ISO existiert zur Bearbeitung dieser Fragen ein spezieller Unterausschuß ISO/IEC JTC1/SC20. Bisher wurden durch ihn zwei spezielle Standards, DIS 8227 (Data Encryption Standard - DES) und DP 9307 (Verfahren von Rivest, Shamir und Adelman - RSA) vorangetrieben. Inzwischen wurde die Arbeit an diesen Standards zugunsten allgemeinerer Verfahren eingestellt. Verabschiedet ist ISO 8372 (Modes of Operation for a 64-Bit Block Cipher Algorithm). In Arbeit befindet sich ein Standard über die Betriebsarten eines n-bit-Chiffrierverfahrens (DP 10016).

Digitale Signaturen zielen darauf ab, die im traditionellen Geschäftsverkehr bedeutsame Unterschrift unter ein Dokument durch ein für die Übermittlung solcher Dokumente mittels Computerkommunikation geeignetes Verfahren zu ersetzen, das auch juristisch nachprüfbar ist. Eine digitale Signatur ist eine Funktion des Inhalts eines elektronisch zu übermittelnden Dokuments und einer nur dem Sender bekannten und ihn eindeutig ausweisenden Information. Die Verifizierung einer digitalen Signatur erfolgt nach einem öffentlich zugänglichen Algorithmus. Ein Überblick über einschlägige Vorgehensweisen ist in [9-4] enthalten.

Zugriffskontrollmechanismen haben sicherzustellen, daß Kommunikationsinstanzen Zugriff zu Ressourcen nur nach Maßgabe von Rechten haben, die ihnen vorher durch einen Autorisierungsakt zuerkannt worden sind. Zugriffskontrolle beruht auf der authentisierten Identität der den Zugriff fordernden Instanz, den Zugriffswunsch spezifizierenden Informationen, einem Datenbestand mit den Rechten der Instanz sowie gegebenenfalls weiteren Informationen wie Zeitpunkt und Pfad des Zugriffs.

Integritätsmechanismen sollen erkennbar machen, ob bei einem Datentransfer Daten modifiziert, eliminiert, gedoppelt, eingefügt, wiederholt oder in ihrer Reihenfolge geändert worden sind. Wird eine solche Sicherheitsverletzung festgestellt, soll versucht werden, sie durch wiederholtes Senden oder durch Korrekturmaßnahmen auf höheren Ebenen zu überwinden. Die Identifizierung von Integritätsverletzungen wird im allgemeinen über kryptographisch oder nach anderen Verfahren aus der zu übertragenden Information abgeleitete und der Information hinzugefügte Prüfwerte erreicht. Es wird zwischen der Integritätssicherung einer einzelnen Dateneinheit und der einer Sequenz von Dateneinheiten unterschieden. Im letzteren Falle sind zusätzlich Mittel wie Zeitstempel oder Folgenummern erforderlich.

Authentisierungsmechanismen dienen der Validierung behaupteter Identitäten. Sie nutzen

- den Austausch einfacher Authentisierungsinformationen wie z.B. Passwörtern;
- kryptographische Verfahren, um Abhör- und Replayversuchen zu begegnen;
- eindeutige physische Merkmale einer Instanz oder den Besitz identitätsbelegender Gegenstände (z.B. Magnet- oder Chipkarten)

Spezielle Protokollmechanismen sowie Notarisierung und/oder digitale Signaturen können erforderlich sein.

Datenstromerweiterung schützt gegen Versuche, aus der Analyse des Datenflusses über einen Kommunikationskanal Rückschlüsse zu ziehen. Es werden zwischen Sender und Empfänger vereinbarte künstliche Erweiterungen des Datenstromes vorgenommen, um potentielle "Lauscher" zu täuschen.

Leitweglenkungskontrolle erlaubt es in Netzen mit Maschentopologie, dynamisch oder fest vereinbart "sichere" Routen auszuwählen. Endsystemen wird es ermöglicht, explizit eine andere als die ursprünglich vom Netzdienst ausgewählte Route anzufordern oder gewisse Routen explizit auszuschließen (routing caveat). Derartige Anforderungen können unter Umständen auch für einzelne Dateneinheiten unterstützt werden.

Notarisierung dient dazu, daß Kommunikationsinstanzen zur Prüfung der Verläßlichkeit von Angaben ihrer Partner eine vertrauenswürdige neutrale Instanz anrufen können. Diese Notarisierungsinstanz verfügt über die notwendigen Prüfinformationen. Die Kommunikation zwischen den Partnern und der Notarisierungsinstanz kann Integritäts- und andere Chiffrierungsmechanismen sowie digitale Signaturen nutzen.

Neben den bisher besprochenen speziellen Sicherheitsmechanismen gibt es noch, wie bereits erwähnt, *allgemeine Sicherheitsmechanismen*. Nach [9-3] gehören dazu:

AM1: Vertrauenswürdige Funktionalität

AM2: Sicherheitskennzeichen

AM3: Ereignisfeststellung

AM4: Sicherheitsprüflog

AM5: Sicherheitswiederanlauf.

AM3 und AM4 gehören zum (System-) Sicherheitsmanagement, sie werden an dieser Stelle nicht weiter behandelt.

Vertrauenswürdige Funktionalität (Trusted functionality) nennt man die Eigenschaft von (anderen) Sicherheitsmechanismen, ihrerseits Sicherheitsgefahren eines definierten Niveaus zu widerstehen. Als einfaches Beispiel kann der Schutz einer Paßwortdatei im Rahmen eines Zugriffskontrollmechanismus genannt werden. Vertrauenswürdige Funktionalität wird mit verschiedensten Hard- und Softwaremitteln hergestellt (vgl. [9-2]) und ist bei hohen Sicherheitsanforderungen nicht leicht zu erzielen.

Sicherheitskennzeichen (Security labels) nennt man die Kennzeichnung von Ressourcen bezüglich eines Sensitivitätsniveaus (z.B. "Offen", "Geheim", "Streng geheim" usw.). Das betrifft auch zu übertragende Nutzdaten.

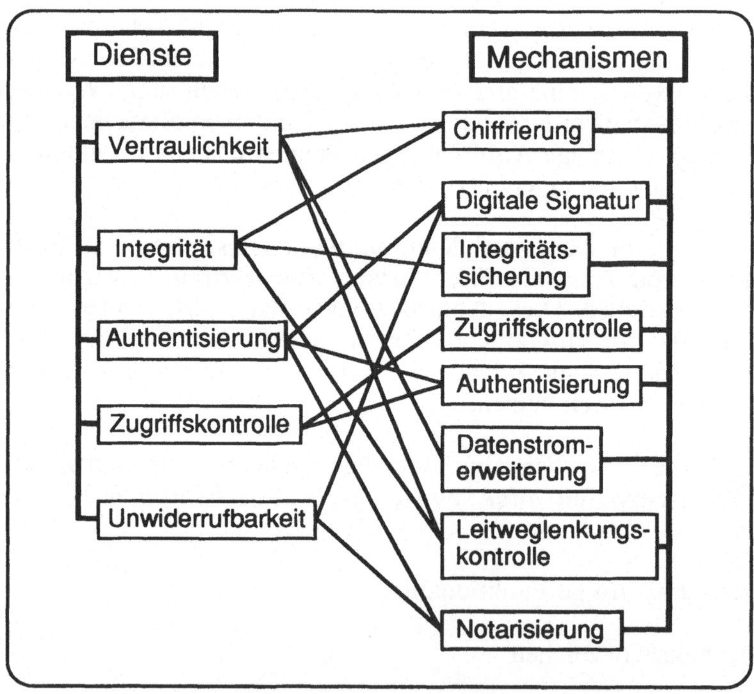

Bild 9-2 Zusammenhänge zwischen Sicherheitsdiensten und -mechanismen (Beispiele)

Sicherheitswiederanlauf (Security recovery) ist ein Verfahren, nach festgestellten Sicherheitsverletzungen den "Normalzustand" wiederherzustellen bzw. einen definierten Zustand einzunehmen, der (weitere) Schäden ausschließt. Im einfachsten Fall ist dieses der Abbruch einer Aktion. In [9-3] wird darauf hingewiesen, daß spezielle standardisierte Protokolle für Sicherheitswiederanlauf und dessen Steuerung und Überwachung notwendig sein können.

Sicherheitsdienste und -mechanismen stehen in einem bestimmten Verhältnis zueinander. Bild 9-2 macht das an (unvollständigen) Beispielen deutlich.

Für jeden der angeführten Sicherheitsdienste wird im Rahmen des ISO/IEC JTC1/SC21 ein spezieller sogenannter Security Framework [9-5] erarbeitet. In diesen Dokumenten werden die Dienste und die diesen zugrunde liegenden Mechanismen im einzelnen abgehandelt. Der Reifegrad der Bearbeitung ist unterschiedlich. Relativ weit fortgeschritten sind der Authentication Framework und der Access Control Framework.

Als Erfordernis der organisatorischen Ausgestaltung großflächiger verteilter Systeme und offenbar als eine Art Nachtrag zur Security Architecture [9-3] werden in einem Überblicksteil zu den Frameworks (Part 0) die zwei Grundkonzepte Sicherheitsdomäne und Sicherheitsautorität eingeführt. Danach können große verteilte Systeme aus mehreren Sicherheitsdomänen bestehen. Eine *Sicherheitsdomäne* ist ein (logischer) Bereich, der durch eine einzelne Sicherheitsautorität verwaltet wird. Sie ist definiert durch eine Menge von Elementen (Ressourcen) und durch spezifische Typen sicherheitsrelevanter Aktivitäten, also z.B. durch gewisse domänenspezifisch ausgewählte und parametrisierte Sicherheitsdienste und -mechanismen.
Eine *Sicherheitsautorität* hat die juristische Vollmacht, eine Domäne zu verwalten. Sie definiert die Sicherheitspolitik und legt damit fest, welche Sicherheitsdienste und -mechanismen mit welcher Zielstellung angewendet werden. Die Vollmacht kann für einige Aktivitäten auch an andere Instanzen delegiert werden.

9.4 Einordnung in die OSI-Schichtenarchitektur

Unter verschiedenen Gesichtspunkten ist die Lokalisierung der beschriebenen Sicherheitsdienste und -mechanismen in der OSI-Schichtenarchitektur von Interesse.

Der Entwerfer eines Datenkommunikationssystems muß aus der Sicht des Diensterbringers entscheiden, in welche Schichten welche Sicherheitsmechanismen zu integrieren sind und welche Dienste sich daraus an den Schichtengrenzen ergeben. Der Anwender eines Datenkommunikationssystems muß aus der Sicht des Dienstnutzers entscheiden, welche Dienste welcher Schicht (soweit ihm die unteren Schichten zugänglich sind) er zur Erfüllung eines gegebenen Sicherheitsbedürfnisses beanspruchen will.

In [9-3] wird diese Problematik ausführlich behandelt. Bild 9-3 ist dieser Quelle entnommen. Es wurde, was die Leistungen der Schicht 6 betrifft, nach verbalen Aussagen in [9-6] ergänzt.

Dienst	Schicht						
	1	2	3	4	5	6	7
Peer Entity Authentication			X	X			X
Data Origin Authentication			X	X			X
Access Control Service			X	X			X
Connection Confidentiality	X	X	X	X		X	X
Connectionless Confidentiality		X	X	X		X	X
Selective Field Confidentiality						X	X
Traffic Flow Confidentiality	X		X			(X)	X
Connection Integrity without Recovery			X	X		(X)	X
Connection Integrity with Recovery				X		(X)	X
Selective Field Connection Integrity						(X)	X
Connectionless Integrity			X	X		(X)	X
Selective Field Connectionless Integrity						(X)	X
Non Repudiation, Origin						(X)	X
Non Repudiation, Delivery						(X)	X

Bild 9-3 Einordnung der Sicherheitsdienste in die OSI-Schichtenarchitektur

In dieser Darstellung sind, um differenziertere Aussagen zu erzielen, einige Sicherheitsdienste weiter gegliedert, wobei Bezüge zu den Erläuterungen in Abschnitt 9.3 offensichtlich sind.

Wegen fehlender End-zu-End-Signifikanz sind die Sicherheitsdienste in den Schichten 1 und 2 auf solche beschränkt, die durch Chiffrierungsmechanismen erreichbar sind. Beträchtliche Sicherheitsfunktionalität kann in den Schichten 3 und 4 konzentriert werden. Die diesbezüglichen Dienste und Mechanismen beider Schichten sind zum Teil alternativ, zum Teil einander ergänzend plazierbar. In der Vermittlungsschicht können die Sicherheitsmechanismen sowohl mit den Subnetz-Zugangs- als auch mit den Leitweglenkungs- und Transitfunktionen verbunden sein. In der Transportschicht kann die Inanspruchnahme von Sicherheitsdiensten auf ausgewählte Verbindungen beschränkt werden. Wie aus Bild 9-3 ersichtlich, erbringt die Kommunikationssteuerungsschicht keine Sicherheitsdienste. Einen Schwerpunkt der Sicherheitsfunktionalität bilden hingegen die Schichten 6 und 7. Vertraulichkeitsdienste kann die Darstellungsschicht durch in ihre natürlichen Syntaxtransformationsfunktionen konzeptionell harmonisch einfügbare

Chiffriermechanismen selbständig erbringen [9-6]. Für alle anderen Sicherheitsdienste, die dann in Dienste der Verarbeitungsschicht integriert sind, kann sie unterstützende Funktionen leisten (im Bild durch das Symbol (x) angedeutet). Zu allen Sicherheitsdiensten können durch die Verarbeitungsschicht Beiträge geleistet werden. Soweit das in einem realen Kommunikationsnetz generell oder in bestimmten Fällen nicht zutrifft, können äquivalente, dann natürlich keiner OSI-Standardisierung unterliegende Funktionen in den Anwendungsprozessen implementiert sein. Gleiche Mechanismen können auch zur Sicherung anderer nicht dem OSI-Bereich zuzuordnenden Operationen vorhanden sein, z.B. für die Arbeit mit lokalen peripheren Geräten oder lokalen externen Dateien und Datenträgern.

Einige weitere, nicht spezifische Schichten, sondern zusammenhängende Schichtenkomplexe betreffende Probleme der Sicherheitsstandardisierung in offenen Systemen werden in [9-7] und [9-8] behandelt. Es handelt sich um die sogenannten Sicherheitsmodelle (Security Models) für die unteren (1-4) bzw. oberen (5-7) Schichten der OSI-Architektur. Die Aussagen sind konzeptioneller Art und können als Ergänzung von [9-3] angesehen werden.

Die Sicherheitsmodelle enthalten Aussagen zu

- allgemeinen Richtlinien für die Auswahl und Dislozierung von Sicherheitsdiensten und -mechanismen;
- dem Zusammenwirken der einzelnen Schichten beim Erbringen von Sicherheitsdiensten;
- allgemeinen Anforderungen an das Sicherheitsmanagement.

[9-7] ist noch recht unvollständig, so daß auf Einzelheiten hier nicht eingegangen werden soll. Das Sicherheitsmodell für die oberen Schichten ist weiter fortgeschritten. Neben anderen Aussagen werden hier architekturelle Vorstellungen zur Einordnung von Sicherheitsmechanismen in die komplexe Struktur der Verarbeitungsschicht entwickelt. Miteinander in sicherheitsrelevanten Zusammenhängen kommunizierende Prozesse in unterschiedlichen Endsystemen können untereinander in sehr differenzierter Weise Sicherheitsvereinbarungen treffen. Zu diesem Zweck wird ein logisch hierarchisches System von Sicherheitsrelationen und -kontexten definiert. Der hierbei verwendete Relationsbegriff ist offenbar mit dem des Relationsmanagements (vgl. Abschnitt 7.5.4) nicht identisch.

Eine *Sicherheitsrelation* (Security relationship) verkörpert eine gemeinsame Sicherheitspolitik, was die zu verwendenden Sicherheitsdienste und die Regeln zu deren Auswahl einschließt. Sicherheitsrelationen können mit Mitteln des OSI-Systemmanagements, aber auch auf Wegen zustande kommen, die außerhalb der OSI-Mechanismen liegen. Wie Bild 9-4 zeigt, kann ein System ineinander verschachtelter Sicherheitsrelationen mit differenziertem Gültigkeitsbereich existieren. Das sind:

- *System Security Relationship*, die Sicherheitsaspekte aller OSI-Schichten umfaßt;
- *Application Process Security Relationship*, die die Sicherheitspolitik miteinander kommunizierender Anwendungsprozesse koordiniert;
- *Application Entity Invocation Security Relationship*, bezogen auf einen laufenden "Dialog" zwischen zwei Anwendungsprozessen, der die Lebenszeit einer einzelnen Anwendungsassoziation überdauern kann;
- *Association Security Relationship* mit Gültigkeit für eine einzelne Anwendungsassoziation. Innerhalb einer Association Security Relationship können mehrere *Association Security Contexts* existieren. Ein solcher Kontext ist die Menge der zu einem bestimmten Zeitpunkt gültigen Sicherheitsdienste einschließlich abgestimmter Parameterwerte.

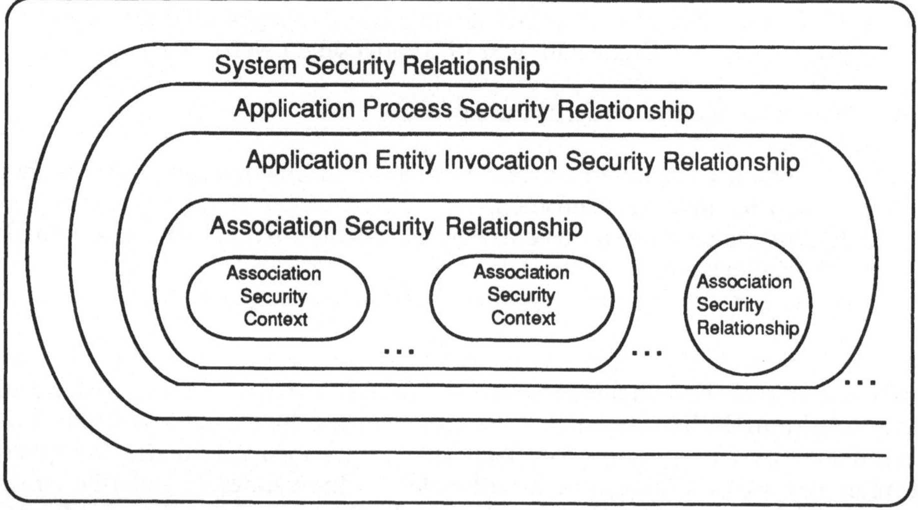

Bild 9-4 Hierarchie der Sicherheitsrelationen

Sicherheitsfunktionen werden in der *Verarbeitungsschicht* in drei Formen wirksam:

- als Teil der Funktionalität eines normalen Verarbeitungsdienstelements (ASE) oder als dediziertes ASE,
- durch dedizierte verteilte Anwendungen, die Supportive Security Applications (SSA),
- durch lokale und daher nicht der Standardisierung unterliegende Mechanismen.

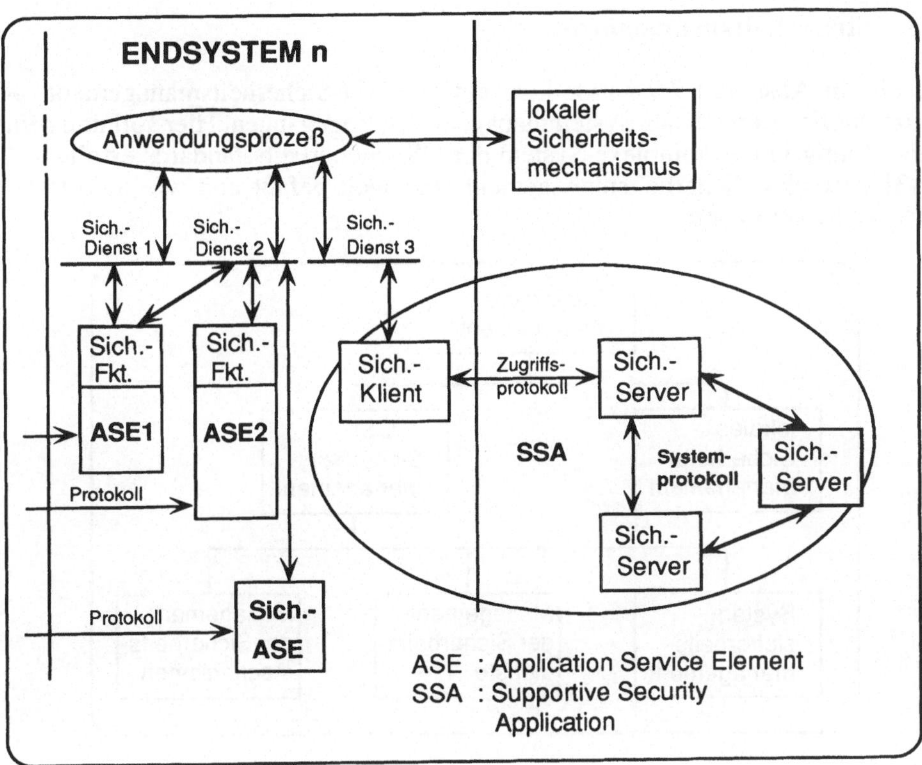

Bild 9-5 Struktur der Sicherheitsdienste in der Verarbeitungsschicht

Dedizierte verteilte Anwendungen zur Bereitstellung von Sicherheitsfunktionen können z.B. spezielle Verzeichnisdienste, Verwaltungssysteme für kryptographische Schlüssel oder Notarisierungsdienste sein. Sie sind nach dem Klient-Server-Modell strukturiert und nutzen ihrerseits die normalen Dienste der OSI-Kommunikationshierarchie. Die Klienten sind die Zugangspunkte für die Anforderung der Sicherheitsfunktionen im Endsystem der anfordernden Anwendung. Sie kommunizieren über ein Zugriffsprotokoll mit dem Serversystem. Dieses kann in sich ein verteiltes System sein, wozu spezielle Systemprotokolle erforderlich sein können. Zumindest die Serversysteme werden als vertrauenswürdige Systeme (trusted systems) vorausgesetzt. Jede SSA weist zwei wohlunterscheidbare Funktionsmengen auf: den Sicherheitsdienst und dessen Management. Dies spiegelt in unterschiedlichen Protokollen wider. SSA können aber auch ausschließlich Managementfunktionen für Sicherheitsdienste und -mechanismen in den unteren Schichten erfüllen. Bild 9-5 zeigt das soeben erläuterte Architekturkonzept in einem anschaulichen Überblick.

9.5 Sicherheitsmanagement

Bereits in Abschnitt 7.9 wurde kurz auf das OSI-Sicherheitsmanagement als funktioneller Bereich des Systemmanagements eingegangen. Hier soll nun seine Einordnung in das komplexe System der OSI-Sicherheitsstandards erfolgen. In [9-3] wird das Sicherheitsmanagement sehr weit gefaßt und wie in Bild 9-6 dargestellt gegliedert.

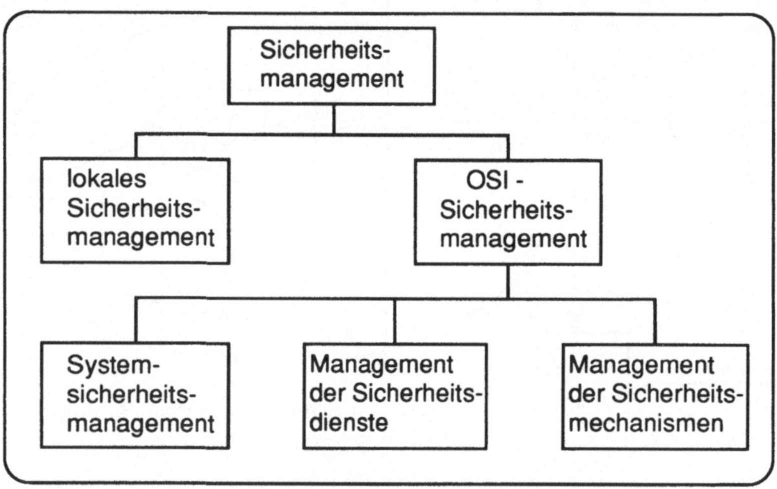

Bild 9-6 Gliederung des Sicherheitsmanagements im weiteren Sinne

Zunächst ist zwischen dem Management des OSI-Bereichs und des lokalen Bereichs zu unterscheiden. Das OSI-Sicherheitsmanagement wird dann weiter in folgende drei Bereiche eingeteilt:

- System-Sicherheitsmanagement
- Management der Sicherheitsdienste
- Management der Sicherheitsmechanismen

Das *System-Sicherheitsmanagement* umfaßt unabhängig von spezifischen Diensten oder Mechanismen existierende Managementfunktionen. Dazu gehören Mittel zum Verwalten und Konsistenterhalten der gesamten Sicherheitspolitik, das Zusammenwirken mit anderen allgemeinen Managementfunktionen und Sicherheitsmanagementbereichen sowie eine Reihe konkreter universeller Sicherheitsmanagementfunktionen, auf die später noch eingegangen wird.

Das *Management der Sicherheitsdienste* ist auf die einzelnen in Abschnitt 9.3 erwähnten Sicherheitsdienste bezogen. Hierzu gehören z.B. die Auswahl der einen Dienst unterstützenden Sicherheitsmechanismen und andere mit Managementmitteln zu erreichende Vorkehrungen für das ordnungsgemäße Funktionieren der Sicherheitsdienste.

Das *Management der Sicherheitsmechanismen* umfaßt spezifische auf einzelne Sicherheitsmechanismen bezogene Funktionen, z.B. das Einstellen von Parametern und Verteilen bzw. Auswählen von Schlüsseln bei kryptographischen Verfahren, die Spezifikation von Nachrichtenstromparametern beim Traffic Padding usw. Ein allgemeines Konzept, das in Analogie zur Management Information Base (MIB) der OSI-Management-Architektur Bestandteil des Sicherheitsmanagements ist, bildet die *Security Management Information Base* (SMIB). SMIB ist eine abstrakte Bezeichnung für die Gesamtheit aller mit Sicherheitsdiensten und -mechanismen in Zusammenhang stehenden Steuer- (oder Management-) informationen. Unmittelbare Implikationen für die logische oder physische Speicherorganisation sind mit diesem Konzept nicht verbunden. Es ist zulässig, daß die SMIB mit lokalen Mitteln gepflegt wird.

Die bereits erwähnten *universellen* Sicherheitsmanagement-Funktionen können als Anwendung von allgemeinen Systemmanagementfunktionen (vgl. Kapitel 7) auf Sicherheitsprobleme angesehen werden. Sie stellen Bausteine für andere Sicherheitsmanagementbereiche dar. Deshalb wurden sie in ihrer detaillierten Form auch in die Reihe der Systemmanagementfunktionen (ISO/IEC 10165) aufgenommen. Den Überblick und Zusammenhang stellt das Dokument [9-9] her. Im einzelnen gehören zu diesen Funktionen:

- Security Audit Trail Function [9-10]
- Security Alarm Reporting Function [9-11]
- Security Alarm and Audit Trail Management Function [9-12].

Außerdem werden die in Zusammenhang mit dem Konfigurationsmanagement entstandenen und ebenfalls zu den Systemmanagementfunktionen gehörenden

- Object Management Function [7-20]
- State Management Function [7-21]
- Relationship Management Function [7-22]

mit in das Sicherheitsmanagement integriert. Die letztgenannten Funktionen sind an der objektorientierten Struktur der SMIB orientiert und erlauben das Erzeugen und Löschen von SMIB-Objekten (z.B. Informationen über Zugriffsrechte, Authentisierungsvorgänge, kryptographische Verfahren) sowie das Lesen und Modifizieren von Attributen dieser Objekte. Damit ist ein universelles Konzept für die Überwachung und Steuerung von Sicherheitsdiensten und -mechanismen gegeben. Einen Gesamtüberblick über das so verstandene Sicherheitsmanagement bietet Bild 9-7 (nach [9-9]).

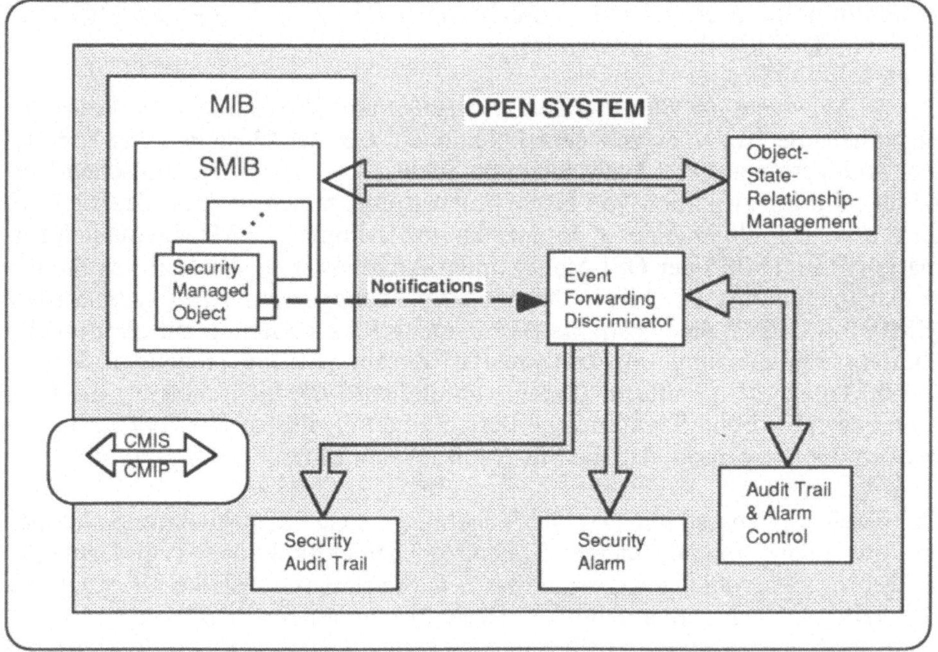

Bild 9-7 Funktionen des Sicherheitsmanagements

Die in der SMIB enthaltenen sicherheitsbezogenen Managementobjekte können über die bereits erwähnten Objekt-, Status- und Relationsmanagementfunktionen erzeugt und manipuliert werden. Werden solche Operationen von entfernten Systemen veranlaßt, dienen Common Management Information Services (CMIS) and Protocol (CMIP) als Kommunikationsmechanismus [7-14], [7-15]. Treten sicherheitsrelevante Ereignisse auf, reagieren die betreffenden Managementobjekte mit einer Mitteilung (Notification). In einem speziellen Bewertungsmechanismus, der im Event Report Management [7-25] standardisiert ist, erfolgt mit Hilfe eines in einem Event Forwarding Discriminator verkörperten Kriteriensystems die Eliminierung dieser Mitteilung oder ihre Weiterleitung als Alarm (Meldung an einen Sicherheitsadministrator) oder in ein Logsystem (Security Audit Trail). Soweit Transporte in entfernte Endsysteme erforderlich sind, erfolgt dies mittels CMIS/CMIP (Event Report). Schließlich kann dieser Bewertungsmechanismus mittels der Funktion "Security Alarm and Audit Trail Management" gesteuert werden. Da ein Diskriminator ebenfalls ein Managementobjekt ist, geschieht das mit gleichen Mitteln wie für allgemeine Managementobjekte.

9.6 Sicherheitskonzepte im IEEE 802.1-Schichtenmanagement

Das in Abschnitt 8.2 ausführlich geschilderte IEEE 802.1-Schichtenmanagement [8-2] enthält auch Sicherheitskonzepte, allerdings reduziert auf den Aspekt Zugriffskontrolle. Um dieses Konzept einordnen zu können, sollte Bild 8-2 nochmals betrachtet werden. Weitere Details sind in Bild 9-8 enthalten.

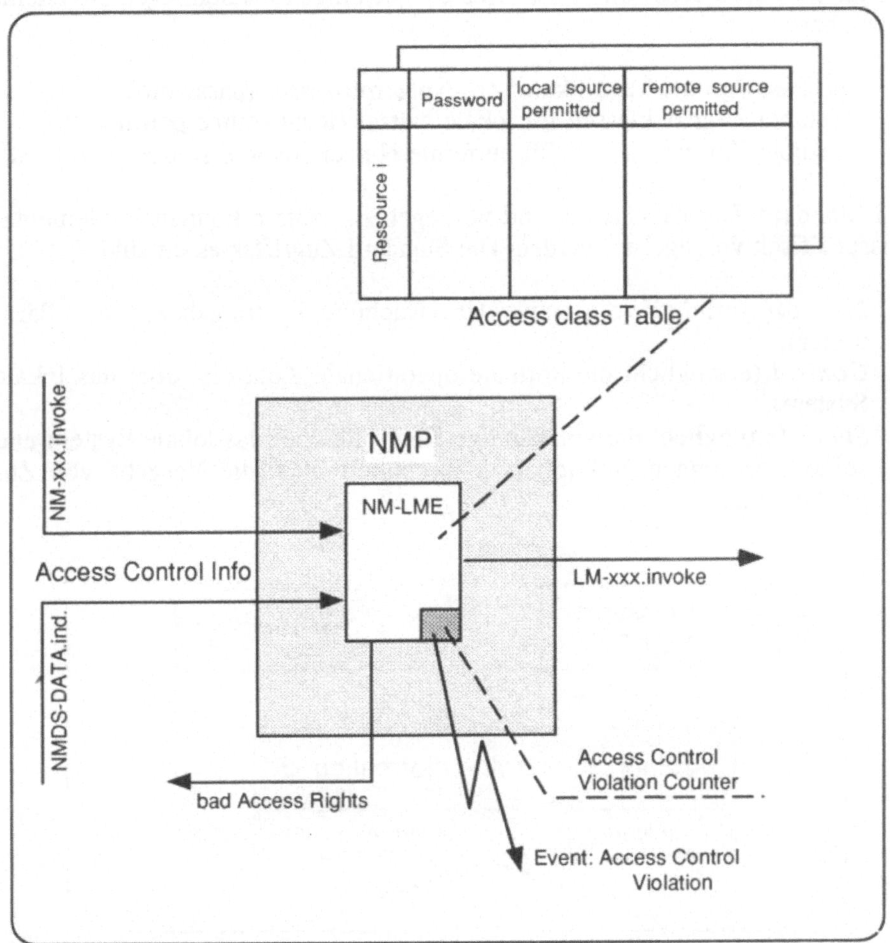

Bild 9-8 Zugriffskontroll-Konzept nach IEEE 802.1B

Beteiligt an der Zugriffskontrolle sind der Schichtenmanagement-Prozeß NMP, insbesondere die in diesen eingelagerte allgemeine Schichtenmanagement-Instanz NM-LME sowie die schichten- bzw. subschichtenspezifischen Schichtenmanagement-Instanzen LM-LME. Kontrolliert werden:

- die von lokalen Nutzerprozessen über das Schichtenmanagement-Nutzerinterface NMI ankommenden Primitive des Typs NM-xxx.invoke;
- die von entfernten Systemen über die Dienstschnittstelle NMDSI ankommenden Primitive des Typs NMDS-DATA.indication.

In einer von der NM-LME verwalteten Zugriffsklassentabelle (vgl. Bild 9-8) sind für jede schützenswerte Ressource des jeweiligen lokalen Agentensystems gespeichert:

- ein Passwort als Identifikator des Nutzerprozesses (password),
- erlaubte Zugriffsklassen für lokale Nutzer (local source permitted),
- erlaubte Zugriffsklassen für entfernte Nutzer (remote source permitted).

Drei Standard-Zugriffsklassen sind vorgegeben, weitere können implementationsspezifisch vorgegeben werden. Die Standard-Zugriffsklassen sind:

- *Monitor* (ermöglicht passive Überwachung leistungsbezogener Parameter),
- *Control* (ermöglicht die normale operationale Kontrolle über das lokale System),
- *Super* (ermöglicht die vollständige Kontrolle über das lokale System und seine Managementfunktionen, insbesondere auch die Vergabe von Zugriffsrechten).

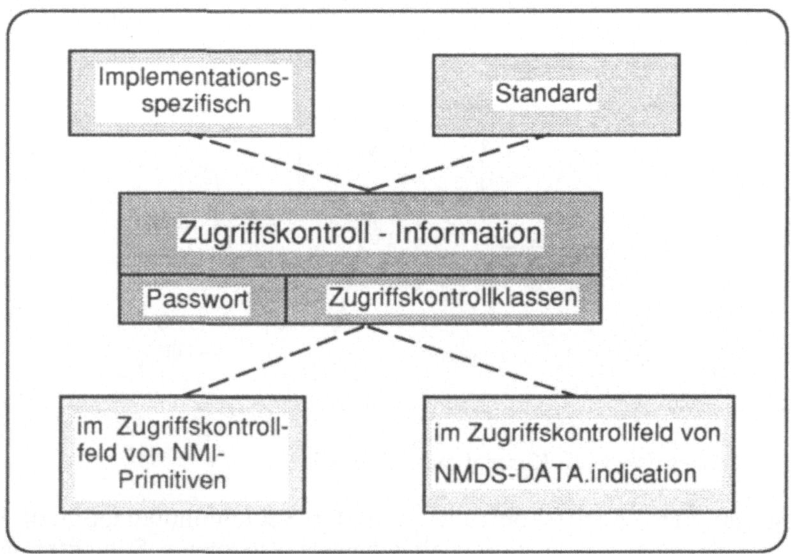

Bild 9-9 Zugriffskontrollinformation nach IEEE 802.1B

Die Zugriffsklassen werden als Bitketten, die Passwörter als Zeichenketten codiert. Jede ankommende Anforderung kann eine Zugriffskontrollinformation enthalten. Diese kann entsprechend der in Bild 9-9 dargestellten Gliederung einen Standardaufbau aufweisen, aber auch implementationsspezifisch aufgebaut sein (private access control). Der Standardaufbau sieht vor:

- das Paßwort des Nutzers (des Nutzerprozesses),
- die Menge der gewünschten Zugriffsklassen.

Mit dieser Zugriffskontrollinformation, dem Identifikator der Ressource, auf die zugegriffen werden soll und der Zugriffsklassentabelle kann die NM.LME über den Zugriffswunsch entscheiden. Wird er abgewiesen, erfolgt dies durch Rückgabe des Codes badAccessRights. Wird der Zugriff gewährt, werden in das Primitiv vom Typ LM-xxx.invoke die erlaubten Zugriffsklassen eingefügt. Die schichten- bzw. subschichtenspezifische LME kann dann auf dieser Grundlage endgültig über den Zugriff entscheiden. Der dabei ablaufende Algorithmus ist LME- und ressourcenspezifisch und wird in [8-2] nicht vorgeschrieben. In der NM-LME wird ein Zähler für abgewiesene Zugriffswünsche geführt (Access Control Violation Counter). Erreicht dieser einen Schwellwert, stellt dies ein Ereignis dar, das eine Event-Notifikation auslöst.

10 Ausblick

Alle Aspekte des Netzmanagements entwickeln sich gegenwärtig außerordentlich rasch. Dies hängt mit dem großen Interesse zusammen, das diesem Gebiet momentan von Wissenschaftlern, Standardisierern, Herstellern und Anwendern gleichermaßen entgegengebracht wird. Daraus folgt, daß in naher Zukunft Wandlungen und wesentliche Ergänzungen der bereits bekannten Konzepte zu beobachten sein werden, was sich in der Produktpolitik der Hersteller widerspiegeln wird.

Als sicher kann angenommen werden, daß das Konzept des Managements offener Systeme, wie es vor allem durch das OSI-Management verkörpert wird, aber auch im TCP/IP-Managenment zu finden ist, sich schrittweise auch in der Praxis durchsetzen wird. Das schließt nicht aus, daß einzelne Vorschläge aus diesem Bereich, die gegenwärtig schon in Dokumenten beschrieben werden, wieder verworfen werden. Wesentliche Teilgebiete, so zum Beispiel die MIB-Strukturierung oder die System- und Schichtenmanagementfunktionen, werden detailliert und damit implementationsreif gemacht werden. Mit zunehmender Anzahl von Produkten, die den Anspruch erheben, "offen" zu sein, werden Konformitäts- und Interoperabilitätsprüfungen zwingend notwendig werden. Parallel dazu werden noch längere Zeit Koexistenzprobleme zwischen unter diesem oder jenem Gesichtspunkt heterogenen Managementsystemen zu lösen sein. Es ist zu hoffen, daß die Bereitschaft der Hersteller und Anwender zur Migration zu standardgerechten Managementsystemen wachsen wird, damit der Entwicklungs- und Laufzeitaufwand für Netzmanagementgateways und ähnliche Anpassungsmaßnahmen begrenzt werden kann.

Ein wichtiger Punkt ist auch, das Management der physischen und logischen Netzkomponenten zusammenzuführen. Dies bedeutet, daß die Kluft zwischen Netz- und Protokollanalysatoren und anderen Prüfgeräten einerseits und den integrierten Managementsystemen andererseits überwunden werden muß, wie das bei modernen Produkten auch in Ansätzen zu erkennen ist.

Allgemein ist weiterer Aufwand für die Verbesserung der Administratorinterfaces erforderlich. Dies betrifft nicht nur die formalen Wiederauffindungs- und Manipulationsmöglichkeiten im Umfeld einer potentiell grenzenlosen Menge von Managementobjekten, sondern vor allem algorithmische Aspekte. Die automatische Bewertung von Ereignismengen und daraus abzuleitende Entscheidungen sind eine große Herausforderung für die Wissenschaft. In diesem Bereich werden gegenwärtig größere Anstrengungen sichtbar, wissensbasierte Verfahren anzuwenden [10-1]. Allerdings werden hier, vor allem im Bereich der Hochgeschwindigkeitsnetze [10-2], besonders harte Echtzeitbedingungen wirksam, so daß weitere Forschungsarbeiten notwendig sind.

Andere Bereiche des Managements komplexer verteilter Systeme, die in diesem Buch noch nicht angemessen behandelt werden konnten, können völlig neuartige Lösungskonzepte erfordern, wenn auch zu hoffen ist, daß vieles vom bereits Erreichten bewahrt werden kann. Diese neuen Herausforderungen werden vor allem durch Schlagworte wie Hochgeschwindigkeit, Diensteintegration, Multimedia und offene verteilte Verarbeitung gekennzeichnet. Generell muß eine Brücke zwischen dem Management offener Kommunikationssysteme und dem Management offener verteilter Anwendungen geschaffen werden [2-11]. Natürlich soll der Endnutzer nicht mit dem Management des Kommunikationssystems in Berührung kommen. Aber es ist zu vermuten, daß viele Konzepte, die im Umfeld des Kommunikationsmanagements entstanden sind, auch im Anwendungsmanagement gute Dienste leisten.

Auf knappem Raum können Entwicklungstendenzen nicht vollständig behandelt werden. Es sollte sichtbar werden, daß der Bereich des Netzmanagements bei weitem nicht als abgeschlossen betrachtet werden kann. Würde dieses Buch in einigen Jahren noch einmal geschrieben, sähe es wohl wesentlich anders aus. Der interessierte Leser sollte sich deshalb angeregt fühlen, sein Wissen durch Beschäftigung mit einschlägigen Konferenzberichten und Fachzeitschriften auf dem laufenden zu halten.

Literaturverzeichnis

Kapitel 1

[1-1] A.S.Tanenbaum: Computer-Netzwerke.
Altenkirchen: Wolfram's Fachverlag 1990. ISBN 3-925328-079-3

[1-2] P. Schicker: Datenübertragung und Rechnernetze.
Stuttgart: B.G.Teubner 1988. ISBN 3-519-22463-1

[1-3] H. Löffler: Rechnerverbundsysteme.
Berlin: Akademieverlag 1984. ISSN 232-1351

[1-4] H. Löffler: Lokale Netze.
Berlin: Akademieverlag 1987. ISBN 3-05-500229-6

[1-5] P. Chylla und H.-G. Hegering: Ethernet-LANs. 2. Auflage.
Pulheim: Datacom-Buchverlag 1988. ISBN 3-89238-014-7

[1-6] P. Bocker: ISDN. Das diensteintegrierende digitale Nachrichtennetz.
Berlin usw.: Springer 1986

[1-7] W. Zorn: Mehrwertnetze, Mehrwertdienste. in: W. Effelsberg (Hrsg.) Kommunikation in verteilten Systemen. Bonn: Deutsche Informatik Akademie 1991

[1-8] O. Fundneider: Breitband-ISDN auf Basis ATM. Das zukünftige Netz für jede Bitrate. in:
W. Effelsberg et al. (Hrsg.): Kommunikation in verteilten Systemen.
Berlin usw.: Springer-Verlag 1991. ISBN 3-540-53721

[1-9] G. Goldacker: Breitband-ISDN. Grundlagen, Entwicklung, Anwendungen.
in: P.J. Kühn (Hrsg.) Tutorium Kommunikation in verteilten Systemen.
Stuttgart: Universität Stuttgart, IND 1989. ISBN 3-922403-99-9

Kapitel 2

[2-1] Draft Operating System Command and Response Language (OSCRL) Specification.
ISO/TC97/SC21/N 455 May 1985

[2-2] Information processing systems - Open Systems Interconnection -
Basic Reference Model. IS 7498 First edition. ISO 1984-10-15.

[2-3] M. Krauß; E. Kutschbach; E.-G. Woschni: Handbuch Datenerfassung.
Berlin: Verlag Technik 1984

[2-4] Information Processing Systems - Open Systems Interconnection - Basic Reference Model -
Connectionless-Mode Transmission. ISO 7498 Ad.1

[2-5] Informationsverarbeitung. Kommunikation offener Systeme. Basis-Referenzmodell.
DIN ISO 7498 Mai 1982. Berlin: Beuth-Verlag

[2-6] Proposed New Work Item on Revision of the OSI Reference Model - Upper Layers.
ISO/IEC JTC1/SC21 N3270 December 1988

[2-7] Working Draft Addendum to ISO 7498 - General Aspects. ISO/IEC JTC1 N4240 December 1989

[2-8] Network Layer Principles. ECMA TR/13
European Computer Manufacturers Association. Genua September 1982

[2-9] Digital's Solution to Multivendor Networking. Digital Equipment Corporation 1987

[2-10] Information Processing Systems - Open Systems Interconnection - Application Layer Structure. ISO DIS 9545 (1989)

[2-11] K.Geihs: The Road to Open Distributed Processing (ODP). in: Kommunikation in verteilten Systemen. Proceedings, pp.43-52 Informatik-Fachberichte 267. Berlin u.a.: Springer 1991

[2-12] W.Doehringer et al.: A Survey of Light-Weight Transport Protocols for High-Speed Networks. in: W.Effelsberg (Ed.): Kommunikation in Verteilten Systemen.. Tutorium anläßlich der GI/ITG-Fachtagung Mannheim Febr. 1991 Bonn: Deutsche Informatik-Akademie 1991

[2-13] Second Working Draft for Information Processing Systems - Open Systems Interconnection - Conventions for the definition of OSI services. ISO/IEC JTC1/SC21 N4243 December 1989

Kapitel 3

[3-1] Systems Network Architecture. General Information. IBM 1975 GA 27-3102-0

[3-2] Network Program Products General Information. IBM 1988 GC 30-3350-2

[3-3] Network Control Program/VTAM Network User's Guide. IBM 1974 GC 30-3009-1

[3-4] J.H.McFadyen: Systems Network Architecture: An Overview.
in: IBM Systems Journal 15(1976)1 pp. 4-23

[3-5] P.G.Cullum: The Transmission subsystem in Systems Network Architecture.
in: IBM Systems Journal 15(1976)1 pp. 24-38

[3-6] W.S.Hobgood: The role of the Network Control Program in Systems Network Architecture.
in: IBM Systems Journal 15(1976)1 pp. 39-52

[3-7] H.R.Albrecht and K.D.Ryder: The Virtual Telecommunications Access Method:
A Systems Network Architecture perspective. in: IBM Systems Journal 15(1976)1 pp. 63-80

[3-8] J.P.Gray and T.B.Mc Neill: SNA multiple-systems networking
in: IBM Systems Journal 18(1979)2 pp. 263-297

[3-9] F.P.Corr and D.H.Neal: SNA and emerging international standards
in: IBM Systems Journal 18(1979)2, pp. 244-262

[3-10] V.Ahuja: Routing and flow control in Systems Network Architecture
in: IBM Systems Journal 18(1979)2 pp. 298-314

[3-11] R.J.Sundstrom et al.: SNA Current requirements and direction
in: IBM Systems Journal 26(1987)1, pp. 13-36

[3-12] J.P.Gray et al.: Advanced program-to-program communication in SNA
in: Systems Journal 22(1983)4, pp. 298-318

[3-13] J.H.Benjamin et al.: Interconnecting SNA networks
in: IBM Systems Journal 22(1983)4, pp. 344-366

[3-14] J.M.Jaffe et al.: SNA routing: Past, present, and possible future
in: IBM Systems Journal 22(1983)4, pp. 417-434

[3-15] K.K.Sy et al.: OSI-SNA interconnection.
in: IBM Systems Journal 26(1987)2, pp. 157-173

[3-16] H.an de Meulen, W.Schäfer: SNA Systems Network Architecture.
Grundlagen mainframeorientierter Netze. DATACOM-Verlag Bergheim 1990. ISBN 3-89238-028-7

[3-17] B.C.Housel, C.J.Scopinich: SNA Distribution Services
in: IBM Systems Journal 22(1983)4, pp. 319-343

[3-18] Document Interchange Architecture: Technical Reference. IBM SC 23-0781-0

[3-19] R.A.Demers: Distributed files for SAA.. in: IBM Systems Journal 27(1988)3, pp. 348-361

[3-20] IBM Distributed Data Management Architecture: General Information.. GC 21-9527. 1986

[3-21] IBM Directions SNA/OSI/NetView. Computer Technology Research Corp.
Holtsville (N.Y.) 1989. ISBN 0-927695-39-1

[3-22] O.B.Schäfer: IBM's OSI Products: OSNS &OTSS
in: SEAS Heidelberg 1986 Proceedings pp. 397-403

[3-23] IBM Open Systems Transport and Session Support. Firmenschrift IBM G 511-0179-0

[3-24] M.Gavrilovic: IBM and OSI in: Proceedings of the Open Systems Strategy
Conference London 1988 Technology Appraisals, Twickenham (UK) pp.169-175

[3-25] GTMOSI Kommunikationsmonitor für OSI-Verbindungen. Programminformation. IBM R12-3416

[3-26] E.F.Wheeler, A.G.Ganek: Instruction to Systems Application Architecture
in: IBM Systems Journal 27(1988)3 pp. 250-263

[3-27] Unternehmensweite Informationssysteme: Mit der IBM System Anwendungs-Architektur (SAA).
IBM Enzyklopädie der Informationsverarbeitung. IBM Form GE 12-2059-1 (10/89)

[3-28] W.K.Haynes et al.: The Cross System Product application generator: An evolution.
in: IBM Systems Journal 27(1988)3 pp. 384-390

[3-29] R.E.Berry: Common User Access - A consistent and usable human computer interface for the SAA
environments. in: IBM Systems Journal 27(1988)3 pp. 281-300

[3-30] S.Uhlir: Enabling the user interface. in: IBM Systems Journal 27(1988)3 pp. 306-314

[3-31] D.E.Wolford: Application enabling in SAA. in: IBM Systems Journal 27(1988)3 pp. 301-305

[3-32] L.A.Buchwald et al.: Integrating applications with SAA
in: IBM Systems Journal 27(1988)3 pp. 315-324

[3-33] V.Ahuja: Common Communications Support in SAA
in: IBM Systems Journal 27(1988)3 pp. 264-280

[3-34] Kommunikationsunterstützung für offene Systemverbindungen und File Services: Integriert in SAA.
IBM Form Nr. GT 12-3681-0 (2/89)

[3-35] Systems Applications Architecture Common Programming Interface
Communications Reference. IBM 1988 SC 26-4399

[3-36] Systems Network Architecture Transaktion Format and Protocol Reference Manual. Architecture Logic for LU Type 6.2. IBM SC 30-2369

[3-37] R.Reinsch: Distributed database for SAA. in: IBM Systems Journal 27(1988)3 pp. 362-369

[3-38] Systems Network Architecture. Format and Protocol Reference Manual. Architecture Logic for Typ 2.1 Nodes IBM 1986 SC30-3422-0

[3-39] OSI/Communication Subsystem IBM G 511-1136-1

[3-40] OSI/File Services IBM G 511-1138-1

[3-41] J.C.Ashfield and D.B.Cybrynski: System-independent file management and distribution services. in: IBM Systems 28(1989)2 pp. 241-259

[3-42] Digital's Networks: An Architecture wih a Future. Digital Equipment Corporation 1984. EB 26013-42

[3-43] P.Schicker: Datenübertragung und Rechnernetze Stuttgart: B.G. Teubner 1988 ISBN 3-519-22463-1

[3-44] Telecommunications and Networks Buyer's Guide Digital Equipment Corporation 1990 July-December

[3-45] Digital's Wide Area Networking Solutions Digital Equipment Corporation 1988 ED 32525-42

[3-46] Local Area Network Solutions Guidebook. Digital Equipment Corporation 1989 EB-111717-78

[3-47] The Networking Solutions Guidebook.. Digital Equipment Corporation 1989 EB 32600-78

[3-48] FDDI-Einführung und Überblick. in: DECtec 9/90 pp. 6-15

[3-49] DECnet/OSI. The Foundation for Open Networking. Digital Equipment Corporation 1990 EC-H0660-42

[3-50] DECnet DIGITAL Network Architecture (Phase V) General Description EK-DNA PV-GD. Digital Equipment Corporation September 1987

[3-51] VAX OSI Transport Service. User's Guide. Digital Equipment Corporation 1986 AA-HA88b-TE

[3-52] VAX OSI Applications Kernel. User's Guide. Digital Equipment Corporation 1986 AA-HV66A-TE

[3-53] Enterprise Management Architecture. General Description. Digital Equipment Corporation 1989 EK-DEMAR-GD-001

[3-54] G.M.Glaser u.a.: TCP/IP - Protokolle, Projektplanung, Realisierung. Pulheim: DATACOM-Buchverlag 1990. ISBN 3-89238-022-8

[3-55] J.Postel: User Datagram Protocol. RFC 768 User Information Sciences Institute, November 1980

[3-56] D.E.Comer: Internetworking with TCP/IP. Principles, Protocols and Architecture. Englewood Cliffs (N.J.): Prentice Hall Int.1988

[3-57] J.Davidson: An Introduction to TCP/IP. Berlin etc. Springer 1988

[3-58] M.Hein: Internet-Protokoll auf IEEE 802.3-Netzen. in: DATACOM 7(1990)8 pp. 70-72

Kapitel 4

[4-1] K.Terplan: Communication Networks Management
Prentice Hall International, Inc. London 1987 ISBN 0-13-153389-4

[4-2] K.Terplan: Kommunikationsnetze Planung, Organisation,Betrieb.
München-London: Hanser/Prentice-Hall Int. 1989 ISBN 3-446-15303-9

[4-3] F.-J.Kauffels: Netzwerk-Management. Probleme, Standards, Strategien.
Bergheim: DATACOM-Verlag 1990 ISBN 3-89238-027-9

[4-4[G.Pfüller: Technologie und Organisation des Rechenbetriebes II 3. Lehrbrief:
Leistungsbewertung im Rechenbetrieb. Dresden: Zentralstelle für das Hochschulfernstudium 1986
Bestellnr. 021582030

[4-5] E.Bötsch; H.-G.Hegering: A Proposal for an Originator-oriented Accounting Scheme in OSI-like
Multinetwork Environments. in: Proceedings Int.Conference Comp. Comm. ICCC'88 Tel Aviv,

[4-6] J.Schiffer: Untersuchung der Abrechnungsproblematik in OSI-Netzen am Beispiel FTAM.
TU München, Institut für Informatik.. Diplomarbeit November 1988

[4-7] E.Bötsch: Ein umfassendes Abrechnungsmodell für ein integriertes Netzmanagement.
Dissertation, Technische Universität München 1990

[4-8] J.R.Leach and R D.Campenni: A sidestream approach using a small processor as a tool for
managing communication systems. in: IBM Systems Journal 19(1980) pp. 120-139

[4-9] R.A.Bird and C.A.Hofmann: Systems management.
in: IBM Systems Journal 19(1980)1 pp. 140-159

[4-10] R.A.Weingarten: An integrated approach to centralized communications network management.
in: IBM Systems Journal 18(1979)4 pp. 484-506

[4-11] M.Bosch: Design, Implementation and Simulation of a MAP-Gateway for Flexible Manufacturing.
in: Modelling the Innovation: Communications, Automation and Information Systems. Rome 1990

[4-12] M.Bosch et al.: Network Management in Heterogeneous Networks for Factory Automation.
Institut für Communications Switching and Data Technics, University of Stuttgart, 1990

Kapitel 5

[5-2] H.Kell et al.: Test: Ethernet-Box und NET-Control.. in: DATACOM 7(1990)10 pp. 34-44

[5-3] Informationsmaterial zum Produkt FELINE/FEDAL. Datakom GmbH Ismaning 1990

[5-4] W.Gora, R.Langer: LAN Protocol Tester B 5100. in: DATACOM 5(1988)7 pp. 22-30

[5-5] C.Hinz, D.Mues: HP 4972A Ethernet Analysator. in: DATACOM 5(1988)7 pp.. 32-39

[5-6] D.Mues et al.: EXCELAN Serie EX 5000 Lanalyzer. in: DATACOM 5(1988)10 pp. 84-90

[5-7] B.Moayeri et al.: Test: NQA Network Quality Analyzer. in: DATACOM 6(1989)3 pp. 22-28

[5-8] B.Moayeri et al.: Test: Spider Analyzer P 320. in: DATACOM 6(1989)9 pp. 38-40

[5-9] J.Suppan et al.: Netzwerk-Analysator SNIFFER. in: DATACOM 6(1989)11 pp. 44-53

[5-10] M.Böhmer et al.: Token Ring Analysator P 320-R. in: DATACOM 7(1990)3 pp. 108-114

[5-11] T.Lambert: MAP-Analysator HP 4974. in: DATACOM 7(1990)9 pp. 22-28

[5-12] P.Hofmann: Universelles Überwachungs- und Management-Tool. in: DATACOM 7(1990)8 pp. 42-43

[5-13] G.Kafka: Meßgeräte für die Datenkommunikation Teil 1. in: DATACOM 5(1988)10 pp.106 - 112

[5-14] G.Kafka: Meßgeräte für die Datenkommunikation Teil 2. in: DATACOM 6(1989)3 pp. 72-75

[5-15] G.Kafka: Meßgeräte für die Datenkommunikation.. in: DATACOM 7(1990)10 pp. 46-54

[5-16] A.Wagner und T.Glattki: Watchdog - der günstige LAN-Monitor für Ethernet-PC-LANs. in: PC-Netze 2(1990)10 pp. 10-14

[5-17] H.an de Meulen: Protokollanalyse in Token-Ring-Netzen. in: DATACOM 8(1991)2 pp. 116-123

[5-18] Protokollanalyse in lokalen Netzwerken. Seminarunterlagen.. Hewlett-Packard GmbH 1987

[5-19] Kommunikationsmeßtechnik. Katalog MP 52. 1991. Siemens AG München

[5-20] M.Glaser: Kriterien zu Einsatz und Auswahl von LAN-Analysatoren. in: DATACOM 7(19990)6 pp. 42-48

[5-21] E.Zahner: Leitfaden für den Einsatz von Testgeräten.. in: DATACOM 7(1990)1 pp. 22-30

[5-22] HP Advanced Net Specification Guide March 1989

[5-23] B.Götze et al.: Logikanalysator LA 32/20. in: radio fernsehen elektronik 34(1985)10 pp. 626-629; 34(1985)11 pp. 719-722

[5-24] K.-H.Meusel und F.Piepiorra: Softwareanalyse mit Logikanalysesystem LAS 20. in: radio fernsehen elektronik 35(1986)2 pp. 71-74

Kapitel 6

[6-1] D.B.Rose and J.E.Munn: SNA network management directions. in: IBM Systems Journal 27(1988)1 pp. 3-14

[6-2] R.E.Moore: Utilizing the SNA Alert in the management of multivendor networks. in: IBM Systems Journal 27(1988)1 pp. 15-31

[6-3] M.Ahmadi et al.: NetView/PC. in: IBM Systems Journal 27(1988)1 pp. 32-44

[6-4] D.Kanyuh: An integrated network management product. in: IBM Systems Journal 27(1988)1 pp. 45-59

[6-5] IBM NetView: Zentrales Netzwerk Management. IBM Enzyklopädie der Informationsverarbeitung. IBM Form GT 12-5400-1 (3/89)

[6-6] R.A.Bird and C.A.Hofmann: Systems Management. in: IBM Systems Journal 19(1980)1 pp 140-159

[6-7] C.P.Ballard et al.: Managing changes in SNA networks in: IBM Systems Journal 28(1989)2 pp. 260-273

[6-8] L.C.Percival and S.K.Johnson: Network management software usability test design and implementation. in: IBM Systems Journal 25(1986)1 pp. 92-104

[6-9] W.Melchard: Strategisches Netzwerkmanagement in SNA-Netzen, Teil 4. in: DATACOM 7(1990)4 pp. 78-90

[6-10] K. Terplan and J. Huntington-Lee: Can Third Parties Change SNA Management's Stripes. in: Data Communications International. April 1990 pp. 64-70

[6-11] W. Melchard: Strategisches Netzwerkmanagement in SNA-Netzen, Teil 5. in: DATACOM 7(1990)8, pp. 76-80

[6-12] IBM NetView Program Products. General Information. IBM GC 30-3350

[6-13] G.E. Hoernes: REXX on TSO/E. in: IBM Systems Journal 29(1989)2 pp. 274-293

[6-14] IBM Token Ring Netzwerk: Schnelle und flexible Kommunikationswege. IBM Enzyklopädie der Informationsverarbeitung. IBM Form GT 12-3470-2 (1/89)

[6-15] IBM Token-Ring Network Bridges and Management Bulletin. IBM Form GG 24-3062

[6-16] W.Scholz: SNA Netz- und System-Management. in: Netzmanagement. Diebold Deutschland GmbH. Februar 1990

[6-17] A Common Sense Guide to Network Management Digital Equipment Corporation 1989. EB 32496 42/89

[6-18] Neue DECmcc-Verwaltungsprodukte von Digital Equipment - Erweiterung des EMA-Angebots. in: DECtec 9/90 pp. 33-56

[6-19] DECmcc Management Station for ULTRIX. in: DECtec 10/90 pp. 4-8

[6-20] M.S.Sylor: Managing Phase V DECnet. Networks: the Entity Model. in: IEEE Network 2(1988)2 pp 30-36

[6-21] DECelms V1.0 - die Software für die zentrale Betriebsmittelverwaltung. in: DECtec 9/90 pp. 28-31

[6-22] W.Rühl: Enterprise Management Architecture (EMA): Digitals Ansatz für das Management von heterogenen Systemen. in: Netzmanagement. Diebold Deutschland 1990

[6-23] J.Case et al.: A Simple Network Management Protocol Network Working Group RFC 1067 August 1988

[6-24] M.Rose and K. McCloghrie: Structure and Identification of Management Information for TCP/IP-based internets. Network Working Group RFC 1065 August 1988

[6-25] K.McCloghrie and M.Rose: Management Information Base for Network Management of TCP/IP-based internets. Network Working Group. RFC 1066. August 1988

[6-26] K.Scott: SNMP brings Order to Chaos. in: Data Communications. March 21, 1990, pp. 24-27

[6-27] K.Scott: Taking Case of Business with SNMP. in: Data Communications. March 21, 1990, pp. 31-41

[6-28] G.Krall: SNMP Opens New Lines of Sight. in: Data Communications. March 21, 1990, pp. 45-50

[6-29] R.Presuhn: Considering CMIP. in: Data Communications. March 21, 1990, pp. 55-60

[6-30] F.-J.Kauffels: Netzwerk-Management - Einführende Bestandsaufnahme und Ausblick
Teil 9: SNMP - Struktur und Funktionen. in: DATACOM 7/90, pp.82-86
Teil 10: SNMP-Produkte, Vergleich zu CMIP. in: DATACOM 8/90 pp. 95-102

[6-31] J.A.Huntington; K.Terplan: Neueste Nachrichten über SNMP. in: DATACOM 2/91.pp. 60-63

[6-32] A. Ben-Artzi et al.: Network Management of TCP/IP Networks: Present and Future. in: IEEE Network 4(1990)4 pp. 35-43

[6-33] U.Warrier and L.Besaw: Common Management Information Services and Protocols over TCP/IP (CMOT). Network Working Group. RFC 1095, April 1988

[6-34] M.T.Rose: ISO Presentation Services on Top of TCP/IP-based Internets. Network Working Group. RFC 1085, December 1988

[6-35] M.T.Rose: Management Information Base for Network Management of TCP/IP-based Internets. RFC Draft, NYSERNet, September 1989

[6-36] J.M.Galvin et al.: Authentication and Privacy in the SNMP. RFC Draft. Trusted Information Systems, Hughes LAN Systems, and MIT Lab for Computer Science, Jannuary 1990

[6-37] L.Steinberg: Draft Memorandum for Managing Asynchronously Generated Alerts. RFC Draft IBM, February 1989

[6-38] M.C.Schoffstall et al.: SNMP over Ethernet. Network Working Group RFC 1089 February 1989

[6-39] SNMP over CLTP. Network Working Group. RFC Draft 1990

[6-40] Jack Embry et al.: An open Network Management Architecture: OSI/NM Forum Architecture and Concepts. in: IEEE Network 4(1990)4 pp. 14-22

[6-41] D.Greenfield: Putting 'Management' in to SNMP. in: Data Communications International. Sept. 1990, pp. 125-126

[6-42] Erstes System zur Netzwerküberwachung auf SNMP-Basis. in: Computer-Magazin 3/4 - April 1990

[6-43] H.Häge: Networkmanagement in heterogenen Netzen. IBM Deutschland 1991

***Kapitel* 7**

[7-1] A.Dittrich: Composite Managed Objects: Ein Konzept zur praktischen Umsetzung des Informationsmodells von OSI-Management. in: W.Effelsberg et al. : Kommunikation in verteilten Systemen. Informatik-Fachberichte 267. Berlin etc.: Springer 1991, pp. 378 - 392

[7-2] Information Processing Systems - Open systems interconnection - Basic Reference Model - Part 4: Management framework ISO/IEC 7498-4 First Edition 1989

[7-3] Information Processing Systems - Open systems interconnection - Systems management Overview Revised DP 10040. ISO/IEC JTC1/SC21 N 4865 R

[7-4] Th.Simon: MAP - Entwicklungsstand und Trends. in: Datacom 1989/4 pp. 85 - 92

[7-5] Information Technology - Open Systems Interconnection - Structure of Management Information Part 1: Management Information Model. ISO/IEC DIS 10165-1: 1990

[7-6] Information Technology - Open Systems Interconnection - Structure of Management Information Part 2: Definitions of Management Information. ISO/IEC DIS 10165-2: 1990

[7-7] Information Technology - Open Systems Interconnection - Structure of Management Information Part 4: Guidelines for the Definition of Managed Objects. ISO/IEC DIS 10165-4: 1990

[7-8] G.J.Knight: The INCA Network Management System, Connexions - The Interoperability Report, March 1989. Vol. 3, no. 3, pp. 27 - 32

[7-9] G.J.Knight et al.: An OSI Network Management System. Department of Computer Science University College London , October 1988

[7-10] Liaison Statement from SC6 to SC21 on Lower Layer Management. ISO/IEC JTC1/SC21 N 3932

[7-11] Specification of Abstract Syntax Notation One (ASN.1). ISO IS 8824, May 1987

[7-12] Specification of Basic Encoding Rules for Abstract Syntax Notation One (ASN.1). ISO IS 8825, May 1987

[7-13] W.Gora und R.Speyerer: Abstract Syntax Notation One. 2. akt. Auflage. Pulheim: DATACOM-Verlag 1990

[7-14] Information Technology - Open Systems Interconnection - Common Management Information Service Definition. Final Text of DIS 9595. ISO/IEC JTC1/SC21 N 3874 January 1990

[7-15] Information Technology - Open Systems Interconnection - Common Management Information Protocol Specification. Final Text of DIS 9596. ISO/IEC JTC1/SC21 N 3875 January 1990

[7-16] Information Technology - Open Systems Interconnection - Common Management Information Service Def.inition. Draft Addendum ISO/IEC 9595:1990/DA1

[7-17] Information processing systems - Text Communication - Remote Operations - Part 1: Modell, Notation and Service Definition. ISO/IEC 9072-1:1989

[7-18] Information processing systems - Text Communication - Remote Operations - Part 2: Protocol Specification. ISO/IEC 9072-2:1989

[7-19] Information Technology - Open Systems Interconnection - Systems management. Configuration Management Overview. ISO/IEC JTC1/SC21 N 3311, 16.1.1989

[7-20] Information Technology - Open Systems Interconnection - Systems management. Part 1: Object Management Function. ISO/IEC DIS 10164-1 1990

[7-21] Information Technology - Open Systems Interconnection - Systems management. Part 2: State Management Function. ISO/IEC DIS 10164-2 1990

[7-22] Information Technology - Open Systems Interconnection - Systems management. Part 3: Attributes for representing relationships. ISO/IEC DIS 10164-3 1990

[7-23] A General Model for Relationship Management. ISO/IEC JTC1/SC21 N 4975. 31.5.1990

[7-24] Fault Management Working Document. ISO/IEC JTC1/SC21 N 4077. Dec.1989

[7-25] Information Technology - Open Systems Interconnection - Systems Management Part 5: Event report management function. ISO/IEC DIS 10164-5 1990

[7-26] Information Technology - Open Systems Interconnection - Systems Management Part 4: Alarm reporting function. ISO/IEC DIS 10164-4 1990

[7-27] Information Technology - Open Systems Interconnection - Systems Management Part 6: Log Control Function. ISO/IEC DIS 10164-6 1990

[7-28] Systems Management - Confidence and Diagnostic Testing Function. ISO/IEC JTC1/SC21 N 4078 Dec. 1989

[7-29] A.Pschierer: Realisierung einer allgemeinen Steuerungskomponente für Netzmanagementdienste. Diplomarbeit. TU Dresden Fakultät Informatik 1991

[7-30] Information Technology - Open Systems Interconnection - Systems Management. Performance Management. Working Document - Sixth Draft. ISO/IEC JTC1/SC21 N 4981 July 4,1990

[7-31] Information Technology - Open Systems Interconnection - Systems Management Part 11: Workload Monitoring Function. ISO/IEC JTC1/SC21 N 4959 1990-07-09

[7-32] Information Processing Systems - Open Systems Interconnection - Systems Management - Measurement Summarization Function (First Working Draft). ISO/IEC JTC1/SC21 N 4081 1989

[7-33] Information Processing -Open Systems Interconnection - Accounting Management Working Document - Third Version. ISO/IEC JTC1/SC21 N 4085 November 1989

[7-34] Information Technology - Open Systems Interconnection - Systems Management Part 10: Accounting Meter Function. ISO/IEC CD 10164-10 1990-08-02

[7-35] OSI Security Management Working Document - 7th Draft. ISO/IEC JTC1/SC21 N 4091 15.11.1989

[7-36] Information processing systems - Open Systems Interconnection - Systems Management - Part X: Security Audit Trail Function. ISO/IEC JTC1/SC21 N 4092 20.11.1989

[7-37] Information Processing Systems - Open Systems Interconnection - Systems Management - Part 7: Security Alarm Reporting Function. ISO/IEC DP 10164-7. 1989-12-13

[7-38] Proposal for a New Work Item: Information Processing Systems - Open Systems Interconnection - Systems Management - Part X: Software Management Function. ISO/IEC JTC1/ N 616 1990-01-15

[7-39] Proposal for a New Work Item: Information Processing Systems - Open Systems Interconnection - Time Managament. ISO/IEC JTC1 N 617 1990-01-15

Kapitel 8

[8-1] ANSI/IEEE Std. 802.1A-1990 Local Area Network Standard - Overview and Architecture

[8-2] ANSI/IEEE Std. 802.1B-1990 (Draft) Local and Metropolitan Area Networks - LAN/MAN Management

[8-3] ANSI/IEEE Std. 802.1E-1990 Local Area Network Standard - System Load Protocol

[8-4] ANSI/IEEE Draft Recommended Practice, 802.1F Guidelines for the development of Layer Management Standards

Kapitel 9

[9-1] E.Stöcker: IT-Sicherheitskriterien - Bewertungsmaßstab für Systeme der Informationstechnik in: PIK 12(1989)4 S. 231-238

[9-2] Die IT-Sicherheitskriterien (Teil I bis V) in: Datenschutz und Datensicherheit 6/89, S. 305-310; 7/89, S. 349-353; 8/89, S. 402-409; 9/89, S. 451-467; 10/89, S. 518-520

[9-3] Information processing systems - Open Systems Interconnection - Basic Reference Model - Part 2: Security Architecture ISO 7498-2 First Edition 1989-02-15

[9-4] B.Kowalski und S.Herda: Sicherheitsverfahren in verteilten Systemen. in: Tutorium Kommunikation in verteilten Systemen. 20./21.2.1989 Universität Stuttgart. S. 7-1 ff.

[9-5] OSI Security Frameworks
Part 0: Overview. ISO/IEC JTC1/SC21 N 3265
Part 1: Authentication. ISO/IEC JTC1/SC21 N 3262
Part 2: Access Control. ISO/IEC JTC1/SC21 N 3261
Part 3: Non-Repudiation. ISO/IEC JTC1/SC21 N 3263
Part 4: Integrity. ISO/IEC JTC1/SC21 N 3264
Part 5: Confidentiality. ISO/IEC JTC1/SC21 N 3274
Part 6: Security Audit. ISO/IEC JTC1/SC21 N 3338

[9-6] Issues concerning the requirements for security services in the Presentation layer ISO/IEC JTC1/SC21 N 2864 REV A (7.6.1989)

[9-7] Working draft for lower layers security model. ISO/IEC JTC1/SC21 N 3283. December 1988

[9-8] Proposed Draft Upper Layers Security Model (Revised) ISO/IEC JTC1/SC21 N 3225. December 1988

[9-9] OSI Security Management Working Document ISO/IEC JTC1/SC21 N 3737 25.6.1989

[9-10] Security Audit Trail Function. ISO/IEC JTC1/SC21 N 3736 25.6.1989

[9-11] Security Alarm Reporting Function. ISO/IEC JTC1/SC21 N 3735 25.6.1989

[9-12] Security Alarm and Audit Trail Management Function ISO/IEC JTC1/SC21 N 3734

Kapitel 10

[10-1] E.C.Ericson et al. (Ed.): Expert Systems Applications in Integrated Network Management. Norwood (Ma.): Artech House 1989. ISBN 0-89006-378-8

[10-2] IEEE Network, 2(1988)5, mehrere Beiträge

[10-3] O.Rose: Überlastkontrolle in Hochgeschwindigkeitsnetzen Universität Karlsruhe, Institut für Telematik. Interner Bericht 12/90

[10-4] D.Piscitello and P.Sher: Network Management Capabilities for Switched Multimegabit Data Service. in: Computer Communications Review 20(1990)2, pp. 87 - 97

[10-5] R.Popescu-Zeletin: From Broadband ISDN to Multimedia Computer Networks in: Computer Networks and ISDN Systems 18(1989/90), pp. 47 - 54

[10-6] J.Embry et al.: An Open Network Management Architecture: OSI/NM Forum Architecture and Concepts. in: IEEE Network 4(1990)4, pp 14 - 22

Sachverzeichnis